TRAINING MATHEMATIK

Monika Muthsam

Geometrie 7. Klasse

Aufgaben mit Lösungen

STARK

Bildnachweis
Umschlag: © Tatiana nikolaevna Kalashnikova/Dreamstime.com
S. 1: © Tatiana nikolaevna Kalashnikova/Dreamstime.com
S. 3: © Rohit Seth/Fotolia.com
S. 4: © Bruno Sinnah/Dreamstime.com
S. 11: © Wieslaw Fila/Dreamstime.com
S. 12: © Vladimir Sazonov/Dreamstime.com
S. 15: Geschenk: © Scott Rothstein/Fotolia.com; Brötchen: © Wolf/Fotolia.com;
Stühle: © Alfred Wimmer/Dreamstime.com; Kirchenportal: © Jitloac/Dreamstime.com;
Teddybär: © Max Paladii/Dreamstime.com; Kirschen: © Ronald Van Der Beek/Dreamstime.com
S. 21: © Darryl Brooks/Dreamstime.com
S. 23: © Eric Isselée/Dreamstime.com
S. 25: © Stark Verlag
S. 33: © Vitaliy Pakhnyushchyy/Dreamstime.com
S. 34: © Rick Sargeant/Dreamstime.com
S. 51: © Winterberg/Dreamstime.com
S. 65: © Kitsen/Dreamstime.com
S. 66: © Gino Santa maria/Dreamstime.com
S. 75: © Geotrac/Dreamstime.com
S. 76: © Nikolai Sorokin/Fotolia.com
S. 81: Segelboot: © Rafael Ramirez Lee/Dreamstime.com;
Verkehrsschild: © Dimitrios Kessaris/Dreamstime.com; Billardkugeln: © Miflippo/Dreamstime.com;
Briefumschlag: © Ewa Walicka/Dreamstime.com; Gebäude: © Allein/Dreamstime.com
S. 89: © Alexandre Quillet/Fotolia.com
S. 93: © Andy Piatt/Dreamstime.com
S. 95: © Sofia Pereira/Dreamstime.com
S. 104: © Elena Elisseeva/Dreamstime.com
S. 111: © Nikolai Sorokin/Dreamstime.com
S. 113: © Mark Hryciw/Dreamstime.com
S. 115: © Michael Kempf/Dreamstime.com
S. 129: © Laura Dominguez/Dreamstime.com

ISBN 978-3-89449-955-6

www.stark-verlag.de
1. Auflage 2008

Inhalt

Autorin: Monika Muthsam

Vorwort

Liebe Schülerin, lieber Schüler,

mit diesem auf **G8** abgestimmten Trainingsbuch kannst du den **gesamten Unterrichtsstoff** für die **Geometrie** in der **7. Klasse** selbstständig wiederholen und dich optimal auf Klassenarbeiten bzw. Schulaufgaben vorbereiten.

- Um dir bei der Herangehensweise an mathematische Probleme zu helfen, erhältst du im ersten Teil dieses Buches **Hinweise und Tipps zur effektiven Lösung von Mathematikaufgaben**.
- In den folgenden Kapiteln werden alle **unterrichtsrelevanten Themen** aufgegriffen und anhand von ausführlichen **Beispielen** veranschaulicht. **Kleinschrittige Hinweise** erklären dir die einzelnen Rechen- oder Denkschritte genau. Die Zusammenfassungen der **zentralen Inhalte** sind außerdem in blauer Schrift hervorgehoben.
- **Zahlreiche Übungsaufgaben** mit ansteigendem Schwierigkeitsgrad bieten dir die Möglichkeit, die verschiedenen Themen einzuüben. Hier kannst du überprüfen, ob du den gelernten Stoff auch anwenden kannst. Komplexere Aufgaben, bei denen du wahrscheinlich etwas mehr Zeit zum Lösen brauchen wirst oder die sich auch auf Themengebiete aus der 5. und 6. Klasse beziehen, sind mit einem ✳ gekennzeichnet.
- Zu allen Aufgaben gibt es am Ende des Buches **vollständig vorgerechnete Lösungen** mit **ausführlichen Hinweisen**, die dir den Lösungsansatz und die jeweiligen Schwierigkeiten genau erläutern.
- Begriffe, die dir unklar sind, kannst du im **Grundwissen der 5. bis 7. Klasse** nachschlagen. Dort sind alle wichtigen Definitionen zusammengefasst, die du am Ende der 7. Klasse wissen musst.

Ich wünsche dir gute Fortschritte bei der Arbeit mit diesem Buch und viel Erfolg in der Mathematik!

Monika Muthsam

So arbeitest du mit diesem Buch

Besonders effektiv kannst du mit diesem Buch **arbeiten**, wenn du dich an den folgenden Vorgehensweisen orientierst:

- Lies dir zunächst die **Hinweise und Tipps zur effektiven Lösung einer Mathematikaufgabe** gründlich durch. Versuche dann, dich bei der Bearbeitung der Aufgaben an diese Schritte zu halten.

- Um den **Unterrichtsstoff zu trainieren**, hast du grundsätzlich zwei verschiedene Möglichkeiten:

  Methode 1:
  - Bearbeite zunächst den **Unterrichtsstoff mit den Beispielen**.
  - Löse anschließend selbstständig die **Übungsaufgaben** in der angegebenen Reihenfolge.
  - Schlage bei der **Bearbeitung der Aufgaben** erst dann in den Lösungen nach, wenn du mit einer Aufgabe wirklich fertig bist.
  - Solltest du mit einer Aufgabe gar nicht zurechtkommen, dann markiere sie und bearbeite sie mithilfe der Lösung.
  - Versuche, die Aufgabe nach ein paar Tagen noch einmal selbstständig zu lösen.

  Methode 2:
  - Beginne damit, einige **Übungsaufgaben in einem Kapitel zu lösen** und danach mit den angegebenen Lösungen zu vergleichen.
  - Wenn alle Aufgaben richtig sind, bearbeitest du die weiteren Aufgaben des Kapitels.
  - Bei Unsicherheiten oder Schwierigkeiten **wiederholst du die entsprechenden Inhalte** in den einzelnen Kapiteln.

- An die **komplexeren Aufgaben**, die du an dem ✳ erkennst, solltest du dich erst dann wagen, sobald du einige der übrigen Aufgaben gut lösen konntest. Lass dich jedoch nicht entmutigen, wenn du bei diesen Aufgaben nicht sofort auf eine Lösung kommst.

- Stolperst du in den einzelnen Kapiteln oder den Lösungen über Begriffe, die dir unklar sind, kannst du diese im **Grundwissen der 5. bis 7. Klasse** nachschlagen. Ebenfalls kannst du damit am Ende der 7. Klasse noch einmal alle wichtigen Definitionen wiederholen.

Hinweise und Tipps zur effektiven Lösung von Mathematikaufgaben

1 Methodisches Vorgehen beim Lösen von Mathematikaufgaben

Bei der Bearbeitung einer mathematischen Aufgabe helfen dir folgende Schritte:

Schritt 1:
Lies die Aufgabe genau durch und suche alle Informationen heraus. Was ist gegeben, was ist gesucht? Aus welchem Themengebiet ist die Aufgabe?
Wenn dir Begriffe in der Aufgabenstellung unklar sind, so finde heraus, was sie bedeuten. Achte auch auf versteckte Informationen. Ein gleichschenkliges Dreieck z. B. hat mehr Eigenschaften als nur die, dass zwei Seiten gleich lang sind.

Schritt 2:
Um die Lösung zu finden, hast du prinzipiell zwei Möglichkeiten:
- Entweder gehst du vom Gegebenen aus und versuchst, das Gesuchte zu erschließen. Überlege dir, welche Zwischenergebnisse du mithilfe des Gegebenen erreichen kannst. Mithilfe der Zwischenergebnisse erschließen sich oft neue Wege, die dir weiterhelfen.
- Oder du gehst vom Gesuchten aus und überlegst dir „rückwärts", wie du zur Ausgangssituation kommst. Dabei musst du dir die Frage stellen, welche Größen du z. B. für das Gesuchte brauchst und wie du sie aus dem Gegebenen erhalten kannst. Oft hilft auch eine Kombination beider Vorgehensweisen.

Nicht jede Idee führt immer zum Ziel. Bleibe nicht bei einem Versuch hängen, wenn du nicht weiterkommst, sondern gehe zurück zum Anfang und suche nach einem neuen Weg.

Mache dir Notizen, in welcher Richtung du vorgehst, schreibe vor allem auch Zwischenschritte auf.

Schritt 3:
In diesem Schritt erstellst du die Lösung der Aufgabe. Gehe dabei nach deinem erarbeiteten Plan vor. Strukturiere die Lösung entsprechend der Zwischenschritte. Kennzeichne diese auch, beschreibe eventuell kurz, was du bestimmst und mache lieber einen Zwischenschritt mehr.

Schritt 4:
Kontrolliere dein Ergebnis. Eventuell kannst du eine Probe machen, meistens jedoch musst du abschätzen, ob ein Ergebnis von der Größenordnung her realistisch sein kann. Manchmal bleibt dir auch keine andere Möglichkeit, als die einzelnen Schritte noch einmal kritisch zu durchdenken und die Ergebnisse auf Rechenfehler zu kontrollieren.

Findest du Fehler, so markiere sie deutlich und verbessere die Aufgabe.

Beispiele

1. Ein Schwimmbecken ist 12,50 m lang und 4,80 m breit. Die Tiefe steigt längs des Beckens gleichmäßig von 1,25 m auf 1,95 m an. Boden und Wände des Beckens müssen mit einer Spezialfarbe gestrichen werden.
Eine Dose kostet 18,95 € und soll für $12\frac{1}{2}\,\text{m}^2$ reichen.
Wie viel muss für die Farbe ausgegeben werden?

Lösung:

Schritt 1:

Gegeben:	Größe des Schwimmbeckens:	12,50 m lang, 4,80 m breit 1,25 m bis 1,95 m tief
	Preis einer Farbdose:	18,95 €
	Reichweite einer Farbdose:	$12\frac{1}{2}\,\text{m}^2$
Gesucht:	Kosten für die Farbe	

Schritt 2:

Gehe hier rückwärts vor.
Um die Kosten der Farbe berechnen zu können, musst du wissen, wie viele Dosen benötigt werden. Hierfür musst du in Erfahrung bringen, welche Fläche gestrichen werden muss.
Fertige eine Skizze der zu streichenden Flächen des Schwimmbads an:

Boden:

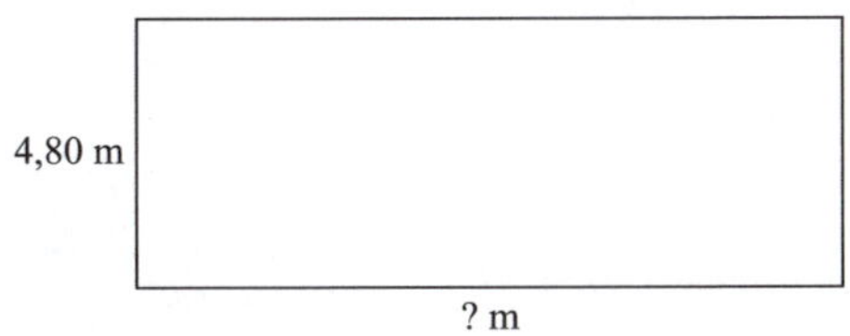

4 Wände:

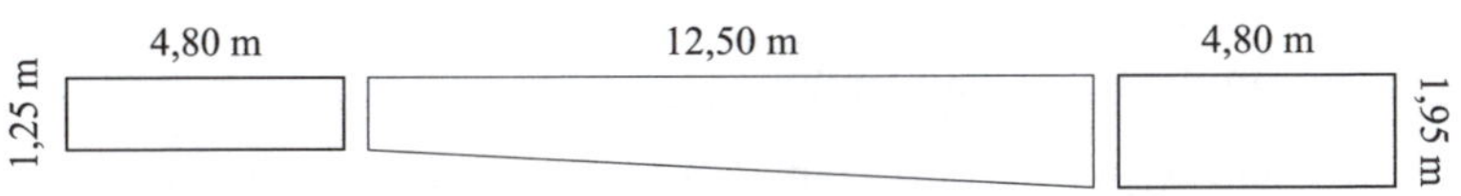

Zwei Wände sind Rechtecke, deren Flächeninhalt sich aus Breite und Länge berechen lässt. Eine Wand ist doppelt und hat die Form eines Trapezes. Dessen Flächeninhalt berechnet sich aus:

$A = \frac{1}{2} \cdot (a + c) \cdot h_c$ mit a und c als parallele Seiten.

Der Boden ist ebenfalls eine Rechteck, die Breite kennst du. Die Länge kannst du mithilfe einer sauberen Zeichnung durch Messung bestimmen.

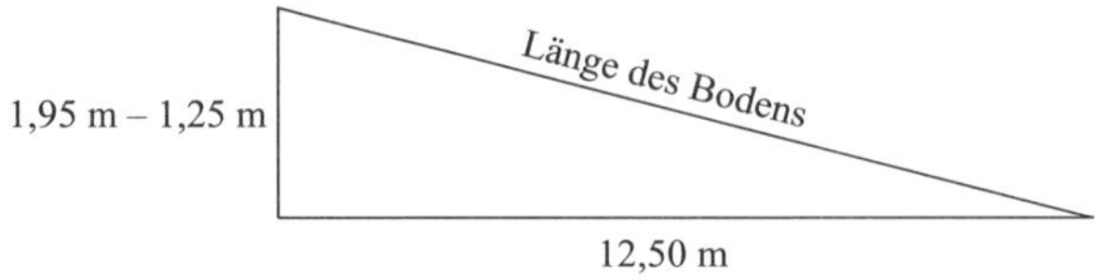

Schritt 3:

- Zu streichende Fläche:

  $$A_1 = 4,80\text{ m}\cdot 1,25\text{ m} + 4,80\text{ m}\cdot 1,95\text{ m} + 2\cdot\frac{1}{2}\cdot(1,25\text{ m} + 1,95\text{ m})\cdot 12,50\text{ m}$$
  $$= 55,36\text{ m}^2$$

  Boden:

  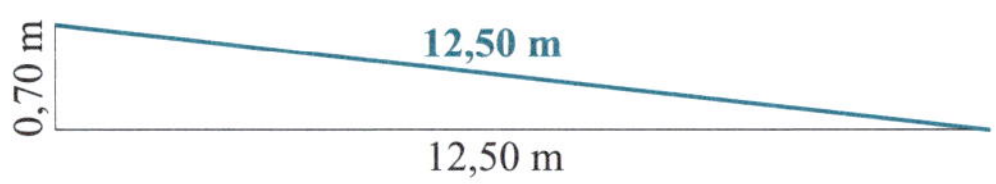

  Die Länge des Bodens ist im Rahmen der Messgenauigkeit auch etwa 12,50 m lang.
  $A_2 = 4,80\text{ m}\cdot 12,50\text{ m} = 60\text{ m}^2$
  Gesamt:
  $A_1 = A_1 + A_2 = 55,36\text{ m}^2 + 60\text{ m}^2 = 115,36\text{ m}^2$
- Anzahl der benötigten Dosen:
  $115,36\text{ m}^2 : 12,5\text{ m}^2 = 9,2288$
  9 Dosen reichen nicht aus, es müssen also 10 Dosen gekauft werden.
- Kosten der Farbe:
  $10\cdot 18,95\text{ €} = 189,50\text{ €}$
  Antwort:
  Für die Farbe muss 189,50 € ausgegeben werden.

Schritt 4:

Eine grobe Schätzung ergibt:

Wände: $A_1 = 5\text{ m}\cdot 1\text{ m} + 5\text{ m}\cdot 2\text{ m} + 2\cdot\frac{1}{2}\cdot(1\text{ m} + 2\text{ m})\cdot 12\text{ m} = 51\text{ m}^2$

Boden: $A_2 = 5\text{ m}\cdot 12\text{ m} = 60\text{ m}^2$
Gesamt: $A = 110\text{ m}^2$
Anzahl der benötigten Dosen: $110\text{ m}^2 : 12\text{ m}^2 = 9,2$
Kosten der Farbe: $9\cdot 20\text{ €} = 180\text{ €}$.
Die Größenordnung stimmt also.

2. Markiere (ohne die Fläche zu berechnen) auf drei verschiedene Arten ein Flächenstück, dessen Inhalt 25 % vom ursprünglichen Flächeninhalt besitzt.
   Erkläre dein Vorgehen.

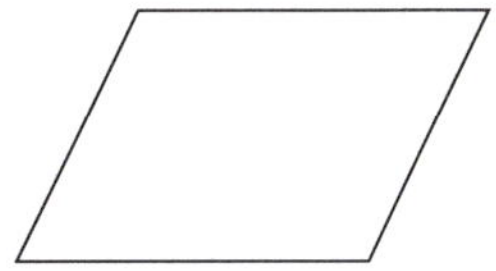

Lösung:

Schritt 1:

Gegeben: Parallelogramm

Gesucht: neue Fläche (beliebige Form) soll 25 %, das heißt $\frac{1}{4}$ so groß sein.

Schritt 2:

Erst musst du wissen, wie man die Fläche eines Parallelogramms berechnet.

$A_{Parallelogramm} = \text{Grundseite} \cdot \text{Höhe}$

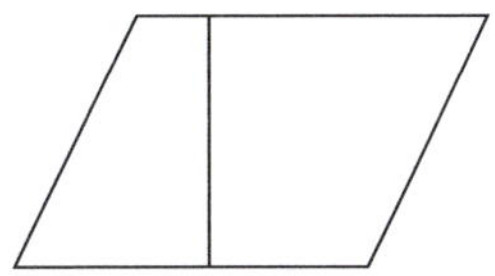

Um ein Viertel des ursprünglichen Flächeninhalts zu bekommen, kannst du:

- die Grundseite vierteln
- die Höhe vierteln
- die Grundseite halbieren und die Höhe halbieren

Schritt 3:

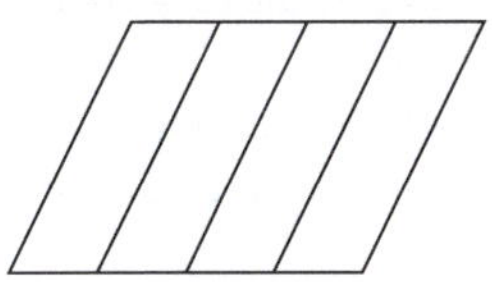

Lösung (1)

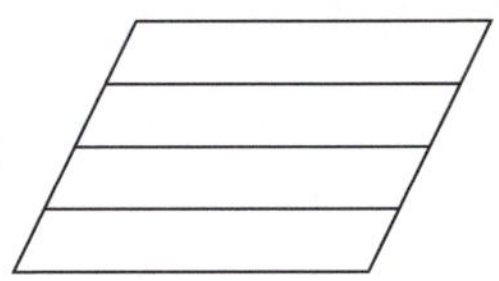

Lösung (2)

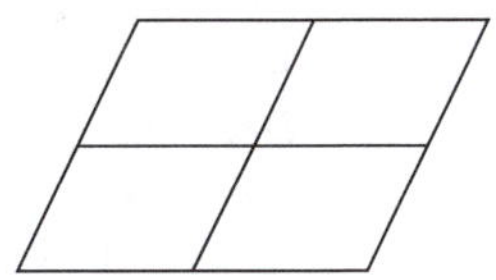

Lösung (3)

Schritt 4:

Die vier Teilfiguren haben jeweils gleiche Form und Flächeninhalt. Zusammen ergeben sie den Flächeninhalt des gesamten Parallelogramms, also erfüllt eine Teilfläche die Anforderung der Aufgabenstellung.

3. Jede Seite des Quadrats VIER ist 6 cm lang. Der Punkt A ist der Mittelpunkt der Seite [RV]; der Punkt L ist der Mittelpunkt der Seite [VI].
Berechne den Flächeninhalt des Dreiecks LEA und gib an, welchen Bruchteil der Quadratfläche das Dreieck LEA einnimmt.

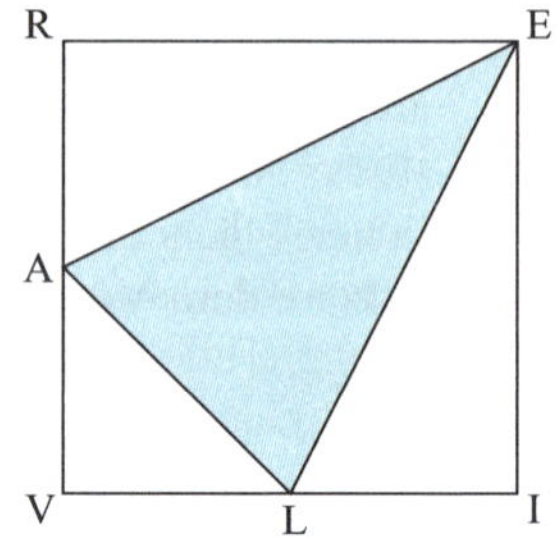

Lösung:

Schritt 1:

Gegeben:
Die aus der Aufgabe herausgelesenen Informationen trägst du am besten in eine Skizze ein.

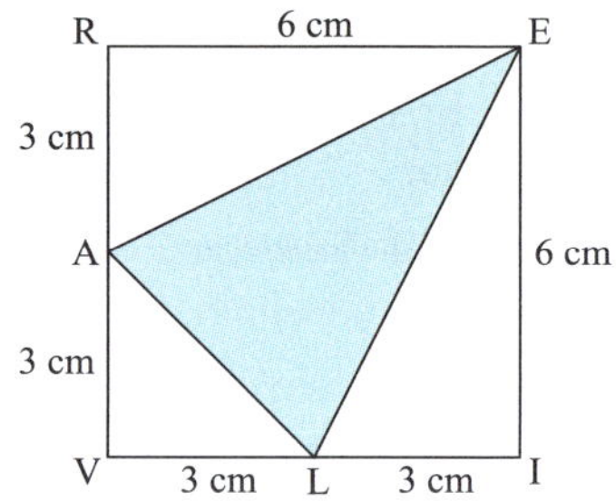

Gesucht:
a) Flächeninhalt des Dreiecks
b) Bruchteil an der Gesamtfläche

Schritt 2:

a) Flächeninhalt des Dreiecks:
   1. Versuch: Fläche des Dreiecks LEA direkt berechnen
   $A = \frac{1}{2} \cdot g \cdot h$
   Die Grundseite und die Höhe sind nicht bekannt. Anhand einer maßstabsgetreuen Zeichnung wären sie ermittelbar, dies ist aber ungenau.
   2. Versuch:
   Die Fläche des Dreiecks wird mithilfe des Flächeninhalts des Quadrats berechnet, wovon die Flächeninhalte der kleinen Dreiecke abgezogen werden.
b) Bruchteil an der Gesamtfläche:
   Für den Bruchteil brauchst du den Quotienten aus Dreiecksfläche und Gesamtfläche, also der Quadratfläche.

Schritt 3:

a) $A = 6 \cdot 6 - \frac{1}{2} \cdot 3 \cdot 3 - 2 \cdot \frac{1}{2} \cdot 3 \cdot 6 = 13{,}5$

b) Bruchteil an der Gesamtfläche: $\frac{13{,}5}{36} = \frac{135}{360} = \frac{27}{72} = \frac{3}{8}$

Schritt 4:

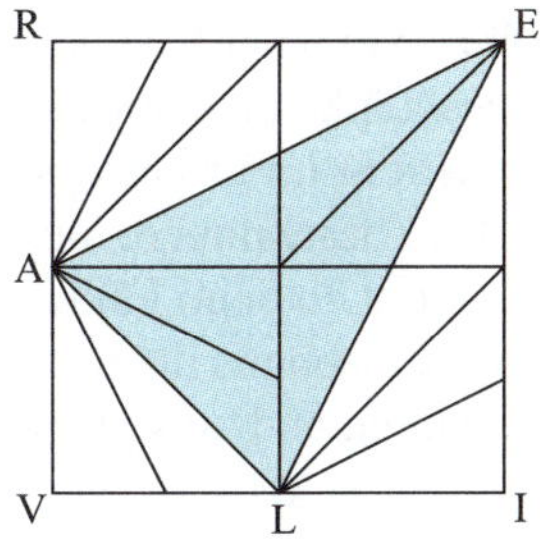

Zur Kontrolle teilt man das Quadrat am besten in kleinere Anteile auf, in Achtel oder noch besser in 16tel. Hat das Dreieck 6 der 16tel, so sind dies $\frac{3}{8}$ der Gesamtfläche. Teile das Quadrat dabei so, dass du möglichst entlang der Kanten des Dreiecks schneidest. Die Teildreiecke sind gleich groß, weil sie dieselbe Grundseite (ein Viertel der Länge des Quadrats) und dieselbe Höhe (Hälfte der Länge des Quadrats) besitzen.

Prinzipiell könntest du die Aufgabe auch über den zweiten Teil der Aufgabenstellung bearbeiten. Bestimme zuerst den Anteil der Gesamtfläche und daraus dann den Flächeninhalt:
Das Quadrat lässt sich in 16 gleiche Dreiecke zerlegen. Die Teildreiecke sind gleich groß, weil sie dieselbe Grundseite (ein Viertel der Länge des Quadrats) und dieselbe Höhe (Hälfte der Länge des Quadrats) besitzen.

Der Anteil des Dreiecks an der Gesamtfläche beträgt $\frac{6}{16} = \frac{3}{8}$.

Berechnung der Fläche:
$A_{Quadrat} = 6 \cdot 6 = 36$
$\frac{3}{8} \cdot 36 = 3 \cdot \frac{36}{8} = 3 \cdot \frac{9}{2} = \frac{27}{2} = 13\frac{1}{2} = 13{,}5$

2 Allgemeines zum Konstruieren

Beim Konstruieren werden ausschließlich Zirkel und Lineal ohne Maßstab verwendet. Das Geodreieck darf benutzt werden, sofern weder dessen Form noch die Hilfslinien zum Erstellen eines rechten Winkels verwendet werden. Außerdem dürfen keine Winkel und Längen gemessen werden.

- Die zu konstruierenden Figuren werden nicht „ungefähr“ gezeichnet, sondern das Vorgehen wird genau geplant und Exaktheit spielt eine große Rolle.
- Bei strenger Auslegung der Regeln zum Konstruieren werden alle gegebenen Längen vorgezeichnet und nur mithilfe von Zirkel und Lineal übertragen.
- Sofern nicht anders verlangt, dürfen parallele Geraden mithilfe der entsprechenden Hilfslinien des Geodreiecks gezeichnet werden.
- Achte darauf, dass Bleistift und Zirkel gut gespitzt sind.

In der Konstruktionsbeschreibung wird das Vorgehen bei der Konstruktion beschrieben. Hier hast du verschiedene Möglichkeiten, wie ausführlich du vorgehst. Beschränke dich auf die notwendigen Schritte, die du möglichst kurz und exakt beschreibst. Für bestimmte Grundkonstruktionen musst du nicht jeden einzelnen Schritt beschreiben, hier reicht die Angabe der Grundkonstruktion. Beispielsweise musst du beim Fällen eines Lotes nicht beschreiben, wo du einstichst und welche Kreisbögen du ziehst. Hier reicht es anzugeben, durch welchen Punkt das Lot verlaufen und zu welcher Geraden es senkrecht sein soll (z. B. Lot zu g durch P).

Übertrag einer Strecke

Eine gegebene Strecke soll übertragen werden.

Konstruktionsbeschreibung:
Zeichne eine Halbgerade mit Anfangspunkt C, wobei C der Anfangspunkt der zu übertragenden Strecke sein soll.

Stich in den Punkt A ein und stelle den Zirkel so ein, dass der andere Schenkel des Zirkels genau auf B eingestellt ist. Stich nun in C ein und ziehe einen Kreisbogen mit diesem Radius um C. Der Schnittpunkt des Kreisbogens mit der Halbgeraden ist D.

Übertrag eines Winkels

Ein Winkel gegebener Größe soll übertragen werden.

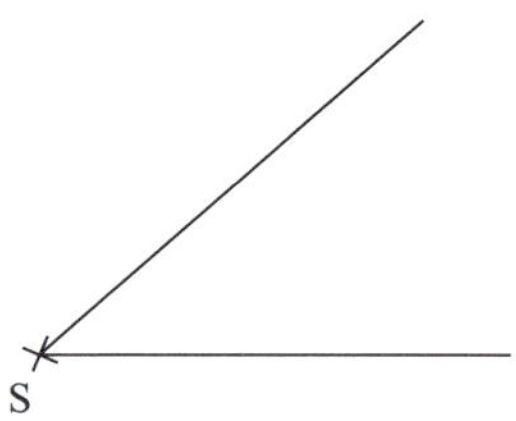

Konstruktionsbeschreibung:
Zeichne eine Halbgerade mit Anfangspunkt T, wobei T der Scheitel des übertragenen Winkels sein soll.

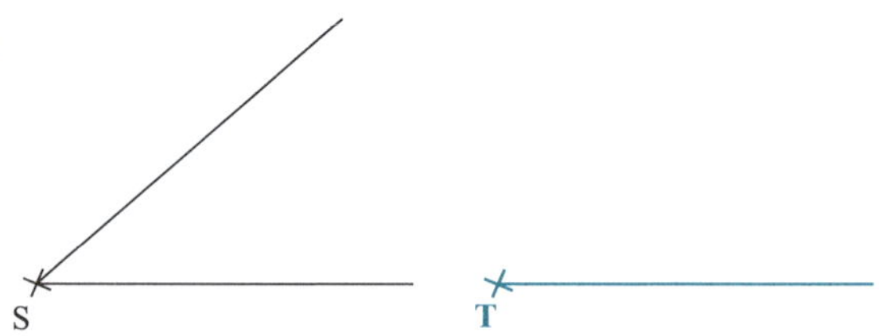

Ziehe je einen Kreisbogen um S und T mit beliebigem aber gleichem Radius.
Die Kreisbögen schneiden die Schenkel des Winkels in A und B bzw. die Halbgerade in C.

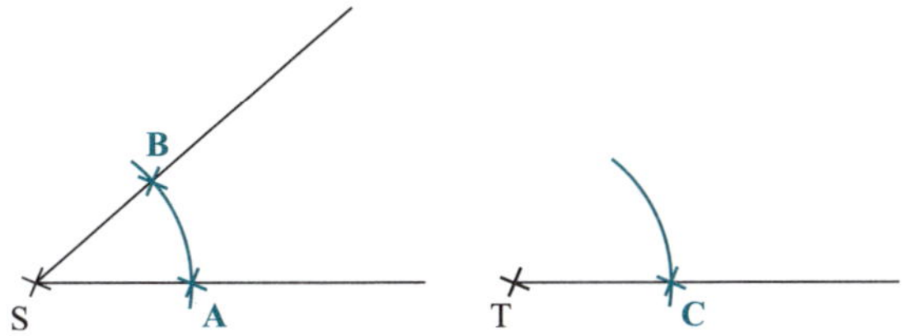

Ziehe einen Kreisbogen um C mit Radius $\overline{AB}$.
Der Schnittpunkt mit dem vorher gezogenen Kreisbogen ist D.

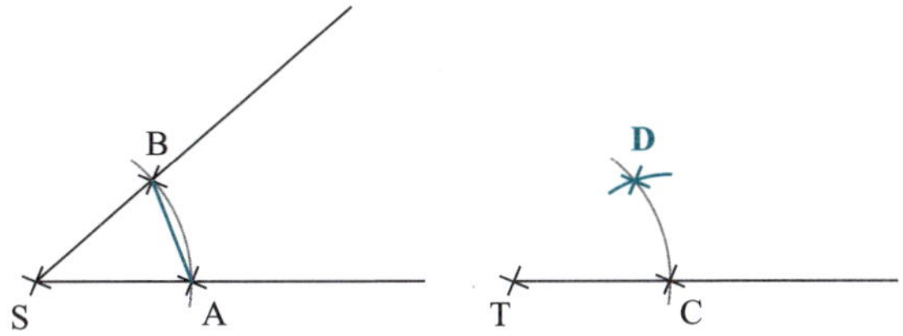

Zeichne die Halbgerade [TD.

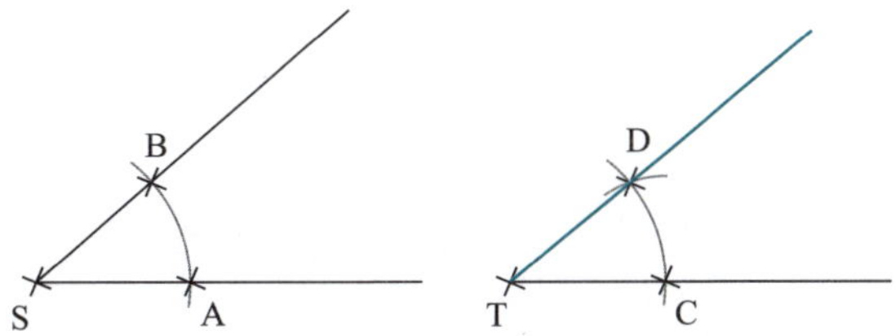

Zur Kontrolle kannst du den Originalwinkel und den übertragenen Winkel messen. Hierfür darfst du natürlich die Winkelskala des Geodreiecks verwenden.

Achsen- und punktsymmetrische Figuren

1 Achsensymmetrie

Wir sind überall von Symmetrie umgeben. Viele Gegenstände des alltäglichen Lebens wären ohne ihre symmetrischen Eigenschaften unzweckmäßig: Eine Leiter mit schrägen Sprossen ist ebenso unpraktisch wie ein Stuhl mit ungleichen Beinen. Die Gewinnchancen beim Fußball wären ungleich verteilt, wenn die Felder nicht symmetrisch angelegt wären.
Auch die Natur bietet viele symmetrische Formen (Schneeflocken, Blätter, Blüten, Insekten, …). Künstler und Architekten bedienen sich der Symmetrie, um als schön angesehene Objekte zu erstellen.
Bei den im normalen Sprachgebrauch als symmetrisch bezeichneten Figuren lassen sich verschiedene Formen der Symmetrie feststellen. Eine dieser Arten ist die Achsensymmetrie. Um eine Klassifizierung zu ermöglichen, wird eine genaue Definition dieser Symmetrie benötigt.

Achsensymmetrische Figuren

Zwei Punkte P und P' sind **symmetrisch** bezüglich der **Symmetrieachse a**, wenn die Verbindungsstrecke der Punkte **senkrecht** auf der Achse a steht und von ihr **halbiert** wird.

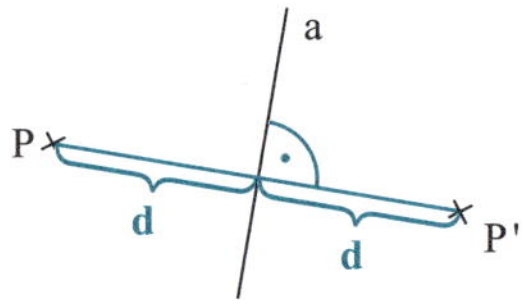

Eine Figur ist achsensymmetrisch zu einer Symmetrieachse a, wenn zu jedem Punkt der Figur auch der entsprechende achsensymmetrische Punkt in der Figur enthalten ist.
Du erkennst symmetrische Figuren, wenn du sie entlang der Symmetrieachse faltest. Die eine Hälfte kommt deckungsgleich auf der anderen Hälfte zu liegen.

Der gespiegelte Punkt wird als Bildpunkt bezeichnet. Entsprechend nennt man eine gespiegelte Figur auch Bildfigur. Häufig wird der ursprüngliche Punkt bzw. die ursprüngliche Figur als das Original bezeichnet.

Eigenschaften achsensymmetrischer Figuren:

- zueinander symmetrische Strecken sind **gleich lang**
- zueinander symmetrische Winkel sind **gleich groß**

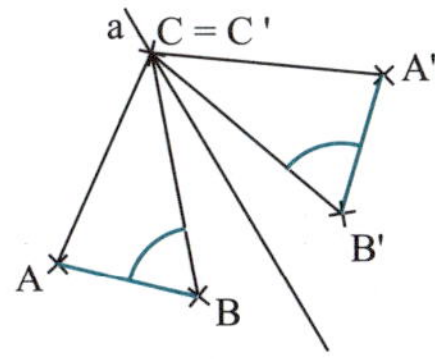

$\overline{AB} = \overline{A'B'}$
$\sphericalangle CBA = \sphericalangle A'B'C'$

- Original und Bildfigur haben einen **unterschiedlichen Umlaufsinn**

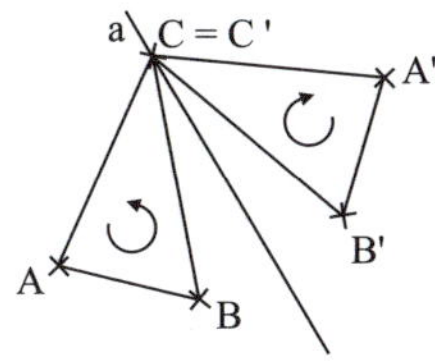

- zueinander symmetrische Geraden sind parallel oder schneiden sich auf der Symmetrieachse
- Punkte, die auf der Symmetrieachse liegen, werden auf sich selbst abgebildet **(Fixpunkte)**
- Geraden, die senkrecht auf der Achse stehen, werden auf sich selbst abgebildet **(Fixgeraden)**
- jeder Punkt der Symmetrieachse ist von zwei zueinander symmetrischen Punkten gleich weit entfernt
- jeder Punkt, der von zwei zueinander symmetrischen Punkten gleich weit entfernt ist, liegt auf der Symmetrieachse

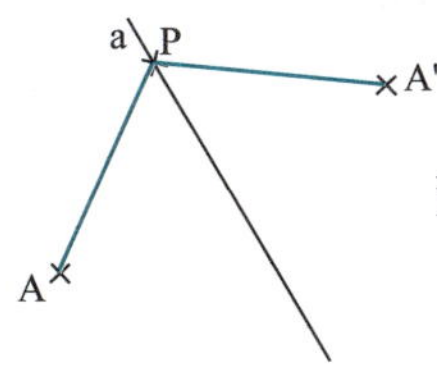

$\overline{PA} = \overline{PA'}$

Beispiele

1. Spiegele das Viereck an der gegebenen Achse.

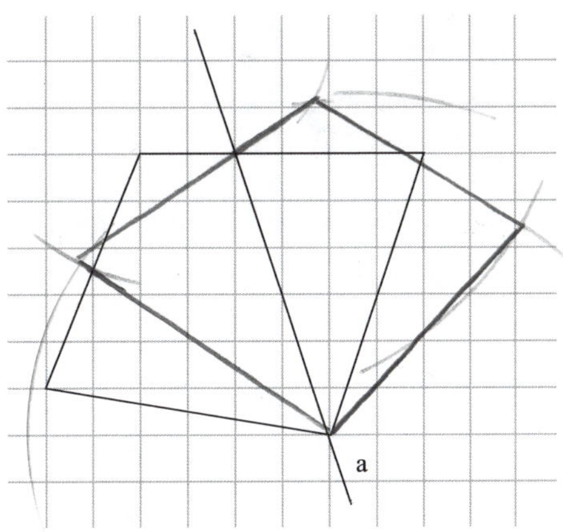

Lösung:
Lege das Geodreieck mit der Mittellinie auf die Symmetrieachse. Verschiebe das Geodreieck der Reihe nach so, dass es zusätzlich durch einen Eckpunkt der Figur verläuft.

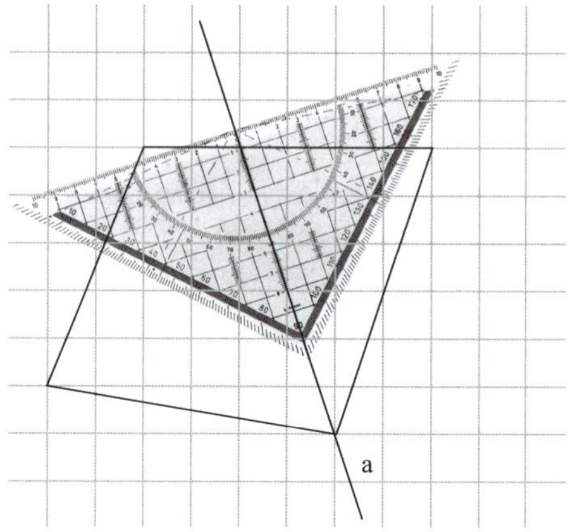

Miss jeweils den Abstand des entsprechenden Eckpunkts von der Symmetrieachse und übertrage ihn auf die andere Seite. Verbinde abschließend die gespiegelten Punkte.

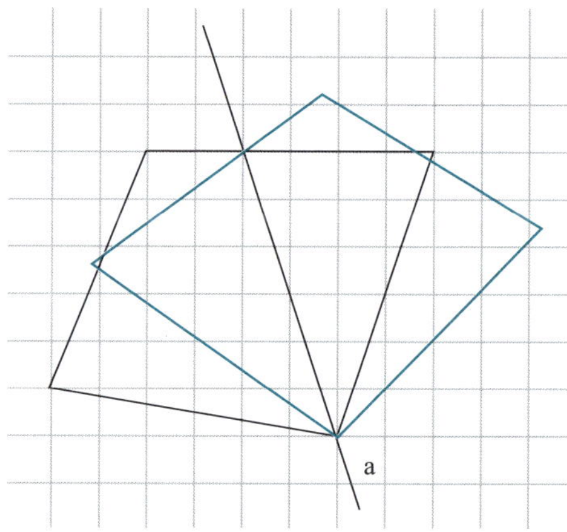

2. Spiegele den Kreis k an der Achse a.

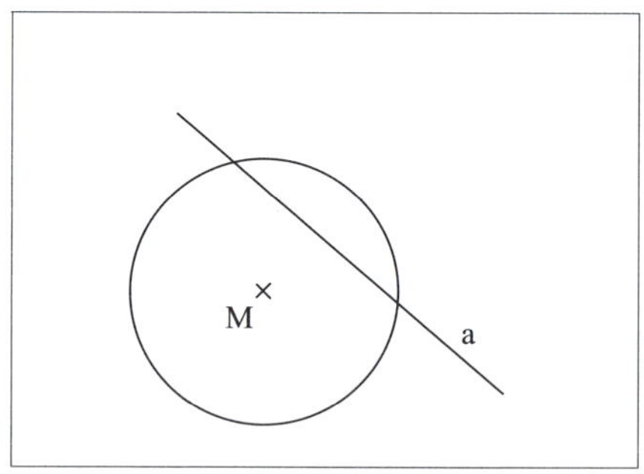

Lösung:
Der Mittelpunkt wird gespiegelt (siehe Beispiel 1). Da die Längen bei einer Achsenspiegelung erhalten bleiben, haben Original- und Bildkreis den gleichen Radius, den du am Original abgreifen kannst.

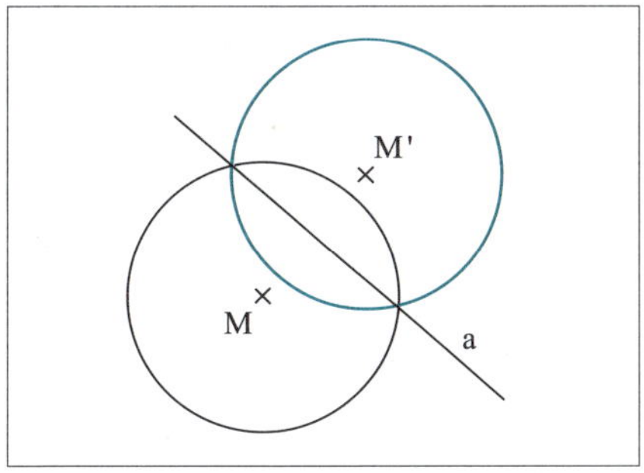

Aufgaben 1. Prüfe auf Symmetrie. Gib die Achsen an.

2. Spiegele an der Achse a.

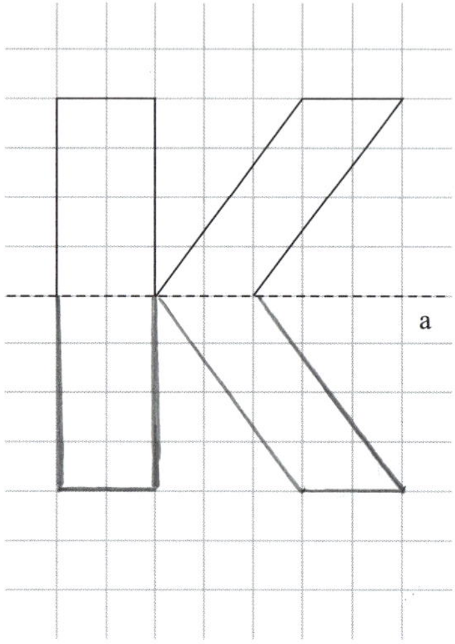

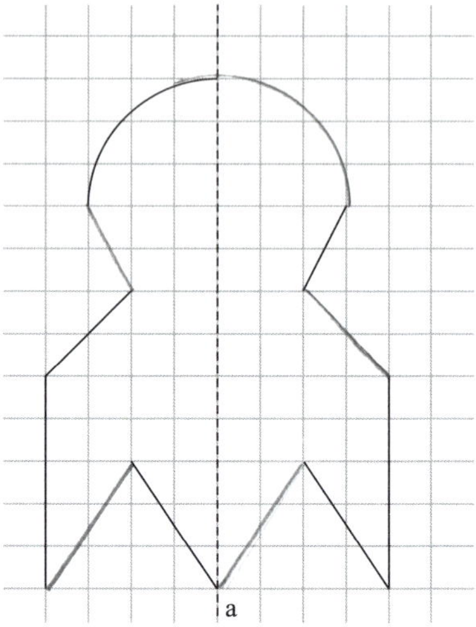

3. Gegeben sind zwei zueinander achsensymmetrische Punkte.
Wie ändert sich der Abstand von Original und Bildpunkt, wenn

a) das Original parallel zur Symmetrieachse um einen Zentimeter verschoben wird?

b) das Original um einen Zentimeter von der Symmetrieachse weg verschoben wird?

c) die Symmetrieachse um einen Zentimeter in Richtung Original verschoben wird?

4. Gegeben sind eine Symmetrieachse a und drei Punkte P, P' und Q, wobei P und Q auf derselben Seite von a liegen und P' der Spiegelpunkt von P bezüglich a ist.
Finde den Spiegelpunkt von Q nur mithilfe eines Geodreiecks, ohne dessen Längenskala zu verwenden – senkrechte Linien darfst du mithilfe der Mittellinie einzeichnen. Begründe dein Vorgehen.

Konstruktion achsensymmetrischer Punkte

Bei gegebenem Originalpunkt P und der Symmetrieachse a kannst du den Bildpunkt P' konstruieren.

Überlegung:
Da ein Punkt auf der Symmetrieachse von Punkt und Spiegelpunkt gleich weit entfernt ist, wählst du zwei Punkte auf der Symmetrieachse und überträgst den Abstand vom gewählten Punkt zum Punkt P jeweils auf die andere Seite der Symmetrieachse.

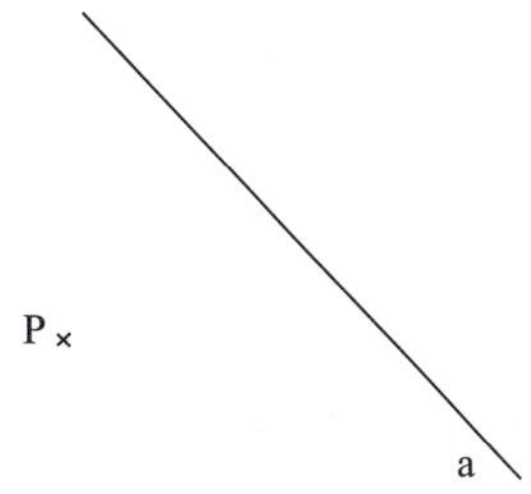

Anleitung zur Konstruktion:

1. Wähle zwei beliebige Punkte A und B auf der Symmetrieachse.
2 Ziehe einen Kreisbogen um A durch P und einen Kreisbogen um B durch P.
3. Der Schnittpunkt dieser Kreisbögen ist der zu P symmetrische Punkt P'.

Konstruktionsschritt 1

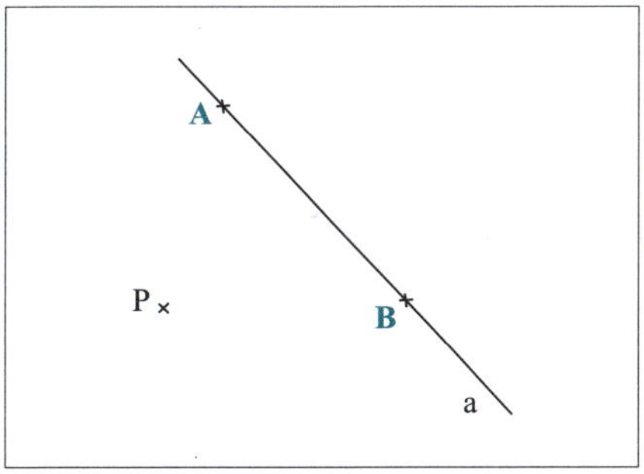

Konstruktionsschritte 2 und 3

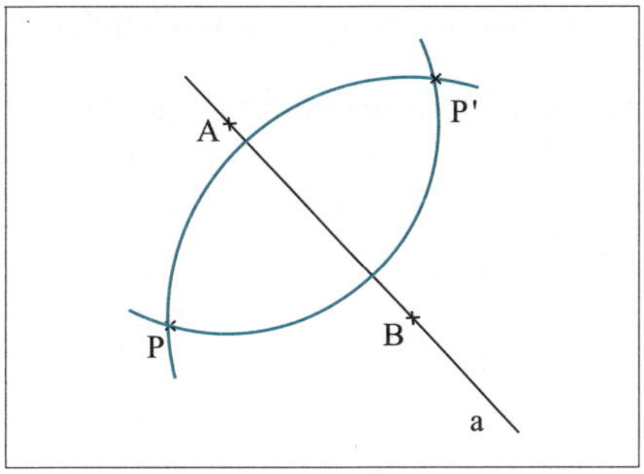

Es gibt eine weitere Möglichkeit, den Bildpunkt P' zu konstruieren:

Anleitung zur Konstruktion:

1. Zeichne einen Kreis um P, der die Symmetrieachse in den Punkten C und D schneidet.
2. Ziehe mit unverändertem Radius jeweils einen Kreisbogen um C und D.
3. Der Schnittpunkt dieser Kreisbögen ist der zu P symmetrische Punkt P'.

Konstruktionsschritt 1

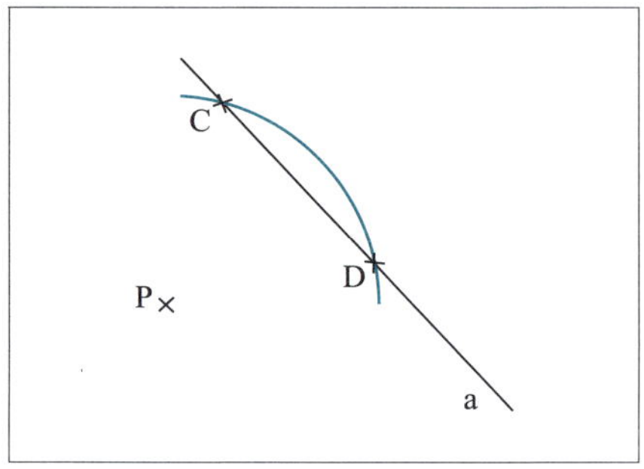

Konstruktionsschritte 2 und 3

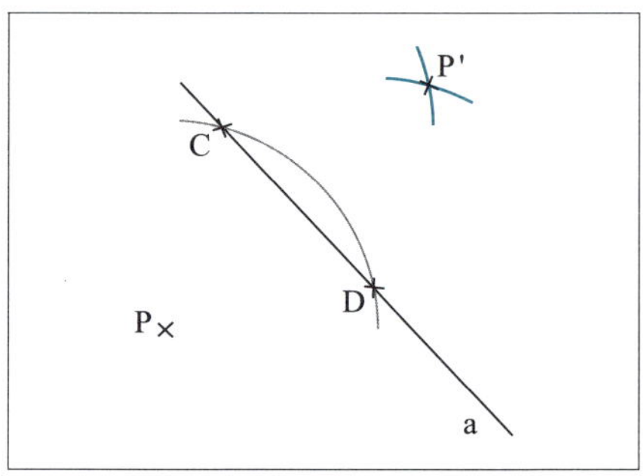

Konstruktion der Symmetrieachse

Wenn der Originalpunkt P und der Bildpunkt P' gegeben sind, kannst du die Symmetrieachse konstruieren.

Überlegung:
Die Punkte auf der Symmetrieachse sind von Original- und Bildpunkt gleich weit entfernt. Zwei solche Punkte findest du als Schnittpunkt der Kreise mit gleichem Radius um P und P'.

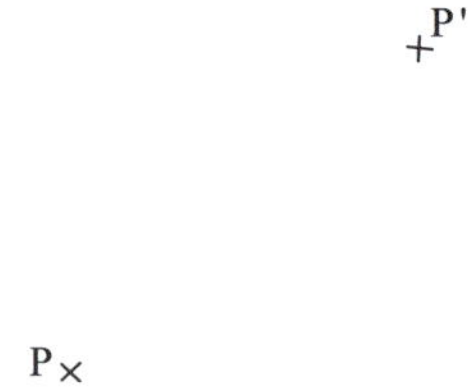

Anleitung zur Konstruktion:

1. Ziehe mit beliebigem Radius einen Kreisbogen um P, wobei der Radius etwas größer als die Hälfte des Abstandes der beiden Punkte sein muss.
2. Ziehe anschließend mit dem gleichen Radius einen Kreisbogen um P'.
3. Verbinde die Schnittpunkte der Kreisbögen miteinander; dies ist die Symmetrieachse a.

Konstruktionsschritt 1

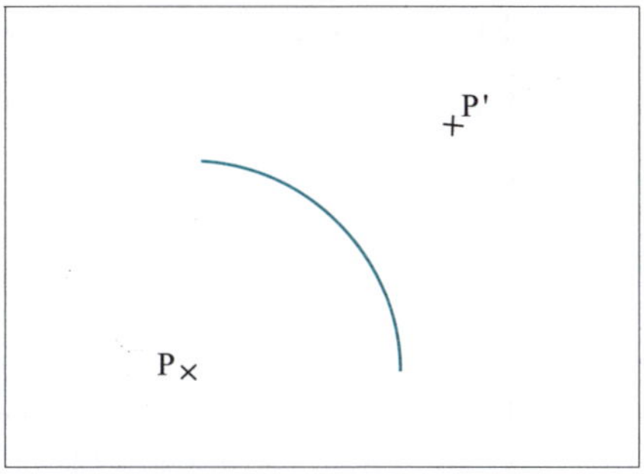

Konstruktionsschritt 2

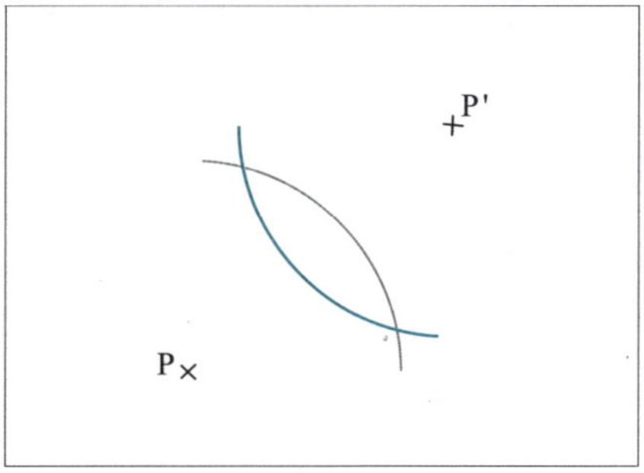

Konstruktionsschritt 3

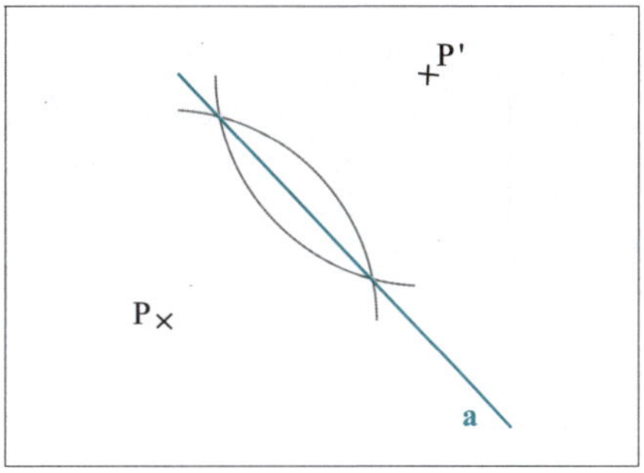

Beispiele

1. Zeichne das Dreieck ABC mit A(1|2), B(4|1), C(1|7).
   Konstruiere das zum Dreieck ABC achsensymmetrische Dreieck A'B'C', wenn A' die Koordinaten (9|6) hat.

   Lösung:

   Überlegung:

   Um die Punkte B' und C' zu konstruieren, benötigst du die Symmetrieachse, die durch die Spiegelung von A auf A' bereits festgelegt ist.

   Vorgehen:

   Konstruiere zuerst die Spiegelachse zu den Punkten A und A'.

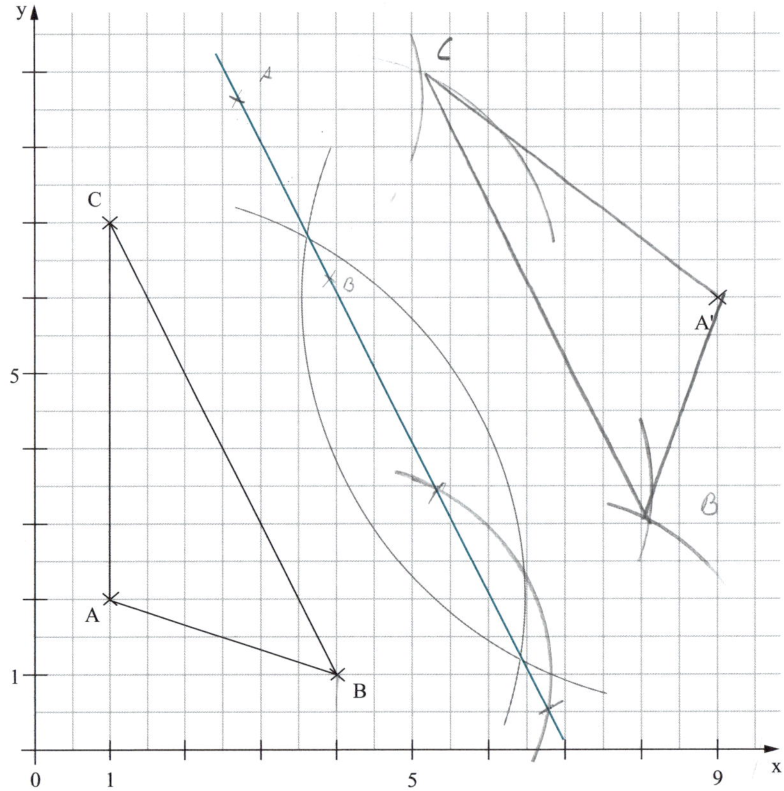

Anschließend spiegelst du die Punkte B und C an dieser Achse.

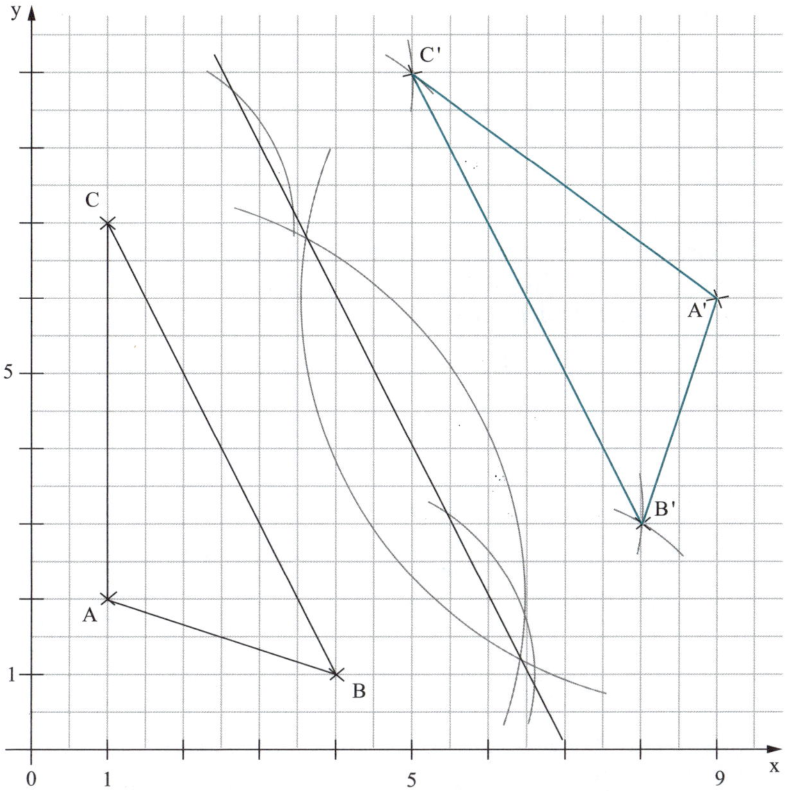

2. Ein Boot ist von drei Leuchttürmen $L_1(0|0)$, $L_2(6|2)$ und $L_3(9|6)$ gleich weit entfernt. Zeichne die Punkte in ein Koordinatensystem und bestimme durch Konstruktion die Position des Bootes.

Lösung:

Überlegung:

Das Boot ist von je zwei Leuchttürmen gleich weit entfernt, wenn es sich auf der entsprechenden Spiegelachse befindet. Mit drei Leuchttürmen lassen sich zwei Spiegelachsen konstruieren. Der Schnittpunkt der beiden Spiegelachsen ist von L_1, L_2 und L_3 gleich weit entfernt und somit die gesuchte Position des Bootes.

Vorgehen:

Konstruiere die Spiegelachse der Punkte L_1 und L_2 und anschließend die Spiegelachse der Punkte L_2 und L_3.
Der Schnittpunkt der Spiegelachsen ist der gesuchte Punkt.

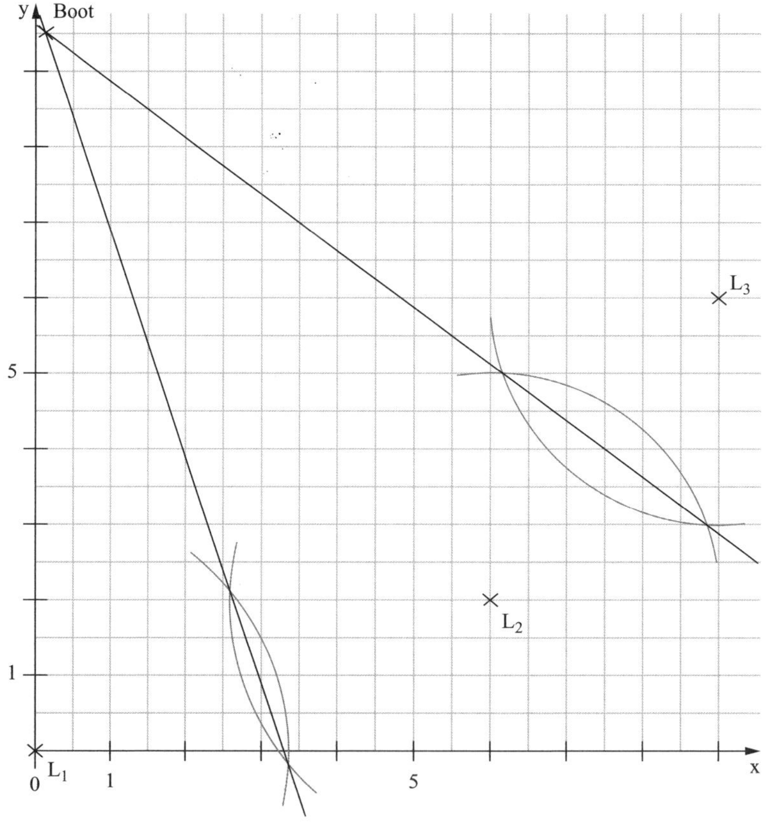

Zur Kontrolle kannst du den Abstand vom Boot zu den Leuchttürmen messen.

ufgaben

5. a) Gegeben sind die Punkte A(1 | 3), B(3 | 4), C(2 | 6), E(3 | 2), F(5 | 4). Konstruiere das Dreieck, das zum Dreieck ABC bzgl. EF symmetrisch ist. (Platzbedarf: oben 7, unten 0, rechts 8, links 0)

b) Gegeben sind die Punkte R(–5 | 4), S(–3 | 5), T(–2 | 8), U(–7 | 8). Konstruiere das Viereck, das zum Viereck RSTU bzgl. VW mit V(–6 | 1), W(–2 | 3) symmetrisch ist. (Platzbedarf: oben 9, unten 5, rechts 3, links 8)

c) Gegeben sind die Punkte M(–2 | –4), K(–1 | 0), L(2 | –5). Konstruiere den Kreis k(M', r'), der zum Kreis k(M, 2 cm) bzgl. KL symmetrisch ist. (Platzbedarf: oben 2, unten 7, rechts 5, links 5)

6. Konstruiere die Symmetrieachse zweier sich schneidender Geraden.

7. Zeichne mithilfe eines Wasserglases einen Kreis. Konstruiere den Mittelpunkt des Kreises.

8. Schaf Harald kehrt nach einem langen Tag auf der Weide (Punkt A) zurück in den Stall (Punkt B). Auf dem Heimweg will Harald noch am Fluss f trinken. Finde die Stelle am Fluss (Punkt F), an der er trinken sollte, sodass der gesamte Weg von der Weide zum Stall möglichst kurz ist.

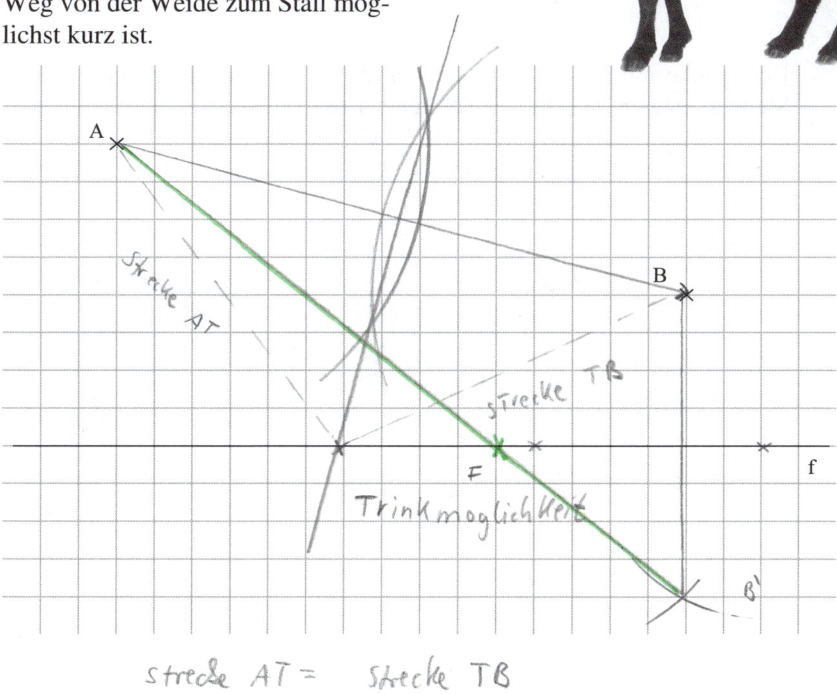

Strecke AT = Strecke TB

grün = Musterlösung

9. Landschaftsgärtner Huber hat bei Schreiner Müller eine neue Eingangstür für seinen Verkaufsraum bestellt, auf der ein achsensymmetrischer blattloser Busch eingefräst sein soll. Herr Müllers Lehrling hat in der Schule nicht aufgepasst und bereits folgende Äste und Zweige gefräst:

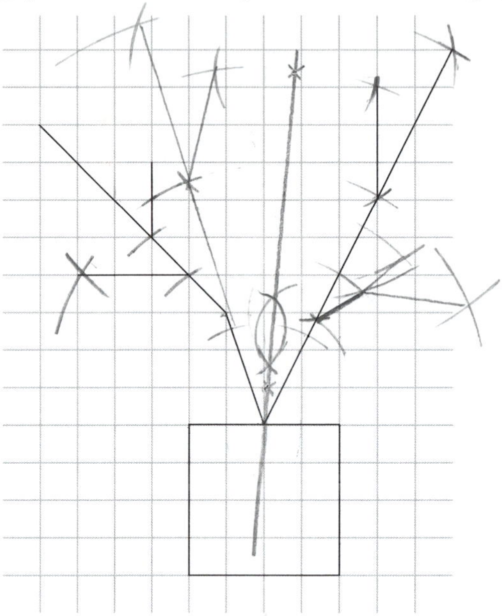

Herr Müller möchte die Arbeit so vollenden, dass sich die Zweige an keiner Stelle schneiden. Da Herr Huber keine senkrecht verlaufende Symmetrieachse verlangt hat, findet Herr Müller eine Möglichkeit.
Konstruiere eine sinnvolle Symmetrieachse und ergänze den Busch in der verlangten Weise.

2 Punktsymmetrie

Nicht alle der von uns als symmetrisch empfundenen Figuren sind achsensymmetrisch. So scheint eine Spielkarte auf den ersten Blick eine horizontale Symmetrieachse zu haben. Bei genauerer Betrachtung fällt aber auf, dass bei der unteren Hälfte zusätzlich links und rechts vertauscht sind. Solche Figuren werden als punktsymmetrisch bezeichnet.

Punktsymmetrische Figuren

Zwei Punkte P und P' sind **punktsymmetrisch** bezüglich des Zentrums Z, wenn die Verbindungsstrecke der Punkte von Z **halbiert** wird.

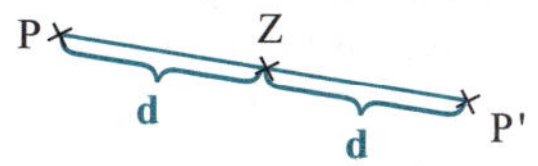

Eine Figur ist punktsymmetrisch, wenn zu jedem Punkt der Figur auch der entsprechende punktsymmetrische Punkt in der Figur enthalten ist. Du erkennst punktsymmetrische Figuren daran, dass sie nach einer Drehung um 180° um das Zentrum deckungsgleich zur ursprünglichen Figur sind.

Auch bei der Punktspiegelung spricht man von Original, Bildpunkt und Bildfigur.

Eigenschaften punktsymmetrischer Figuren:

- zueinander punktsymmetrische Strecken sind **gleich lang**
- zueinander punktsymmetrische Winkel sind **gleich groß**

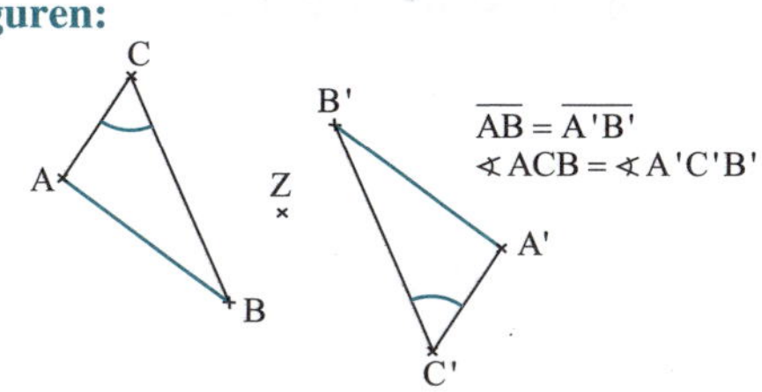

- Original und Bildfigur haben **gleichen Umlaufsinn**
- zueinander punktsymmetrische Strecken bzw. Geraden sind parallel
- nur das Zentrum wird auf sich selbst abgebildet und ist somit der einzige **Fixpunkt**

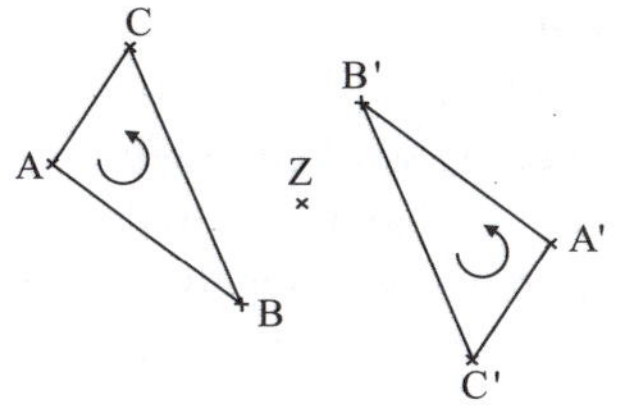

- Geraden, die durch das Zentrum verlaufen, werden auf sich selbst abgebildet **(Fixgeraden)**

Beispiele

1. Spiegele das Dreieck am Zentrum Z.

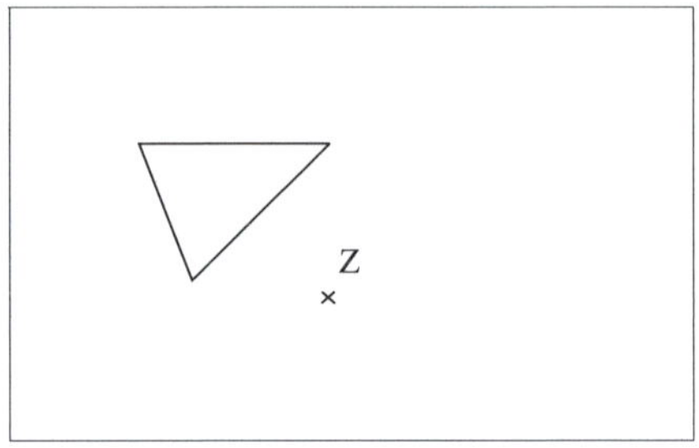

Lösung:
Das Dreieck spiegelst du, indem du alle drei Ecken einzeln spiegelst. Lege das Geodreieck hierfür so am jeweiligen Eckpunkt und dem Zentrum Z an, dass die 0-Markierung des Geodreiecks auf Z liegt. Lies den Abstand zwischen Punkt und Zentrum an der mm-Skala ab und markiere den Bildpunkt auf der gegenüberliegenden Seite von Z im gleichen Abstand.

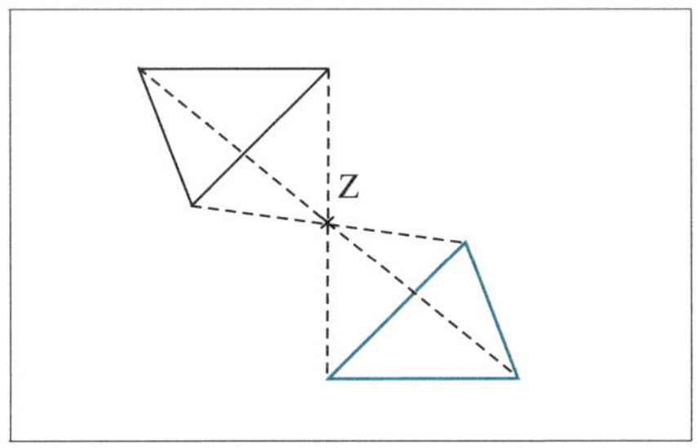

2. Spiegele den Kreis mit Mittelpunkt M am Zentrum Z.

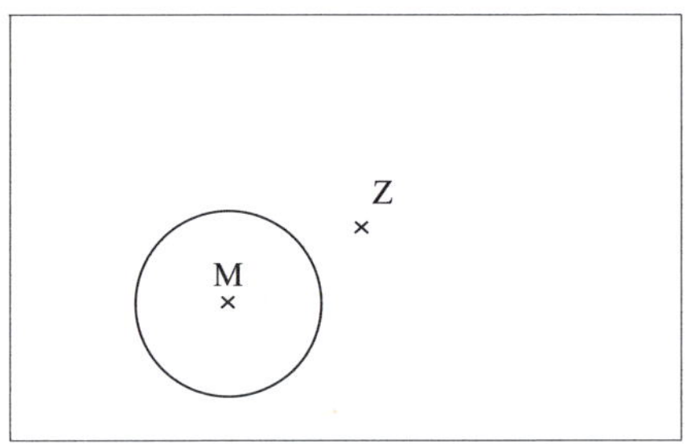

Lösung:
Wie schon bei der Achsenspiegelung wird ein Kreis punktgespiegelt, indem der Mittelpunkt gespiegelt und der Radius übernommen wird.

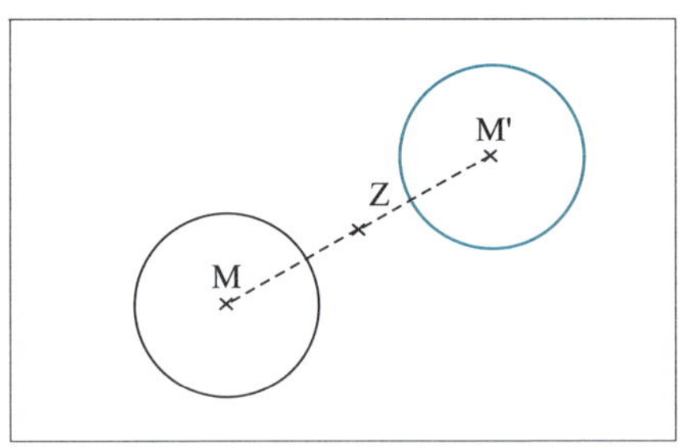

Aufgabe **10.** Spiegele am Zentrum Z ohne zu konstruieren.

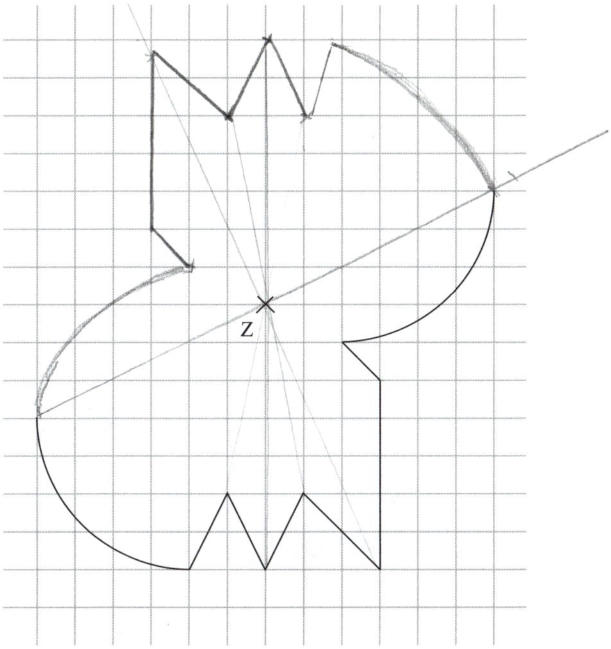

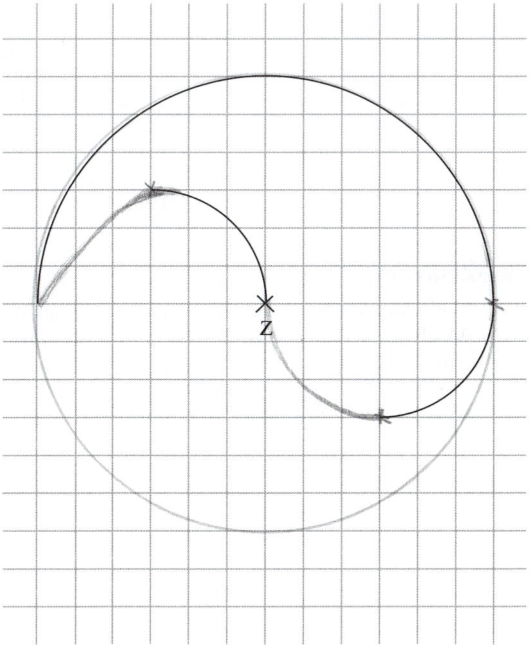

Konstruktion punktsymmetrischer Punkte

Wenn du den Originalpunkt P und das Zentrum Z gegeben hast, kannst du den Bildpunkt P' konstruieren.

Überlegung:
Original- und Bildpunkt haben den gleichen Abstand vom Zentrum Z.

> **Anleitung zur Konstruktion:**
> 1. Zeichne die Halbgerade [PZ.
> 2 Ziehe um Z einen Kreisbogen mit Radius $\overline{PZ}$.
> 3. Der Schnittpunkt des Kreisbogens mit der Halbgeraden [PZ ist der zu P punktsymmetrische Punkt P'.

Konstruktionsschritt 1

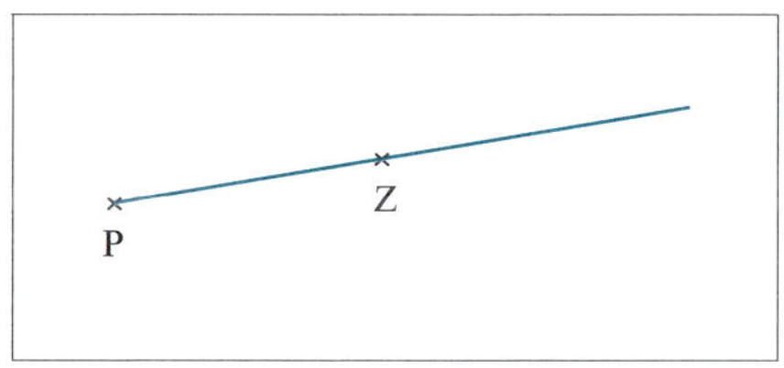

Konstruktionsschritte 2 und 3

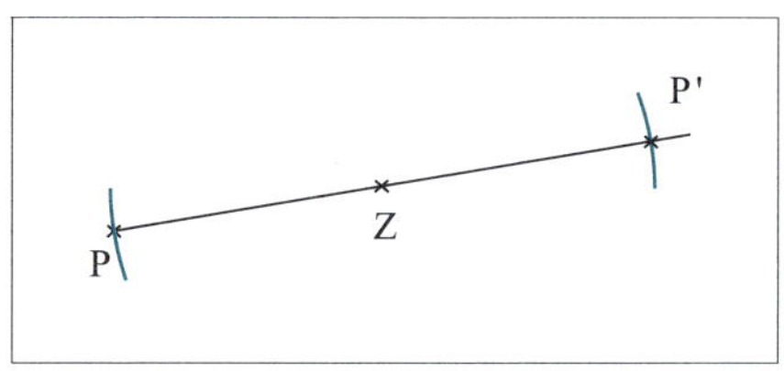

Konstruktion des (Symmetrie-)Zentrums

Wenn Du den Originalpunkt P und den Bildpunkt P' gegeben hast, kannst du das Zentrum Z konstruieren.

Überlegung:
Das Zentrum Z liegt in der Mitte der Strecke [PP'].

Anleitung zur Konstruktion:

1. Verbinde P und P'.
2 Ziehe um P und P' einen Kreisbogen mit beliebigem, aber gleichem Radius, wobei dieser größer als die Hälfte des Abstandes von P und P' sein muss.
3. Verbinde die Schnittpunkte der Kreisbögen miteinander.
4. Der Schnittpunkt dieser Verbindungslinie mit der Strecke [PP'] ist das Symmetriezentrum Z der Punktspiegelung.

Konstruktionsschritt 1

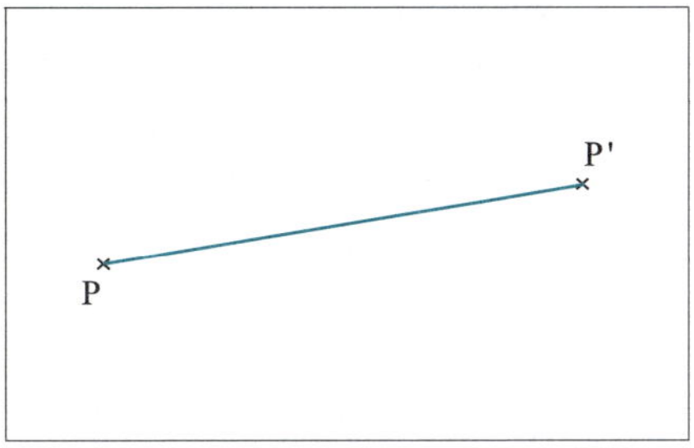

Konstruktionsschritt 2

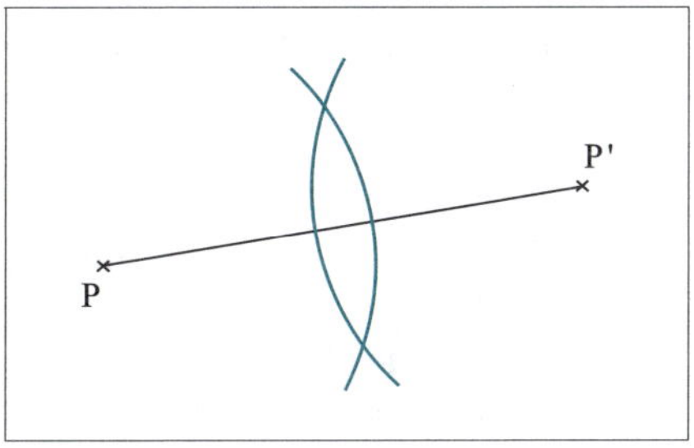

Konstruktionsschritte 3 und 4

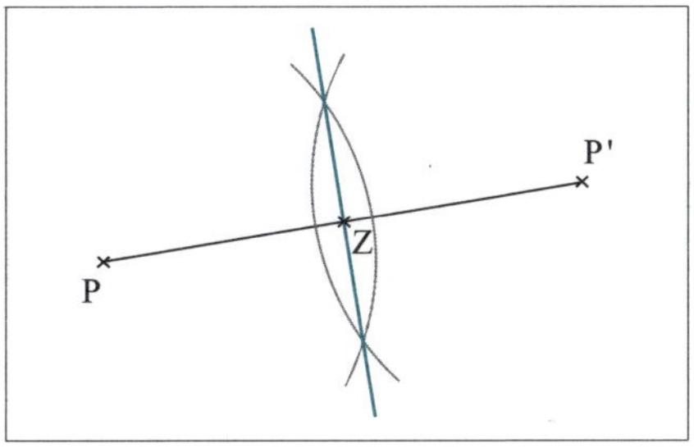

Beispiele

1. Konstruiere das Spiegelbild der Geraden g bezüglich des Zentrums Z.

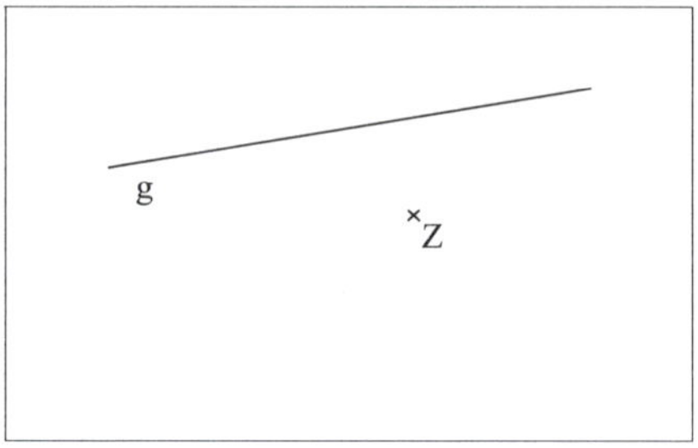

Lösung:

Überlegung:

Eine Gerade ist durch zwei Punkte festgelegt. Es genügt deshalb, zwei beliebige Punkte der Geraden zu spiegeln. Die Gerade durch die gespiegelten Punkte ist die Spiegelgerade.

Konstruktionsbeschreibung:

Wähle zwei beliebige Punkte A und B auf g aus.
Um eine gute Genauigkeit zu erzielen, achte auf einen großen Abstand zwischen den Punkten.

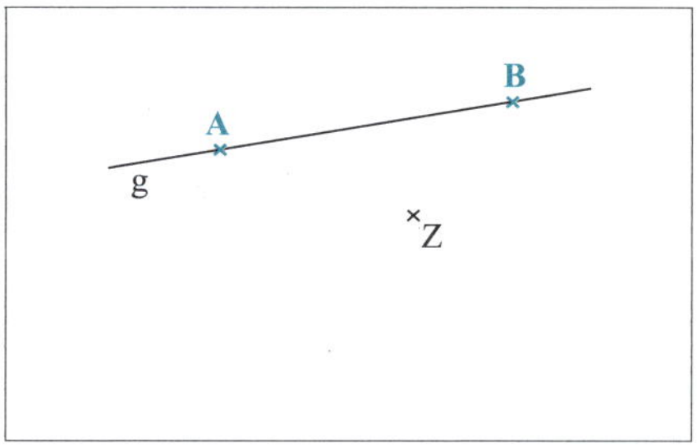

Spiegele die Punkte A und B an Z.
Ziehe eine Gerade durch die beiden Spiegelpunkte.

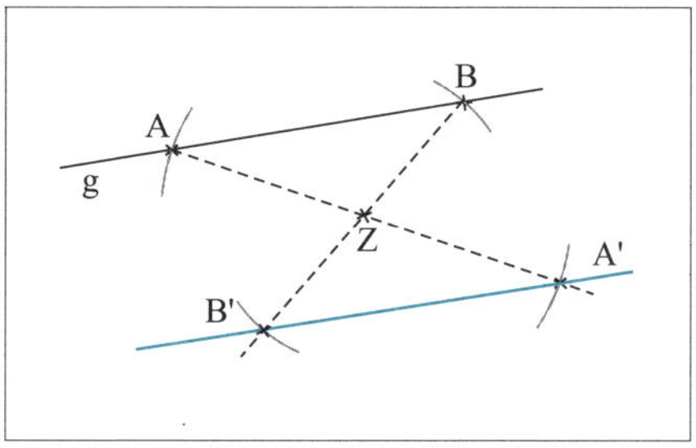

ufgaben

11. a) Gegeben sind die Punkte A(–2|4), B(2|6), C(0|7), E(2|4).
Konstruiere das Dreieck A'B'C', das zum Dreieck ABC bzgl. E punktsymmetrisch ist. (Platzbedarf: oben 8, unten 0, rechts 7, links 3)

b) Gegeben sind die Punkte R(–5|3), S(–4|6), T(–7|6), U(–7|2).
Konstruiere das Viereck R'S'T'U', das zum Viereck RSTU bzgl. R punktsymmetrisch ist. (Platzbedarf: oben 7, unten 0, rechts 0, links 8)

c) Gegeben sind die Punkte M(–2|–4), L(0|–3).
Konstruiere den Kreis k(M', r'), der zum Kreis k(M, 2,5 cm) bzgl. L punktsymmetrisch ist. (Platzbedarf: oben 0, unten 7, rechts 5, links 5)

12. Zeichne das Dreieck ABC mit A(6|7), B(9|5) und C(10|9).
Konstruiere das zum Dreieck ABC punktsymmetrische Dreieck A'B'C', wenn A' die Koordinaten (6|1) hat.
(Platzbedarf: oben 10, unten 2, rechts 11, links 0)

13. Gegeben sind zwei Dreiecke ABC und A'B'C'.
Untersuche, ob die Dreiecke zueinander punktsymmetrisch sind, und konstruiere gegebenenfalls das Symmetriezentrum Z.

a) A(0|2), B(4|3), C(2|6), A'(10|8), B'(6|7), C'(7|4)
(Platzbedarf: oben 9, unten 0, rechts 11, links 0)

b) A(5|1), B(3|6), C(1|3), A'(5|5), B'(7|0), C'(9|3)
(Platzbedarf: oben 7, unten 0, rechts 10, links 0)

14. Gegeben sind die in nebenstehender Abbildung gezeichneten zueinander punktsymmetrischen Strecken.
Wie ändert sich die Lage der Bildstrecke, wenn

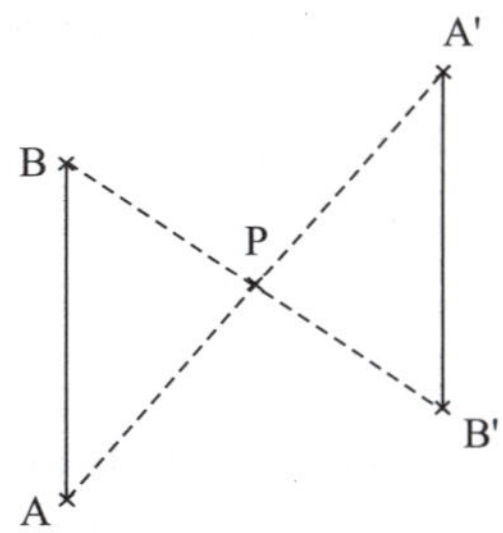

a) das Original um einen Zentimeter nach oben verschoben wird?
b) das Original um einen Zentimeter nach rechts verschoben wird?
c) das Symmetriezentrum um einen Zentimeter nach oben verschoben wird?
d) das Symmetriezentrum um einen Zentimeter nach links verschoben wird?

15. Warum kann ein Dreieck nicht punktsymmetrisch sein?

16. Bei der Lochkamera fallen die Lichtstrahlen durch ein kleines Loch. An der Rückwand der Kamera zeigen sie ein Bild des „fotografierten“ Gegenstandes. Folgendes Bild zeigt eine Leuchtstoffröhre, die mit der Lochkamera abgebildet werden soll.

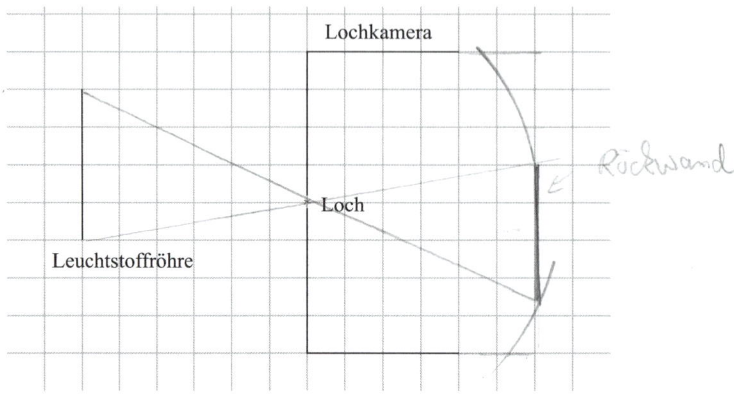

a) Wo muss sich die Rückwand der Kamera befinden, damit das Bild so groß wie das Original ist? Konstruiere für diesen Fall das Bild.

b) Die Rückwand wird näher an das Loch herangebracht. Wie verändert sich das Bild? Das Bild wird kleine

Aufgaben zu Achsen und Punktsymmetrie

17. Gib alle Buchstaben des großen lateinischen Alphabets an, die
   a) achsensymmetrisch zu genau einer Achse sind.
   b) achsensymmetrisch zu zwei Achsen sind.
   c) punktsymmetrisch sind.

18. Welche Figuren sind
   a) punkt-, aber nicht achsensymmetrisch? 2, 7
   b) achsen-, aber nicht punktsymmetrisch? 5, 1 5
   c) achsen- und punktsymmetrisch? 1; 4; 6, 7 1, 4
   d) weder achsen- noch punktsymmetrisch? 2, 3 3

Figur 1
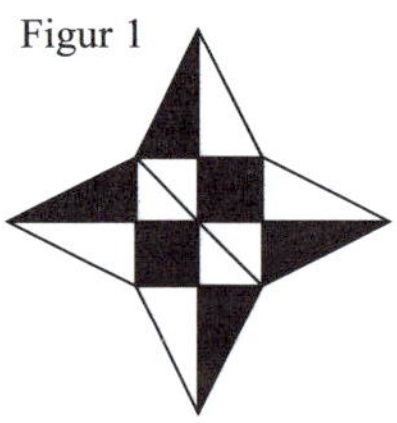
Figur 2
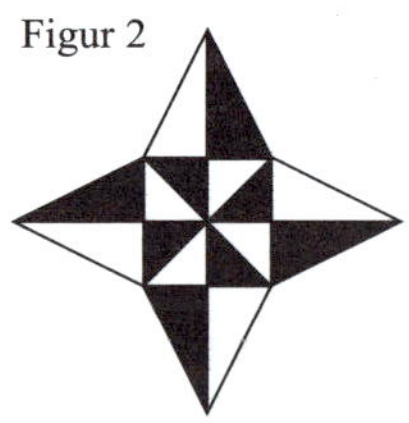
Figur 3
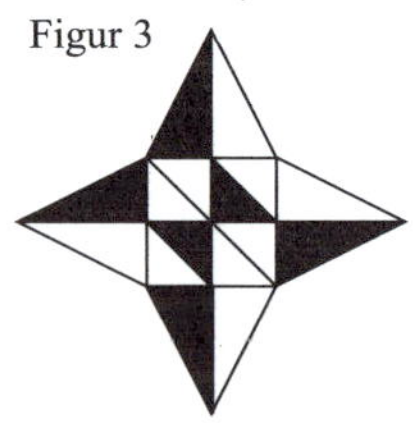
Figur 4
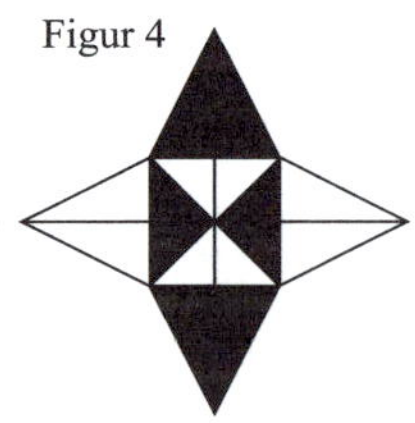
Figur 5
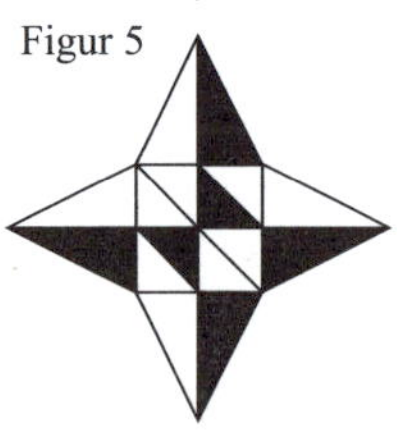
Figur 6
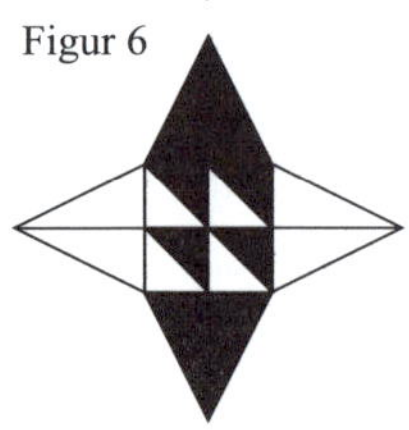
Figur 7
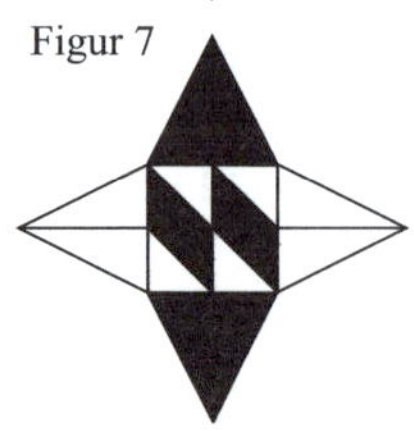

19. Färbe mindestens drei Kästchen des Quadrates so ein, dass eine Figur mit folgenden Eigenschaften entsteht:

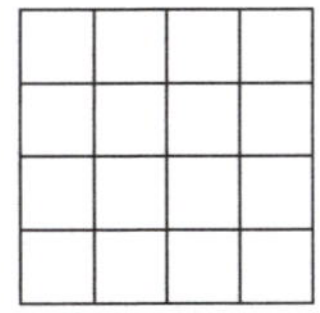

a) punkt-, aber nicht achsensymmetrisch

b) achsen-, aber nicht punktsymmetrisch

c) punkt- und achsensymmetrisch

20. In Familie Kullers Garten stehen drei Buchsbäume an den Punkten A(2|2), B(7|7) und C(2|8). Herr Kuller beauftragt Herrn Müller mit der Anpflanzung möglichst weniger neuer Büsche, sodass alle Büsche auf einer gemeinsamen Kreislinie stehen. Außerdem soll die entstehende Buschgruppe symmetrisch sein.

a) Konstruiere den Mittelpunkt des entstehenden Buschkreises. (Platzbedarf: oben 10, unten 0, rechts 8, links 0)

b) Konstruiere möglichst wenige Pflanzpositionen, sodass eine achsensymmetrische Baumgruppe entsteht.

c) Prüfe, ob die entstehende Baumgruppe auch punktsymmetrisch ist.

21. a) Welche Lage müssen zwei zueinander achsensymmetrische parallele Geraden bezüglich der Symmetrieachse haben?

b) Welche Lage müssen zwei zueinander achsensymmetrische sich schneidende Geraden bezüglich der Symmetrieachse haben?

c) Welche Lage muss ein Kreis bezüglich der Symmetrieachse haben, sodass er zu sich selbst achsensymmetrisch ist?

22. a) Welche Lage müssen zwei zueinander punktsymmetrische parallele Geraden bezüglich des Symmetriezentrums haben?

b) Welche Lage muss ein Kreis bezüglich des Symmetriezentrums haben, sodass er zu sich selbst punktsymmetrisch ist?

✱ c) Welche Lage müssen zwei zueinander punktsymmetrische sich schneidende Geraden bezüglich des Symmetriezentrums haben?

3 Mittelsenkrechte, Lot, Winkelhalbierende

In Natur und Technik haben Symmetrieachsen manchmal besondere Funktionen. So entspricht die Symmetrieachse eines Giebelzeltes meist einer Zeltstange und die Symmetrieachse eines Schmetterlings stellt den oft kaum erkennbaren Körper dar. Entsprechend weisen Symmetrieachsen gelegentlich Eigenschaften auf, die für die Gesamtfigur von großer Bedeutung sind.

Mittelsenkrechte

Die **Mittelsenkrechte** $m_{[AB]}$ der Strecke [AB] ist die **Gerade**, die **senkrecht** auf [AB] steht und [AB] **halbiert**.

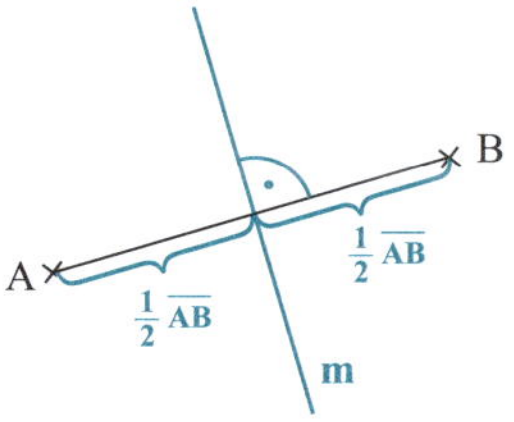

Sie entspricht der Symmetrieachse der Punkte A und B und wird entsprechend konstruiert (zur Wiederholung siehe S. 18).

Anleitung zur Konstruktion:

1. Ziehe einen Kreisbogen mit gleichem Radius um A und B. Der Radius muss etwas größer als die Hälfte der Strecke sein, ist ansonsten aber beliebig.
2. Verbinde die Schnittpunkte der Kreisbögen.

Konstruktionsschritt 1

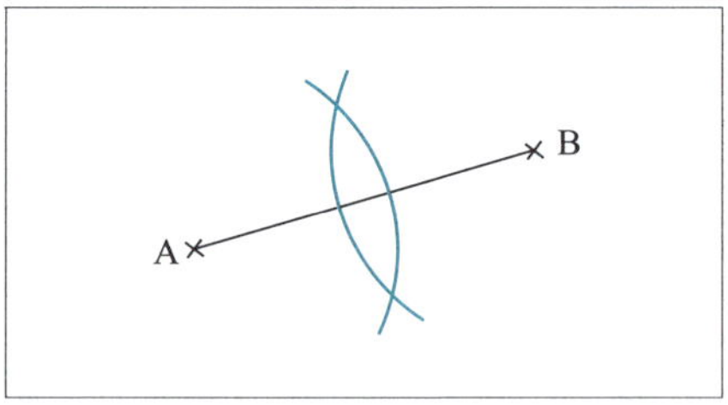

Konstruktionsschritt 2

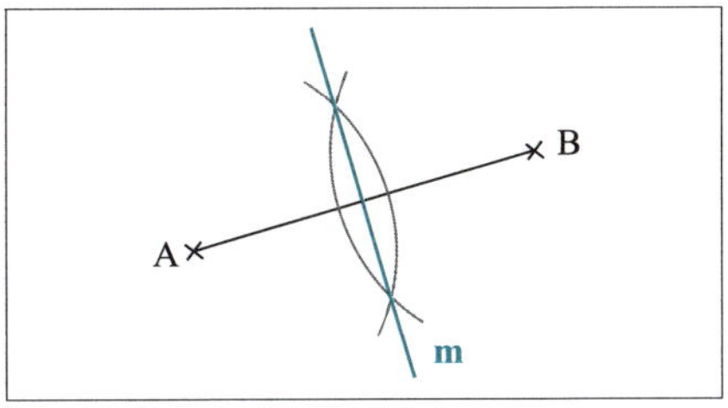

Winkelhalbierende

Die **Winkelhalbierende w_α** von Winkel α ist die **Gerade**, die durch den **Scheitel** von α verläuft und den Winkel in **zwei gleich große Teile** teilt.

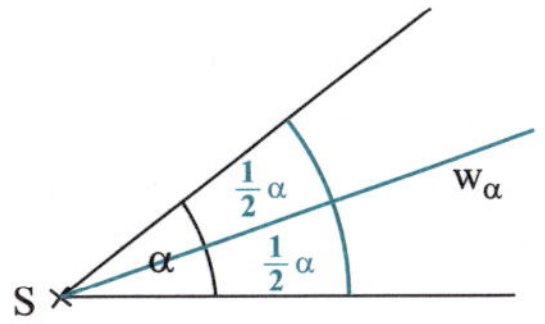

Sie entspricht der Symmetrieachse der Schenkel von α und wird entsprechend konstruiert (zur Wiederholung siehe S. 23, Aufgabe 6).

Anleitung zur Konstruktion:

1. Ziehe einen Kreisbogen um den Scheitel S des Winkels. Er schneidet die Schenkel in A und B.
2. Ziehe zwei Kreisbögen mit gleichem Radius um A und B.
3. Verbinde den Schnittpunkt der Kreisbögen mit S.

Konstruktionsschritt 1

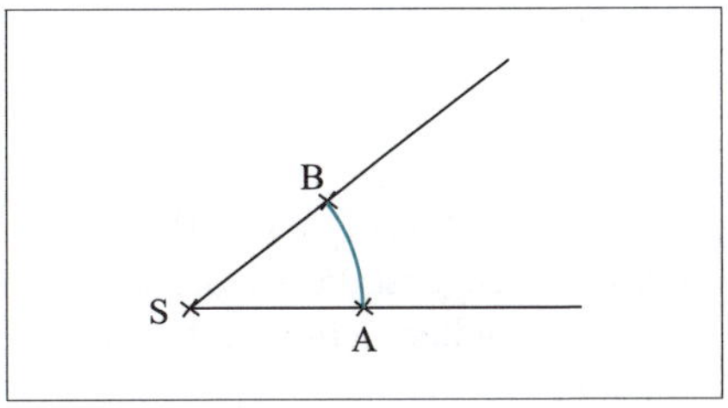

Konstruktionsschritt 2

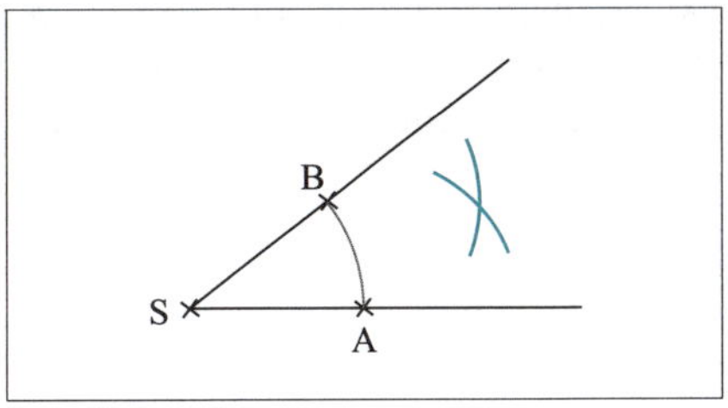

Konstruktionsschritt 3

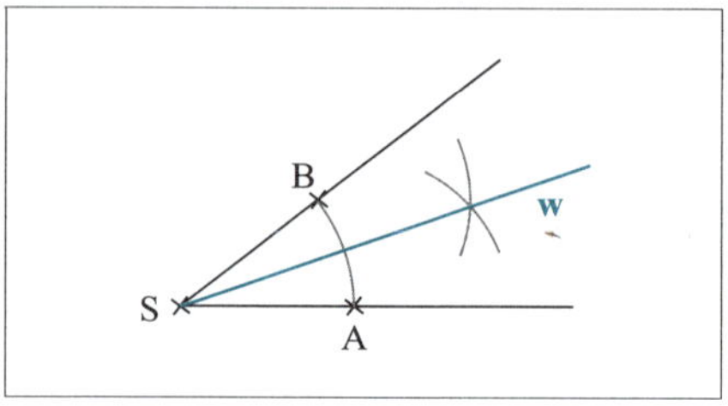

Lot

Das **Lot** zu einer Geraden g ist eine **Gerade**, die **senkrecht** auf g steht. Der Schnittpunkt des Lotes mit der Geraden heißt **Lotfußpunkt** oder Fußpunkt.

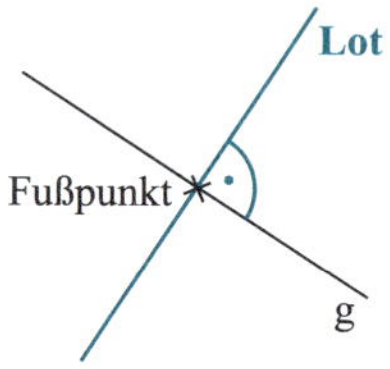

Liegt der Punkt P, durch den das Lot verlaufen soll, auf der Geraden, so sagt man, dass das Lot zu g in P **errichtet** wird. P ist dann zugleich Lotfußpunkt.

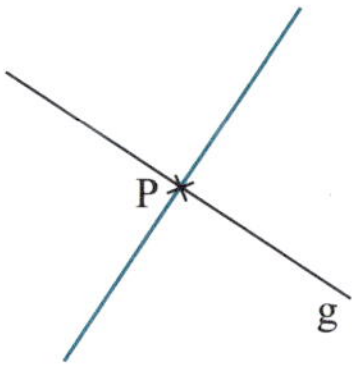

Liegt der Punkt P nicht auf der Geraden, so sagt man, dass das Lot von P auf g **gefällt** wird.

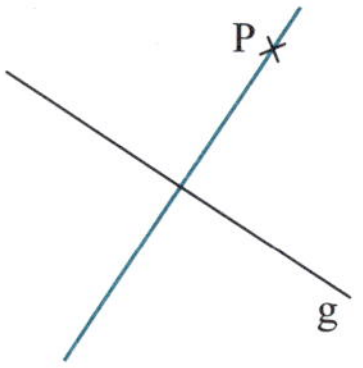

Der **Abstand** eines Punktes P von einer Geraden g ist die kürzeste Entfernung zwischen dem Punkt und der Geraden.
Du erhältst ihn, indem du ein Lot von P auf g fällst. Die Entfernung zwischen P und dem Lotfußpunkt ist der gesuchte Abstand.

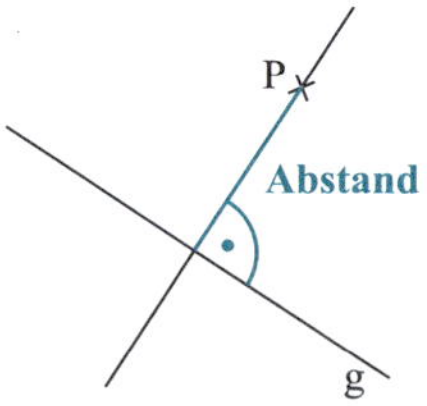

Für die Konstruktion wird genutzt, dass die Symmetrieachse senkrecht auf der Verbindung zweier zueinander symmetrischer Punkte steht. Das zu konstruierende Lot wird somit als Symmetrieachse zu zwei auf g liegenden Punkten aufgefasst. Damit der gegebene Punkt P ebenfalls auf dieser Achse liegt, müssen die beiden auf g liegenden Punkte von P gleich weit entfernt sein (zur Wiederholung siehe S. 13).

Anleitung zur Konstruktion: Lot errichten

1. Ziehe um P einen Kreisbogen, der die Gerade in A und B schneidet.
2. Ziehe zwei Kreisbögen mit gleichem Radius um A und B. Es genügt, nur einen Schnittpunkt der Kreisbögen zu zeichnen.
3. Verbinde den Schnittpunkt der Kreisbögen mit P.

Konstruktionsschritt 1

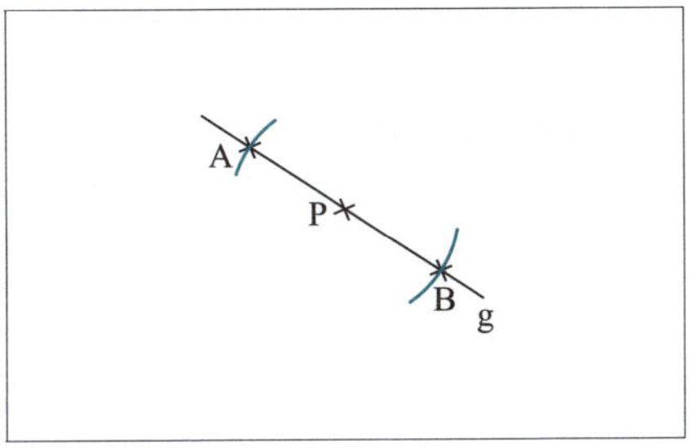

Konstruktionsschritt 2

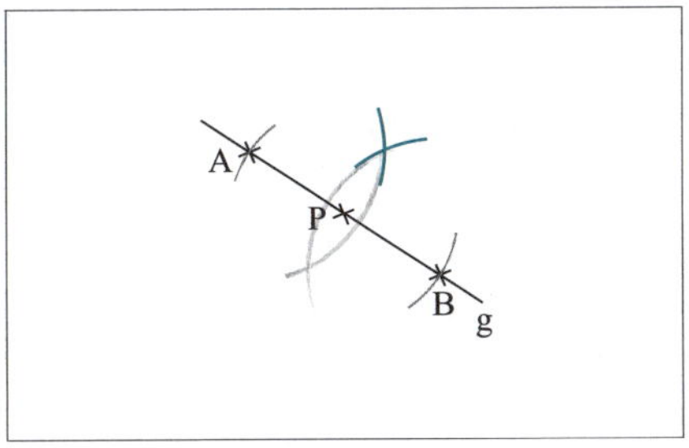

Konstruktionsschritt 3

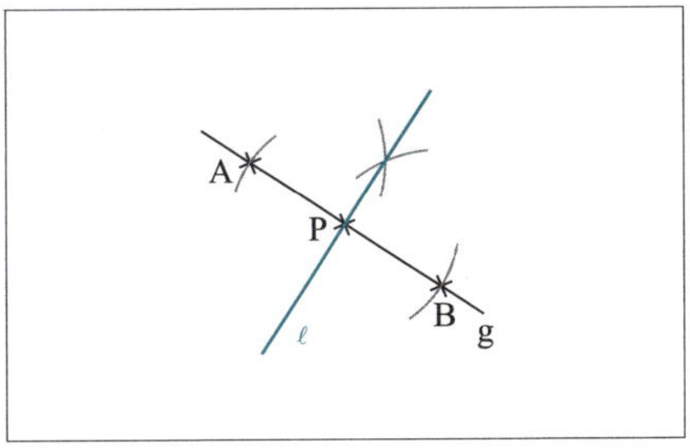

Anleitung zur Konstruktion: Lot fällen

1. Ziehe um P einen Kreisbogen, der die Gerade in A und B schneidet.
2. Ziehe zwei Kreisbögen mit gleichem Radius um A und B. Es genügt, nur einen Schnittpunkt der Kreisbögen zu zeichnen.
3. Verbinde den Schnittpunkt der Kreisbögen mit P.

Konstruktionsschritt 1

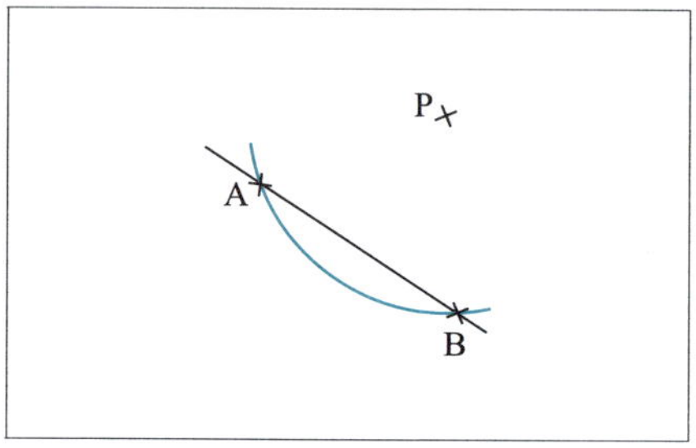

Konstruktionsschritt 2

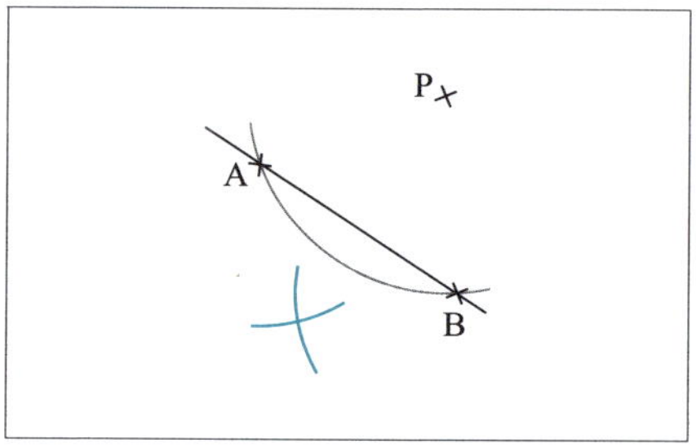

Konstruktionsschritt 3

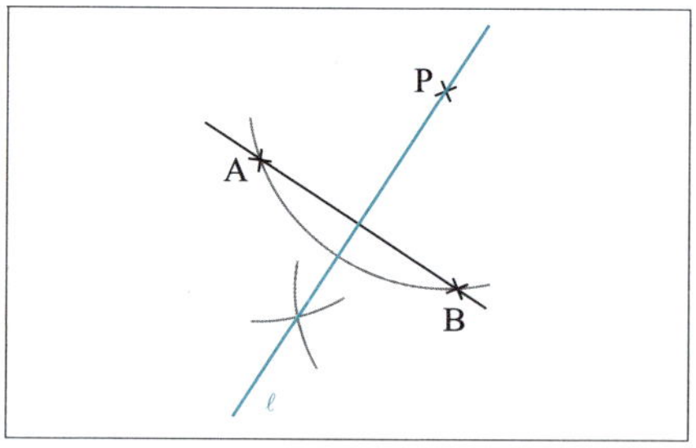

Beispiele

1. Konstruiere einen 45°-Winkel.

Lösung:
Überlegung:
Einen 45°-Winkel erhältst du aus einem 90°-Winkel, den du anschließend halbierst.

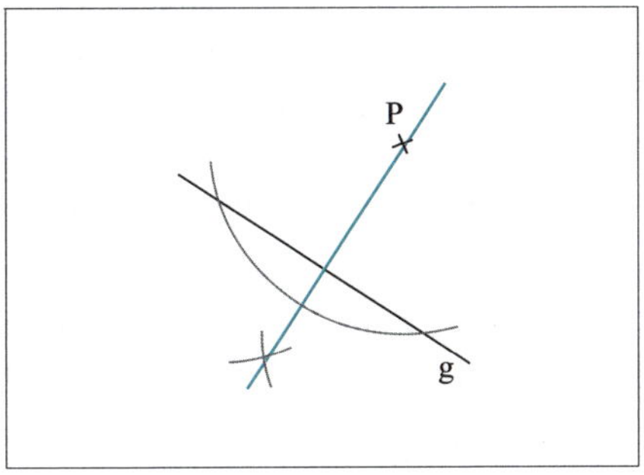

Konstruktionsbeschreibung:
Fälle von einem beliebigen Punkt P aus ein Lot auf eine Gerade g.

Halbiere mittels einer Winkelhalbierenden den entstehenden 90°-Winkel.

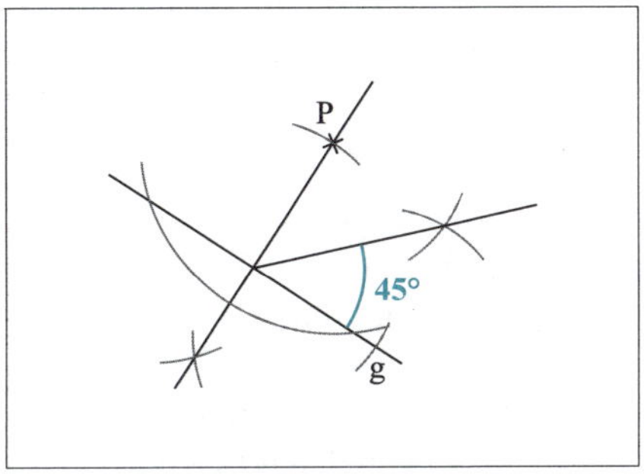

Alternativ kannst du natürlich auch ein Lot in einem beliebigen Punkt P einer Geraden g errichten.

2. Markiere alle Punkte, die von g weiter entfernt sind als von h.

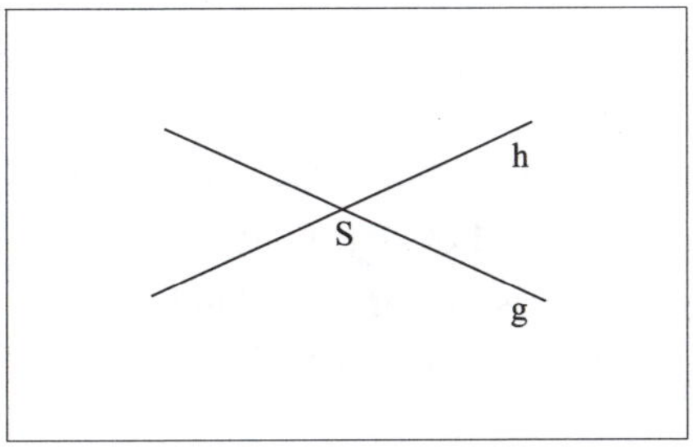

Lösung:
Überlegung:
Durch die beiden Geraden wird das Blatt in vier Felder unterteilt. Betrachte zunächst nur das rechte Feld, das durch die im Schnittpunkt S beginnenden und nach rechts verlaufenden Halbgeraden begrenzt wird. Alle Punkte, die gleich weit von den beiden Halbgeraden entfernt sind, liegen

auf der Winkelhalbierenden des von den Halbgeraden eingeschlossenen Winkels.
Diese Winkelhalbierende teilt das betrachtete Feld in zwei Teile. Nun musst du nur noch überlegen, welcher Teil die geforderte Bedingung erfüllt.

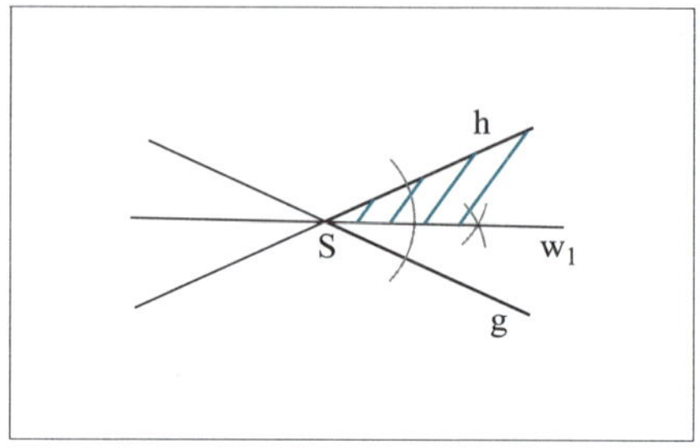

Vorgehen:
Konstruiere die Winkelhalbierende zu g und h, und markiere den Bereich zwischen h und der Winkelhalbierenden.

Überlegung:
Für die verbleibenden drei Felder müssen die entsprechenden Konstruktionsschritte durchgeführt werden, wobei die Winkelhalbierenden gegenüberliegender Felder auf einer Geraden liegen. Grund: Sich kreuzende Geraden stellen eine punktsymmetrische Figur dar!

Vorgehen:
Konstruiere die Winkelhalbierende zu g und h in den anderen Feldern.
Markiere anschließend die entsprechenden Flächen.

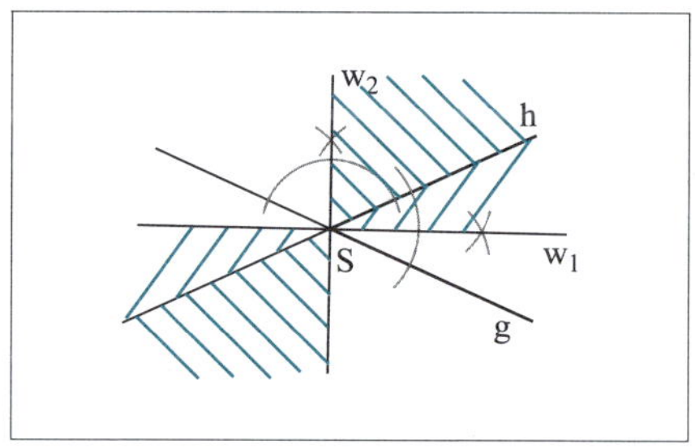

Aufgaben

23. Zeichne das Dreieck ABC mit A(2 | 1), B(6 | 3), C(1 | 6).
Konstruiere
a) die Mittelsenkrechte zu [AB].
b) das Lot zu [BC] durch B.
c) das Lot zu [BC] durch A.
d) die Winkelhalbierende von $\sphericalangle$ BCA.

24. Zeichne ein beliebiges Dreieck.
a) Konstruiere die Mittelsenkrechten zu jeder Dreiecksseite.
Was fällt dir auf?
b) Konstruiere die Winkelhalbierenden zu jedem Winkel des Dreiecks.
Was fällt dir auf?
c) Konstruiere die Höhen aller Dreiecksseiten.
Was fällt dir auf?

25. Zeichne einen 30°, 45°, 134° Winkel und konstruiere jeweils einen halb so großen Winkel.

26. Konstruiere ein Quadrat mit der Seitenlänge 4 cm.

27. Zeichne eine Gerade g und einen Punkt P, der nicht auf g liegt. Konstruiere die zu g parallele Gerade durch P.

28. Konstruiere die Symmetrieachse zweier paralleler Geraden g und h.

29. Folgende Zeichnung zeigt ein Beet im Maßstab 1 : 20 mit den beiden bisher gepflanzten Blumen A und B.

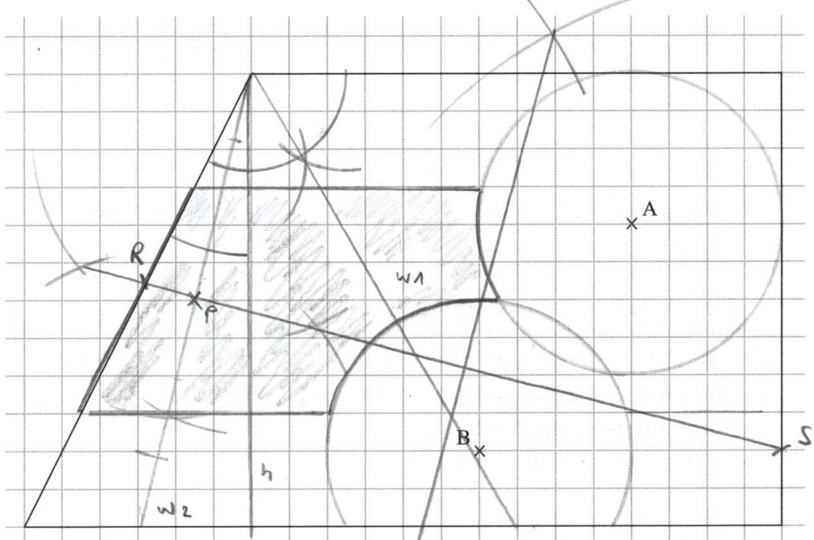

Für die weitere Anpflanzung muss Folgendes beachtet werden:

- Die neue Blume muss mindestens 40 cm von allen anderen Pflanzen entfernt sein.
- Zum unteren und oberen Beetrand sind 30 cm Abstand einzuhalten.

Konstruiere die möglichen Standorte der dritten Blume, wenn zusätzlich gelten soll:

a) Sie soll näher an die obere Beetkante als an die linke Beetkante gepflanzt werden.

✳ b) Sie soll näher am linken als am rechten Beetrand gepflanzt werden.

4 Vierecke

Vier Punkte A, B, C, und D einer Ebene bilden ein Viereck, wenn jeweils nur zwei davon auf einer Geraden liegen. Die Vierecksseiten dürfen sich nicht überschneiden.

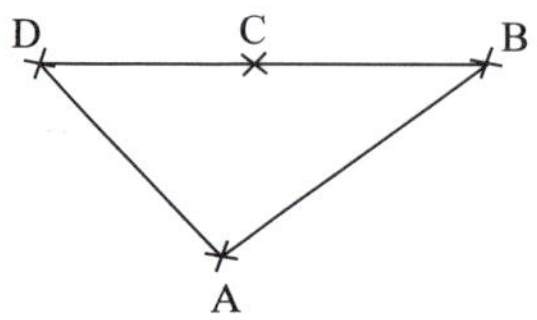

kein Viereck

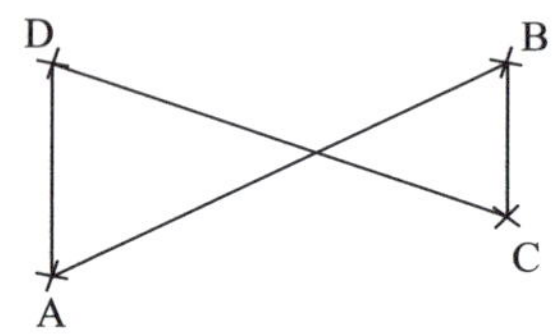

kein Viereck

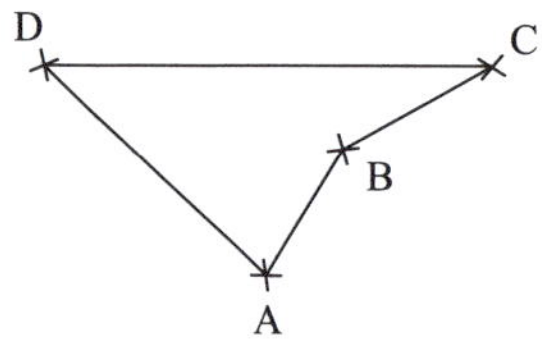

konkaves Viereck

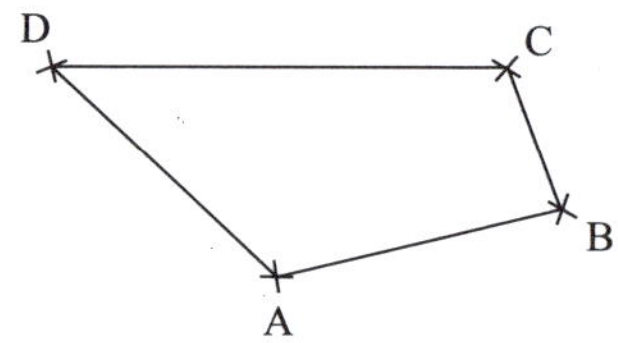

konvexes Viereck

Die Eckpunkte werden reihum entgegen dem Uhrzeigersinn mit großen lateinischen Buchstaben benannt. Anders als beim Dreieck wird die entgegen des Uhrzeigersinns an den Punkt angrenzende Seite mit dem entsprechenden kleinen lateinischen Buchstaben benannt.
Die Verbindung zweier gegenüberliegender Eckpunkte heißt Diagonale.
Die Winkelsumme im Viereck beträgt 360° (siehe S. 60).

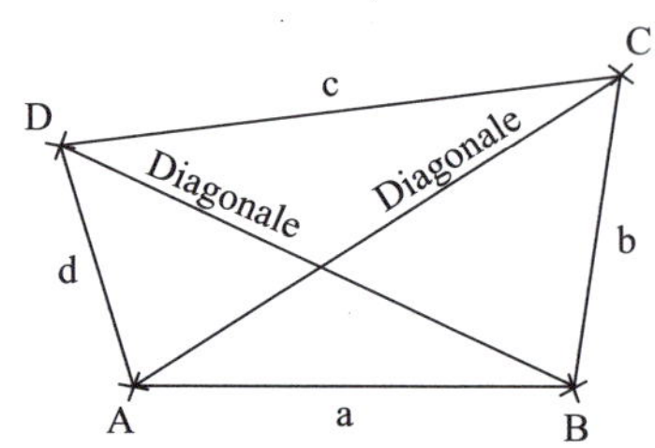

Betrachtet man eine größere Anzahl zufällig gezeichneter Vierecke, so erkennt man Gruppen mit gemeinsamen Eigenschaften. Häufig wurden für derartig zusammengefasste Vierecke spezielle Namen festgelegt: Trapez, achsensymmetrisches Trapez, Parallelogramm, Raute, Drachenviereck, Rechteck, Quadrat.

Zur systematischen Einordnung aller Vierecke bietet sich die Betrachtung ihrer Symmetrieeigenschaften an. Beachte, dass in der folgenden Aufstellung nur jeweils das allgemeinste Viereck mit der jeweils geforderten Symmetrie aufgeführt wird. So ist ein Quadrat natürlich auch punktsymmetrisch – da hier aber die jeweils gegenüberliegenden Seiten parallel sind, gehört das Quadrat in die

Gruppe der Parallelogramme. Daher wurde es bei den punktsymmetrischen Vierecken nicht zusätzlich aufgeführt.
Es werden für die einzelnen Vierecke nur Eigenschaften aufgeführt, die nicht bereits für die Definition des jeweiligen Vierecks verwendet wurden. So wird beim Quadrat nicht erneut erwähnt, dass es über vier rechte Winkel und vier gleich lange Seiten verfügt. Die Eigenschaften werden hier nur aufgelistet, jedoch nicht begründet. Einige Eigenschaften werden im Aufgabenteil ausführlich bewiesen.

Vierecke ohne Symmetrie

Allgemeines Viereck

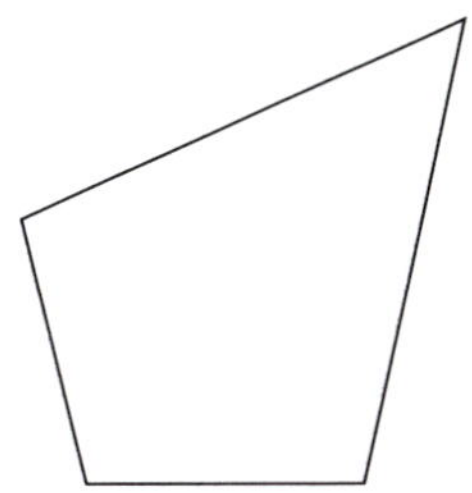

Trapez

Definition

Ein Viereck mit zwei zueinander parallelen Seiten heißt Trapez. Die nicht parallelen Seiten werden als Schenkel bezeichnet.

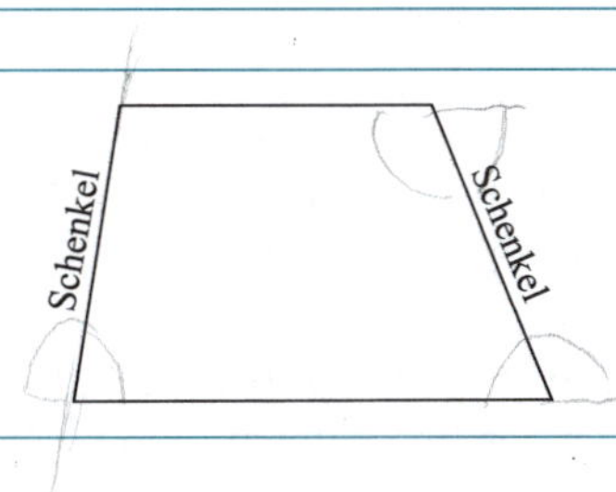

Eigenschaften:
Die an einem Schenkel anliegenden Winkel ergänzen sich zu 180°.

Punktsymmetrische Vierecke

Parallelogramm

Definition

Ein Viereck, bei dem die jeweils gegenüberliegenden Seiten zueinander parallel sind, heißt Parallelogramm.

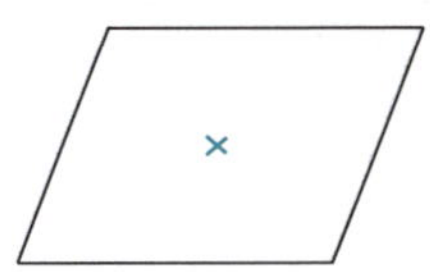

Eigenschaften:
- Gegenüberliegende Seiten sind gleich lang.
- Gegenüberliegende Winkel sind gleich groß.
- Die Diagonalen halbieren sich.
- Benachbarte Winkel ergänzen sich zu 180°.

Achsensymmetrische Vierecke mit einer Achse

Definition

achsensymmetrisches Trapez
Ein Trapez, das achsensymmetrisch zur Mittelsenkrechten einer der parallelen Seiten ist, heißt achsensymmetrisches Trapez.

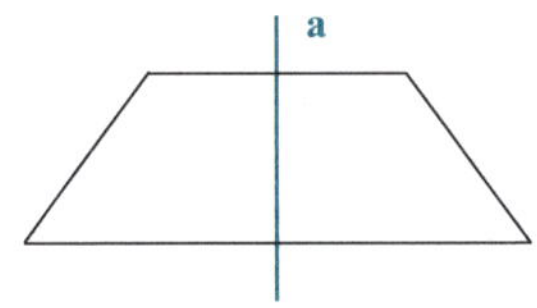

Eigenschaften:
- Die Schenkel sind gleich lang.
- Die Diagonalen sind gleich lang.
- Die beiden an einer der parallelen Seiten anliegenden Winkel sind gleich groß.

Definition

Drachenviereck
Ein Viereck, bei dem eine Diagonale Symmetrieachse ist, heißt Drachenviereck.

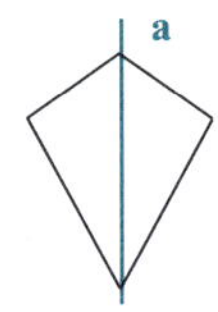

Eigenschaften:
- Je zwei Seiten, deren gemeinsamer Endpunkt auf der Symmetrieachse liegt, sind gleich lang.
- Die Symmetrieachse ist Winkelhalbierende der beiden entsprechenden Winkel; die beiden anderen Winkel sind gleich groß.
- Die Diagonalen stehen senkrecht aufeinander, wobei die eine der beiden von der anderen halbiert wird.

Achsensymmetrische Vierecke mit zwei Achsen

Definition

Rechteck
Ein Viereck mit vier rechten Winkeln heißt Rechteck.

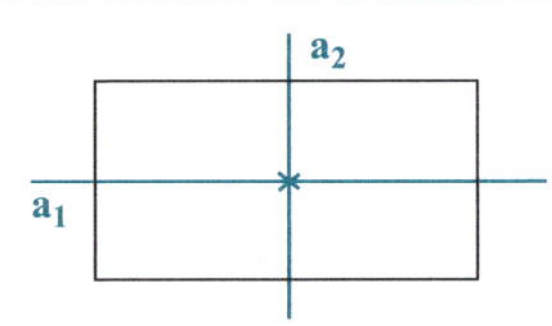

Eigenschaften:
- Die Diagonalen sind gleich lang und halbieren sich gegenseitig.
- Gegenüberliegende Seiten sind gleich lang.

Definition

Raute
Ein Viereck mit vier gleich langen Seiten heißt Raute.

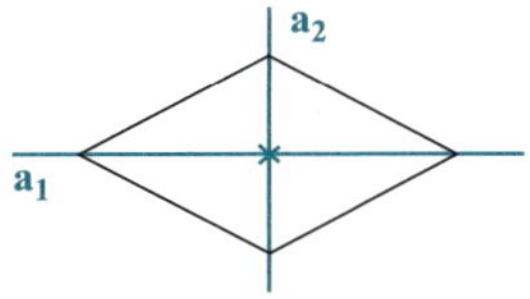

Eigenschaften:
- Gegenüberliegende Winkel sind gleich groß.
- Die Diagonalen stehen senkrecht aufeinander und halbieren sich gegenseitig.

Beachte: Vierecke mit zwei Symmetrieachsen sind zugleich punktsymmetrisch!

Achsensymmetrische Vierecke mit vier Achsen

Definition

Quadrat
Ein Rechteck mit vier gleich langen Seiten heißt Quadrat.

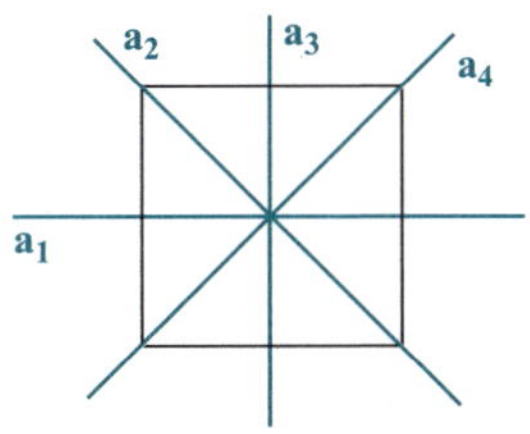

Eigenschaften:
Die Diagonalen sind gleich lang, halbieren sich gegenseitig und stehen aufeinander senkrecht.

Die folgende Übersicht kannst du zunächst von oben nach unten lesen: Folgst du den Pfeilen und kombinierst die Symmetrien der Vierecke, so erhältst du jeweils ein spezielleres Viereck. So ist z. B. ein achsensymmetrisches Trapez, das zugleich der Gruppe der Parallelogramme angehört, ein Rechteck. Die Vierecke geben ihre Eigenschaften sozusagen „nach unten weiter". Da sich z. B. die Diagonalen in einem Parallelogramm gegenseitig halbieren, tun sie dies auch in einem Rechteck.
Außerdem kannst du die Grafiken auch von unten nach oben lesen, indem du den Pfeilen rückwärts folgst. Jedes Rechteck ist somit auch ein Parallelogramm und gleichzeitig ein achsensymmetrisches Trapez.

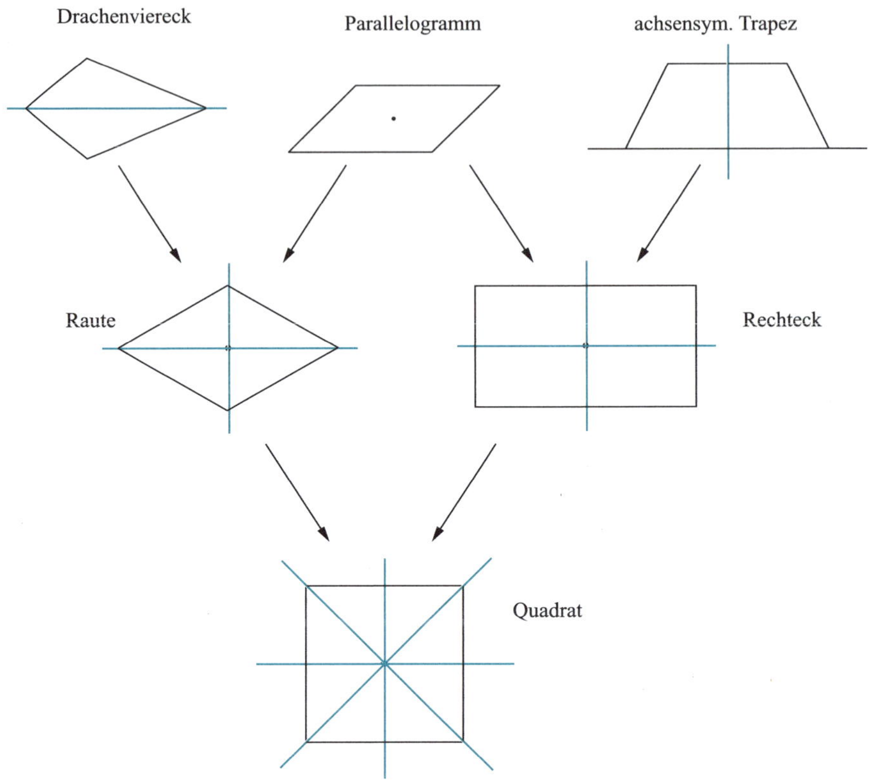

Beispiele

1. Gegeben sind die Punkte A(2|3) und C(7|4).
Konstruiere die Punkte B und D so, dass das Quadrat ABCD entsteht.

Lösung:

Überlegung:

Hier ist die Diagonale des Quadrats gegeben. Du weißt, dass die Diagonalen gleich lang sind, sich gegenseitig halbieren und senkrecht aufeinander stehen.

Vorgehen:
Zuerst konstruierst du die Mittelsenkrechte der Diagonalen [AC].

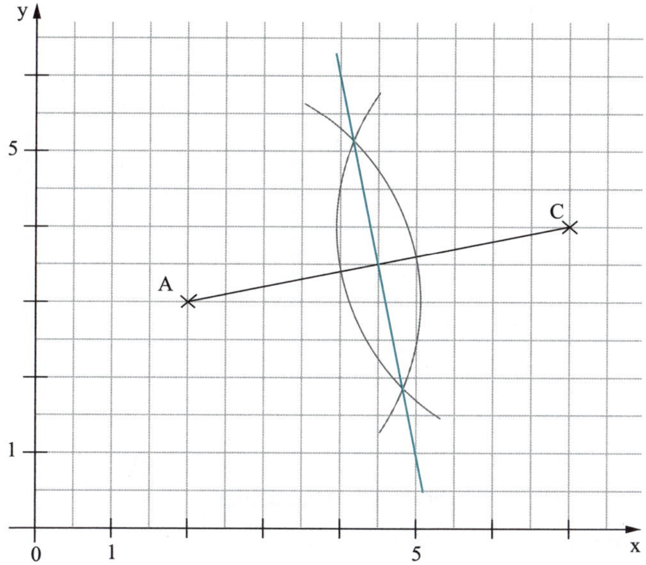

Anschließend überträgst du die Länge der halben Diagonalen, indem du in den Schnittpunkt M der Mittelsenkrechten mit der Diagonalen [AC] einstichst und einen Kreis mit Radius [AM] ziehst. Die Schnittpunkte mit der Mittelsenkrechten sind die Eckpunkte B bzw. D.

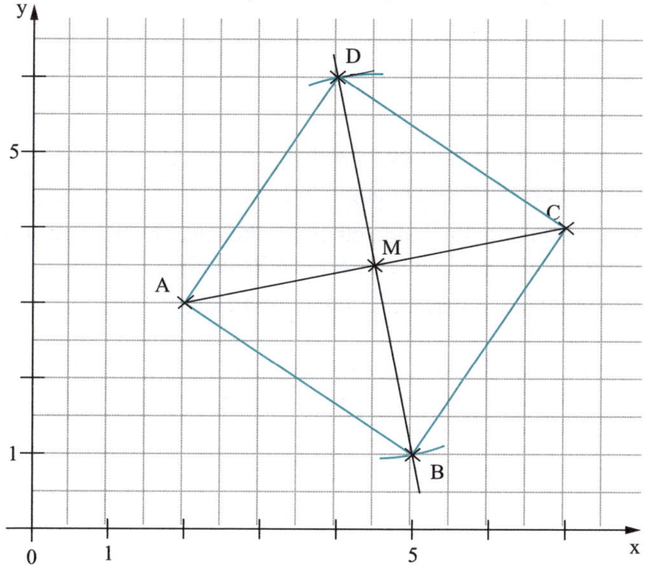

2. Begründe die oben aufgeführte Eigenschaft eines Drachenvierecks, dass seine Diagonalen senkrecht aufeinander stehen und eine der beiden Diagonalen von der anderen halbiert wird.

   Lösung:

   Laut Definition ist ein Drachenviereck symmetrisch zu einer seiner Diagonalen, z. B. zur Diagonalen [AC]. Die Punkte B und D liegen symmetrisch zueinander, d. h. ihre Verbindung (Diagonale [BD]) steht senkrecht auf der Symmetrieachse (Diagonale [AC]) und wird von dieser halbiert.

Aufgaben

30. Gib jeweils das allgemeinste Viereck mit folgenden Eigenschaften an:

a) ein Parallelogramm mit vier gleich großen Winkeln

b) ein Trapez mit vier gleich langen Seiten

c) eine Raute mit gleich langen Diagonalen

d) ein achsensymmetrisches Trapez mit vier gleich großen Winkeln

e) ein punktsymmetrisches Viereck mit vier gleich langen Seiten

f) ein Drachenviereck mit gleich langen Diagonalen

g) ein punktsymmetrisches Drachenviereck

h) ein Trapez mit gleich langen Diagonalen

31. Gib alle Vierecke mit folgender Eigenschaft an:

a) Alle Seiten sind gleich lang.

b) Die gegenüberliegenden Winkel sind gleich groß.

c) Das Viereck ist punkt- und achsensymmetrisch.

d) Die Diagonalen sind gleich lang.

e) Alle Winkel sind gleich groß.

f) Die Diagonalen halbieren sich gegenseitig.

g) Die Diagonalen stehen senkrecht aufeinander.

h) Mindestens die Winkelhalbierende eines Winkels ist gleichzeitig auch die Winkelhalbierende des gegenüberliegenden Winkels.

i) Alle Winkelhalbierenden verlaufen durch die Ecken.

32. Gegeben sind die Punkte $A(6|2)$, $B(6|7)$ und $C(3|8)$.
Konstruiere, falls möglich, den vierten Punkt, sodass folgende Vierecke entstehen:

a) ein Drachenviereck

b) eine Raute

c) ein Parallelogramm

d) ein achsensymmetrisches Trapez

e) ein Rechteck

f) ein Quadrat

Begründe gegebenenfalls warum es keine Lösung gibt.

33. Konstruiere folgende Vierecke:

a) Eine Raute mit den Diagonalen $e = 5$ cm und $f = 3$ cm.

b) Ein Quadrat mit Diagonalenlänge 5 cm.

34. Begründe nur anhand der Definition der Vierecke und ihrer Symmetrie folgende Eigenschaften:

a) Bei einem Drachenviereck verläuft die Winkelhalbierende von mindestens einem Winkel durch die gegenüberliegende Ecke.

b) Bei einem Drachenviereck sind zwei Winkel gleich groß.

c) Bei einem Parallelogramm halbieren sich die Diagonalen.

✳ **35.** a) Leite eine Formel zur Berechnung des Flächeninhalts eines konvexen Drachenvierecks her.

b) Gilt diese Formel auch für ein konkaves Drachenviereck?

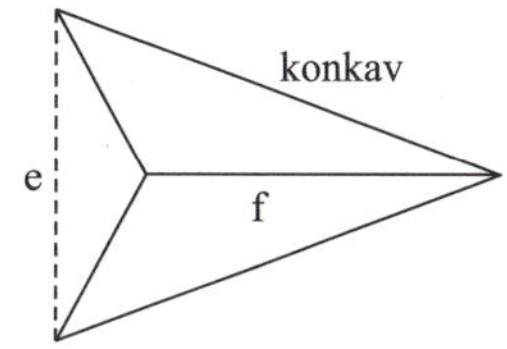

✳ **36.** Auf einem rechteckigen Grundstück mit den Eckpunkten A(0|0), B(10|0), C(10|8), D(0|8) soll ein rautenförmiges Schwimmbad mit möglichst langen Diagonalen und einer Tiefe von 1,2 m angelegt werden.

a) Zeichne den Grundriss von Grundstück und Schwimmbad.

b) Eine Abdeckplane für das Schwimmbad muss angefertigt werden, die genauso groß wie das Becken sein soll.
Bestimme ihre Größe exakt. Für die Angabe der Koordinatenpunkte wurde der Maßstab so gewählt, dass eine Längeneinheit einem Meter entspricht.

c) Zur Reinigung des Wassers werden jede Woche pro 100 Liter Wasser 0,8 g Chlorgranulat benötigt.
Berechne den Jahresbedarf an Chlorgranulat.

37. Zerlege das Parallelogramm mit den Eckpunkten A(0|0), B(7|0), C(9|6) und D(2|6) in

a) ein Parallelogramm und eine Raute.

b) ein Rechteck, ein Trapez und ein Dreieck.

c) zwei achsensymmetrische Trapeze.

✳ d) ein Drachenviereck, ein Rechteck und zwei Trapeze.

Winkelbetrachtungen

1 Definition – Fundamentalsatz – Satz

Im Gegensatz zu Wissenschaften wie der Biologie und der Physik, in deren Rahmen die belebte und unbelebte Natur beobachtet und mit geeigneten Modellen erklärt wird, wurde die Mathematik sozusagen von der Menschheit selbst geschaffen.
In der Geometrie wurden zwar viele auch in der Natur existierende Formen und Figuren aufgegriffen, es besteht aber ein prinzipieller Unterschied in der Feststellung des Biologen, dass die beiden Hälften eines Schmetterlings identisch geformt sind, der Erkenntnis des Physikers, dass dieser gleichmäßige Aufbau eine wichtige Voraussetzung für die Flugfähigkeit des Tieres ist und der Beschäftigung des Mathematikers mit dem Begriff der Symmetrie.
So wurde und wird in der Mathematik zunächst sehr genau darauf geachtet, dass jeder verwendete Begriff klar **definiert** ist und jeder Mathematiker somit die gleiche Vorstellung von dem jeweiligen Sachverhalt oder Objekt hat. Bestimmte offensichtliche Eigenschaften und Beziehungen der so definierten Objekte können anschließend in Form von **Fundamentalsätzen** formuliert werden. Sie bilden gemeinsam mit den Definitionen die Basis der Mathematik, aus der sich nun weitere Aussagen ableiten lassen, die in Form von **Sätzen** formuliert werden.

- Wird einem Objekt aufgrund einer besonderen Eigenschaft ein Name gegeben, so sprechen wir von einer **Definition**.
- Unmittelbar einsichtige oder aufgrund von Erfahrungen getroffene Aussagen werden als **Fundamentalsätze** oder **Axiome** bezeichnet. Sie können nicht begründet werden, sondern werden als wahr vorausgesetzt.
- Definitionen und Fundamentalsätze bilden die Basis der Mathematik. Mit ihrer Hilfe lassen sich weitere Aussagen begründen. Solche Aussagen werden als **Sätze** oder **Lehrsätze** bezeichnet.
- Jeder mathematische Satz besteht aus Voraussetzung und Behauptung. Um in einem Satz Voraussetzung und Behauptung zu erkennen, ist es sinnvoll, diesen in die Wenn-dann-Form umzuformulieren:
  Wenn die Voraussetzung gilt, **dann** folgt daraus die Behauptung.
- Werden in einem Satz Voraussetzung und Behauptung vertauscht, so erhält man den **Kehrsatz**. Der Kehrsatz eines wahren Satzes kann wahr oder falsch sein.

Beispiele

1. **Definition:** Die kürzeste Verbindung zweier Punkte heißt Strecke.
2. **Fundamentalsatz:** Durch zwei Punkte verläuft genau eine Gerade.

3. **Satz:** Im Parallelogramm sind die gegenüberliegenden Winkel gleich groß.

   Wenn-dann-Form: Wenn eine Figur ein Parallelogramm ist, dann sind die gegenüberliegenden Winkel gleich groß.

4. **Satz:** „Wenn eine Zahl durch 2 und 5 teilbar ist, dann ist sie auch durch 10 teilbar."

   Kehrsatz: „Wenn eine Zahl durch 10 teilbar ist, dann ist sie auch durch 2 und 5 teilbar." Hier ist der Kehrsatz wahr.

5. **Satz:** „Wenn eine Zahl durch 4 teilbar ist, dann ist sie auch durch 2 teilbar."

   Kehrsatz: „Wenn eine Zahl durch 2 teilbar ist, dann ist sie auch durch 4 teilbar." Hier ist der Kehrsatz nicht immer wahr.

Willst du einen Satz begründen, so kannst du für deine Argumentation außer der Voraussetzung auch Definitionen, Fundamentalsätze und früher begründete Sätze verwenden. Mit den in der Behauptung geforderten Eigenschaften darfst du hingegen nicht argumentieren. Eine solche Begründung nennt man in der Mathematik einen **Beweis**.

Beispiel

Satz: Die Diagonalen eines Drachenvierecks stehen senkrecht aufeinander.

Wenn-dann-Form: Wenn ein Viereck ein Drachenviereck ist, so stehen die Diagonalen senkrecht aufeinander.

Begründung: Laut Definition ist ein Drachenviereck symmetrisch zu einer seiner Diagonalen, z. B. zur Diagonalen [AC]. Die Punkte B und D liegen symmetrisch zueinander, d. h., ihre Verbindung (Diagonale [BD]) steht senkrecht auf der Symmetrieachse (Diagonale [AC]).

In diesem Beweis wurde verwendet:
- die Voraussetzung, dass das Viereck ein Drachenviereck ist
- die Definition des Drachenvierecks
- die Definition der Achsensymmetrie

Für einen **Beweis** muss gezeigt werden, dass der Satz immer und für alle Beispiele gilt. Da nur in ganz wenigen Ausnahmefällen alle Beispiele gezeichnet oder berechnet werden können, muss der Beweis **allgemein** geführt werden. Natürlich hilft eine Skizze oder ein durchgerechnetes Beispiel häufig weiter, um Zusammenhänge zu erkennen und sich über Sachverhalte klar zu werden. Als Beweis gelten solche Einzelbetrachtungen jedoch nicht.
Um eine Aussage zu **widerlegen**, genügt es dagegen, ein **einziges** Beispiel zu finden, das die Voraussetzung erfüllt, auf das die Behauptung aber nicht zutrifft.

Beispiel

Der oben angeführte Kehrsatz „Wenn eine Zahl durch 2 teilbar ist, dann ist sie auch durch 4 teilbar.“ ist falsch. Als Gegenbeispiel kannst du die Zahl 6 angeben. Sie ist durch 2 teilbar, aber nicht durch 4.

Aufgaben

38. Gib die Aussagen in der „Wenn …, dann …“-Form an.

a) Im Dreieck sind zwei Seiten zusammen immer länger als die dritte.

b) Jedes Parallelogramm ist ein punktsymmetrisches Viereck.

c) In einem Rechteck sind die Diagonalen gleich lang.

d) Gerade Zahlen sind durch 2 teilbar.

e) Jedes Quadrat ist achsensymmetrisch zu vier Achsen.

39. Formuliere jeweils in der „Wenn …, dann …“-Form, gib anschließend den Kehrsatz an und prüfe, ob dieser wahr ist.

a) In einem Rechteck sind die Diagonalen gleich lang.

b) Ein Viereck mit drei rechten Winkeln ist ein Rechteck.

c) Im Parallelogramm sind zwei Winkel gleich groß.

d) Jede Zahl, die durch 2 und 3 teilbar ist, ist auch durch 6 teilbar.

40. Widerlege folgende Aussagen.

a) Das Quadrat einer Zahl ist immer gerade.

b) Ein Viereck, dessen Diagonalen senkrecht aufeinander stehen, ist ein Drachenviereck.

c) Haben zwei Punkte A und B den gleichen Abstand zu einem dritten Punkt P, so sind sie punktsymmetrisch zu P.

2 Winkel und Winkelsätze an Geradenkreuzungen

Häufig hat man es in der Geometrie nicht mit Figuren wie Dreieck oder Viereck zu tun, die lediglich aus einem umrandenden Streckenzug bestehen, sondern mit komplexeren Gebilden, die aus einfachen Grundfiguren zusammengesetzt und durch Diagonalen oder Parallelen ergänzt sind. Schneiden sich in einer solchen Figur zwei Geraden, so entstehen am Schnittpunkt vier Winkel mit interessanten Eigenschaften. Selbst die Winkel an zwei benachbarten Schnittpunkten können zueinander in enger Beziehung stehen.

Winkel, die an einer Geradenkreuzung **nebeneinander liegen**, heißen **Nebenwinkel**. **Gegenüberliegende** Winkel werden als **Scheitelwinkel** bezeichnet.

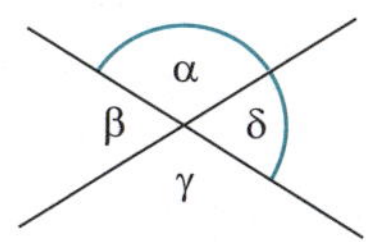

Nebenwinkel

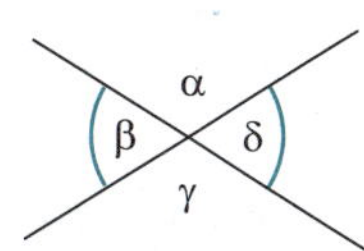

Scheitelwinkel

Nebenwinkel:
α und β
β und γ
γ und δ
δ und α

Scheitelwinkel:
α und γ
β und δ

> **Satz:**
> Nebenwinkel ergänzen sich **zu 180°**.
> Scheitelwinkel sind **gleich groß**.

An einer Doppelkreuzung unterschiedet man **Stufenwinkel** und **Wechselwinkel**.

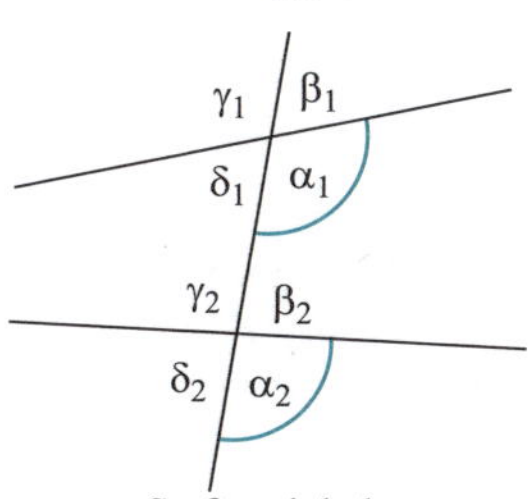

Stufenwinkel

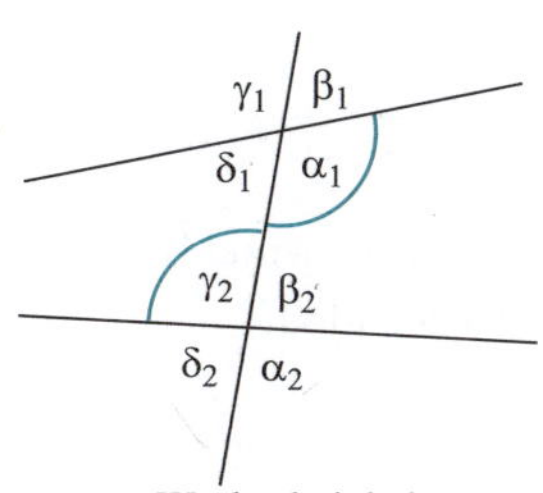

Wechselwinkel

Ebenso wie α_1 und α_2 sind β_1 und β_2, γ_1 und γ_2, δ_1 und δ_2 Stufenwinkel, während α_1 und γ_2, δ_1 und β_2, γ_1 und α_2, β_1 und δ_2 Wechselwinkel sind.

Fundamentalsatz 1:
Werden zwei **parallele** Geraden von einer dritten Geraden gekreuzt, so sind Stufenwinkel **gleich groß**.

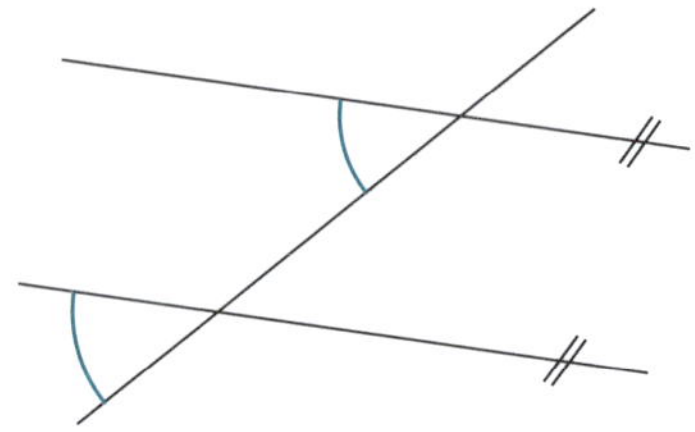

Aus diesem Fundamentalsatz lässt sich der Satz über Wechselwinkel an parallelen Geraden ableiten:

Satz:
Werden zwei **parallele** Geraden von einer dritten Gerade gekreuzt, so sind die entstehenden Wechselwinkel gleich groß.

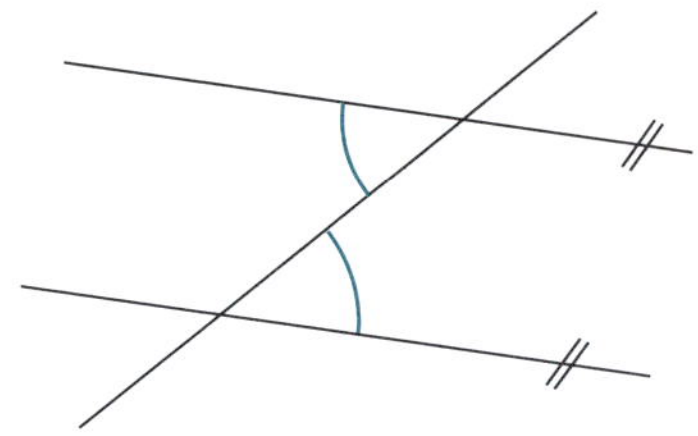

In diesem speziellen Fall könntest du auch den Satz „Werden zwei parallele Geraden von einer dritten Geraden gekreuzt, so gilt: Wechselwinkel sind gleich groß." als Fundamentalsatz ansehen und den Satz „Werden zwei parallele Geraden von einer dritten Geraden gekreuzt, so gilt: Stufenwinkel sind gleich groß." daraus folgern.

Die Umkehrung von Fundamentalsatz 1 bzw. dem daraus folgenden Satz ist Inhalt eines weiteren Fundamentalsatzes:

Fundamentalsatz 2:
Sind Stufen- oder Wechselwinkel an zwei Geraden **gleich groß**, so sind die beiden Geraden zueinander **parallel**.

Beispiele

1. Berechne die Größe der benannten Winkel, wenn $\alpha = 40°$ und $\beta = 120°$ groß sind. Begründe deine Ergebnisse.

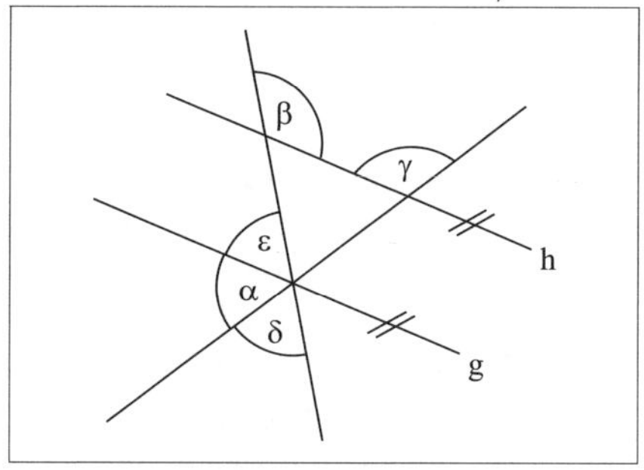

Lösung:

γ ist der Nebenwinkel des Stufenwinkels zu α. Da die Geraden g und h parallel und somit die Stufenwinkel gleich groß sind, gilt für γ:

$\gamma = 180° - \alpha = 180° - 40° = 140°$

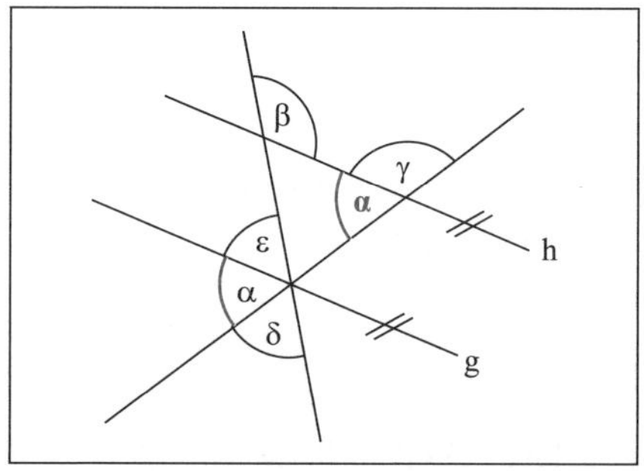

Der Nebenwinkel von β ist der Wechselwinkel zu ε. Da die Geraden g und h parallel und somit die Wechselwinkel gleich groß sind, gilt für ε:

$\varepsilon = 180° - \beta = 180° - 120° = 60°$

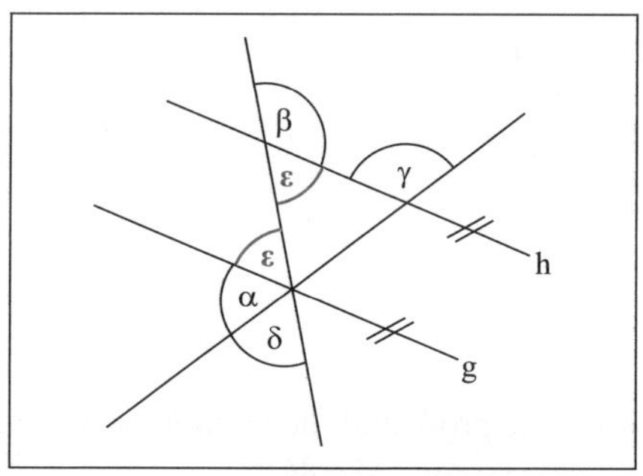

δ ist der Nebenwinkel der Summe von α und ε:

$$\Rightarrow \delta = 180° - (\alpha + \varepsilon) = 180° - (40° + 60°) = 180° - 100° = 80°$$

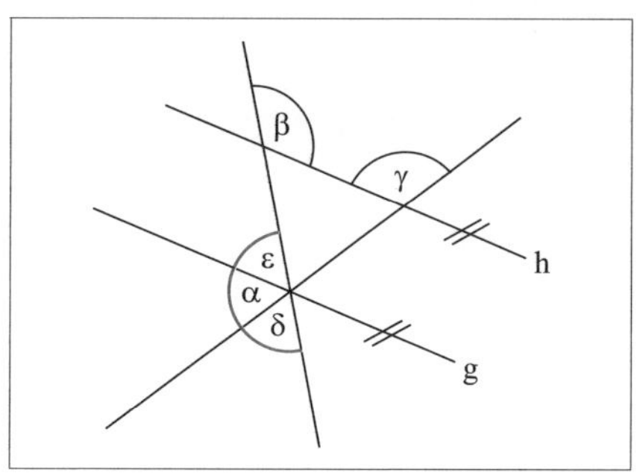

2. Begründe: In einem Trapez ergeben die an einem Schenkel anliegenden Winkel zusammen 180°.

Lösung:
Verlängerst du die Seite [AD] über D hinaus, so ist der Nebenwinkel von δ genauso groß wie α (Stufenwinkel an parallelen Geraden). Nebenwinkel ergänzen sich zu 180°, also ergeben α und δ zusammen 180°. Ebenso kannst du bei β und γ argumentieren.

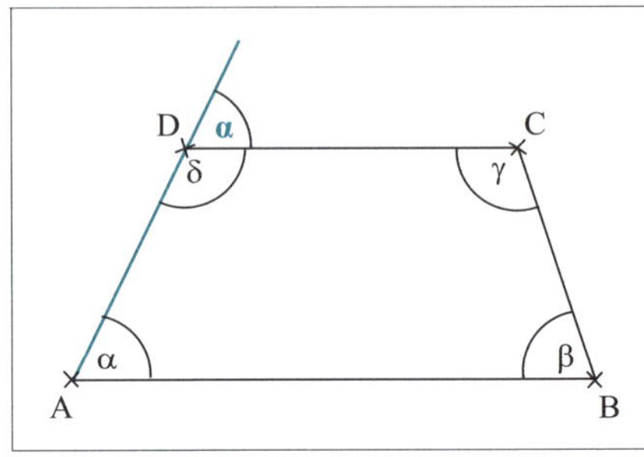

Aufgaben

41. Gib jeweils alle Neben- und Scheitelwinkelpaare an.

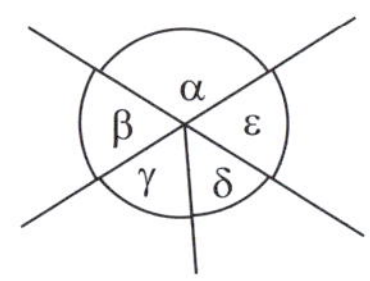

42. Markiere jeweils gleich große Winkel.

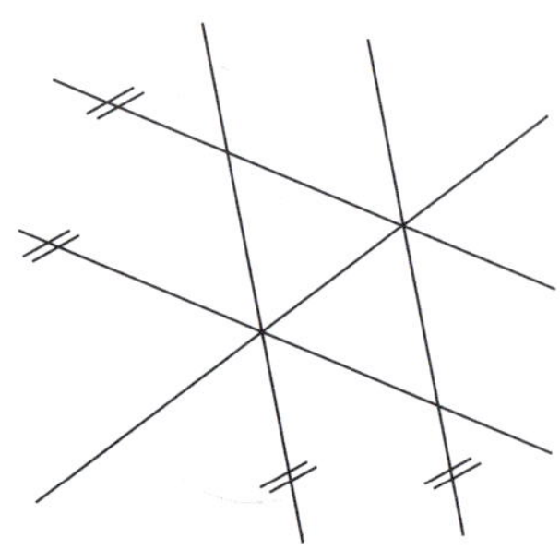

43. Wie groß sind die benannten Winkel, wenn
a) $\alpha = 46°$, $\beta = 84°$

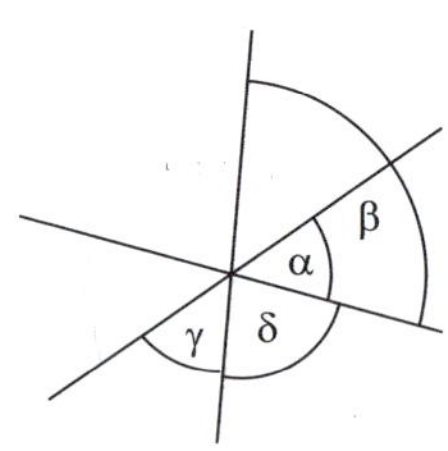

b) $\alpha = 47°\ 18'$

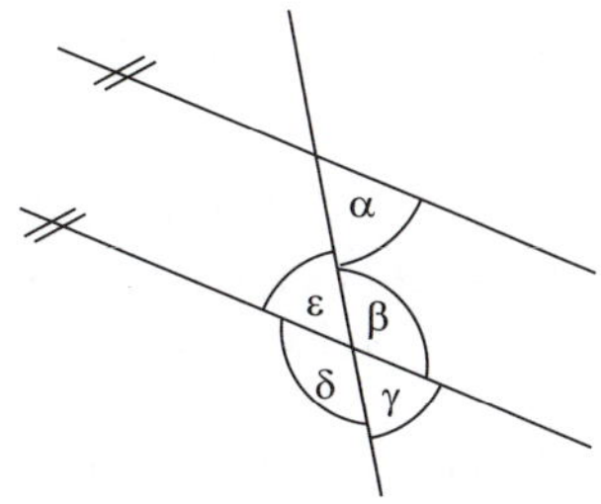

c) $\alpha = 125°$, $\beta = 102°$

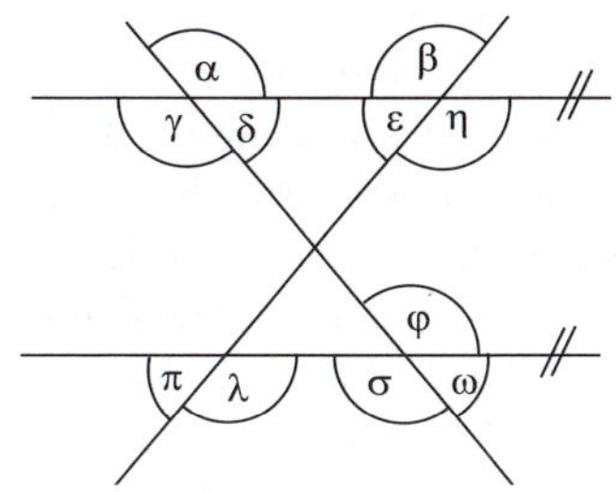

d) $\alpha = 123°$, $\beta = 137°$

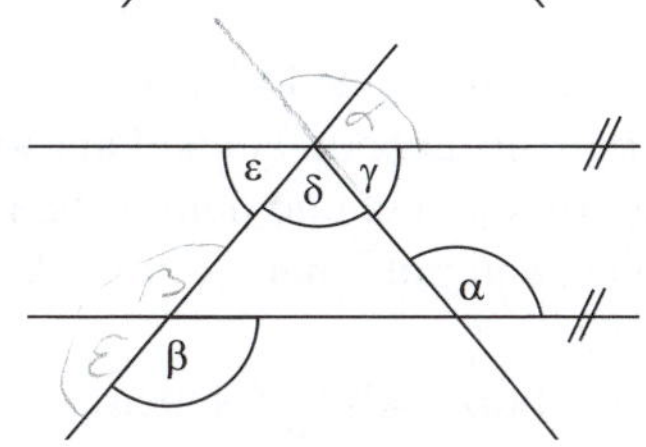

44. Sind die Geraden g und h jeweils parallel zueinander? Begründe.
Vorsicht: Die Grafik stellt nur eine Skizze dar, um die Lage der einzelnen Winkel zu zeigen.

a) $\alpha = 45°$, $\delta = 135°$
b) $\alpha = 136°\ 34'$, $\gamma = 44°\ 26'$
c) $\beta = 65°$, $\gamma = 115°$
d) $\gamma = 145°$, $\delta = 35°$
e) $\alpha = 90°$, $\gamma = \delta$

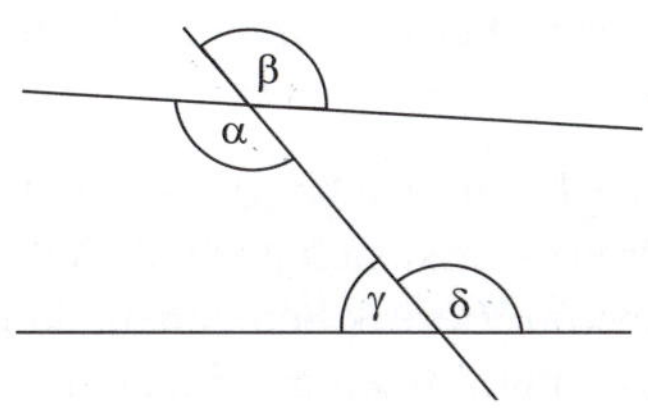

45. Begründe: Gegenüberliegende Winkel in einem Parallelogramm sind gleich groß.

46. Berechne die Größe von α, wenn
a) α doppelt so groß wie sein Nebenwinkel ist.
b) α um 40° größer als sein Nebenwinkel ist.
c) α ein Drittel der Größe seines Nebenwinkels besitzt.
d) der Nebenwinkel von α um 50 % größer als α selbst ist.

3 Winkelsumme im Dreieck und Viereck

Wie groß ist die Winkelsumme in einem Dreieck? Dies kannst du herausfinden, indem du ein Dreieck zeichnest und es anschließend ausschneidest. Schneide nun die Ecken des Dreiecks ab und lege die Ecken aneinander. Was fällt dir dabei auf?

Drei nicht auf einer Geraden liegende Punkte bilden ein Dreieck, dessen Eckpunkte entgegen dem Uhrzeigersinn in alphabetischer Folge mit großen lateinischen Buchstaben bezeichnet werden. Die Seitenbezeichnungen orientieren sich am jeweils gegenüberliegenden Eckpunkt und werden mit kleinen lateinischen Buchstaben benannt. Die Winkel werden nach den Punkten benannt, die den Scheitel bilden, und werden mit kleinen griechischen Buchstaben benannt.

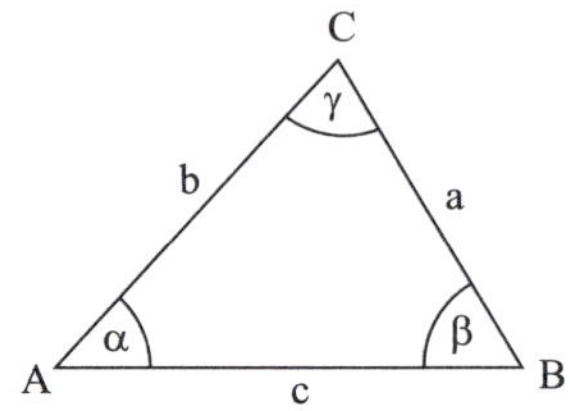

Verlängert man eine Dreiecksseite, so wird der entstehende Winkel als Außenwinkel bezeichnet und dem Nebenwinkel entsprechend mit einem Stern gekennzeichnet.

Es gilt: $\alpha + \alpha^* = 180°$ (Nebenwinkel)

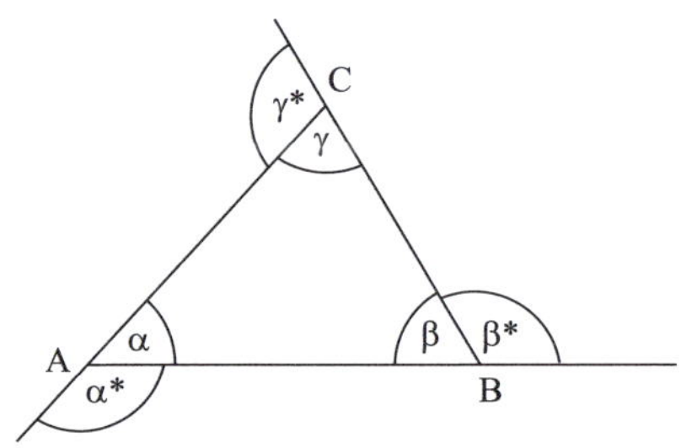

Für die Winkel in einem Dreieck gilt:

> **Satz:**
> In einem Dreieck beträgt die Winkelsumme 180°.

Mit der Kenntnis über die Winkelsumme im Dreieck lässt sich auch die Winkelsumme im Viereck berechnen, da jedes Viereck mithilfe einer Diagonalen in zwei Dreiecke zerteilt werden kann.

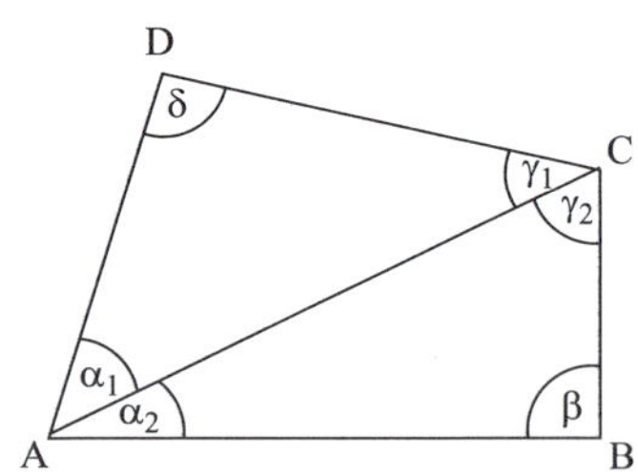

Für die Winkel in einem Viereck gilt:

> **Satz:**
> In einem Viereck beträgt die Winkelsumme 360°.

Beispiele

1. Berechne die Innenwinkel eines Dreiecks, wenn gilt:
   a) $\alpha = 24°\,25',\ \gamma = 136°\,58'$
   b) α und β sind gleich groß, $\gamma = 64°$

   Lösung:
   a) $\beta = 180° - (\alpha + \gamma) = 180° - (24°\,25' + 136°\,58') = 180° - 161°\,23'$
   $= 18°\,37'$
   b) $\alpha + \beta = 180° - \gamma$
   $\alpha = \beta = (180° - \gamma) : 2 = (180° - 64°) : 2 = 116° : 2 = 58°$

2. Berechne β, wenn $\alpha = 36°$ gilt. Was fällt dir auf? Handelt es sich hier um eine Besonderheit für $\alpha = 36°$?

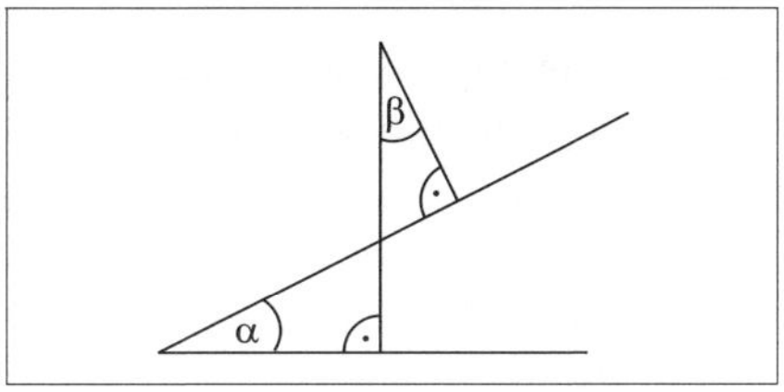

Lösung:
β kann anhand der Winkelsumme im Dreieck bestimmt werden.
Hierzu wird der Winkel γ benötigt.

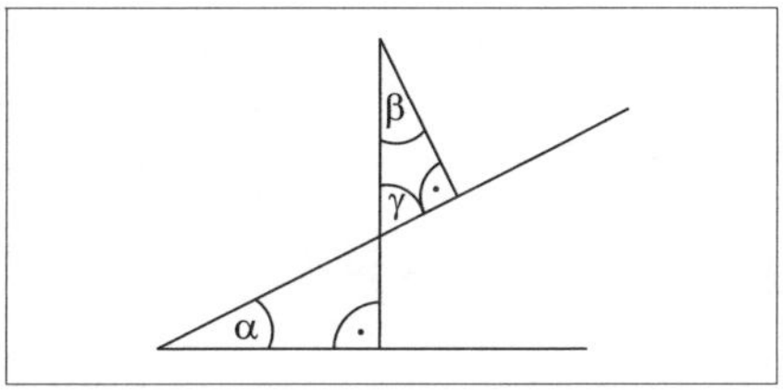

γ wiederum kann mithilfe des Scheitelwinkels und der Winkelsumme im unteren Dreieck berechnet werden.

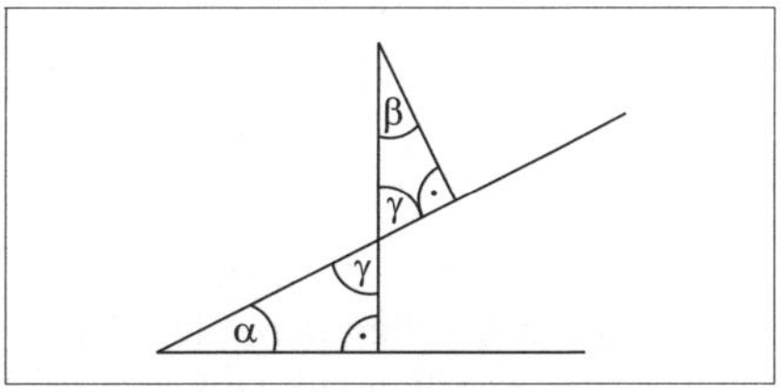

$\gamma = 180° - 90° - \alpha = 180° - 90° - 36° = 54°$
$\beta = 180° - 90° - \gamma = 180° - 90° - 54° = 36°$
β ist also genauso groß wie α.
Dies gilt für jedes α, denn für die Winkelsumme der zwei Dreiecke gilt:
$180° = \alpha + \gamma + 90° \ \Rightarrow\ \alpha = 180° - 90° - \gamma$
$180° = \beta + \gamma + 90° \ \Rightarrow\ \beta = 180° - 90° - \gamma$
$\Rightarrow\ \alpha = \beta$

Aufgaben

47. Berechne die fehlenden Innenwinkel eines Dreiecks, wenn gilt:

a) $\alpha = 34°$, $\beta = 117°$

b) $\alpha = 67°\ 43'$, $\gamma = 89°\ 35'$

c) α und γ sind gleich groß, $\beta = 78°$.

d) α ist doppelt so groß wie β, $\gamma = 60°$.

e) α ist um 20 % größer als β, $\gamma = 70°$.

f) Alle Winkel sind gleich groß.

g) $\alpha = 27°$, $\beta^* = 134°$

48. a) Zeige: Im Dreieck ist der Außenwinkel gleich der Summe der nicht anliegenden Innenwinkel. (Außenwinkelsatz)

b) Bestimme die Summe der Außenwinkel eines Dreiecks.

49. Berechne alle benannten Winkel. (Die Skizzen sind nicht maßstabsgetreu!)

a) $\alpha = 67°$, $\beta = 32°$

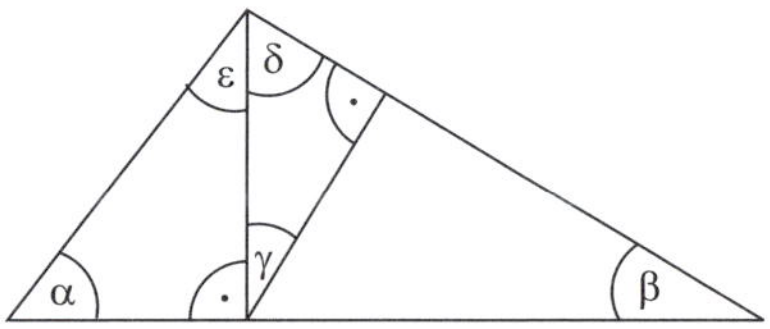

b) $\alpha = 56°$, $\beta = 114°$

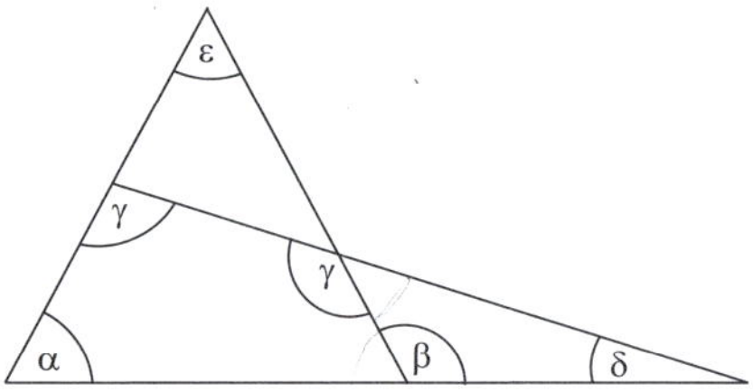

c) $\alpha = 60°$, $\beta = 45°$, wobei w_1 und w_2 die Winkelhalbierenden der jeweiligen Winkel sind.

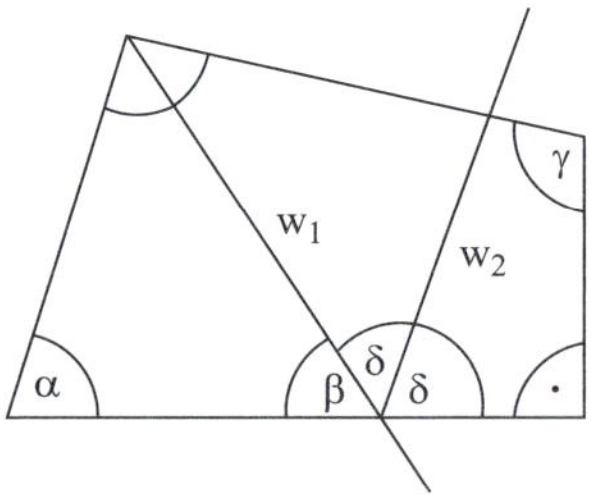

50. Begründe jeweils, ob die Aussage richtig oder falsch ist.

a) Es gibt Dreiecke mit drei spitzen Winkeln.

b) Es gibt Dreiecke mit zwei stumpfen und einem spitzen Winkel.

c) Es gibt Dreiecke mit einem überstumpfen Winkel.

d) Es gibt Vierecke mit vier spitzen Winkeln.

e) Es gibt Vierecke mit drei stumpfen und einem spitzen Winkel.

f) Es gibt Vierecke mit einem stumpfen und drei spitzen Winkel.

51. Gib jeweils die Größe der restlichen Winkel an.

a) Bei einem Parallelogramm ist $\alpha = 70°$.

b) Bei einem Rechteck ist ein Winkel 90° groß.

c) Bei einem Trapez ist $\alpha = 45°$ und $\delta = 80°$.

d) Bei einer Raute ist $\alpha = 60°$.

e) Bei einem Drachenviereck ist $\alpha = 130°$ und $\beta = 45°$.

f) Bei einem Drachenviereck ist $\alpha = 160°$ und $\beta = 70°$.

52. a) Berechne die Winkelsumme in einem Fünfeck.

✳ b) Leite eine Formel zur Berechnung der Winkelsumme eines n-Ecks her.

✳ **53.** Trifft ein Lichtstrahl auf einen Spiegel, so wird er reflektiert. Hierbei gilt das Reflexionsgesetz: Einfallswinkel = Ausfallswinkel. Als ein- und ausfallende Winkel werden die Winkel zwischen dem Lot auf den Spiegel und dem Lichtstrahl betrachtet.

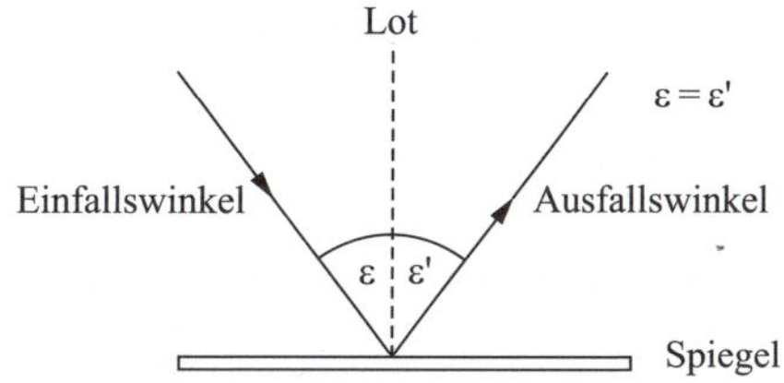

Ein Winkelspiegel besteht aus zwei ebenen Spiegeln, die den Winkel δ bilden. Ein Lichtstrahl trifft unter dem Einfallswinkel $\alpha_1 = 25°$ auf den ersten Spiegel.

Unter welchem Winkel α_2 trifft er auf den zweiten Spiegel und unter welcher Richtung verläuft der nun reflektierte Strahl zum anfangs einfallenden, wenn

a) $\delta = 90°$?

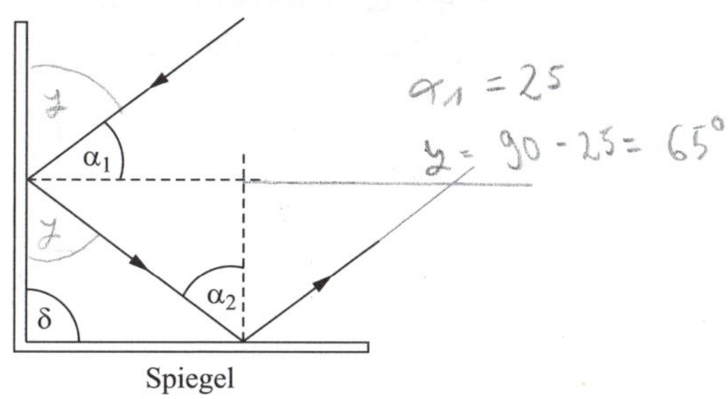

b) $\delta = 45°$?

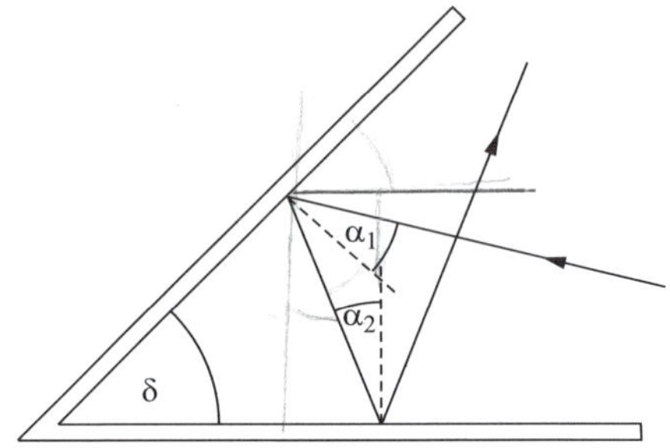

Spiegel

✳ c) Wie hängt die Lage von einfallendem zu ausfallendem Strahl von δ ab?

54. Wahrscheinlich hast du bereits gelernt, dass ein Lichtstrahl beim Übergang zwischen optisch unterschiedlichen Medien gebrochen wird.

a) Berechne, um welchen Winkel der Strahl des Laserpointers an der Wasseroberfläche des Aquariums abgelenkt wird.

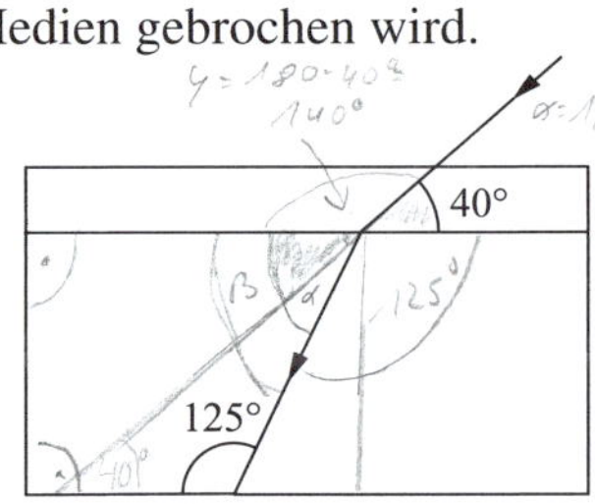

✳ b) Trifft ein Lichtstrahl zu flach auf die Übergangsfläche zu einem optisch dünneren Medium, so kann er das optisch dichtere Medium nicht verlassen, sondern wird – den Reflexionsgesetzen (siehe Aufgabe vorher) gehorchend – totalreflektiert. Diesen Effekt nutzt man beim Lichtleiter aus. Nebenstehendes Bild zeigt einen solchen Leiter, durch dessen linke Stirnfläche ein Laserstrahl eintritt. Zeige, dass die Abschnitte a und b parallel verlaufen.

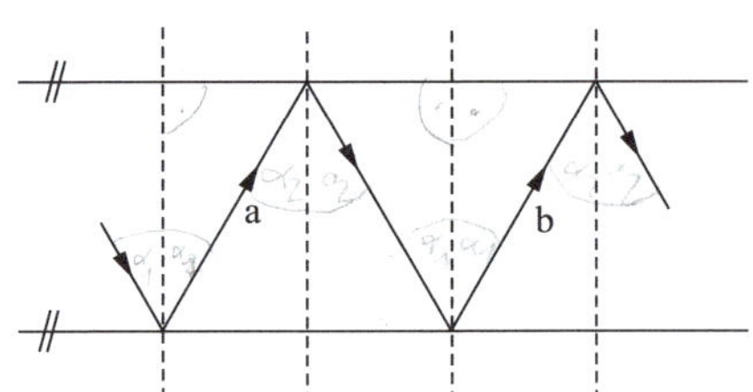

Kongruenz

1 Kongruente Figuren

Figuren, die ausgeschnitten so aufeinandergelegt werden können, dass sie zur Deckung kommen, nennt man deckungsgleich oder **kongruent** (von congruere [lat.]: übereinstimmen).

- Zwei zueinander **kongruente Figuren** F_1 und F_2 haben **gleiche Form** und **Größe**. Sie stimmen in allen sich **entsprechenden Größen** wie z. B. Strecken und Winkel überein. Man schreibt: $F_1 \cong F_2$.
- Da Achsen- und Punktspiegelung weder Längen noch Winkel verändern, sind alle Figuren, die durch eine oder mehrere Spiegelungen auseinander hervorgehen, kongruent.

Diese Figuren sind kongruent.

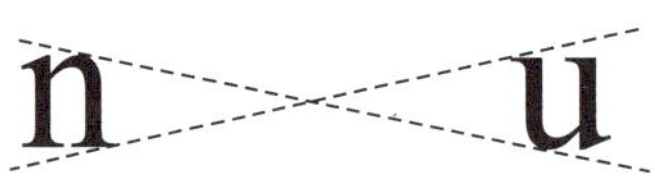

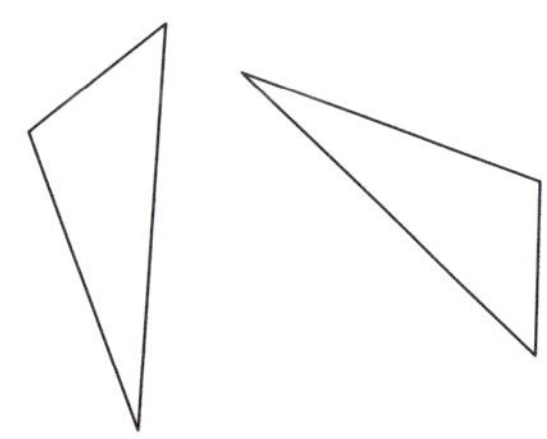

Diese Figuren haben verschiedene Größe und sind somit nicht kongruent.

Auch Figuren mit gleichem Flächeninhalt müssen nicht kongruent sein:

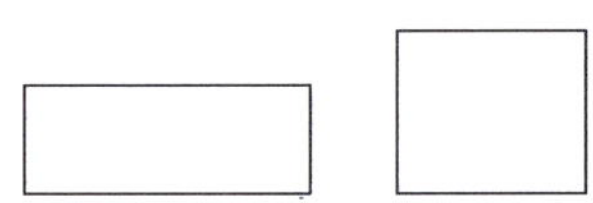

Beispiel

Welche der gezeichneten Vierecke sind kongruent? Begründe.

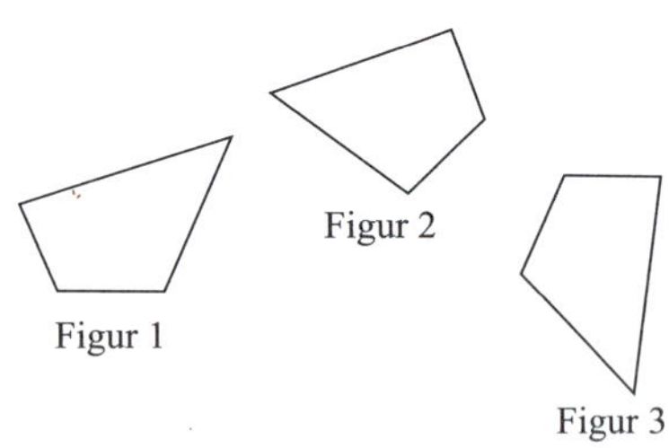

Lösung:
Es gibt verschiedene Möglichkeiten:

1. Zeichnet man den **Umriss** von Figur 1 auf einer **Folie** nach und legt diese Folie über die anderen beiden Figuren, so stellt man fest, dass der Umriss nur bei Figur 3 zur Deckung gebracht werden kann. Die Folie muss dazu gedreht und gewendet werden.
2. **Misst** man **alle Seiten** und **Winkel**, so stimmen diese nur in Figur 1 und Figur 3 überein.
3. Finde eine oder mehrere **Achsen-** oder **Punktspiegelungen**, sodass die Figuren aufeinander abgebildet werden. Dies geht nur bei Figur 1 und Figur 3. Bei Figur 2 werden nur drei der vier Ecken des Vierecks durch dieselben Spiegelungen aufeinander abgebildet.

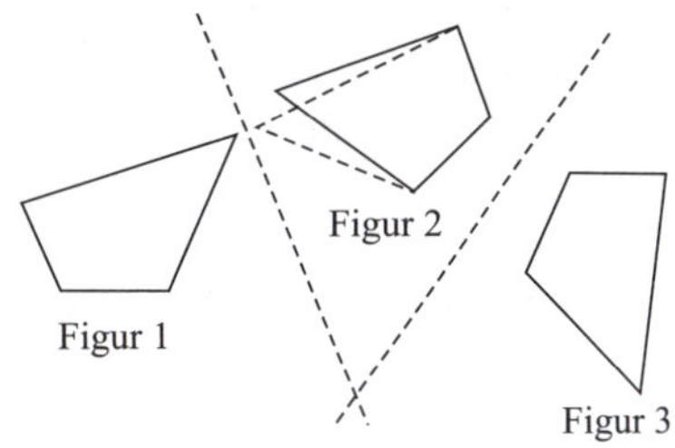

Aufgaben

55. Welche Figuren sind:

farbgleich? formgleich? flächengleich? kongruent?

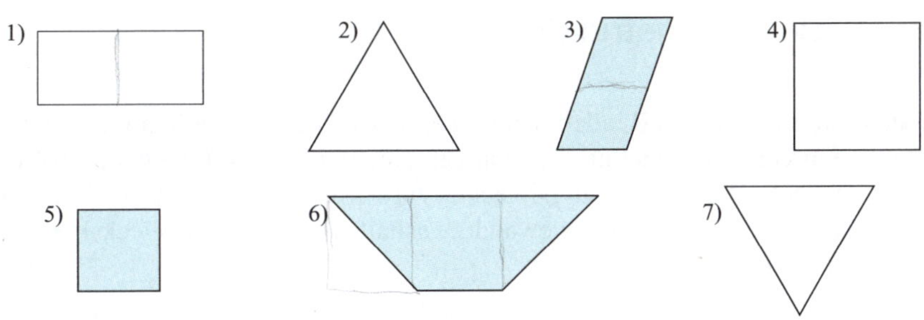

56. Ergänze zu kongruenten Figuren.

a)

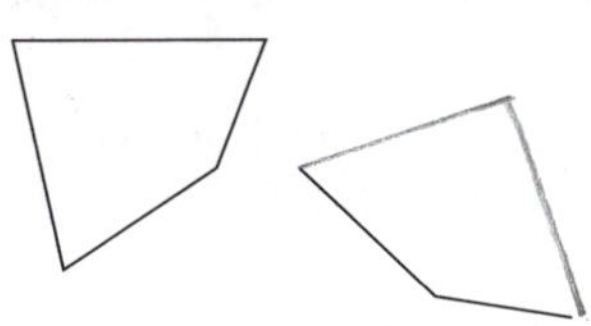

b)

57. Zerlege die Figuren in jeweils 3 bzw. 4 kongruente Teilfiguren.

a) 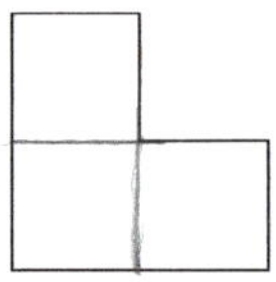

b) 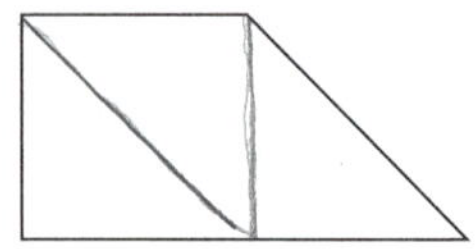

58. a) Was muss gelten, damit zwei Strecken, zwei Kreise, zwei Rechtecke kongruent sind?

b) Was muss gelten, dass ein Drachenviereck und ein Parallelogramm kongruent sind?

59. Überprüfe die Aussagen. Begründe richtige Aussagen und gib bei falschen Aussagen ein Gegenbeispiel an.

a) Quadrate mit gleichem Umfang sind kongruent.

b) Rauten mit gleichem Umfang sind kongruent.

c) Kongruente Figuren sind zueinander achsen- oder punktsymmetrisch.

2 Dreieckskonstruktionen

Jede Figur mit geraden Rändern kann in einzelne Dreiecke zerlegt werden. Daher lassen sich viele Fragestellungen zu allgemeinen Figuren auf die häufig wesentlich einfachere Behandlung an Dreiecken zurückführen. Sehr häufig wird diese Technik beim Konstruieren angewandt, weshalb speziell den Dreieckskonstruktionen große Bedeutung zukommt.

Allgemeine Tipps zum Konstruieren:

1. Zeichne zunächst eine **Planfigur**, in der du alle gegebenen Größen deutlich hervorhebst, z. B. **durch farbige Kennzeichnung**.
2. Anhand der Planfigur überlegst du dir das notwendige Vorgehen. Achte darauf, **keinen Sonderfall** zu zeichnen, sofern dieser nicht verlangt ist.
3. Du musst die Lage der Punkte A, B und C herausfinden. Ein Punkt ist bestimmt als Anfang oder Ende einer Strecke, als Scheitel eines Winkels, als Schnittpunkt zweier Kreislinien oder als Schnittpunkt einer Kreislinie mit einem freien Schenkel.

4. Überlege dir, in welcher **Reihenfolge** du am besten vorgehst. Die Wahl, mit welcher Größe du beginnst, ist oft entscheidend für das Gelingen der Konstruktion. Beginne möglichst mit der Seite oder dem Winkel, bei dem du die meisten anschließenden Größen kennst. Natürlich gibt es auch Ausnahmen, durchdenke deshalb die Konstruktion bis zum Ende.
5. Schreibe analog zu deiner Überlegung die **Konstruktionsbeschreibung**.
6. Zeichne die gegebenen Größen mithilfe der Längenskala und Winkelskala des Geodreiecks neben die Planfigur.
7. Konstruiere anschließend das Dreieck. Übertrage dabei die vorher gezeichneten Größen mit dem Zirkel.

Beispiele

1. Konstruiere das Dreieck ABC aus den gegebenen drei Seiten: a = 1,5 cm, b = 1 cm, c = 2 cm.

Lösung:

Planfigur:

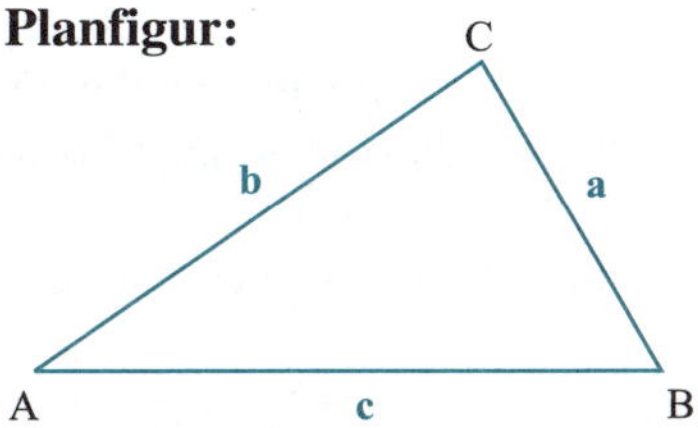

Überlegung:
Beginne mit einer beliebigen Seite, z. B. c. Die Punkte A und B sind dadurch festgelegt.

Konstruktionsbeschreibung:
Zeichne die Strecke c = [AB].

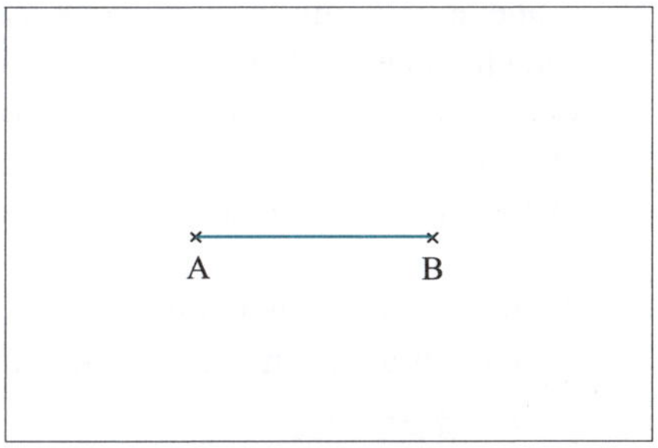

Überlegung:
Über den Punkt C weiß man, dass er 1 cm von A entfernt ist, also auf einem Kreisbogen um A mit Radius 1 cm liegt.

Konstruktionsbeschreibung:
Zeichne einen Kreis um A mit Radius b.

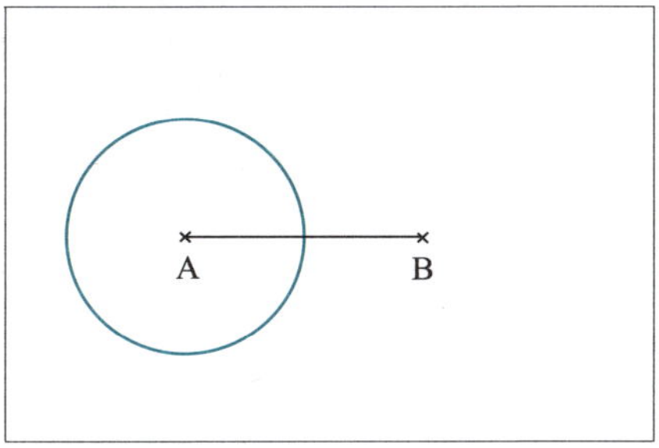

Überlegung:
Um die genaue Lage des Punktes zu erhalten, reichen zwei Seitenlängen nicht aus. Durch die dritte Seite weiß man, dass der Punkt C 1,5 cm vom Punkt B entfernt liegt.

Konstruktionsbeschreibung:
Zeichne einen Kreis um B mit Radius a.
Die Schnittpunkte der Kreise sind C_1 bzw. C_2.

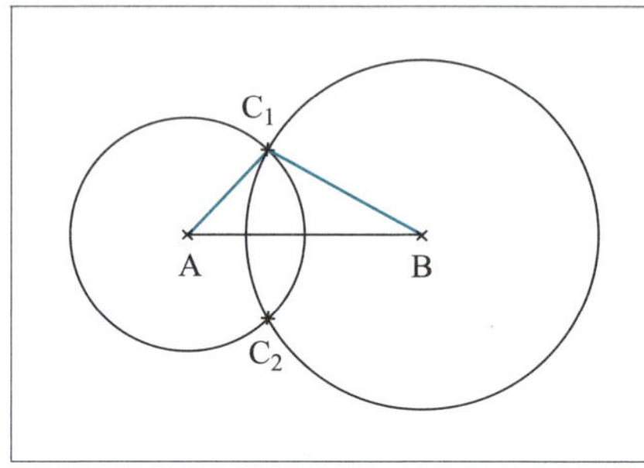

Die Kreisbögen schneiden sich in zwei Punkten. Es entstehen die Dreiecke ABC_1 und AC_2B. Bei genauer Betrachtung stellst du fest, dass die beiden Dreiecke kongruent sind. Allerdings stimmt die Benennung nur im oberen Dreieck, denn Dreiecke werden gegen den Uhrzeigersinn nach ihren Ecken benannt. Das Dreieck ABC_1 ist also die **einzige** Lösung.

Die Kreise musst du nicht immer komplett zeichnen, es reicht ein passender **Kreisbogen**.
Werden die Seiten a und b deutlich verkürzt, so stellst du fest, dass sich die Kreisbögen nicht schneiden. Es gibt kein Dreieck mit den entsprechenden Maßen.

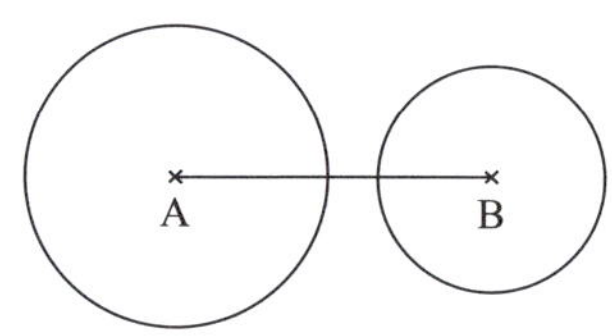

In einem Dreieck gilt immer die sogenannte **Dreiecksungleichung:**
Die Summe zweier Seiten ist größer als die dritte Seite.

2. Konstruiere das Dreieck ABC, von dem zwei Seiten und der Zwischenwinkel gegeben sind: $a = 3{,}5$ cm, $\beta = 55°$, $c = 3$ cm.

Lösung:

Planfigur:

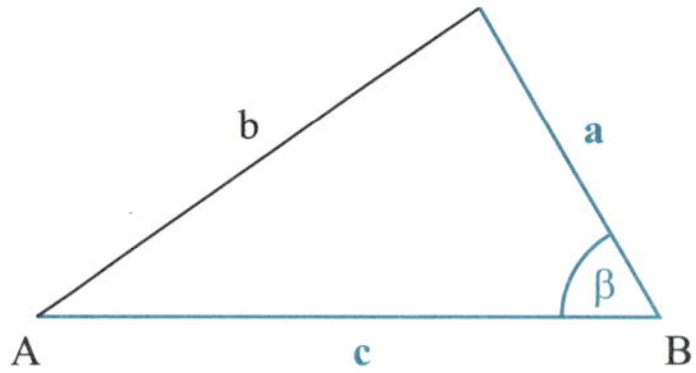

Überlegung:
Beginne mit einer Seite, z. B. c. Die Punkte A und B sind dadurch festgelegt.

Konstruktionsbeschreibung:
Zeichne die Strecke c = [AB].

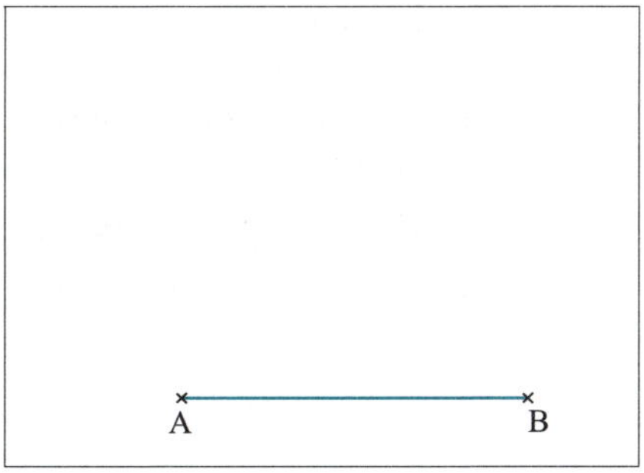

Überlegung:
Über den Punkt C weißt du, dass er auf dem Schenkel von β liegt, der nicht der Seite c entspricht. Man sagt „freier Schenkel von β".

Konstruktionsbeschreibung:
Trage β in B an c an.

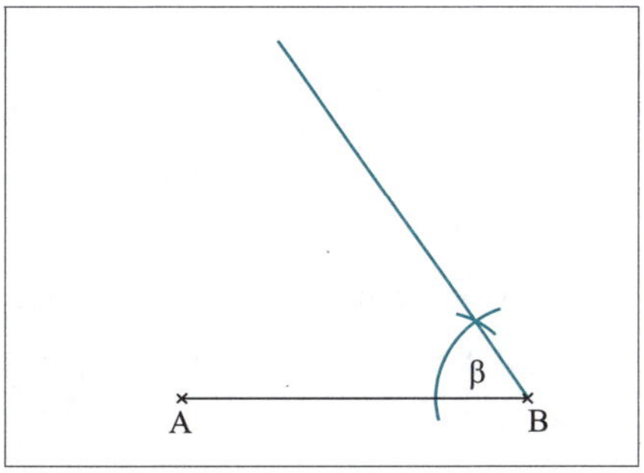

Überlegung:
Um die genaue Lage von C zu erhalten, verwendest du die Seite a, die den Abstand zwischen B und C vorgibt.

Konstruktionsbeschreibung:
Zeichne einen Kreis um B mit Radius a.
Der Schnittpunkt des Kreises mit dem freien Schenkel von β ist C.

Bei diesem Aufgabentyp gibt es nur **eine** Lösung.

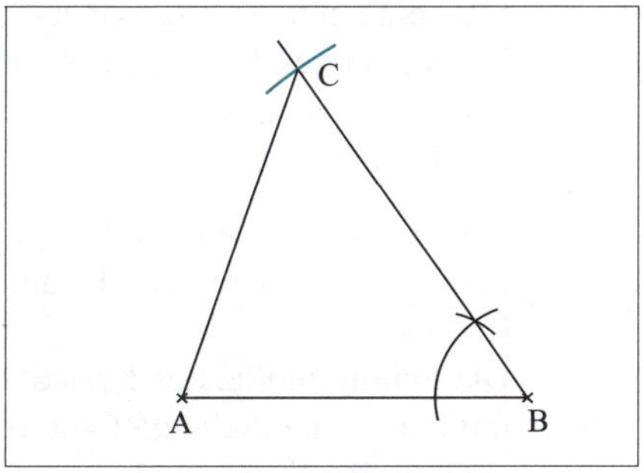

3. Konstruiere das Dreieck ABC, bei dem zwei Seiten und der Gegenwinkel einer dieser Seiten gegeben ist: $a = 3$ cm, $c = 4$ cm, $\alpha = 45°$.

Lösung:

Planfigur:

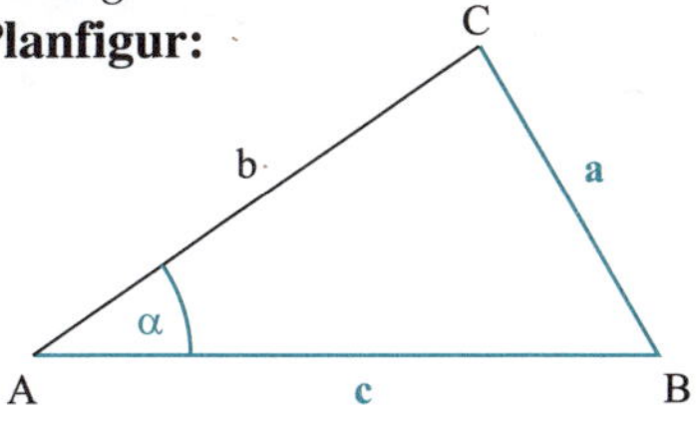

Überlegung:
Beginne mit der Seite c. Die Punkte A und B sind dadurch festgelegt.

Konstruktionsbeschreibung:
Zeichne die Strecke c = [AB].

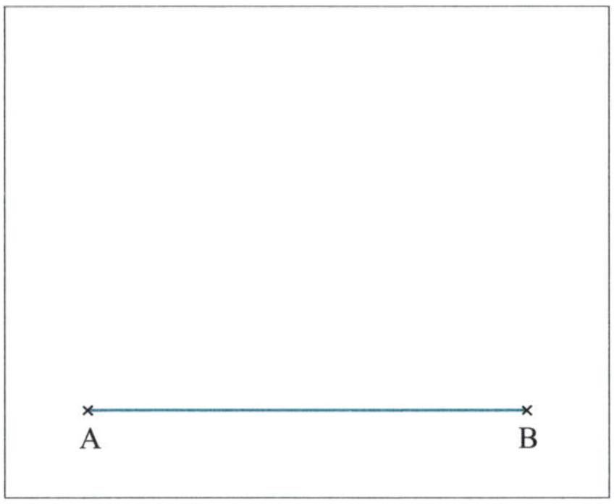

Überlegung:
Über den Punkt C weiß man, dass er auf dem freien Schenkel von α liegt.

Konstruktionsbeschreibung:
Trage α in A an c an.

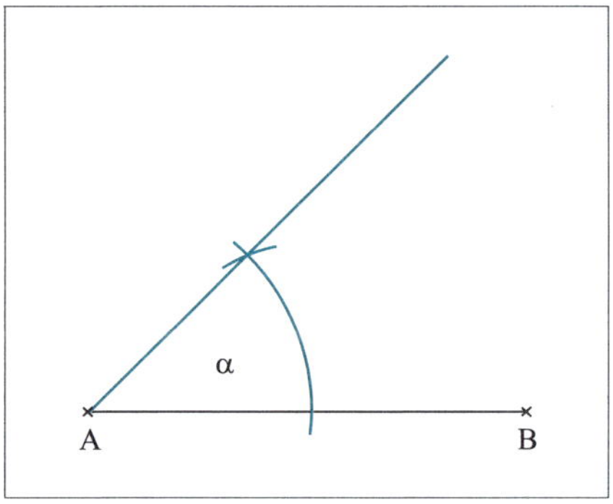

Überlegung:
Um seine genaue Lage zu erhalten, verwendest du die Seite a, die den Abstand zwischen B und C vorgibt.

Konstruktionsbeschreibung:
Zeichne einen Kreis um B mit Radius a.
Die Schnittpunkte des Kreises mit dem freien Schenkel von α sind die Punkte C_1 und C_2.

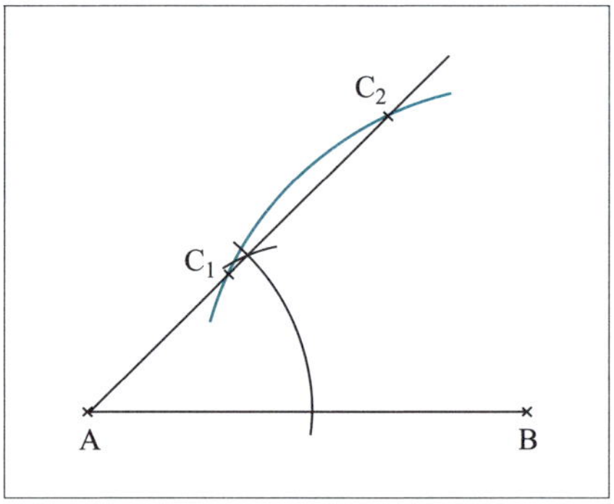

Die Dreiecke ABC_1 und ABC_2 sind nicht kongruent zueinander. Es gibt in diesem Fall also zwei Lösungen.

Dies ist nicht immer der Fall. Je nach Größe der Seite a erhält man

keine Lösung, eine Lösung oder zwei Lösungen.

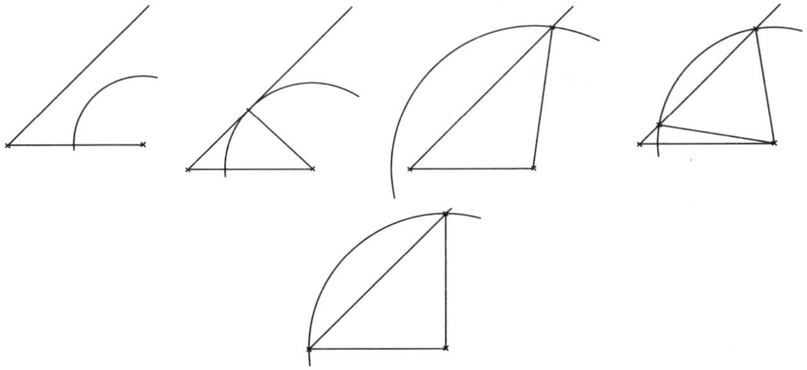

Liegt der gegebene Winkel der **größeren** gegebenen Seite gegenüber, so existiert **eine** Lösung. In den **anderen Fällen** kann es **keine, eine oder zwei** Lösungen geben.

4. Konstruiere das Dreieck ABC, bei dem eine Seite und zwei Winkel gegeben sind: $c = 3{,}5$ cm, $\alpha = 70°$, $\beta = 35°$.

   Lösung:

   Planfigur:

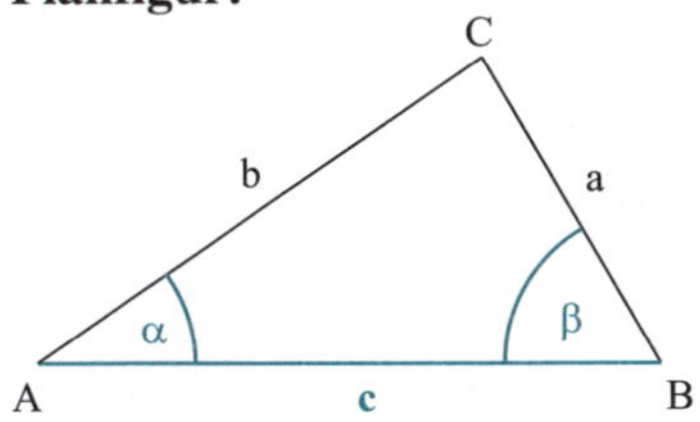

Überlegung:
Beginne mit der Seite c. Die Punkte A und B sind dadurch festgelegt.

Konstruktionsbeschreibung:
Zeichne die Strecke $c = [AB]$.

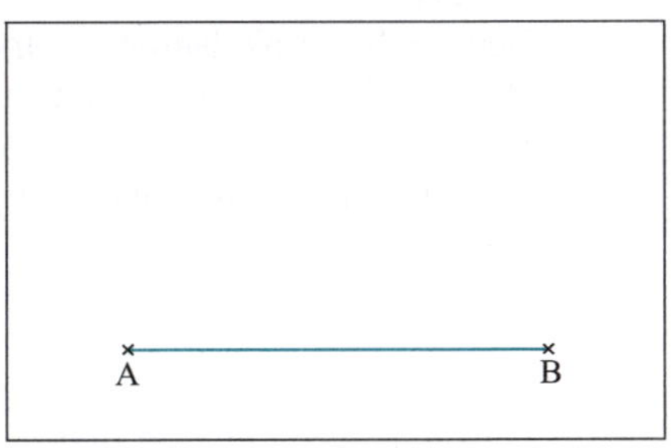

Überlegung:
Über den Punkt C weiß man, dass er auf dem freien Schenkel von α liegt.

Konstruktionsbeschreibung:
Trage α in A an c an.

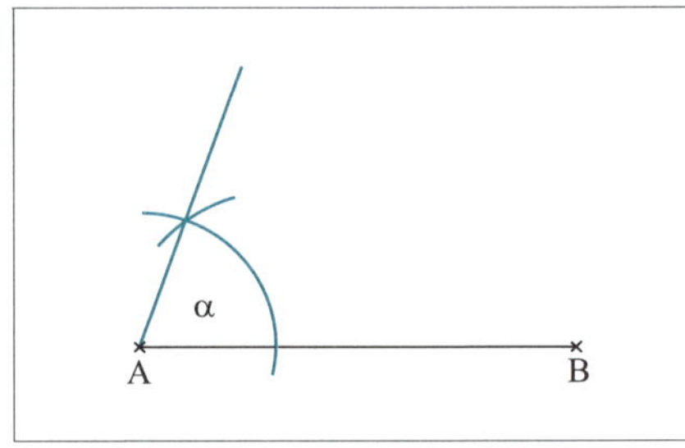

Überlegung:
Um seine genaue Lage zu erhalten, verwendest du, dass C auch auf dem freien Schenkel von β liegt.

Konstruktionsbeschreibung:
Trage β in B an c an.
Der Schnittpunkt der freien Schenkel ist C.

Bei diesem Aufgabentyp gibt es nur **eine** Lösung.

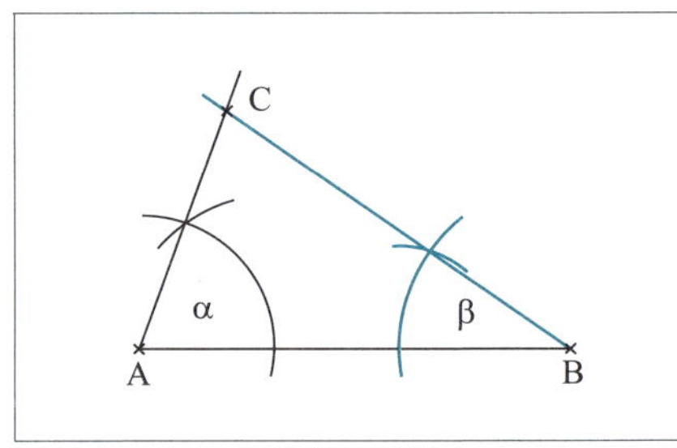

Anstelle der beiden an der Seite anliegenden Winkel kann auch ein an der Seite anliegender und ein ihr gegenüberliegender Winkel angegeben sein. Diese Konstruktion lässt sich mithilfe der Winkelsumme im Dreieck auf die obere zurückführen (siehe auch S. 75, Aufgabe 60 d).

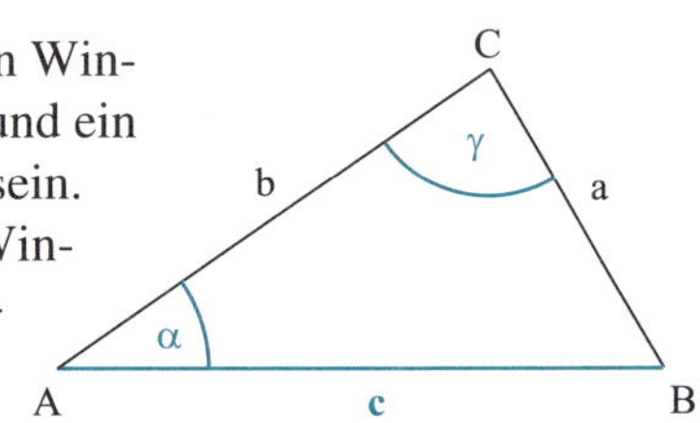

5. Konstruiere ein Dreieck ABC mit den drei Winkeln: $\alpha = 21°$, $\beta = 79°$, $\gamma = 90°$

Lösung:
Beträgt die Winkelsumme von α, β und γ nicht 180°, so gibt es **kein** Dreieck mit den geforderten Größen.
Im anderen Fall gibt es **unendlich viele Lösungen**, die **nicht kongruent** sind, da keine Seitenlänge angegeben ist.

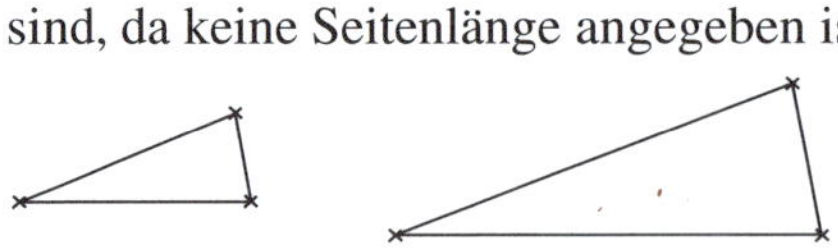

Du kannst dann nur ein Beispieldreieck zeichnen, bei dem du eine Seitenlänge festlegst. Das Vorgehen entspricht dem Beispiel 4 mit einer Seite und zwei Winkeln.

ufgaben

60. Konstruiere alle Dreiecke ABC mit:
a) $a=3$ cm, $b=2$ cm, $c=4$ cm
b) $b=4$ cm, $c=3$ cm, $\alpha=40°$
c) $a=3$ cm, $\beta=60°$, $\gamma=82°$
d) $a=3{,}5$ cm, $\alpha=45°$, $\beta=70°$
e) $a=2{,}5$ cm, $c=3{,}5$ cm, $\gamma=75°$
f) $a=3$ cm, $c=4{,}3$ cm, $\alpha=35°$

61. Um die Höhe einer senkrecht ansteigenden Kletterwand zu bestimmen, werden von einem Punkt P am Boden aus zwei Messungen vorgenommen.
Der Abstand zum Fuß der Kletterwand beträgt 12 m, der Winkel, unter dem der Fuß und die Oberkante der Kletterwand von P aus zu sehen sind, beträgt 58°.
Bestimme die Höhe der Kletterwand mithilfe einer Konstruktion im Maßstab 1 : 600.

62. In einer Goldmine in Kalifornien führen vom Eingang aus zwei waagrechte Hauptstollen unter einem Winkel von 80° in den Berg hinein. Sie sind 340 m und 270 m lang.
Wie lang ist der Verbindungsstollen, der die Enden der beiden Hauptstollen geradlinig verbindet?
Unter welchen Winkeln musste man ihn vom Ende des ersten bzw. des zweiten Hauptstollens aus in den Berg vorantreiben?
Fertige eine Konstruktion im Maßstab 1 : 10 000 an und entnimm ihr die entsprechenden Größen.

63. Um die Höhe der Zugspitze zu bestimmen, wurde auf einer ebenen Wiese bei Garmisch-Partenkirchen eine auf den Berg zulaufende Strecke [AB] der Länge 1 120 m abgesteckt. In dem Dreieck ABG (G bezeichnet den Gipfel der Zugspitze) kann man keine weitere Seite mehr messen, aber mithilfe eines Theodoliten lassen sich die Winkel $\alpha = 33°$ und $\beta = 45°$ bestimmen. Bestimme mithilfe einer Konstruktion (Maßstab 1 : 80 000) die Höhe der Zugspitze. Die Wiese liegt 882 m über dem Meeresspiegel (ü. d. M.).

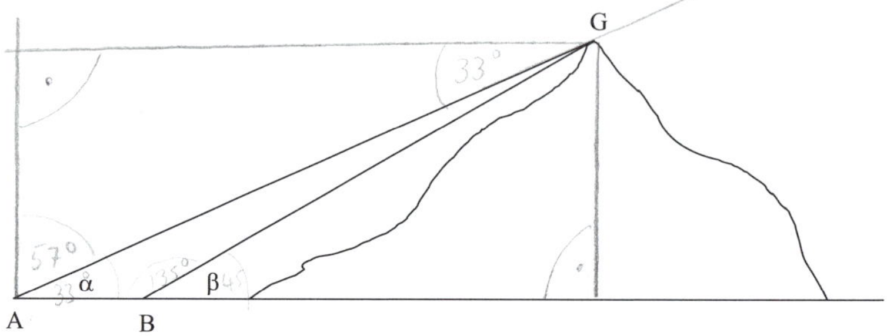

✳ 64. Ritter Adalbert möchte die Höhe seines Burgturms über der Ebene bestimmen. Dazu steigt er auf seinen Turm und misst von dort aus zwei Winkel. Der Sehwinkel zwischen dem entfernter gelegenen Flussufer und der Waagrechten beträgt 50°, der Sehwinkel zwischen dem näher gelegenen Flussufer und der Waagrechten beträgt 70°. Außerdem weiß er noch, dass der Fluss 12 m breit ist. Bestimme mit einer geeigneten Konstruktion (Maßstab 1 : 800) die Höhe des Turmes über der Ebene.

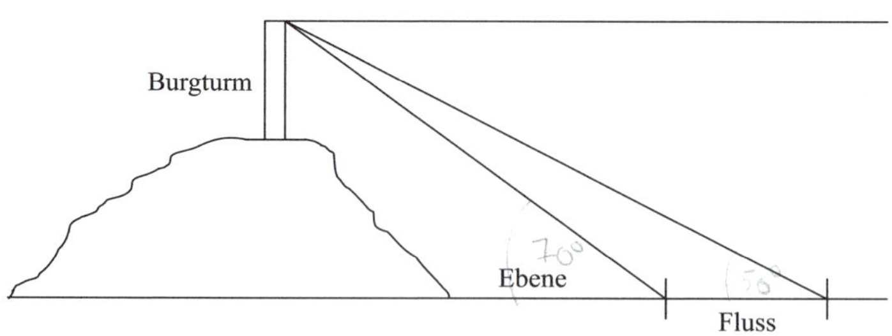

3 Kongruenzsätze

Woran erkennt man kongruente Dreiecke? Der Definition folgend könnte man sie ausschneiden und dann testen, ob sie deckungsgleich sind. Alternativ könnte man alle Winkel und Seiten ausmessen und die sich jeweils entsprechenden Paare vergleichen. Muss man tatsächlich einen solchen Aufwand betreiben, oder gibt es eine elegantere Lösung?
Die Überlegungen zur Konstruktion von Dreiecken im vorhergehenden Kapitel beantworten diese Fragen bereits. Wenn einige wenige Größen bereits ausreichen, um ein Dreieck eindeutig konstruieren zu können, so genügt es umgekehrt, die entsprechenden Größen zweier Dreiecke zu vergleichen, um Aussagen über deren Kongruenz machen zu können. So führen die Fälle, deren Konstruktion eindeutige Lösungen ergeben, zu folgenden Kongruenzsätzen für Dreiecke:

Kongruenzsätze:

- Zwei Dreiecke sind kongruent, wenn sie in **drei Seiten** übereinstimmen. (SSS)

SSS

- Zwei Dreiecke sind kongruent, wenn sie in **zwei Seiten** und dem **dazwischen liegenden Winkel** übereinstimmen. (SWS)

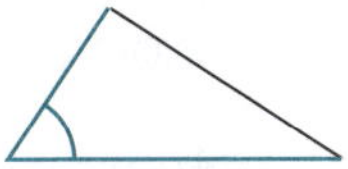
SWS

- Zwei Dreiecke sind kongruent, wenn sie in **einer Seite** und **zwei Winkeln** übereinstimmen. (WSW bzw. SWW)

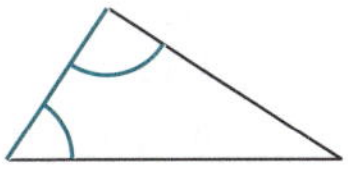
WSW

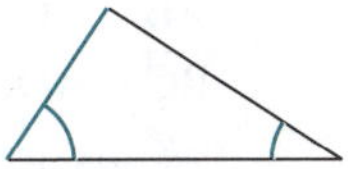
SWW

- Zwei Dreiecke sind kongruent, wenn sie in **zwei Seiten** und **dem der größeren Seite gegenüberliegenden Winkel** übereinstimmen. (SsW)

SsW

Umgekehrt bieten die Kongruenzsätze eine elegante Möglichkeit, die eindeutige Konstruierbarkeit eines Dreiecks zu untersuchen. Entsprechen die gegebenen Größen den Bestandteilen eines Kongruenzsatzes, so ist das Dreieck eindeutig konstruierbar.

Beispiele

1. Suche im Rechteck ABCD alle Paare kongruenter Dreiecke. Begründe jeweils mit einem Kongruenzsatz.

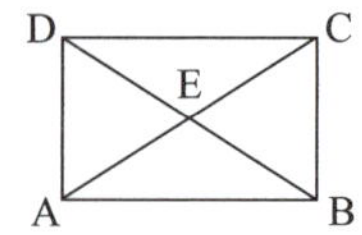

Lösung:
Hier sind oft mehrere Kongruenzsätze anwendbar. Wichtig ist, dass du die Gleichheit der Strecken und Winkel jeweils begründen kannst.

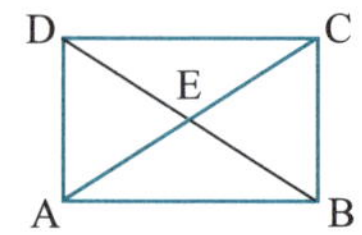

Die Dreiecke ABC und ACD sind kongruent, z. B. kannst du argumentieren:
[AC] ist in beiden Dreiecken enthalten
$\overline{AB} = \overline{CD}$
$\overline{BC} = \overline{AD}$ } Eigenschaften eines Rechtecks
$\Rightarrow$ nach SSS gilt: $\Delta ABC \cong \Delta ACD$

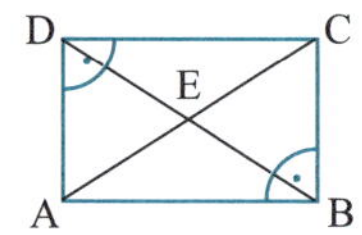

oder:
$\overline{AB} = \overline{CD}$
$\overline{BC} = \overline{AD}$ } Eigenschaften eines Rechtecks
$\sphericalangle ADC = \sphericalangle ABC$ (Eigenschaften eines Rechtecks)
$\Rightarrow$ nach SWS gilt: $\Delta ABC \cong \Delta ACD$

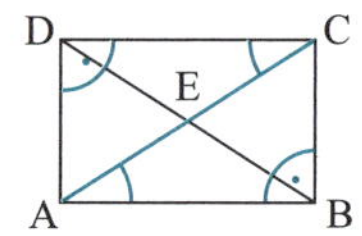

oder:
$\sphericalangle ADC = \sphericalangle ABC$ (Eigenschaften eines Rechtecks)
$\sphericalangle DCA = \sphericalangle BAC$ (Wechselwinkel an parallelen Geraden)
[AC] ist in beiden Dreiecken enthalten
$\Rightarrow$ nach SWW gilt: $\Delta ABC \cong \Delta ACD$

Die Dreiecke ABD und BCD sind kongruent. Die Argumentation verläuft analog zu der vorangehenden, z. B.
[BD] ist in beiden Dreiecken enthalten

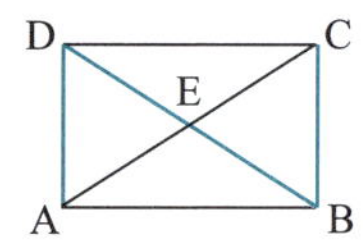

$\overline{AB} = \overline{CD}$
$\overline{BC} = \overline{AD}$ } (Eigenschaften eines Rechtecks)
$\Rightarrow$ nach SSS gilt: $\Delta ABD \cong \Delta BCD$

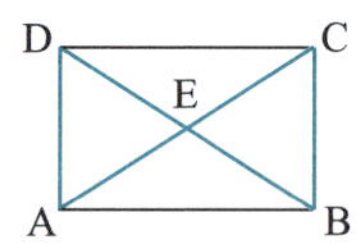

Die Dreiecke AED und BCE sind kongruent:
$\overline{BC} = \overline{AD}$ (Eigenschaften eines Rechtecks)
$\overline{BE} = \overline{ED}$
$\overline{AE} = \overline{EC}$ } (In einem Rechteck halbieren sich die Diagonalen gegenseitig)
$\Rightarrow$ nach SSS gilt $\Delta AED \cong \Delta BCE$

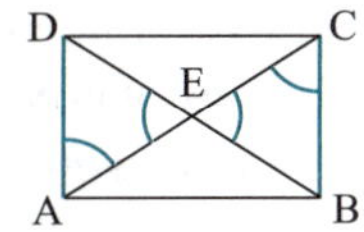

oder:

$\overline{BC} = \overline{AD}$ (Eigenschaften eines Rechtecks),

$\sphericalangle EAD = \sphericalangle ECB$ (Wechselwinkel an parallelen Geraden)

$\sphericalangle DEA = \sphericalangle BEC$ (Scheitelwinkel)

$\Rightarrow$ nach SWW gilt $\Delta AED \cong \Delta BCE$

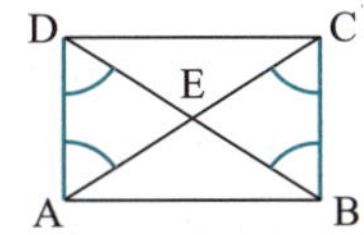

oder:

$\overline{BC} = \overline{AD}$ (Eigenschaften eines Rechtecks)

$\left.\begin{array}{l}\sphericalangle EAD = \sphericalangle ECB \\ \sphericalangle ADE = \sphericalangle CBE\end{array}\right\}$ (Wechselwinkel an parallelen Geraden)

$\Rightarrow$ nach WSW gilt $\Delta AED \cong \Delta BCE$

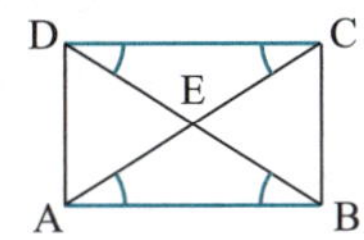

Die Dreiecke ABE und CDE sind kongruent. Auch hier verläuft die Argumentation analog zu der vorangehenden, z. B.

$\overline{AB} = \overline{CD}$ (Eigenschaften eines Rechtecks)

$\left.\begin{array}{l}\sphericalangle DCE = \sphericalangle BAE \\ \sphericalangle EDC = \sphericalangle EBA\end{array}\right\}$ (Wechselwinkel an parallelen Geraden)

$\Rightarrow$ nach WSW gilt $\Delta ABE \cong \Delta CDE$

2. Überprüfe, ob das jeweilige Dreieck eindeutig konstruierbar ist, ohne die Konstruktion durchzuführen. Gib den entsprechenden Kongruenzsatz an.

   a) $a = 3$ cm, $c = 5$ cm, $\beta = 56°$

   b) $a = 4$ cm, $b = 6$ cm, $\alpha = 35°$

   Lösung:

   Anhand einer Skizze, in der die gegebenen Größen farbig markiert sind, kannst du nachvollziehen, wie die Größen zueinander liegen und welcher Kongruenzsatz infrage kommt. Beachte, dass die skizzierten Längen und Winkel nicht mit den Angaben übereinstimmen müssen, eine unterschiedliche Länge verschiedener Seiten für die mögliche Anwendung des SsW-Satzes aber deutlich erkennbar sein muss!

   a) Nach dem Kongruenzsatz SWS ist das Dreieck eindeutig konstruierbar.

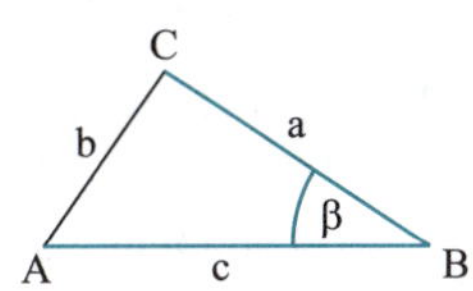

   b) Das Dreieck ist nicht eindeutig konstruierbar, da der Winkel der kleineren Seite gegenüber liegt. Hier kann es zwei oder keine Lösung geben (siehe S. 73).

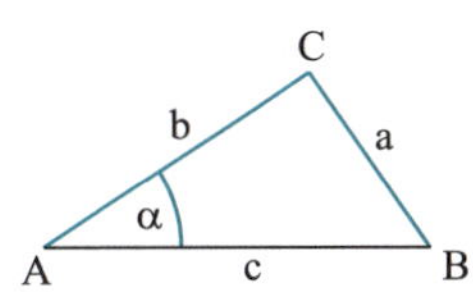

Aufgaben

65. Überprüfe nur anhand der Angaben, ob das jeweilige Dreieck eindeutig konstruierbar ist. Gib den entsprechenden Kongruenzsatz an.

a) $a = 4$ cm, $b = 4{,}5$ cm, $\gamma = 100°$

b) $a = 3$ cm, $b = 5$ cm, $c = 4$ cm

c) $c = 4$ cm, $\beta = 35°$, $\gamma = 75°$

d) $a = 2{,}6$ cm, $b = 4{,}5$ cm, $\alpha = 49°$

e) $b = 4$ cm, $c = 7$ cm, $\alpha = 115°$

f) $c = 13$ cm, $\alpha = 110°$, $\beta = 30°$

g) $a = 2{,}6$ cm, $b = 4{,}5$ cm, $\beta = 49°$

h) $\alpha = 35°$, $\beta = 95°$, $\gamma = 60°$

* i) $a = 3$ cm, $b = 6$ cm, $c = 2$ cm

j) $\alpha = 55°$, $\beta = 95°$, $\gamma = 30°$

66. Sind die Dreiecke ABC und DEF mit folgenden Größen kongruent zueinander?

a) $c = d$, $a = e$, $\beta = \varphi$

b) $c = d$, $a = e$, $\beta = \delta$

c) $c = d$, $\alpha = \varepsilon$, $\beta = \varphi$

d) $c = d$, $\alpha = \varepsilon$, $\beta = \delta$

* e) $b = f$, $c = d$, $\beta = \varphi$ und $b < c$

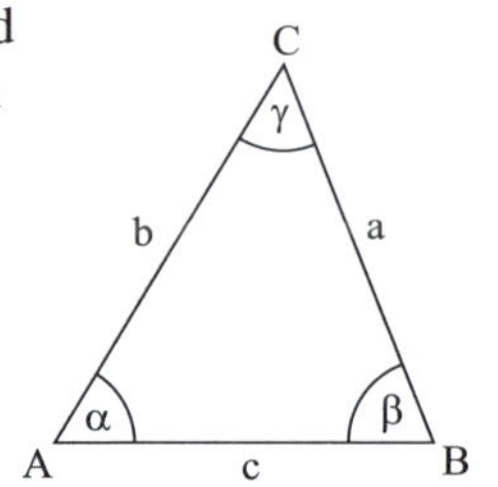

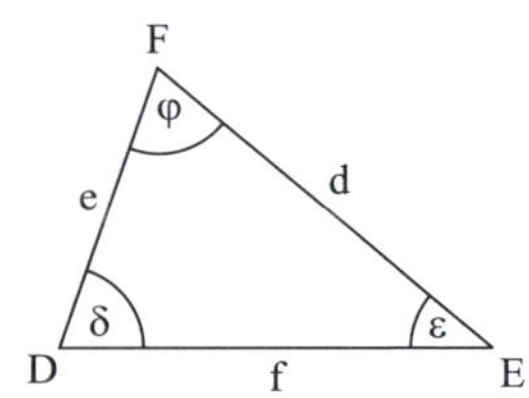

67. Von einem Dreieck sind folgende Größen vorgegeben. Gib weitere Größen an, sodass das Dreieck eindeutig konstruierbar ist.

a) $a = 4$ cm

b) $c = 3$ cm, $\alpha = 45°$

c) $\beta = 140°$

d) $b = 4$ cm, $\beta = 35°$

68. Begründe folgende Aussagen jeweils mithilfe eines geeigneten Kongruenzsatzes.

a) Die Diagonale teilt ein Parallelogramm in zwei kongruente Dreiecke.

b) Ein Drachenviereck wird von seinen Diagonalen in vier Dreiecke zerteilt, wovon jeweils zwei kongruent sind.

Besondere Dreiecke

1 Gleichschenkliges und gleichseitiges Dreieck

Bevor du die Lektüre dieses Kapitels vertiefst, solltest du zunächst Papier und Stift zur Hand nehmen und ohne groß darüber nachzudenken ein Dreieck skizzieren.
Jetzt betrachte dein Dreieck genau und überlege, ob dir daran etwas auffällt. Untersuchungen haben gezeigt, dass nur etwa 10 % der Testpersonen bei der obigen Aufforderung ein allgemeines Dreieck ohne besondere Eigenschaften zeichnen. Sehr häufig weisen die Dreiecke einen rechten Winkel (damit werden wir uns im nächsten Kapitel beschäftigen) oder aber mindestens zwei nahezu gleich lange Dreieckseiten auf.
Vielleicht geben wir hier unbewusst Formen des täglichen Lebens wie Giebeldächer oder Warnschilder wider. Eventuell spiegelt sich hier aber auch ein in der menschlichen Psyche verankertes Empfinden wider, demzufolge symmetrische Figuren generell als schön empfunden werden. Und tatsächlich hat ein Dreieck mit zwei oder drei gleich langen Seiten mindestens eine Symmetrieachse.

Ein Dreieck mit **zwei gleich langen Seiten** heißt **gleichschenkliges** Dreieck.

Die gleich langen Seiten heißen **Schenkel**, die dritte Seite **Basis**. Die Winkel, die an der Basis anschließen, heißen **Basiswinkel**.

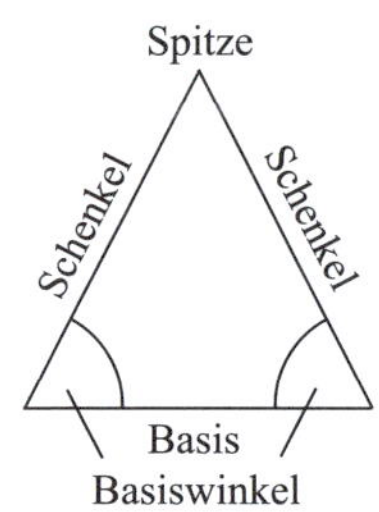

Satz:
Gilt eine der folgenden Aussagen, so gelten auch die anderen:
- Das Dreieck ist gleichschenklig.
- Das Dreieck ist achsensymmetrisch.
- Das Dreieck besitzt zwei gleich große Winkel.
- Die Mittelsenkrechte einer Seite ist gleichzeitig Höhe und Winkelhalbierende.

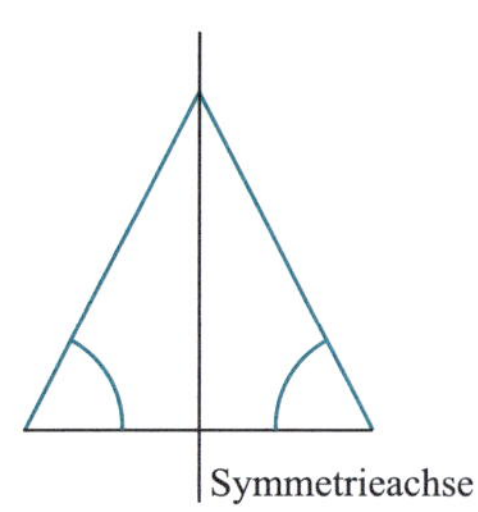

Ein Dreieck mit **drei gleich langen Seiten** heißt **gleichseitiges** Dreieck.

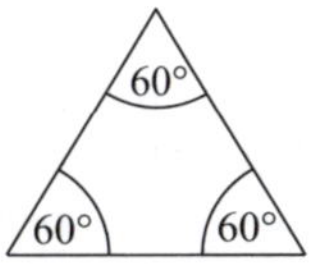

Satz:
Gilt eine der folgenden Aussagen, so gelten auch die anderen:
- Das Dreieck ist gleichseitig.
- Das Dreieck hat drei gleich große Winkel.
- Jeder Winkel im Dreieck ist 60° groß.
- Das Dreieck hat drei Symmetrieachsen.
- Bei allen Seiten ist die Mittelsenkrechte zugleich Höhe und Winkelhalbierende.

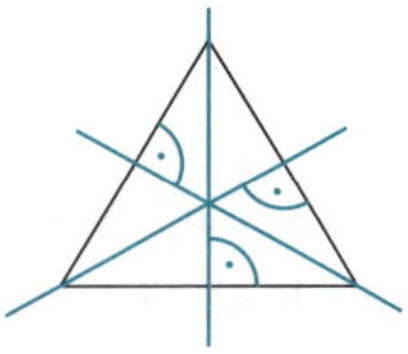

Beispiele

1. Berechne die fehlenden Winkel in einem gleichschenkligen Dreieck mit Spitze C, wenn
   a) der Basiswinkel 30° beträgt.
   b) der Winkel an der Spitze 68° beträgt.

   Lösung:
   a) Mithilfe der Winkelsumme im Dreieck lässt sich γ berechnen:
   $\gamma = 180° - \alpha - \beta = 180° - 2 \cdot \alpha = 180° - 2 \cdot 30° = 120°$
   b) Mithilfe der Winkelsumme im Dreieck lässt sich die Summe von α und β berechnen:
   $\alpha + \beta = 180° - \gamma$
   Da α und β gleich groß sind, gilt:
   $\alpha = \beta = (\alpha + \beta) : 2$
   Gesamtansatz: $\alpha = \beta = (180° - \gamma) : 2 = (180° - 68°) : 2 = 112° : 2 = 56°$

2. Gib die Länge von x mit Begründung an.

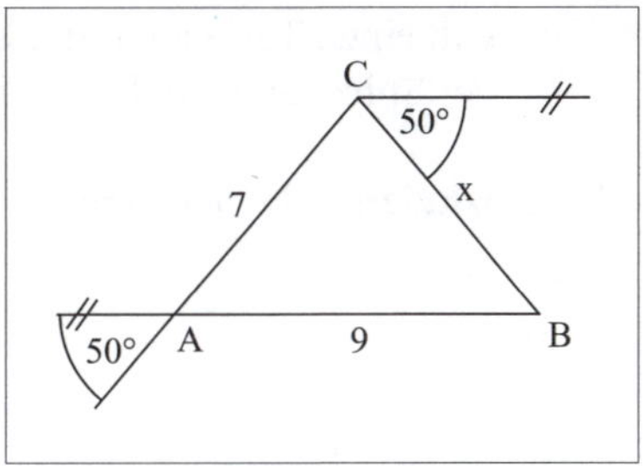

Lösung:
∢ BAC = 50° (Scheitelwinkel)
∢ CBA = 50° (Wechselwinkel an parallelen Geraden)
Das Dreieck ist demnach gleichschenklig mit Basis [AB].
$\Rightarrow\ x = \overline{AC} = 7$

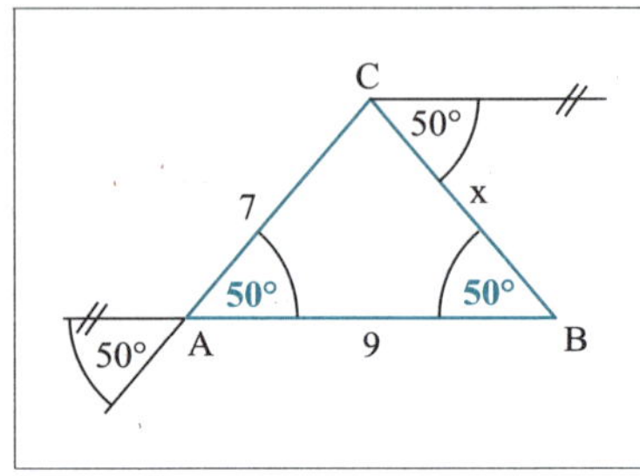

Aufgaben

69. Berechne die fehlenden Winkel in einem gleichschenkligen Dreieck, wenn
a) der Basiswinkel 46° groß ist.
b) der Winkel an der Spitze 80° groß ist.
c) ein Außenwinkel 100° groß ist. Gibt es mehrere Möglichkeiten?
d) ein Außenwinkel 80° groß ist. Gibt es mehrere Möglichkeiten?

70. Berechne mithilfe einer Gleichung die fehlenden Winkel in einem gleichschenkligen Dreieck, wenn
a) der Winkel an der Spitze doppelt so groß ist wie ein Basiswinkel.
b) ein Basiswinkel 130 % des Winkels an der Spitze beträgt.
c) der Winkel an der Spitze um 15° größer als ein Basiswinkel ist.
d) der Winkel an der Spitze um 30° kleiner als ein Basiswinkel ist.
e) ein Basiswinkel um 30 % kleiner ist als der Winkel an der Spitze.

71. a) Gib einen Term an, mit dessen Hilfe du die Basiswinkel anhand des Winkels an der Spitze berechnen kannst.
b) Gib einen Term an, mit dessen Hilfe du den Winkel an der Spitze anhand des Basiswinkels berechnen kannst.
c) Gib einen Term an, mit dessen Hilfe du den Außenwinkel des Winkels an der Spitze anhand des Basiswinkels berechnen kannst.

72. Konstruiere folgende Winkel:
a) 60°
b) 15°
c) 105°
d) 37,5°
e) 142,5°

73. Der Umfang eines gleichschenkligen Dreiecks ist 18 cm.
Berechne mithilfe einer Gleichung die Seitenlängen, wenn

a) die Basis 3 cm länger als ein Schenkel ist.

b) die Basis 3 cm kürzer als ein Schenkel ist.

c) die Basis 10 cm kürzer als beide Schenkel zusammen ist.

d) die Basis 60 % kürzer als ein Schenkel ist.

e) ein Schenkel 30 % größer als die Basis ist.

f) ein Schenkel zweieinhalb mal so lang wie die Basis ist.

74. Begründe oder widerlege die folgenden Aussagen.

a) Zwei gleichschenklige Dreiecke sind kongruent, wenn sie die gleichen Basiswinkel haben.

b) Zwei gleichschenklige Dreiecke sind kongruent, wenn sie denselben Umfang haben.

c) Zwei gleichseitige Dreiecke sind kongruent, wenn sie denselben Umfang haben.

d) Zwei gleichschenklige Dreiecke sind kongruent, wenn sie in zwei Seiten übereinstimmen.

e) Zwei gleichschenklige Dreiecke sind kongruent, wenn sie in der Basis und einem Winkel übereinstimmen.

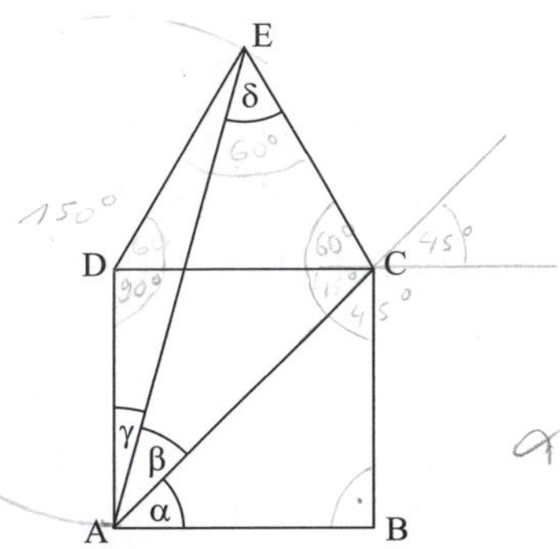

75. Über der Seite [CD] eines Quadrates ABCD wird ein gleichseitiges Dreieck CED gezeichnet.
Berechne die benannten Winkel mit Begründung.

76. Bestimme die Seitenlängen
$a = \overline{BE}$, $b = \overline{CE}$, $c = \overline{ED}$,
$d = \overline{AF}$, $e = \overline{CD}$ und $f = \overline{CG}$
jeweils mit Begründung.
(Zeichnung nicht maßstäblich!)

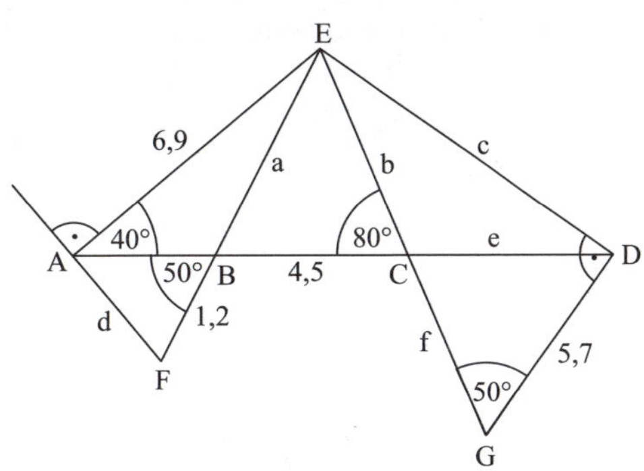

77. Der Basiswinkel eines gleichschenkligen Dreiecks beträgt 70°. Die Mittelpunkte der Schenkel a und b heißen S_1 und S_2, die Mittelsenkrechten zu a und b schneiden sich in M.

a) Zeichne eine Skizze.

b) Berechne $\sphericalangle S_1MS_2$.

✱ c) Welcher Zusammenhang besteht zwischen $\sphericalangle S_1MS_2$ und dem Basiswinkel? Gilt dieser bei jedem gleichschenkligen Dreieck?

78. Der Basiswinkel eines gleichschenkligen Dreiecks beträgt 60°. Die Winkelhalbierenden der Basiswinkel schneiden sich in M.

a) Zeichne eine Skizze.

b) Berechne $\sphericalangle AMB$.

✱ c) Suche zwei Zusammenhänge zwischen $\sphericalangle AMB$ und dem Basiswinkel. Gelten diese Zusammenhänge bei jedem gleichschenkligen Dreieck?

79. Unter welchem Winkel schneiden sich je zwei Symmetrieachsen eines gleichseitigen Dreiecks? Achtung: Als Schnittwinkel zweier Geraden wird immer der kleinere der beiden Winkel betrachtet!

80. Erstelle jeweils die Konstruktionsbeschreibung und konstruiere das gleichschenklige Dreieck mit Spitze C und

a) $a = 4$ cm, $\alpha = 70°$

b) $c = 4$ cm, $\gamma = 50°$

✱ c) $\gamma = 70°$, $w_\gamma = 1{,}9$ cm

✱ d) $c = 4{,}5$ cm, $h_c = 2$ cm

✱ **81.** Es gilt $\overline{AD} = \overline{DE} = \overline{BE} = \overline{BC}$ und $BC \perp AB$.
Wie groß ist α?
Tipp: Drücke alle Winkel in Abhängigkeit von α aus, z. B.
$\sphericalangle ACB = 180° - 90° - \alpha = 90° - \alpha$

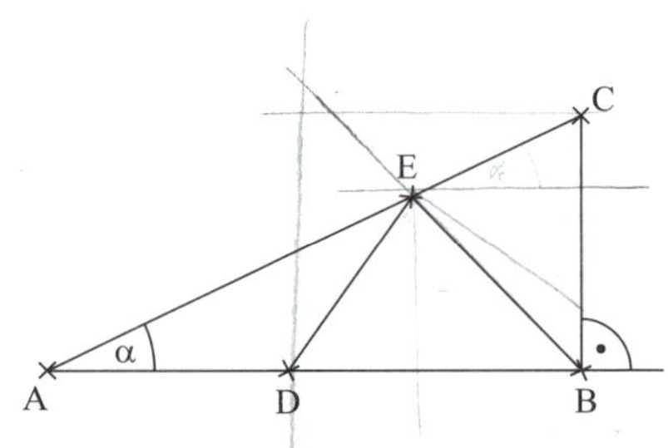

2 Rechtwinklige Dreiecke und der Satz von Thales

Neben den symmetrischen Dreiecken mit zwei oder drei gleich langen Seiten spielen in der Mathematik und im Alltag vor allem die rechtwinkligen Dreiecke eine wichtige Rolle. Mit ihrer Hilfe lassen sich beispielsweise Abstände berechnen und Ingenieure benutzen sie, um Autoscheinwerfer zu konstruieren. Grund genug, sich schon jetzt etwas genauer mit diesen besonderen Dreiecken zu beschäftigen.

Ein Dreieck mit einem rechten Winkel heißt **rechtwinkliges Dreieck**. Als **Katheten** bezeichnet man die beiden an den rechten Winkel anschließenden Seiten. Die dem rechten Winkel gegenüberliegende Seite heißt **Hypotenuse**.

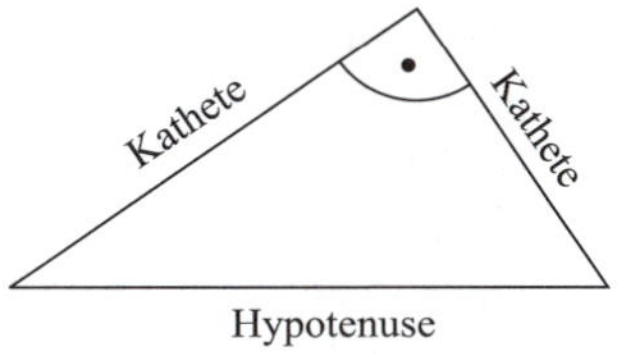

Beachte: In einem rechtwinkligen Dreieck sind die Katheten zugleich Höhen.

Satz:
Wenn das Dreieck ABC bei C einen rechten Winkel hat, dann liegt C auf dem Halbkreis über [AB].

Umkehrsatz:
Wenn C auf dem Halbkreis über [AB] liegt, dann ist der Winkel bei C ein rechter Winkel.

Diese beiden Sätze lassen sich zusammenfassen:

Satz des Thales:
Ein Dreieck ABC hat **genau dann** bei C einen rechten Winkel, wenn C auf dem Halbkreis über [AB] liegt.

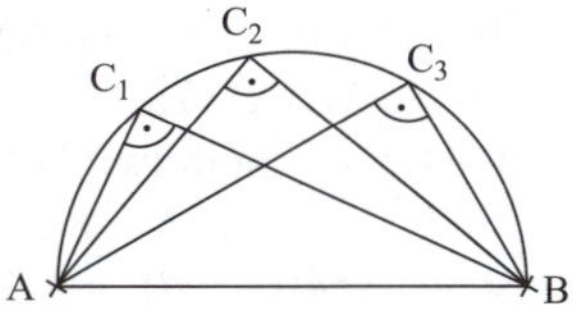

Der Kreis mit dem Durchmesser [AB] heißt auch **Thaleskreis** über [AB]. Entsprechendes gilt natürlich auch für rechte Winkel bei A bzw. B.

Beispiele

1. In einem Dreieck sind D und E die Fußpunkte der Höhen h_a und h_b, M ist die Mitte von [AB].
Begründe, dass das Dreieck MDE gleichschenklig ist.

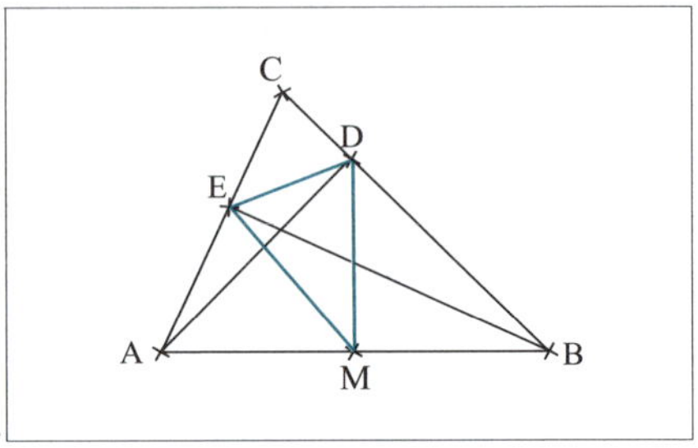

Lösung:
Die Dreiecke ABD und ABE sind rechtwinklig, weil $\sphericalangle$AEB und $\sphericalangle$ADB jeweils rechte Winkel sind (Lotfußpunkte). Dem Satz des Thales zufolge liegen E und D deshalb auf dem Thaleskreis über [AB], weshalb die Strecken [EM] und [DM] gleich lang sind. Somit ist das Dreieck MDE gleichschenklig.

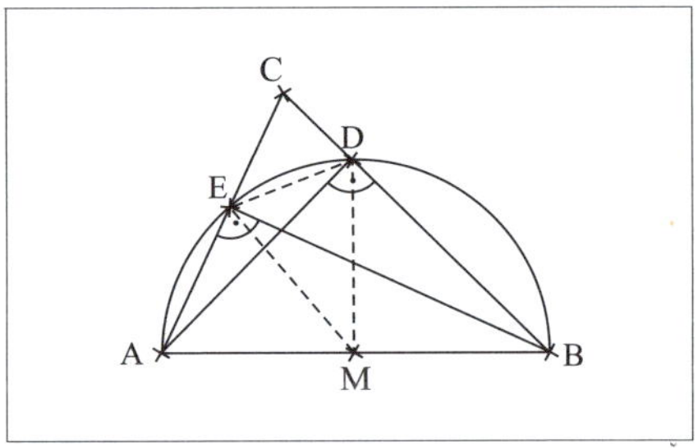

2. Bestimme alle benannten Winkel.

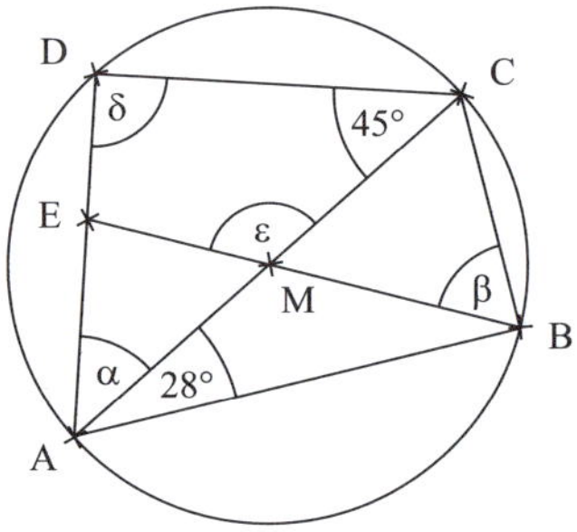

Lösung:
ΔACD ist rechtwinklig mit $\delta = 90°$, da D auf dem Thaleskreis über [AC] liegt.
$\Rightarrow \ \alpha = 180° - \delta - 45°$
$= 180° - 90° - 45° = 45°$
(Winkelsumme in ΔACD)
ΔABM ist gleichschenklig mit Basiswinkel 28°, da $\overline{AM} = \overline{BM}$.
$\Rightarrow \ \sphericalangle MBA = 28°$
ε ist der Scheitelwinkel von $\sphericalangle$AMB, den man anhand der Winkelsumme im Dreieck ABM erhält:
$\varepsilon = \sphericalangle AMB = 180° - 2 \cdot 28° = 180° - 56° = 124°$
β ist ein Basiswinkel des gleichschenkligen Dreiecks BCM. Der Winkel an der Spitze ist der Nebenwinkel von ε.
$\beta = [180° - (180° - \varepsilon)] : 2 = [180° - (180° - 124°)] : 2 = [180° - 56°] : 2$
$= 124° : 2 = 62°$

fgaben

82. Konstruiere alle rechtwinkligen Dreiecke ABC mit den angegebenen Eigenschaften und fertige jeweils eine Konstruktionsbeschreibung an.

a) $c = 5$ cm, $h_c = 2$ cm, $\gamma = 90°$

b) $b = 4$ cm, $\alpha = 35°$, $\beta = 90°$

c) $c = 6$ cm, $a = b$, $\gamma = 90°$

83. a) Konstruiere ein Dreieck aus $a = b = 4$ cm, $\alpha = 45°$.

b) Berechne den Flächeninhalt exakt. Begründe deine Berechnung.

84. Konstruiere mithilfe des Thaleskreises ein Rechteck mit

a) $\overline{AC} = 6$ cm und $\overline{AB} = 4$ cm.

b) $\overline{AC} = 5$ cm und $\sphericalangle BAC = 65°$.

85. Beim Umbau eines Hauses wird ein kreisrundes Fenster mit 1,20 m Durchmesser durch ein eckiges Fenster ersetzt. Das Fenster soll zwischen 70 cm und 100 cm hoch sein.
Bestimme die maximale Breite des Fensters, wenn das Loch in der Mauer nicht vergrößert werden soll. Löse mithilfe einer maßstabsgetreuen Konstruktion.

86. Zur Positionsbestimmung auf hoher See misst der Kapitän den Winkel, unter dem er die zwei Leuchttürme L_1 und L_2 bzw. den Leuchtturm L_1 und einen Felsen F sieht. In seiner Seekarte liegt L_1 bei (8 | 6) und L_2 bei (2 | 7), der Felsen bei (8 | 1). Beide Winkel betragen 90°. (Platzbedarf: oben 10, unten 0, rechts 11, links 0)
Wo befindet sich das Schiff?

87. Zwischen den Markierungsstangen A und B soll eine 2,5 m breite gerade Skipiste so verlaufen, dass sich die Stangen genau am Rand der Piste befinden.
Konstruiere die möglichen Lagen der Piste für A(3 | 6,5), B(4 | 1), Maßstab 1 : 100. (Platzbedarf: oben 7, unten 0, rechts 7, links 0)

88. Bestimme alle benannten Winkel für $\alpha = 30°$ und gib die Länge von [AB] an, wenn $\overline{BC} = 2$ cm.

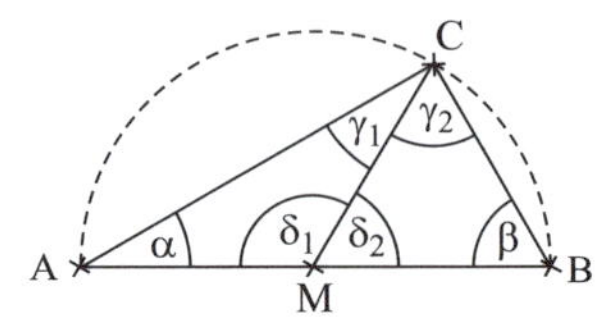

89. Bestimme γ, wenn $\alpha = 110°$ und $\beta = 35°$.

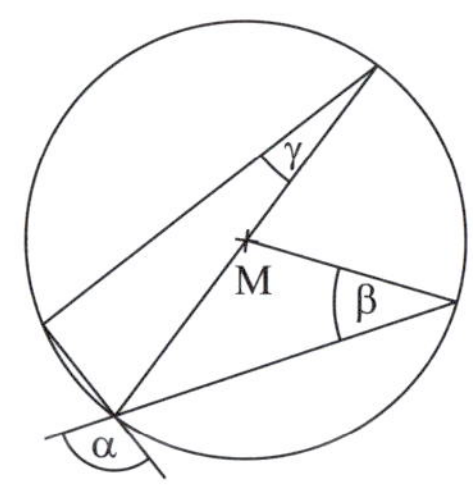

90. In einem Dreieck ist eine Seite doppelt so lang wie ihre Seitenhalbierende. Wie groß ist der dieser Seite gegenüberliegende Winkel?

91. Zeichne in ein spitzwinkliges gleichschenkliges Dreieck ABC mit Spitze C die Höhen h_a und h_b ein. Die Höhenfußpunkte sind H_a und H_b, der Schnittpunkt der Höhen ist H.
Begründe, dass die Ecken des Vierecks HH_aCH_b auf einem Kreis liegen und konstruiere den Mittelpunkt M des Kreises.

92. In einem gleichschenkligen Dreieck ABC mit Spitze C schneidet die Winkelhalbierende w_α die Strecke [BC] in W. Das Lot zu w_α in W schneidet die Halbgerade [AB im Punkt P.

a) Fertige eine Skizze an.

* b) Begründe, dass die Strecke [AP] doppelt so lang wie die Strecke [BW] ist.

3 Konstruktion von Kreistangenten

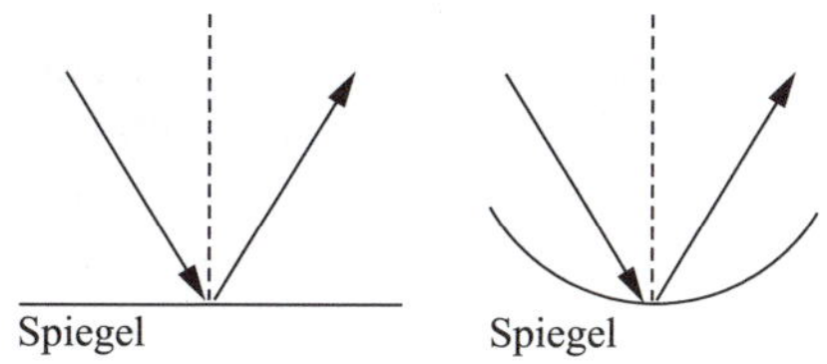

Du hast dieses Jahr sicher das Reflexionsgesetz kennengelernt: Trifft ein Lichtstrahl auf eine reflektierende Fläche, so sind Einfalls- und Reflexionswinkel gleich groß. Beide Winkel liegen hierbei zwischen dem jeweiligen Lichtstrahl und dem im Auftreffpunkt errichteten Lot zur Spiegelebene. An ebenen Spiegelflächen ist es kein Problem, dieses Lot zu konstruieren, Schwierigkeiten machen dagegen gekrümmte Flächen. Auch hier benötigt man das Lot im Auftreffpunkt. Da sich ein Lot aber nur auf einer Gerade errichten lässt, muss zunächst eine Hilfsgerade eingezeichnet werden, die im Auftreffpunkt des Lichtstrahls exakt in Richtung der gekrümmten Fläche verläuft. Eine solche Gerade wird als Tangente bezeichnet.

Gerade und Kreis können prinzipiell auf drei unterschiedliche Weisen zueinander liegen.

- **Passante:** Gerade und Kreis haben keinen gemeinsamen Punkt.
- **Sekante:** Die Gerade schneidet den Kreis in zwei Punkten.
- **Tangente:** Gerade und Kreis berühren sich in einem Punkt. Dieser Punkt heißt Berührpunkt.

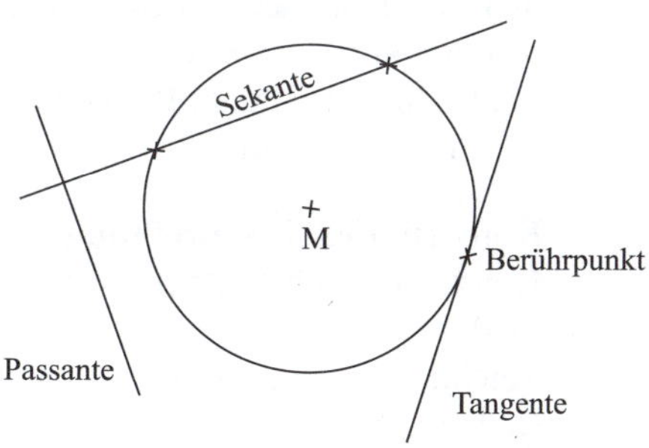

Die Gerade durch Berührpunkt und Mittelpunkt steht senkrecht auf der Tangenten.

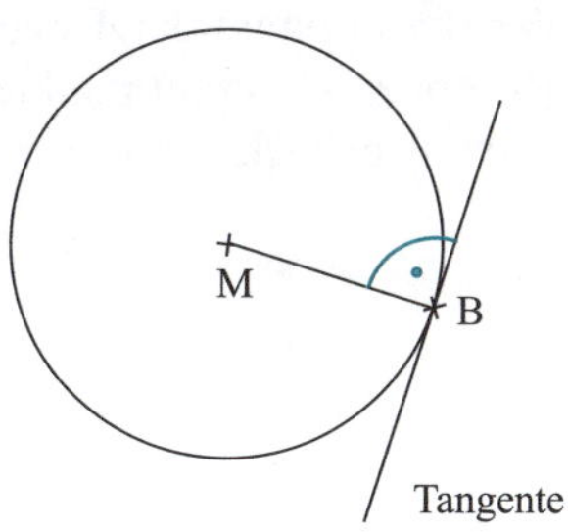

Beispiele

1. Konstruiere an einen Kreis eine Tangente durch den Punkt P, wobei P auf dem Kreis liegt.

   Lösung:
   Liegt der Punkt, durch den die Tangente gehen soll, auf dem Kreis, so zeichne die Halbgerade [MP und errichte ein Lot zu [MP in P.

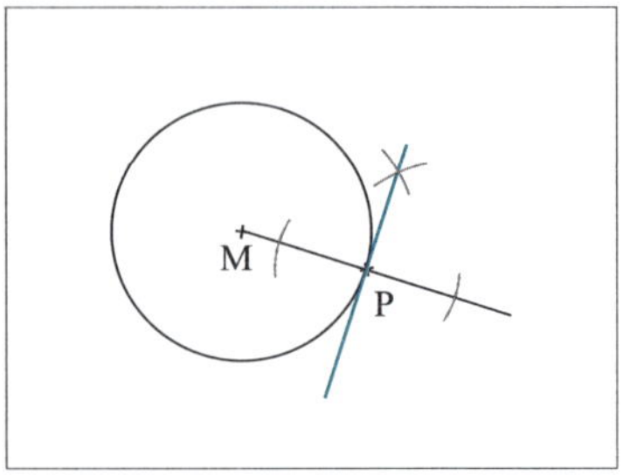

2. Konstruiere an einen Kreis eine Tangente durch den Punkt P, wenn P außerhalb des Kreises liegt.

   Lösung:
   Überlegung:
   Gesucht ist der Berührpunkt. Angenommen, du weißt, wo sich der Berührpunkt befindet. Dann kannst du feststellen, dass das Dreieck MPB rechtwinklig ist. Nach dem Satz des Thales liegt der Punkt B somit auf dem Thaleskreis über [MP].

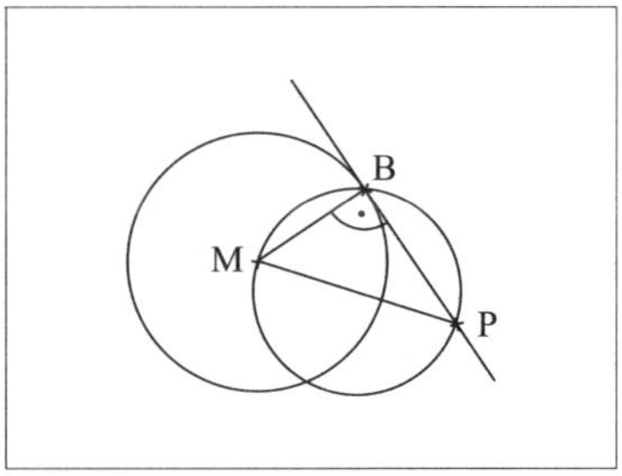

   Konstruktionsbeschreibung:
   Konstruiere den Mittelpunkt von [MP].
   Zeichne um ihn einen Kreis mit Radius $\frac{1}{2}\overline{MP}$.
   Der Schnittpunkt mit dem Kreis ist der Berührpunkt der Tangente.
   Es gibt zwei Schnittpunkte und somit auch zwei Tangenten.

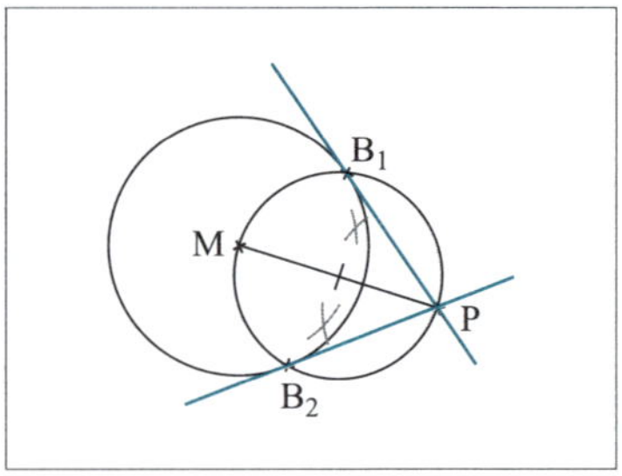

ufgaben

93. Zeichne den abgebildeten Heißluftballon mit $\overline{AM} = 3$ cm und $\overline{CM} = 7$ cm. Der unten hängende Korb ist ein Quadrat mit Seitenlänge 2 cm. Konstruiere hierbei die Lage der Punkte A und B so, dass EA und DB Tangenten an den Kreis um M sind.

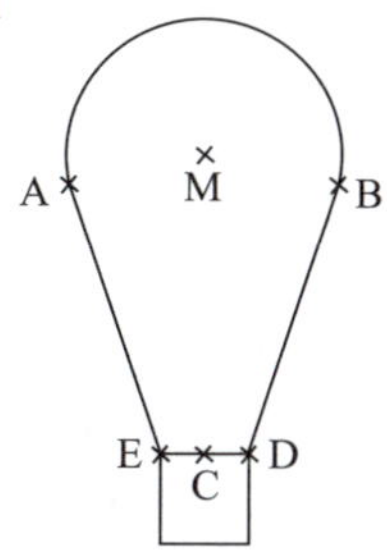

94. Die Arbeitsplatte einer Designerküche hat eine in den Raum ragende Ecke, an der die Seiten einen 70°-Winkel einschließen. Diese spitze Ecke stellt sich als äußerst verletzungsgefährlich heraus und soll nachträglich abgerundet werden, sodass die Ränder der Platte ohne Knick in einen Kreisbogen mit Radius 1 m übergehen.
Konstruiere den Kreismittelpunkt M und den Rand der Arbeitsplatte an dieser Ecke im Maßstab 1 : 25.

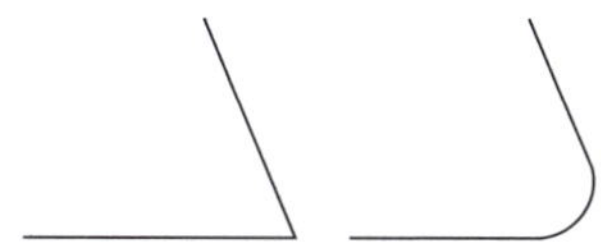

95. Erwin möchte in seiner Kneipe eine neue Bar einbauen. Sie soll aus zwei Teilen bestehen, die sich in einem Winkel treffen. Ein Stück der alten Bar will er weiter nutzen und auch die bisher frei stehende Zapfanlage Z kann er nicht umbauen. Sie soll aber im neuen Teil der Bar integriert werden. Um beide Seiten der Bar gut im Blick zu haben, will er von seinem Chefsessel C aus zu beiden Theken den gleichen Abstand haben.
Konstruiere mögliche Positionen für die zweite Seite der Bar.

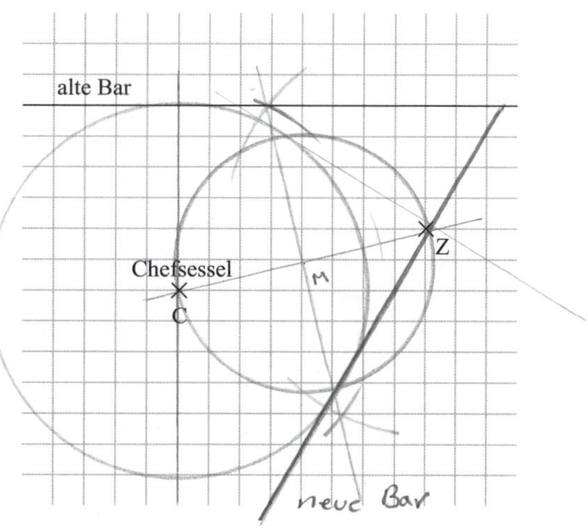

96. Wo befinden sich die Mittelpunkte der gesuchten Kreise? Gib die Anzahl der möglichen Lösungen an.

a) Gegeben ist eine Gerade g und ein Radius r. Gesucht sind Kreise mit Radius r, die von g berührt werden.

b) Gegeben sind zwei nicht aufeinander liegende Geraden g und h. Gesucht sind Kreise, welche von beiden Geraden berührt werden.
Gehe auf die unterschiedlichen Lagen von g und h zueinander ein.

c) Gegeben sind drei Geraden g, h und k. Gesucht sind Kreise, welche alle drei Geraden als Tangenten haben.
Gehe auf die unterschiedlichen Lagen von g, h und k ein.

Konstruktionen mithilfe von Dreiecken und Vierecken

1 Besondere Linien im Dreieck

Vielleicht kennst du folgendes Problem: Du hast einen dreieckigen Stoffrest oder ein entsprechendes Stück Blech und willst daraus einen möglichst großen Kreis ausschneiden. Auf gut Glück wird dies nicht gelingen. Entweder entsteht unnötig viel Verschnitt, oder dem Kreis fehlt an einer Stelle ein Stück. Mit Zirkel und Lineal ist der Mittelpunkt des optimalen Kreises dagegen schnell gefunden – und ebenso einfach lässt sich auch ein Kreis konstruieren, auf dem alle drei Ecken eines vorgegebenen Dreiecks liegen.

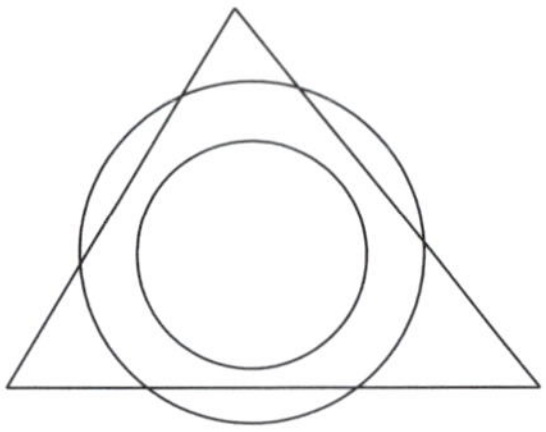

Die **senkrecht** durch den **Mittelpunkt** einer Seite verlaufenden Geraden werden als **Mittelsenkrechten** des Dreiecks bezeichnet. Sie schneiden sich in einem Punkt. Der Kreis um diesen Punkt, der A, B und C enthält, heißt **Umkreis** des Dreiecks.

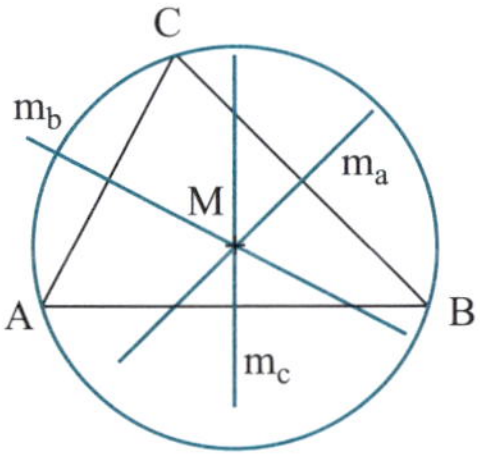

Da die Mittelsenkrechten die Symmetrieachsen der Dreiecksseiten sind, liegen jeweils zwei Eckpunkte des Dreiecks von allen Punkten auf der zugehörigen Mittelsenkrechten gleich weit entfernt. Der Schnittpunkt aller Mittelsenkrechten ist von den drei Eckpunkten des Dreiecks somit jeweils gleich weit entfernt und deshalb der Mittelpunkt eines Kreises, auf dem die Eckpunkte des Dreiecks liegen.

Die **Höhen** eines Dreiecks sind die **Lote** von den Eckpunkten auf die jeweils **gegenüberliegenden** Dreiecksseiten. Sie schneiden sich in einem Punkt.

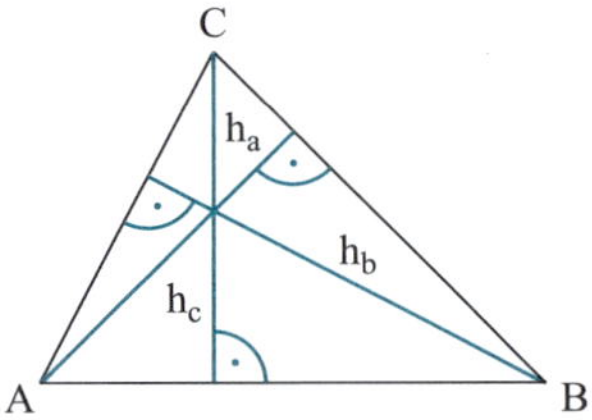

Dieser Punkt hat jedoch keine besondere geometrische Bedeutung.

Die **Winkelhalbierenden** eines Dreiecks sind die Geraden, die die **Innenwinkel** des Dreiecks **halbieren**. Sie schneiden sich in einem Punkt. Der Kreis um diesen Punkt, der die Seiten a, b und c berührt, heißt **Inkreis** des Dreiecks.

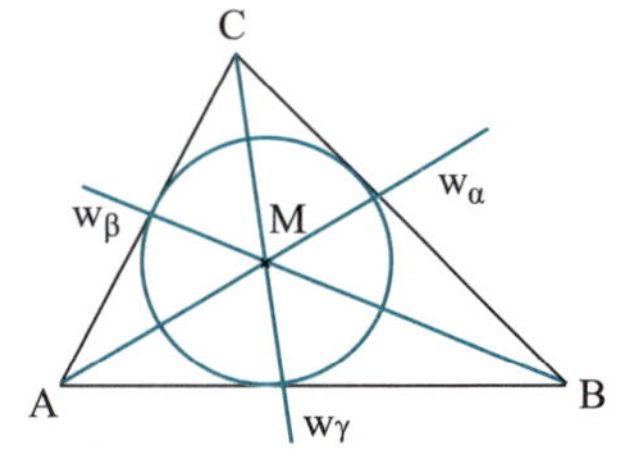

Da jede Winkelhalbierende die Symmetrieachse eines Winkels ist, haben dessen Schenkel von jedem Punkt der Symmetrieachsen den gleichen Abstand. Der Schnittpunkt der Winkelhalbierenden hat von den drei Seiten des Dreiecks somit den gleichen Abstand und ist Mittelpunkt eines Kreises, der alle drei Dreiecksseiten berührt.

Die **Seitenhalbierenden** eines Dreiecks sind die Geraden, die durch den **Mittelpunkt** einer Dreiecksseite und durch den der Seite **gegenüberliegenden Eckpunkt** gehen. Sie schneiden sich in einem Punkt. Dieser Punkt ist der **Schwerpunkt** des Dreiecks.

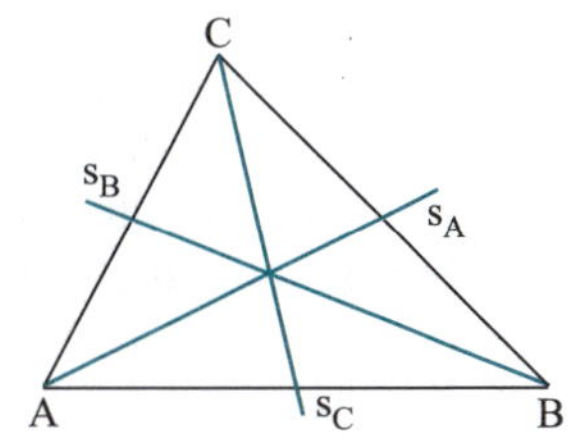

Wird in einem Dreieck für die Winkelhalbierende eine Länge angegeben, z. B. $w_\alpha = 6$ cm, so gibt dies die Länge des innerhalb des Dreiecks verlaufenden Abschnitts der Winkelhalbierenden an. Das Gleiche gilt für die Mittelsenkrechten, die Höhen und die Seitenhalbierenden.
Zur Konstruktion von Dreiecken werden gelegentlich auch diese besonderen Linien vorgegeben. Die Konstruktion muss in diesem Fall trotz Angabe dreier Größen wie z. B. zweier Seiten und einer Höhe nicht eindeutig sein.
Oft lassen sich die Dreiecke in Teildreiecke zerlegen, die die Konstruktion ermöglichen. Anhand der Kongruenzsätze kannst du eindeutig konstruierbare Teildreiecke erkennen. Lassen sich die Kongruenzsätze nicht anwenden, so gibt es evtl. mehrere Lösungen. In jedem Einzelfall musst du genaue Überlegungen anstellen, warum weitere Lösungen eventuell nicht existieren. Wenn in der Aufgabenstellung nichts anders verlangt wird, werden immer alle Lösungen konstruiert.

Beispiele

1. Konstruiere das Dreieck ABC mit folgenden Größen und fertige eine Konstruktionsbeschreibung an:
   $\gamma = 65°$, $h_a = 6$ cm, $r_{Umkreis} = 4{,}5$ cm

   Lösung:

   Überlegung:

   Konstruiere zunächst das Teildreieck AHC. Dies ist eindeutig konstruierbar nach SWW.

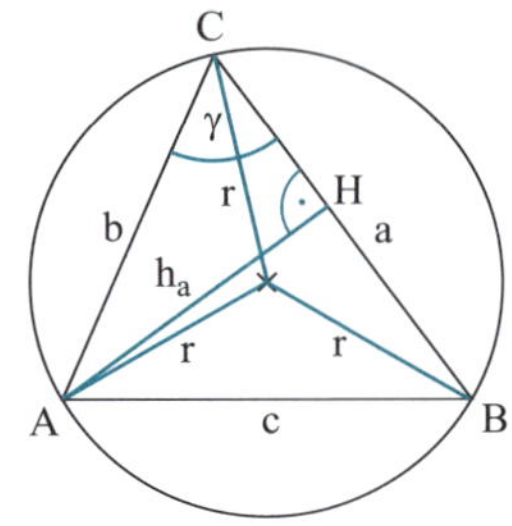

   Konstruktionsbeschreibung:

   Zeichne $[AH] = h_a$.
   Trage in A an AH den Winkel $\alpha = 180° - 90° - \gamma$ an.
   (Konstruktion von α siehe nebenstehende Abbildung).
   Errichte in H ein Lot.
   Der Schnittpunkt des Lotes mit dem freien Schenkel von α ist C.

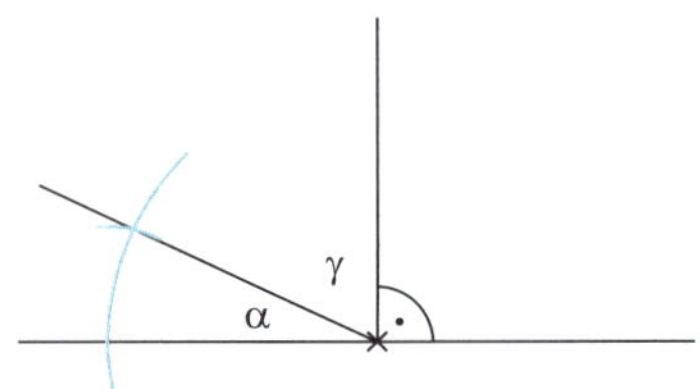

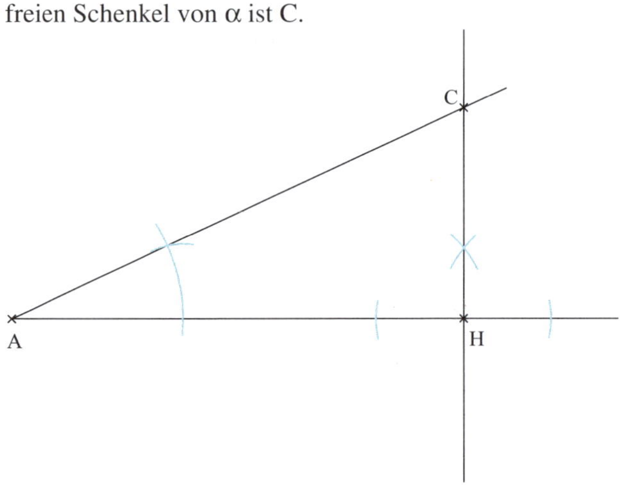

Überlegung:
Den Punkt B erhältst du anschließend mithilfe des Umkreises. Der Mittelpunkt des Umkreises hat sowohl zu A als auch zu C den Abstand r.

Konstruktionsbeschreibung:
Ziehe jeweils einen Kreisbogen um A und C mit Radius $r_{Umkreis}$.
Der Schnittpunkt der beiden Kreisbögen ist M.
Ziehe einen Kreis um M mit Radius $r_{Umkreis}$.
Der Schnittpunkt des Kreises mit [CH ist B.

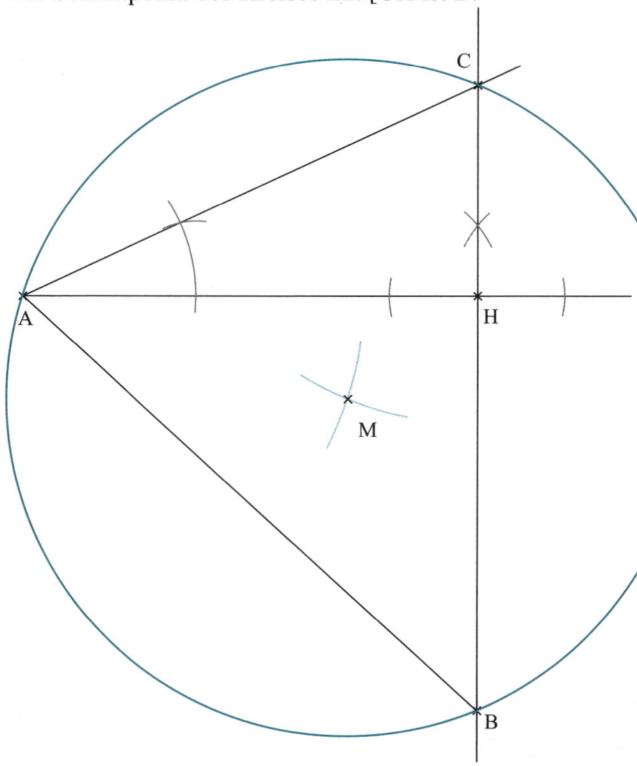

2. Konstruiere das Dreieck ABC mit folgende Größen und fertige eine Konstruktionsbeschreibung an: $a = 4{,}5$ cm, $b = 6{,}5$ cm, $h_a = 5$ m.

Lösung:

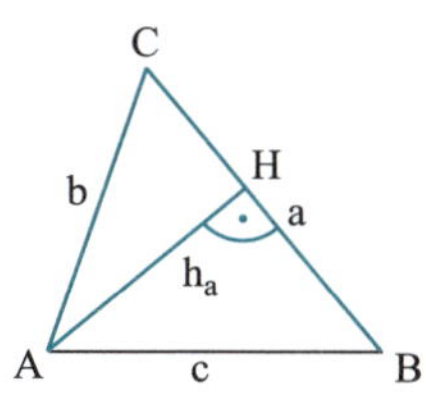

Überlegung:
Konstruiere zunächst das Teildreieck AHC mithilfe des Thaleskreises. Im Dreieck AHC sind zwei Seiten und ein Winkel bekannt, wobei der Winkel der kleineren Seite gegenüberliegt. Der Kongruenzsatz SsW trifft hier nicht zu, es kann also mehrere Lösungen geben.

Konstruktionsbeschreibung:
Zeichne b = [CA].
Konstruiere den Thaleskreis über [CA]. Ziehe einen Kreis um A mit Radius h_a.
Die Schnittpunkte mit dem Thaleskreis sind die Höhefußpunkt H_1 bzw. H_2.

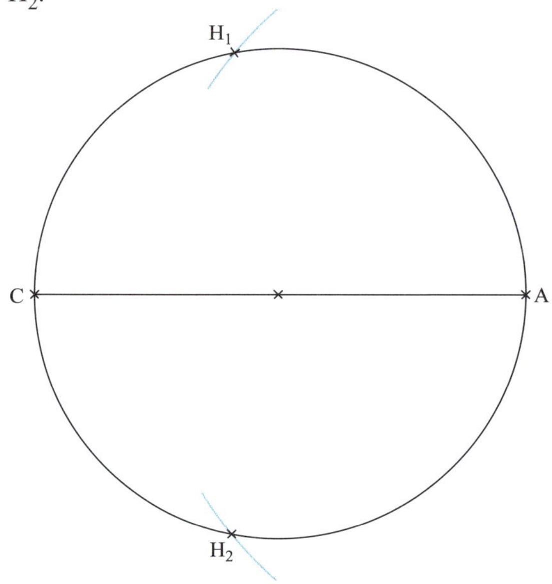

Betrachte zuerst nur H_1:

Überlegung:
Der Punkt B liegt auf der Halbgeraden [CH_1 und ist von C 4,5 cm entfernt.

Konstruktionsbeschreibung:
Zeichne die Halbgerade [CH_1.
Ziehe einen Kreis um C mit Radius a.
Der Schnittpunkt mit [CH_1 ist B_1.

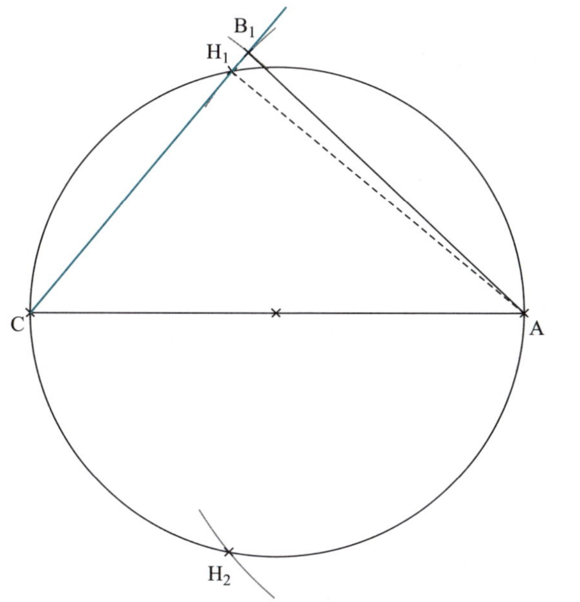

Betrachte nun H_2:

Überlegung:
Wenn du nach dem gleichen Schema vorgehst wie bei H_1, so erhältst du nicht das Dreieck ABC sondern das Dreieck BAC. Dies ist keine Lösung der Aufgabe.

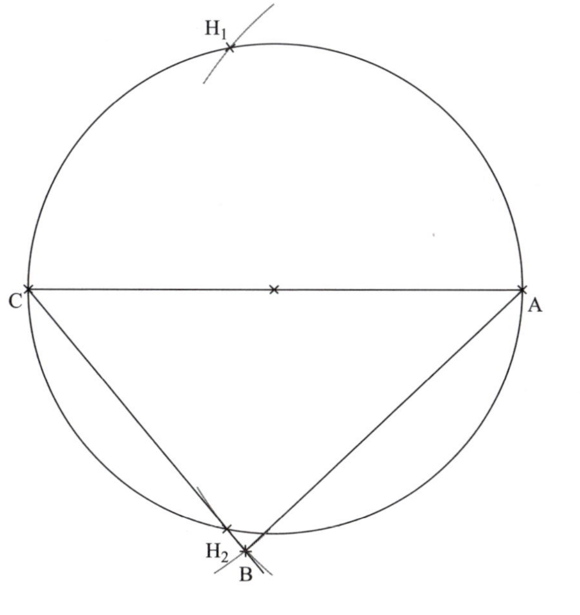

Hier musst du nun beachten, dass die Höhe auch außerhalb des Dreiecks liegen kann.

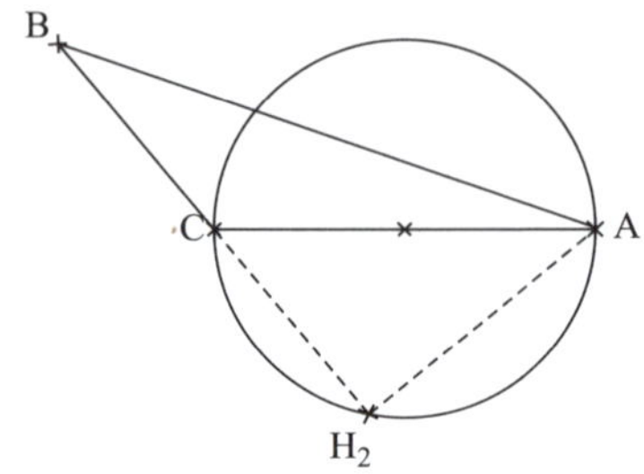

Konstruktionsbeschreibung:
Zeichne für die zweite Lösung die Halbgerade [H_2C.
Ziehe einen Kreis um C mit Radius a.
Der Schnittpunkt mit [H_2C ist B_2.

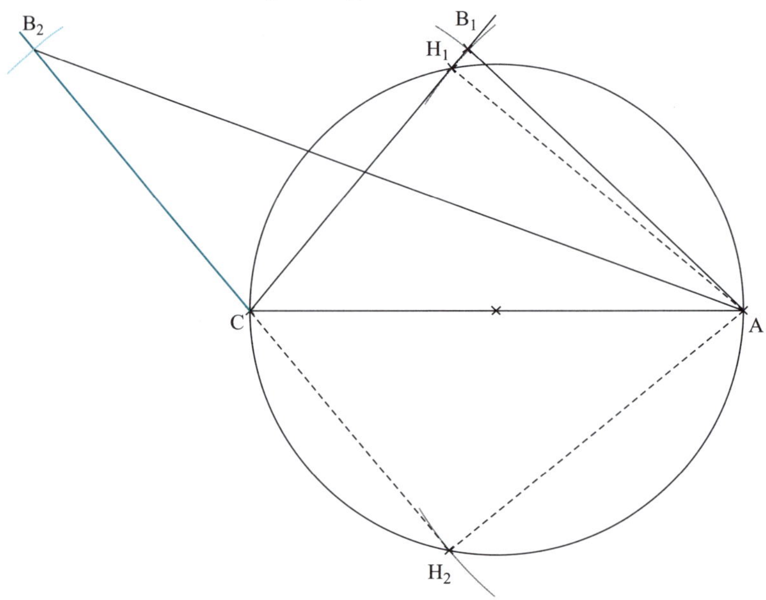

Aufgaben **97.** Zeichne ein Dreieck und konstruiere
a) die Höhen.
b) die Winkelhalbierenden.
c) die Mittelsenkrechten.
d) die Seitenhalbierenden.

98. Konstruiere alle Dreiecke ABC mit folgenden Größen und fertige eine Konstruktionsbeschreibung an.

a) $c = 6$ cm, $h_b = 3$ cm, $r_{Umkreis} = 4$ cm

b) $r_{Umkreis} = 3{,}5$ cm, $\alpha = 50°$, $\gamma = 90°$

c) $b = 5$ cm, $\alpha = 45°$, $h_b = 3$ cm

d) $c = 6$ cm, $b = 5$ cm, $h_a = 4$ cm

e) $\gamma = 40°$, $\beta = 70°$, $w_\gamma = 4$ cm

f) $b = 7$ cm, $\alpha = 70°$, $w_\gamma = 6{,}7$ cm

g) $\beta = 45°$, $h_c = 3{,}5$ cm, $w_\gamma = 4$ cm

h) $c = 5$ cm, $\gamma = 40°$, $h_b = 4{,}5$ cm

99. Gegeben ist die Konstruktionsbeschreibung eines Dreiecks ABC.
Überlege jeweils, welche Größen in der Aufgabenstellung gegeben sein müssen, um die Konstruktion entsprechend durchführen zu können.
Führe die Konstruktion durch und verwende hierbei die notwendigen Größen aus der unten angegebenen Sammlung. Vorsicht: Die überflüssigen Größen passen nicht zum gesuchten Dreieck!
In der Konstruktionsbeschreibung ist nicht erwähnt, wenn sich zwei Lösungen ergeben. Überlege trotzdem, wie viele Lösungen es jeweils gibt.

a) Zeichne b = [CA].
Der Schnittpunkt des freien Schenkels von α mit dem Kreis um C mit Radius a ist B.
Sammlung möglicher gegebener Größen:
$a = 2{,}5$ cm, $b = 3$ cm, $c = 4$ cm, $h_a = 3$ cm, $h_b = 6$ cm, $h_c = 2{,}5$cm, $w_\alpha = 4{,}5$ cm, $w_\beta = 3$ cm, $w_\gamma = 4$ cm, $\alpha = 55°$, $\beta = 65°$, $\gamma = 60°$

b) Zeichne a = [BC].
Der Schnittpunkt der Winkelhalbierenden w_γ mit dem Kreis um C mit Radius w_γ ist D.
Der Schnittpunkt des freien Schenkels von γ mit der Geraden BD ist A.
Sammlung möglicher gegebener Größen:
$a = 5{,}5$ cm, $b = 4$ cm, $c = 5$ cm, $h_a = 4{,}5$ cm, $h_b = 3{,}2$ cm, $h_c = 4{,}8$ cm, $w_\alpha = 2{,}5$ cm, $w_\beta = 4{,}3$ cm, $w_\gamma = 5$ cm, $\alpha = 60°$, $\beta = 70°$, $\gamma = 50°$

c) Zeichne c = [AB].
Der Schnittpunkt des Kreises um B mit Radius a mit der Parallelen zu c im Abstand h_c ist C.
Sammlung möglicher gegebener Größen:
$a = 4$ cm, $b = 4{,}5$ cm, $c = 6$ cm, $h_a = 4$ cm, $h_b = 4{,}5$ cm, $h_c = 3{,}5$ cm, $w_\alpha = 4$ cm, $w_\beta = 4$ cm, $w_\gamma = 5$ cm, $\alpha = 45°$, $\beta = 55°$, $\gamma = 80°$

d) Zeichne $c = [AB]$.
Der Schnittpunkt des Thaleskreises über $[AB]$ mit dem Kreis um A mit Radius h_a ist D.
Der Schnittpunkt des freien Schenkels von $\frac{1}{2}\beta$ mit dem Kreis um B mit Radius w_β ist E.
Der Schnittpunkt der Geraden AE und BD ist C.
Sammlung möglicher gegebener Größen:
$a = 3$ cm, $b = 3{,}5$ cm, $c = 6$ cm, $h_a = 4{,}5$ cm, $h_b = 3{,}5$ cm, $h_c = 3$ cm, $w_\alpha = 4$ cm, $w_\beta = 5$ cm, $w_\gamma = 3$ cm, $\alpha = 70°$, $\beta = 20°$, $\gamma = 90°$

100. Gegeben sei der Umkreisradius eines Dreiecks.
Gib weitere Größen an, sodass es bei der Konstruktion des Dreiecks aus den gegebenen Größen

a) keine Lösung gibt.

b) zwei Lösungen gibt.

c) genau eine Lösung gibt.

101. Begründe, dass jedes Viereck mit zwei gegenüberliegenden rechten Winkeln einen Umkreis hat.

102. Zeichne ein Dreieck und konstruiere den Schnittpunkt der Mittelsenkrechten. Begründe, warum sich der Schnittpunkt der Mittelsenkrechten in einem Dreieck auf einer Geraden bewegt, wenn du eine Ecke des Dreiecks verschiebst.

103. Für die zwei Grundschulen in A-Dorf $A(1\,|\,5)$ und B-Zell $B(9\,|\,1)$ und die Realschule in C-Stadt $C(9\,|\,5)$ soll eine neue Turnhalle gebaut werden.
Um den Anfahrtsweg für die drei Schulen möglichst gerecht zu gestalten, soll die Entfernung (Luftlinie) von allen Schulen zur Turnhalle jeweils gleich groß sein.
Wo wird die neue Turnhalle gebaut?
Konstruiere ihren Standort.

104. Daniel bastelt Anhänger für den Weihnachtsbaum als Laubsägearbeit. Aus dünnem Holz sägt er eine dreieckige gleichschenklige Krippe mit Basis 3 cm und Höhe 4 cm aus, die er in einen 5 mm breiten Holzring einfügen will.
Wie groß muss der innere Durchmesser des Holzrings sein, damit die Krippe gerade hineinpasst?

105. An den Punkten A(0 | 1), B(9 | 4) und C(4 | 9) stehen drei Schützen, die alle um exakt 12:00 Uhr einen Böller abschießen, wobei gerade absolute Windstille herrscht. (1 LE entspricht 0,2 km)

a) Wo hört man nur einen Schuss? Wann hört man diesen Schuss?

b) Wo befindet sich Hans, wenn er zwei Schüsse hört?

c) Wo befindet sich Inge, wenn sie drei Schüsse hört?

Markiere die möglichen Aufenthaltsorte jeweils in einem Koordinatensystem.

106. Als Rankhilfe für Blumen verwendet man Stöcke, die in den Boden gesteckt werden und an denen die Pflanze angebunden wird.

a) Bei einem Margaritenbäumchen sollen drei Stäbe verwendet werden, die von der Blume jeweils 30 cm entfernt sind und zueinander den gleichen Abstand haben sollen.
Fertige eine maßstabsgetreue Konstruktion an.

b) Bei einem Oleander werden drei Stäbe verwendet. Sie sollen von der Pflanze alle gleich weit entfernt stehen und voneinander jeweils 40 cm Abstand haben.
Fertige eine maßstabsgetreue Konstruktion an.

107. Um ein Bild eines dreidimensionalen Objektes so zeichnen zu können, dass der Betrachter den Eindruck der Räumlichkeit bekommt, werden bestimmte Längen nicht maßstabsgetreu übernommen, sondern verzerrt abgebildet (siehe z. B. nebenstehende Skizze).

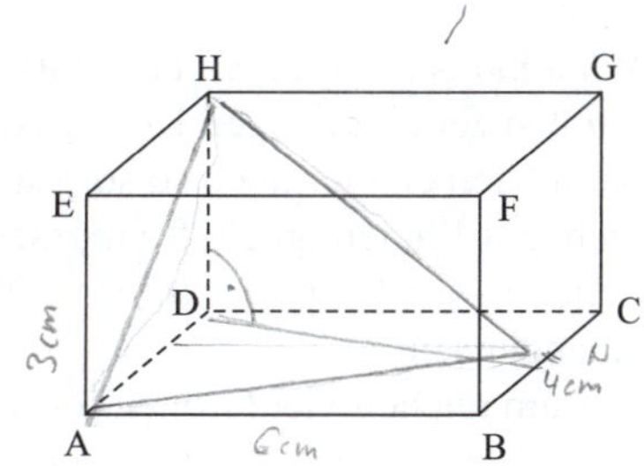

Aus diesem Grund kann die tatsächliche Länge einiger Strecken anhand der Zeichnung nicht direkt bestimmt werden. Mithilfe von maßstabsgetreuen Konstruktionen einzelner Teile des Objektes (z. B. Dreiecke und Vierecke) in unterschiedlichen Schnittebenen kann die tatsächlichen Länge der verzerrten Strecken bestimmt werden.
In Quader ABCDEFGH (siehe obere Abbildung) mit $\overline{AB} = 6$ cm, $\overline{BC} = 4$ cm und $\overline{AE} = 3$ cm sei N der Mittelpunkt von [BC].
Konstruiere

a) ΔABD

✱ b) ΔANH

in wahrer Größe und bestimme so die wahre Größe von [BD], [AN], $\sphericalangle NAH$ und $\sphericalangle HNA$.

108. Daniela gibt eine Party. Im Hobbykeller ihrer Eltern (siehe nebenstehende Skizze), der 6 m breit, 5 m lang und 3 m hoch ist, spannt sie Schnüre, um daran die Dekoration zu befestigen.
Wie viel Schnur braucht sie mindestens, um die Schnüre

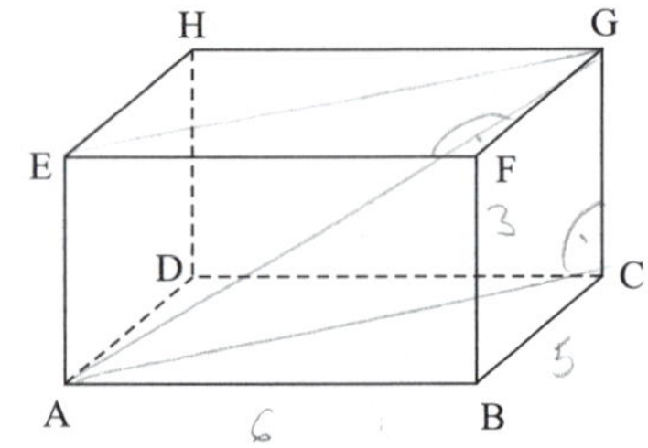

a) von E zu G

b) von A zu G

spannen zu können? Löse mithilfe einer maßstabsgetreuen Konstruktion.

2 Konstruktion von Vierecken

Häufig lassen sich geometrische Figuren gedanklich in Dreiecke zerlegen, mit deren Konstruktion wir uns schon ausführlich auseinander gesetzt haben. Gerade bei Vierecken bietet es sich aber gelegentlich an, den direkten Weg zu wählen. Auf diese Weise lässt sich Zeit einsparen und die Konstruktion wird übersichtlicher.

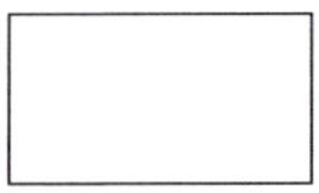

Während bei Dreiecken bekanntlich drei geeignet gewählte Größen zur eindeutigen Konstruktion ausreichen, führen beim Viereck vier noch so sorgsam ausgewählte Größen nicht zur Eindeutigkeit. So müssen zwei Vierecke, deren Seiten gleich lang sind, offensichtlich nicht kongruent zueinander sein.
Warum reichen vier Größen für die Eindeutigkeit nicht aus?
Jedes Viereck lässt sich entlang der Diagonalen in zwei Dreiecke zerteilen. Für jedes Dreieck benötigst du drei entsprechend gewählte Größen. Da die Diagonale in beiden Dreiecken enthalten ist, benötigst du somit mindestens fünf Größen. Beachte, dass die Angabe einzelner Größen auch in den Eigenschaften des Vierecks versteckt sein kann. So benötigst du zur eindeutigen Konstruktion eines Quadrates nur die Seitenlänge. Ein Quadrat hat vier rechte Winkel und mit der Angabe der Länge einer Seite kennst du bereits die Länge der anderen drei Seiten.

Allgemeine Tipps zum Konstruieren:

1. Zeichne zunächst eine **Planfigur**, in der du alle gegebenen Größen deutlich hervorhebst, z. B. **durch farbige Kennzeichnung**. Achte darauf, möglichst **keinen Sonderfall** zu zeichnen, sofern dieser nicht verlangt ist (z. B. gleich lange Seiten oder rechte Winkel). **Überprüfe**, ob du aus den **Eigenschaften** des zu konstruierenden Objektes auf **weitere** Größen schließen kannst.
2. Anhand der Planfigur überlegst du dir das notwendige Vorgehen. Du musst die Lage der Punkte A, B, C und D herausfinden. Ein Punkt ist bestimmt als Anfang oder Ende einer Strecke, als Scheitel eines Winkels, als Schnittpunkt zweier Kreislinien oder als Schnittpunkt einer Kreislinie und einer Geraden.
3. Überlege dir, in welcher **Reihenfolge** du am besten vorgehst. Oft hilft es, das Viereck in zwei Dreiecke zu zerlegen, die du konstruieren kannst. Durchdenke die Konstruktion immer bis zum Ende.
4. Schreibe analog zu deiner Überlegung die **Konstruktionsbeschreibung**.
5. Zeichne die gegebenen Größen mithilfe der Längenskala und Winkelskala des Geodreiecks neben die Planfigur.
6. Konstruiere anschließend das Viereck. Übertrage dabei die vorher gezeichneten Größen mit dem Zirkel.
7. Überprüfe, ob es mehrere **nicht kongruente Lösungen** gibt. Die Kongruenzsätze von Dreiecken helfen hierbei nicht immer weiter (siehe Beispiel 1b). Es werden immer **alle Lösungen** konstruiert, außer in der Aufgabenstellung ist ausdrücklich nur eine Lösung verlangt.

Beispiele

1. Konstruiere mit Konstruktionsplan alle nicht kongruenten Vierecke ABCD mit
   a) $b=3$ cm, $c=4$ cm, $\overline{AC}=5$ cm, $\beta=122°$, $\gamma=87°$
   b) $a=4{,}5$ cm, $b=3{,}6$ cm; $c=2{,}5$ cm; $d=4{,}4$ cm, $\alpha=80°$

Lösung:

a) **Überlegung:**
Beginne mit dem Dreieck ABC (analog zu S.71). Die Konstruktion ist eindeutig nach SsW.

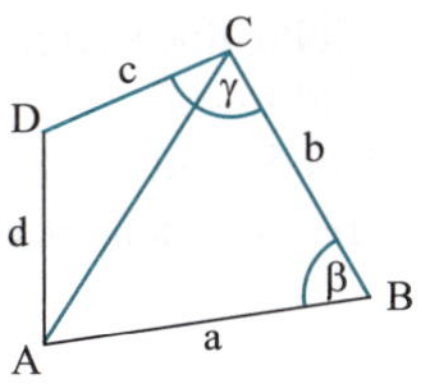

Konstruktionsbeschreibung:
Zeichne b = [BC].
Trage β in B an b an.
Ziehe einen Kreis um C mit Radius $\overline{AC}$.
Der Schnittpunkt mit dem freien Schenkel von β ist A.

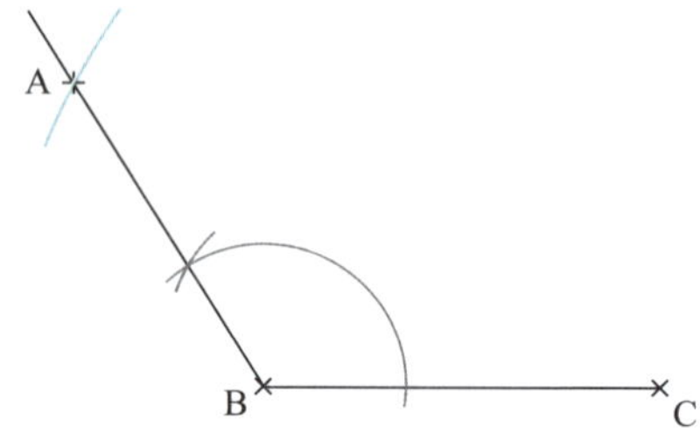

Überlegung:
Anschließend erhältst du D mithilfe von Dreieck BCD (analog zu S. 70). Die Konstruktion ist nach SWS eindeutig.

Konstruktionsbeschreibung:
Trage γ in C an b an.
Ziehe einen Kreis um C mit Radius c.
Der Schnittpunkt mit dem freien Schenkel von γ ist D.

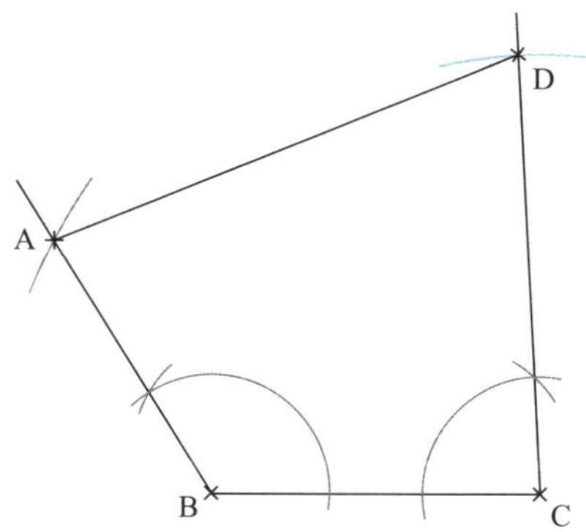

b) **Überlegung:**
Beginne mit Dreieck ABD (analog zu S. 70). Die Konstruktion ist nach SWS eindeutig.

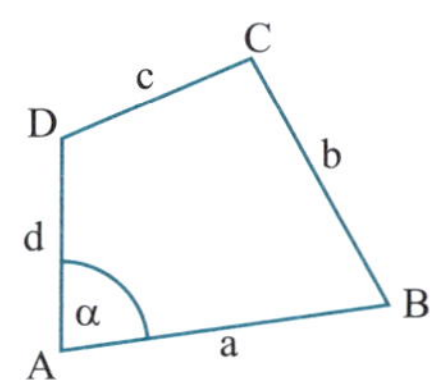

Konstruktionsbeschreibung:
Zeichne a = [AB].
Trage α in A an a an.
Ziehe einen Kreis um A mit Radius d.
Der Schnittpunkt mit dem freien Schenkel von α ist D.

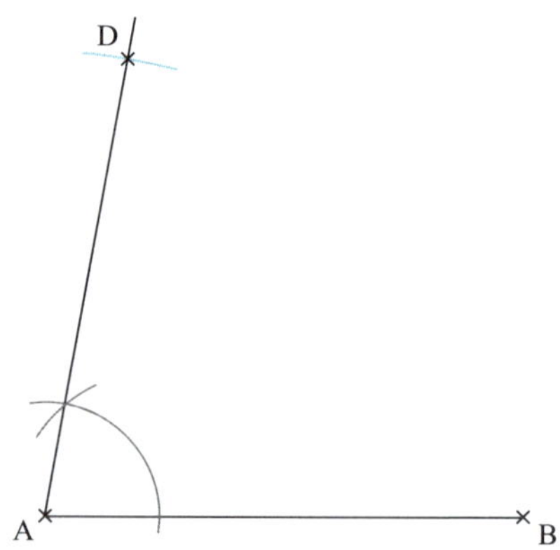

Überlegung:
C erhältst du dann mithilfe des Dreiecks BCD, von dem du die drei Seiten kennst (analog zu S. 69).

Konstruktionsbeschreibung:
Ziehe Kreisbögen um B mit Radius b und D mit Radius c. Die Schnittpunkte sind die Punkte C_1 und C_2.
Die Kreisbögen, die um B und D gezogen werden, schneiden sich in zwei Punkten. Da $b < a$ und $c < d$ ist, liegen beide Schnittpunkte so, dass die sich ergebenden Vierecke den richtigen Umlaufsinn aufweisen und somit die geforderten Größen besitzen.
Hier ist die Konstruktion trotz SSS also nicht eindeutig.
Genau genommen konstruierst du bei dem zweiten Schnittpunkt nicht das Dreieck BCD sondern das Dreieck BDC, was aber dennoch zu Viereck ABCD führt.
Wäre $b > a$ oder $c > d$ (siehe nebenstehende Zeichnung mit $c = 5$ cm), so liegt der zweite Schnittpunkt möglicherweise so, dass kein Viereck ABCD entsteht.

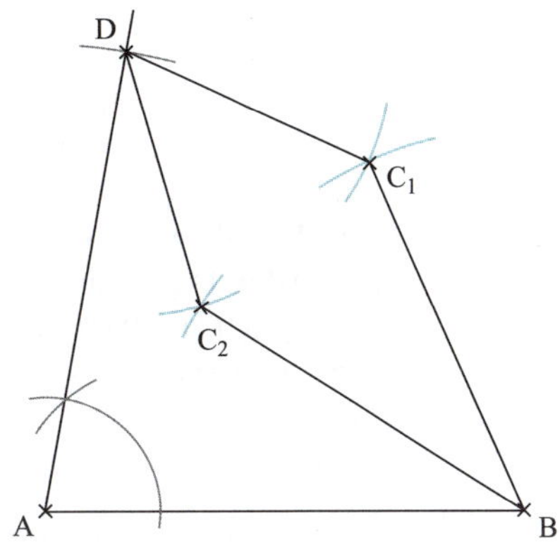

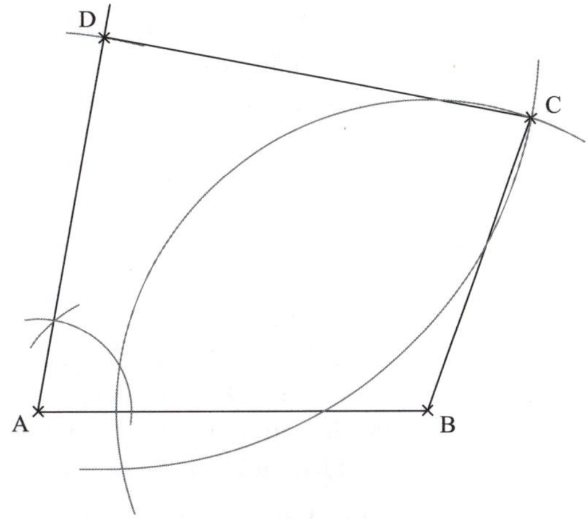

2. Konstruiere ein Drachenviereck mit A auf der Symmetrieachse, $b = 3{,}5$ cm; $\overline{BD} = 4$ cm und $\alpha = 50°$.

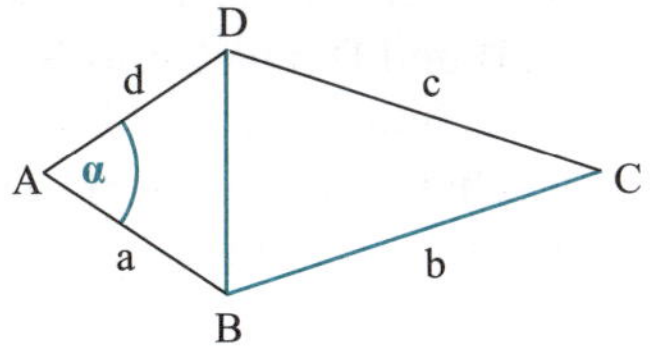

Lösung:
Hier sind nur drei Größen gegeben. Die restlichen Informationen kannst du aus den Eigenschaften eines Drachenvierecks erschließen (siehe S. 44).

Überlegung:
Beginne mit dem Dreieck ABD. Da das Drachenviereck achsensymmetrisch zu AC ist, ist das Dreieck ABD gleichschenklig mit Basis [BD]. Die Basiswinkel ergeben sich zu $(180° - \alpha) : 2$.

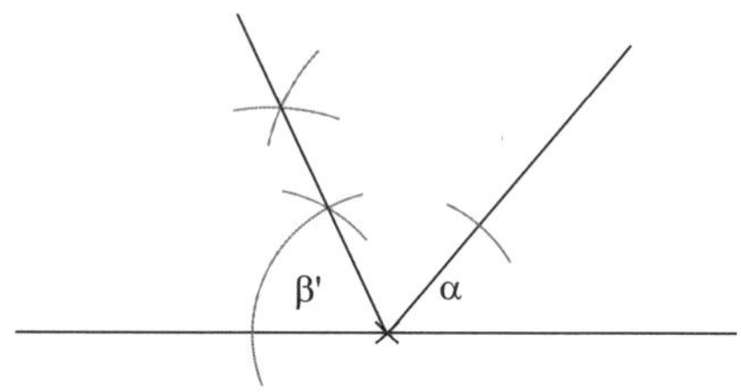

(Konstruktion des Basiswinkels siehe obenstehende Zeichnung; Konstruktion des Dreiecks analog zu S.73). Die Konstruktion ist nach WSW eindeutig.

Konstruktionsbeschreibung:
Zeichne [BD].
Trage $\beta' = (180° - \alpha) : 2$ in B an [BD] an.
Trage $\delta' = \beta'$ in D an [BD] an.
Der Schnittpunkt der freien Schenkel ist A.

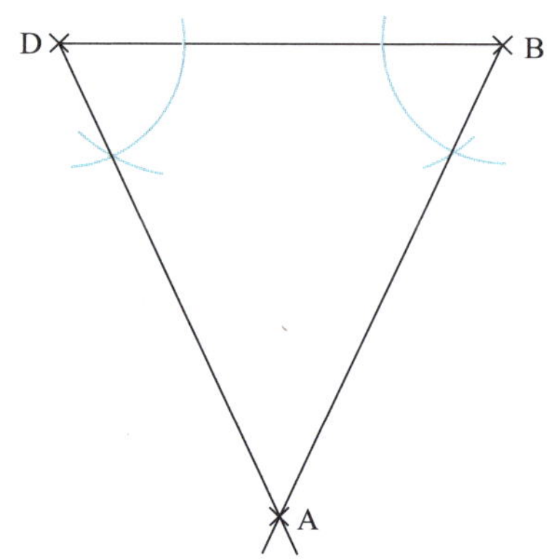

Überlegung:
Anschließend kannst du das Dreieck BCD konstruieren (analog zu S. 69). Da $b < a$ und $c < d$ ist, gibt es zwei Lösungen.

Konstruktionsbeschreibung:
Ziehe jeweils einen Kreisbogen um B und D mit Radius b.
Die Schnittpunkte sind C_1 und C_2.
Beachte, dass auch ABC_1D ein Drachenviereck ist!

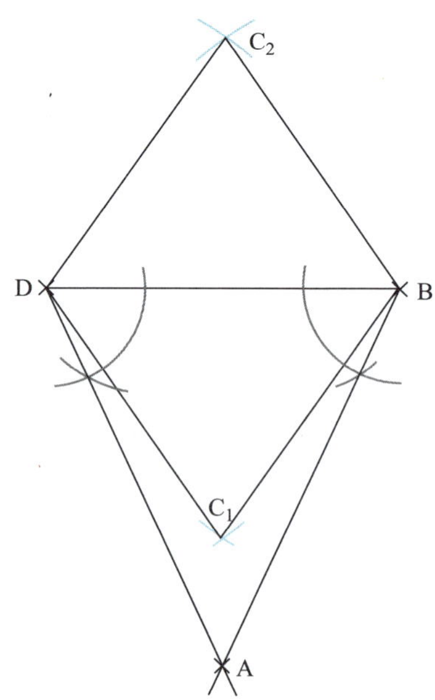

ufgaben

109. Konstruiere mit Konstruktionsbeschreibung alle nicht kongruenten Vierecke ABCD mit

a) $a = 6$ cm, $b = 4$ cm, $\overline{BD} = 8$ cm, $\alpha = 100°$, $\beta = 130°$

b) $a = 7$ cm, $b = 5$ cm, $\overline{AC} = 6$ cm, $\overline{BD} = 9$ cm, $\sphericalangle DCA = 35°$

c) $a = 5$ cm, $b = 6$ cm, $c = 2$ cm, $\beta = 75°$, $\gamma = 110°$

d) $a = 6$ cm, $b = 4$ cm, $c = 2$ cm, $\overline{BD} = 5{,}5$ cm, $\alpha = 55°$

e) $a = 3{,}5$ cm, $\overline{BD} = 5{,}5$ cm, $\overline{AC} = 5{,}5$ cm, $\sphericalangle BAC = 140°$, $\sphericalangle DCA = 20°$

110. Konstruiere mit Konstruktionsbeschreibung ein Parallelogramm mit

a) $a = 4$ cm, $\overline{AC} = 5{,}5$ cm und $\alpha = 55°$

b) $a = 5{,}5$ cm, $\overline{AC} = 6$ cm und $\overline{BD} = 8$ cm

c) $h_a = 4$ cm, $\alpha = 70°$, $h_b = 5$ cm

111. Konstruiere mit Konstruktionsbeschreibung

a) ein Drachenviereck mit $a = 5$ cm, $b = 3$ cm, $\gamma = 110°$ (A auf Symmetrieachse)

b) eine Raute mit $\overline{AC} = 6$ cm, $\overline{BD} = 8$ cm

c) ein Rechteck mit $\overline{BD} = 6$ cm, $\sphericalangle DCA = 40°$

d) ein Trapez mit $b \parallel d$, $b = 7$ cm, $c = 5$ cm, $h = 4$ cm, $\beta = 70°$

112. Thomas und Sarah telefonieren miteinander und wollen als Übung für die Mathematikschulaufgabe kongruente Figuren zeichnen.
Welche Größen müssen sie mindestens festlegen, wenn sie

a) eine Raute

b) ein Rechteck

c) ein Parallelogramm

d) ein Drachenviereck

zeichnen wollen?

113. Gegeben ist die Konstruktionsbeschreibung eines Vierecks ABCD. Überlege jeweils, welche Größen in der Aufgabenstellung gegeben sein mussten, um die Konstruktion entsprechend durchführen zu können. Führe die Konstruktion durch und verwende hierbei die notwendigen Größen aus der unten angegebenen Sammlung. Vorsicht: Die überflüssigen Größen passen nicht zum gesuchten Viereck!

In der Konstruktionsbeschreibung ist nicht erwähnt, wenn sich mehrere Lösungen ergeben. Überlege trotzdem, wie viele Lösungen es jeweils gibt. Gib außerdem an, ob es sich um ein besonderes Viereck handelt.

a) Zeichne a = [AB].
Der Schnittpunkt des Kreises um A mit Radius d mit dem Kreis um B mit Radius $\overline{BD}$ ist D. Der Schnittpunkt des Kreises um A mit Radius $\overline{AC}$ mit dem Kreis um B mit Radius b ist C.
Sammlung möglicher gegebener Größen:
$a = 5$ cm, $b = 3{,}5$ cm, $c = 4{,}5$ cm, $d = 4$ cm, $\overline{AC} = 5{,}5$ cm, $\overline{BD} = 5{,}5$ cm, $\alpha = 50°$, $\beta = 30°$, $\gamma = 120°$, $\delta = 160°$

b) Zeichne c = [CD].
Der Schnittpunkt des Kreises um D mit Radius $\overline{BD}$ mit dem freien Schenkel von γ ist B. Der Schnittpunkt des Kreises um C mit Radius $\overline{AC}$ mit dem freien Schenkel von δ ist A.
Sammlung möglicher gegebener Größen:
$a = 4$ cm, $b = 4{,}5$ cm, $c = 5$ cm, $d = 4$ cm, $\overline{AC} = 7{,}5$ cm, $\overline{BD} = 6$ cm, $\alpha = 65°$, $\beta = 100°$, $\gamma = 75°$, $\delta = 120°$

c) Zeichne [BD].
Der Schnittpunkt des Kreises um B mit Radius a mit der Parallelen zu BD im Abstand $\frac{1}{2}\overline{AC}$ ist A. C ist der Spiegelpunkt von A an BD.
Sammlung möglicher gegebener Größen:
$a = 3$ cm, $b = 2{,}5$ cm, $c = 4$ cm, $d = 4{,}5$ cm, $\overline{AC} = 5$ cm, $\overline{BD} = 6$ cm, $\alpha = 65°$, $\beta = 100°$, $\gamma = 75°$, $\delta = 120°$

d) Zeichne a = [AB].
Der Schnittpunkt von [AB] mit dem Kreis um A mit Radius c ist E. Der Schnittpunkt des Kreises um B mit Radius b mit dem Kreis um E mit Radius d ist C. Der Schnittpunkt des Kreises um A mit Radius d mit dem Kreis um C mit Radius c ist D.
Sammlung möglicher gegebener Größen:
$a = 8$ cm, $b = 3$ cm, $c = 5$ cm, $d = 4$ cm, $\overline{AC} = 5{,}5$ cm, $\overline{BD} = 4{,}5$ cm, $\alpha = 65°$, $\beta = 100°$, $\gamma = 75°$, $\delta = 120°$

114. Schiff D gerät in Seenot und funkt SOS. Durch den Ausfall sämtlicher Navigationseinrichtungen kann der Kapitän seine Position nicht mehr bestimmen. Die Schiffe A, B und C fangen den Notruf auf und ermitteln die Position von Schiff D durch verschiedene Peilmessungen und Austausch der Ergebnisse untereinander.

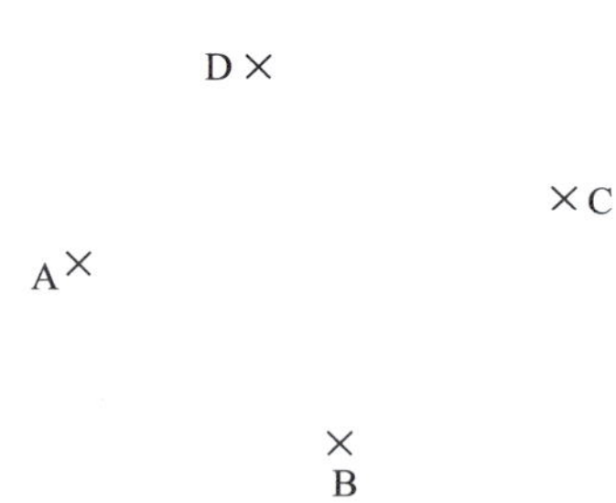

Abstand von A und B: 5,5 km
Abstand von B und C: 5,8 km
Winkel, unter dem Schiff B die Schiffe A und C ortet: 105°
Winkel unter dem das Schiff A die Schiffe D und B ortet: 73°
Winkel, unter dem Schiff C die Schiffe D und B ortet: 58°.

a) Fertige eine maßstabsgetreue Konstruktion mit Konstruktionsbeschreibung an, mit deren Hilfe du die Position von D bestimmen kannst.

b) Welches Schiff hat die geringste Entfernung zu D?

c) Schiff A kann maximal 15 Knoten schnell fahren, Schiff B schafft maximal 26 Knoten und Schiff C erreicht eine Geschwindigkeit von 20 Knoten.
Welches Schiff ist am schnellsten bei Schiff D, wenn nur die direkte Entfernung zu Schiff D ohne nötige Umwege für Kursänderungen und keine Beschleunigungszeiten berücksichtigt werden?
(Zur Information: 1 Knoten entspricht einer Seemeile pro Stunde, eine Seemeile entspricht 1 852 m)

115. Über einen See soll von Punkt A nach Punkt B eine Brücke gebaut werden.

Da die Länge nicht direkt gemessen werden kann, werden folgende Längen bestimmt:
$\overline{AD} = 43$ m, $\overline{CD} = 60$ m,
$\overline{BC} = 28$ m, $\sphericalangle DCB = \gamma = 132°$,
$\sphericalangle ADC = \delta = 106°$.
Fertige eine maßstabsgetreue Konstruktion mit Konstruktionsbeschreibung an, mit deren Hilfe du die Länge der Brücke bestimmen kannst.

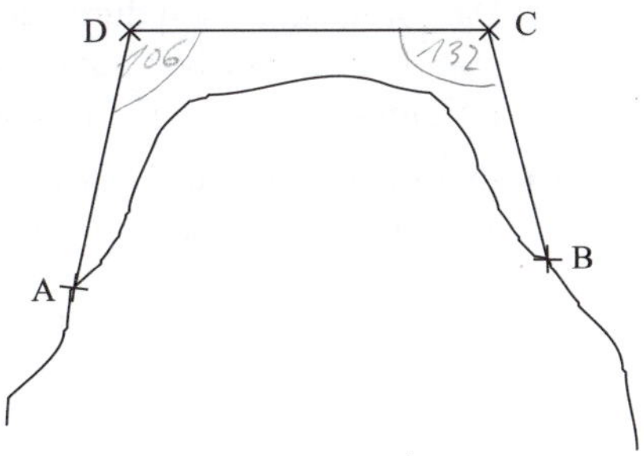

116. Über eine Schlucht hinweg soll der Abstand zweier Bäume C und D bestimmt werden. Dazu werden folgende Größen gemessen:
$\overline{AB} = 40$ m, $\sphericalangle BAC = \varepsilon = 34°$,
$\sphericalangle BAD = \alpha = 66°$,
$\sphericalangle DBA = \eta = 56°$,
$\sphericalangle CBA = \beta = 122°$

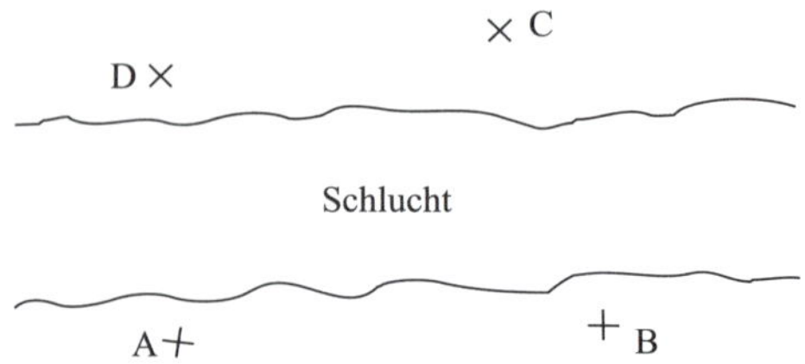

Bestimme anhand einer maßstabsgetreuen Konstruktion mit Konstruktionsbeschreibung den Abstand der Bäume zueinander.

117. Die Länge eines von C nach D geplanten Tunnels soll bestimmt werden. Da eine direkte Messung nicht möglich ist, werden folgende Größen bestimmt:
$\overline{AB} = 100$ m, $\sphericalangle BAD = \alpha = 84°$,
$\sphericalangle CBA = \beta = 118°$,
$\sphericalangle ADB = \eta = 43°$,
$\sphericalangle ACB = \varepsilon = 24°$
Bestimme anhand einer maßstabsgetreuen Konstruktion die Länge des Tunnels.

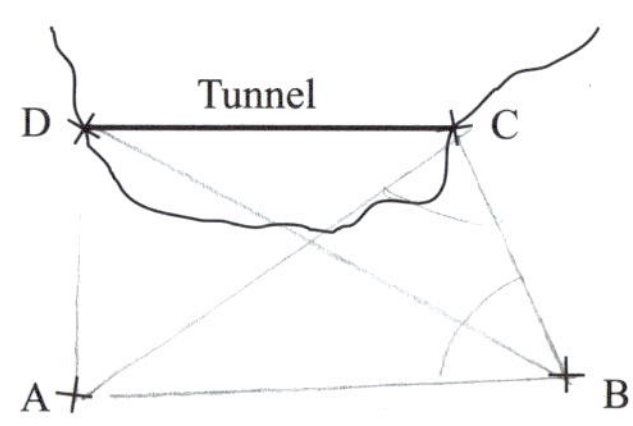

✳ **118.** Von einem trapezförmigen Grundstück ($a \parallel c$) wollen die Besitzer einen Plan zeichnen. Hierfür messen sie folgende Größen: $\overline{AB} = 45$ m, $\overline{CD} = 30$ m, $\alpha = 72°$, $\beta = 80°$.

a) Konstruiere den Plan des Grundstücks im Maßstab 1 : 750.

b) Bestimme den Flächeninhalt des Grundstücks.

c) Das Grundstück soll durch eine gerade Linie so geteilt werden, dass zwei flächengleiche Grundstücke entstehen.
Beschreibe eine mögliche Vorgehensweise.

d) Eines der Grundstücke wird für 150 € pro Quadratmeter verkauft. Zusätzlich zum Kaufpreis muss der Käufer 3,5 % Grunderwerbssteuer bezahlen.
Wie teuer kommt ihn der Erwerb des Grundstücks?

Grundwissen der 5. bis 7. Klasse

Abstand

Der Abstand ist die kürzeste Entfernung zweier Objekte.

Beispiele:

- Abstand der Punkte A und B: Länge der Strecke [AB]
- Abstand von Punkt A und Gerade g: Länge der Strecke [AF], wobei F der Lotfußpunkt ist.

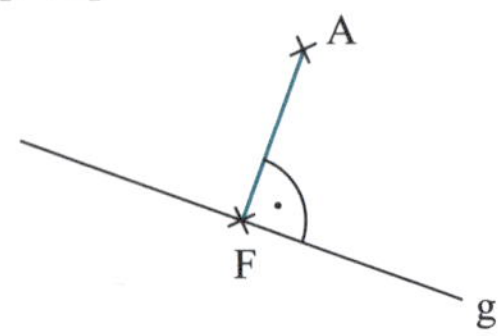

- Abstand der parallelen Geraden g und h: Länge der Strecke von einem beliebigen Punkt A auf g zum Lotfußpunkt des Lotes von A auf h.

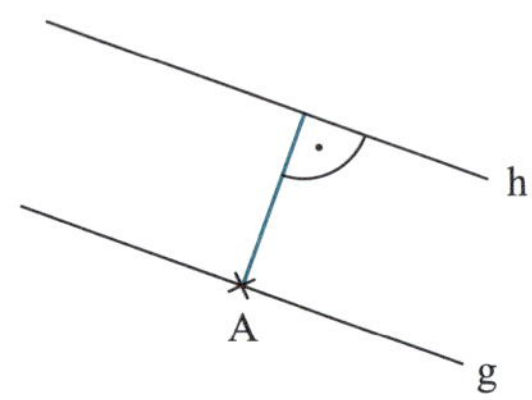

Achsensymmetrie

Zwei Punkte A und A' sind symmetrisch bezüglich der Symmetrieachse a, wenn die Verbindungsstrecke der Punkte senkrecht auf der Achse a steht und von ihr halbiert wird.

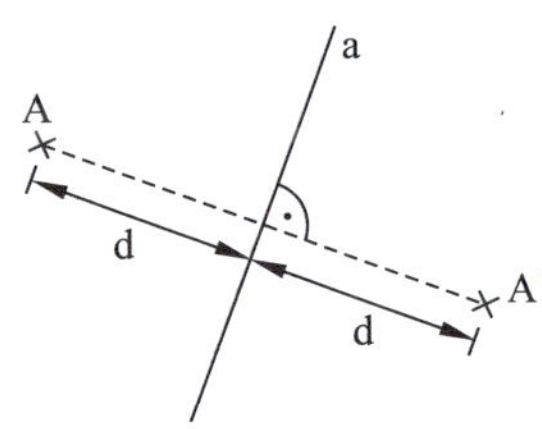

achsensymmetrisches Trapez

Ein Trapez, das achsensymmetrisch zur Mittelsenkrechten einer der parallelen Seiten ist, heißt achsensymmetrisches Trapez.

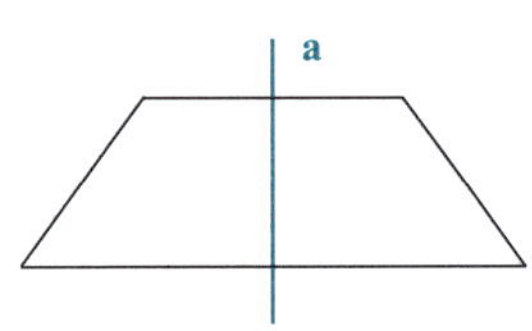

Eigenschaften:

- Die Schenkel sind gleich lang.
- Die Diagonalen sind gleich lang.
- Die beiden an einer der parallelen Seiten anliegenden Winkel sind gleich groß.

Drachenviereck

Ein Viereck, bei dem eine Diagonale Symmetrieachse ist, heißt Drachenviereck.

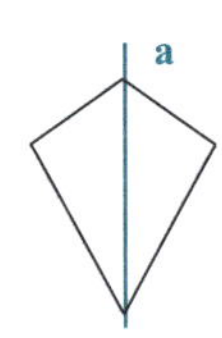

Eigenschaften:

- Je zwei Seiten, deren gemeinsamer Endpunkt auf der Symmetrieachse liegt, sind gleich lang.

- Die Symmetrieachse ist Winkelhalbierende der beiden entsprechenden Winkel; die beiden anderen Winkel sind gleich groß.
- Die Diagonalen stehen senkrecht aufeinander, wobei die eine der beiden von der anderen halbiert wird.

Dreieck

Die gängigen Bezeichnungen im Dreieck findest du in nebenstehender Abbildung. Die Summe der Innenwinkel (hier: α, β, γ) beträgt 180°.

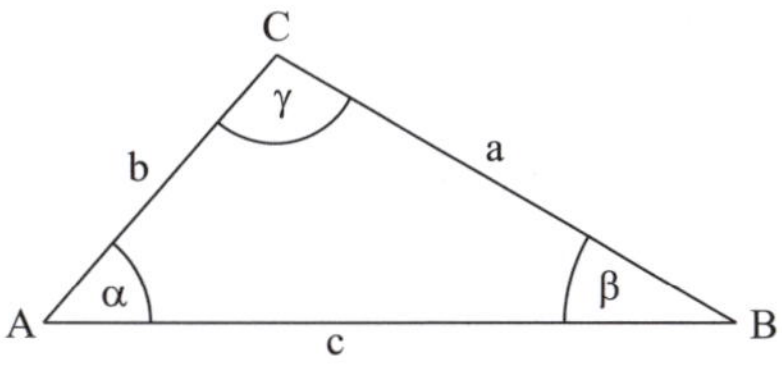

Gerade

Die Verlängerung der Strecke [AB] über A und B ergibt die Gerade AB. Geraden werden häufig mit kleinen lateinischen Buchstabe bezeichnet: g, h, …

gleichschenkliges Dreieck

Ein Dreieck mit zwei gleich langen Seiten heißt gleichschenkliges Dreieck. Die beiden gleich langen Seiten nennt man Schenkel, die dritte Seite Grundseite oder Basis. Die an der Basis anliegenden Winkel heißen Basiswinkel.

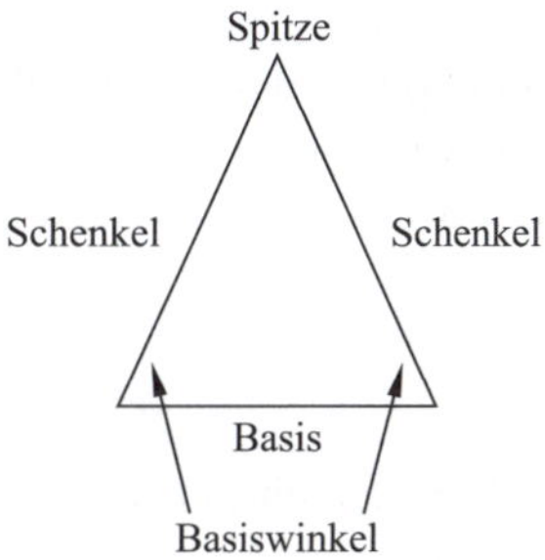

gleichseitiges Dreieck

Ein Dreieck mit drei gleich langen Seiten heißt gleichseitig.

Flächeninhalt

Einheiten: 1 m^2, 1 dm^2, 1 cm^2, 1 mm^2, 1 a (Ar), 1 ha (Hektar), 1 km^2

Umrechnungstabelle:

$100\,mm^2 = 1\,cm^2$

$100\,cm^2 = 1\,dm^2$

$100\,dm^2 = 1\,m^2$

$100\,m^2 = 1\,a$

$100\,a = 1\,ha$

$100\,ha = 1\,km^2$

Formeln zur Flächenberechnung:

Dreieck	$A = \frac{1}{2}a \cdot h_a = \frac{1}{2}b \cdot h_b = \frac{1}{2}c \cdot h_c$
Rechteck	$A = a \cdot b$
Quadrat	$A = a^2$
Parallelogramm	$A = g \cdot h$
Trapez	$A = \frac{1}{2}(a + c) \cdot h$ mit $a \parallel c$

Komplizierte Flächen lassen sich oft bestimmen, indem sie in Rechtecke zerlegt oder zu Rechtecken ergänzt werden. Häufig lassen sie sich auch zu berechenbaren Flächen umbauen.

Halbgerade

Verlängert man die Strecke von A nach B über B hinaus, so entsteht die Halbgerade [AB.
Halbgeraden werden oft mit kleinen lateinischen Buchstabe bezeichnet: g, h, …

Höhe

Die Höhe eines Dreiecks ist das Lot von einem Eckpunkt auf die jeweils gegenüberliegende Dreiecksseite.

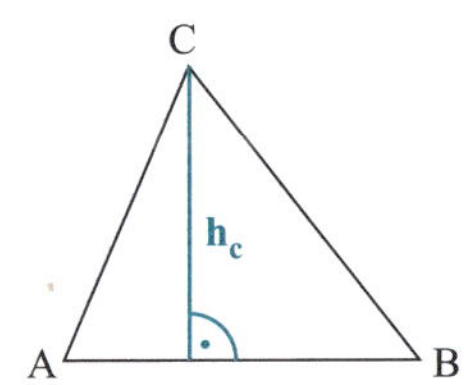

Inkreis

Sind alle Seiten eines n-Ecks Tangenten an einen Kreis, so wird dieser als Inkreis des n-Ecks bezeichnet.

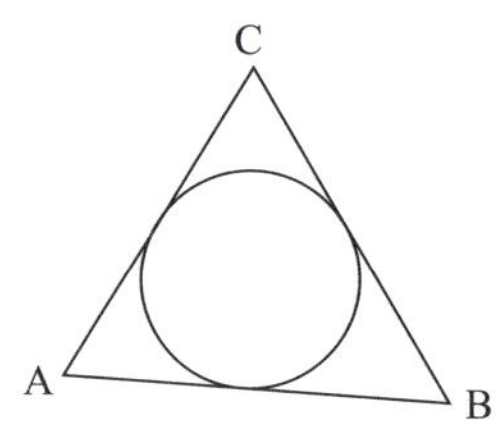

Kegel

Die Grundfläche ist ein Kreis.
Die gekrümmte Mantelfläche lässt sich zu einem Kreissektor „auseinander rollen".

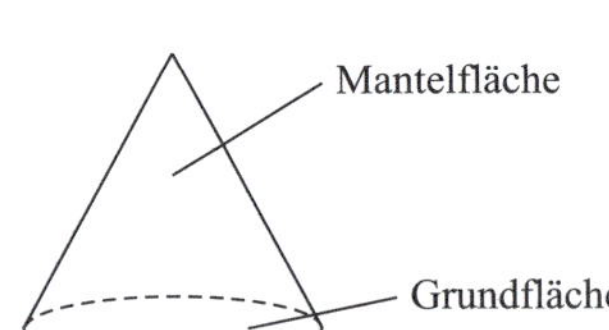

Kegelnetz:

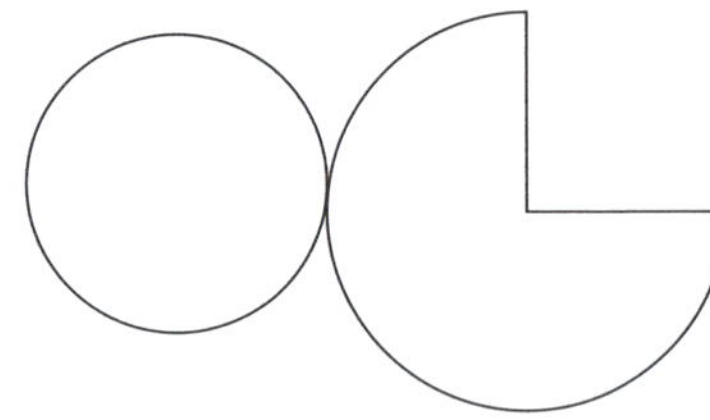

Kongruenz

Figuren, die ausgeschnitten so aufeinander gelegt werden können, dass sie zur Deckung kommen, nennt man deckungsgleich oder kongruent.
Man schreibt: $F_1 \cong F_2$

Kongruenzsätze

- Zwei Dreiecke sind kongruent, wenn sie in drei Seiten übereinstimmen. (SSS)
- Zwei Dreiecke sind kongruent, wenn sie in zwei Seiten und dem dazwischen liegenden Winkel übereinstimmen. (SWS)
- Zwei Dreiecke sind kongruent, wenn sie in einer Seite und zwei Winkeln übereinstimmen. (WSW bzw. SWW)
- Zwei Dreiecke sind kongruent, wenn sie in zwei Seiten und dem der größeren Seite gegenüberliegenden Winkel übereinstimmen. (SsW)

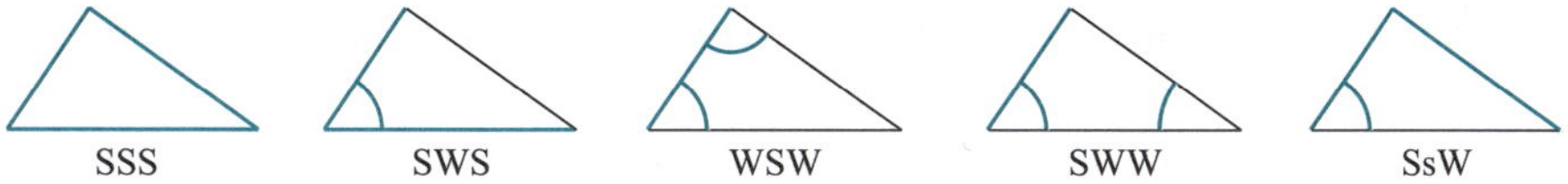

Koordinatensystem

Zwei sich senkrecht bei den Nullpunkten kreuzende Zahlengeraden ergeben ein Koordinatensystem (KOSY).
Der Nullpunkt wird als Ursprung des Koordinatensystems bezeichnet.
Das Koordinatensystem unterteilt die Zeichenebene in vier Quadranten.

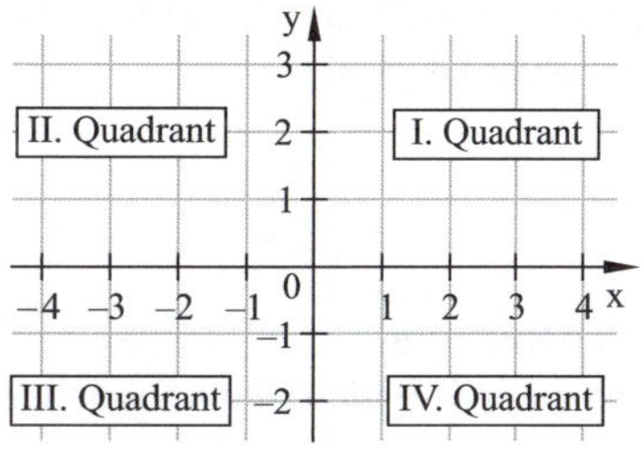

Kreis

Alle Punkte eines Kreises haben vom Mittelpunkt den gleichen Abstand. Dieser Abstand heißt Radius.
Kurzschreibweise: k(M, r) „Kreis um Mittelpunkt M mit Radius r"
Eine Sehne ist eine Strecke, die von einem Punkt auf der Kreislinie zu einem anderen Punkt auf der Kreislinie verläuft.
Der Durchmesser eines Kreises ist eine Sehne durch den Mittelpunkt des Kreises. Sie hat die doppelte Länge des Radius.

Kugel

Alle Punkte auf der Oberfläche haben den gleichen Abstand zum Mittelpunkt.

Lot

Das Lot zu einer Geraden g ist eine Gerade, die senkrecht auf g steht. Der Schnittpunkt des Lotes mit der Geraden heißt Lotfußpunkt.

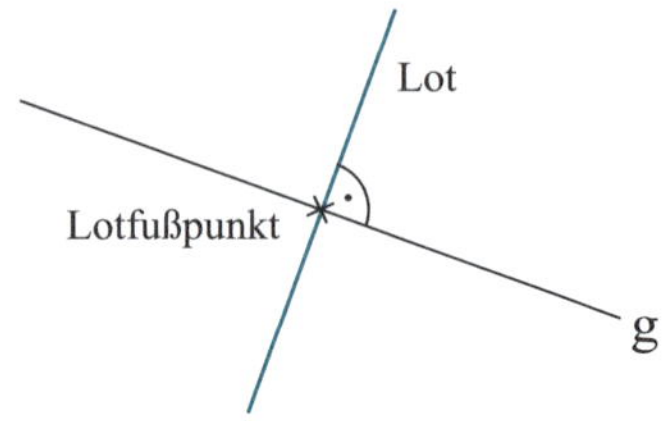

Maßstab

Maßstab 1 : 50 bedeutet, dass 1 cm in der Zeichnung 50 cm in Wirklichkeit entspricht.

Beispiele:

- 4 cm in der Zeichnung: $4\text{ cm} \cdot 50 = 200\text{ cm} = 2\text{ m}$ in Wirklichkeit
- 8 m in Wirklichkeit: $8\text{ m} : 50 = 800\text{ cm} : 50 = 16\text{ cm}$ in der Zeichnung

Mittelsenkrechte

Die Mittelsenkrechte $m_{[AB]}$ zur Strecke [AB] ist die Gerade, die senkrecht auf [AB] steht und [AB] halbiert. Sie ist die Symmetrieachse der Strecke [AB].

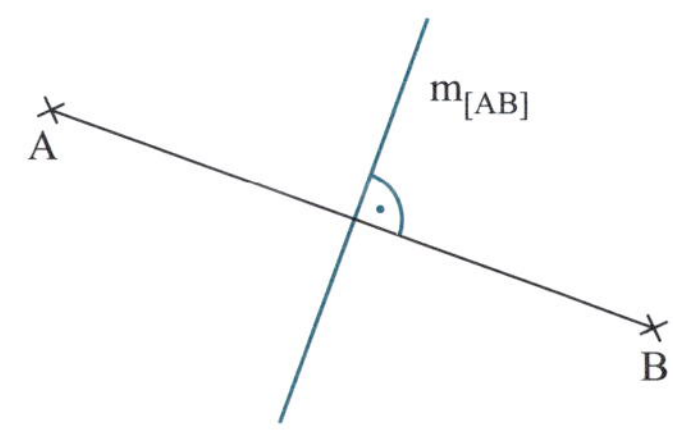

Nebenwinkel

An einer Geradenkreuzung nebeneinander liegende Winkel heißen Nebenwinkel.

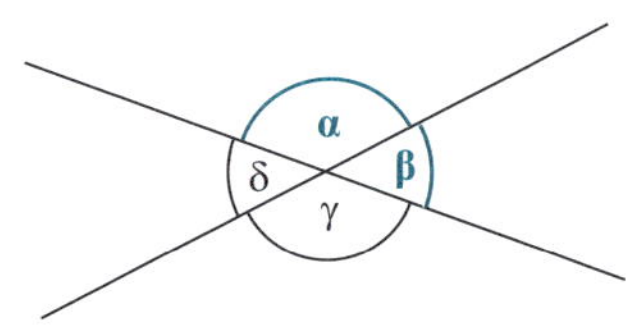

Netz

Schneidet man einen Körper so auf, dass er sich zu einer zusammenhängenden Fläche auseinander falten lässt, so wird diese Fläche als Netz des Körpers bezeichnet.

Oberfläche

Die Oberfläche eines Körpers besteht aus allen Flächen, die einen Körper begrenzen.

Für die Oberfläche eines Quaders mit den Kantenlängen a, b und c gilt:

$O_{\text{Quader}} = 2 \cdot a \cdot b + 2 \cdot a \cdot c + 2 \cdot b \cdot c = 2 \cdot (a \cdot b + a \cdot c + b \cdot c)$

Sonderfall: $O_{\text{Würfel}} = 6 \cdot a^2$

Parallelogramm

Ein Viereck, bei dem die jeweils gegenüberliegenden Seiten zueinander parallel sind, heißt Parallelogramm.

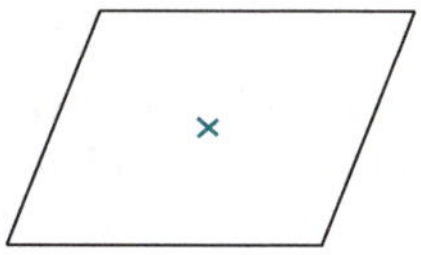

Eigenschaften:
- Gegenüberliegende Seiten sind gleich lang.
- Gegenüberliegende Winkel sind gleich groß.
- Die Diagonalen halbieren sich.
- Benachbarte Winkel ergänzen sich zu 180°.
- punktsymmetrisch zum Diagonalenschnittpunkt

Passante

Eine Gerade, die mit einem Kreis keinen gemeinsamen Punkt hat, heißt Passante zu diesem Kreis.

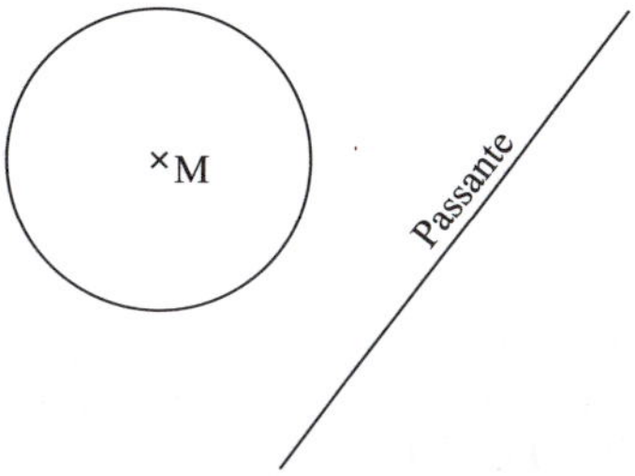

Prisma

Grund- und Deckfläche eines n-seitigen Prismas sind zwei identische n-Ecke. Die Seitenflächen bestehen aus Rechtecken.

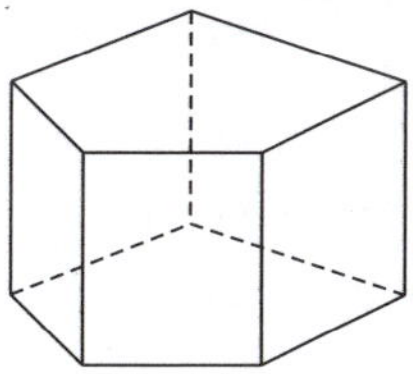

fünfseitiges Prisma

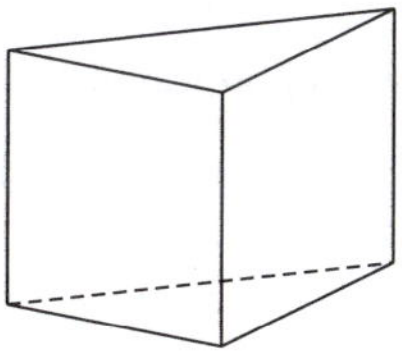

dreiseitiges Prisma

Punktsymmetrie

Zwei Punkte P und P' sind punktsymmetrisch bezüglich des Zentrums Z, wenn die Verbindungsstrecke der Punkte von Z halbiert wird.

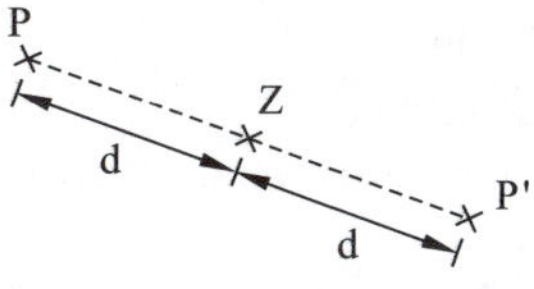

Pyramide

Die Grundfläche jeder Pyramide ist ein n-Eck. Die Seitenflächen sind immer Dreiecke.

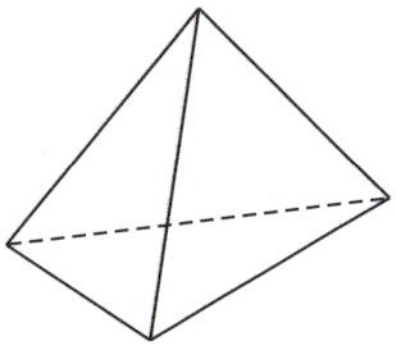

dreiseitige Pyramide

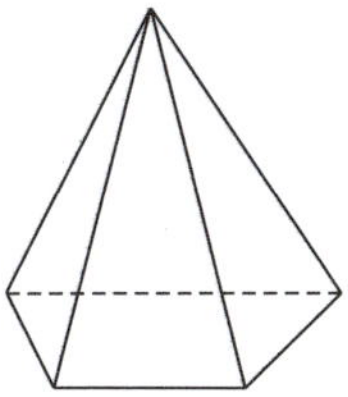

vierseitige Pyramide

Quader

Die sechs Seiten eines Quaders sind Rechtecke, wobei die beiden gegenüberliegenden Seitenflächen jeweils identisch sind. Aneinander angrenzende Seiten stehen zueinander senkrecht.

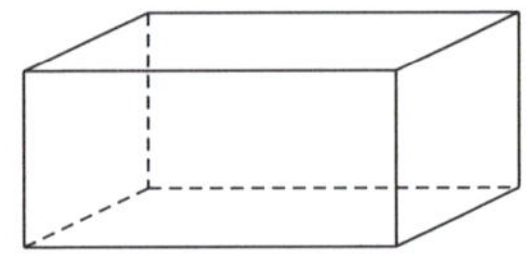

Quadernetz:

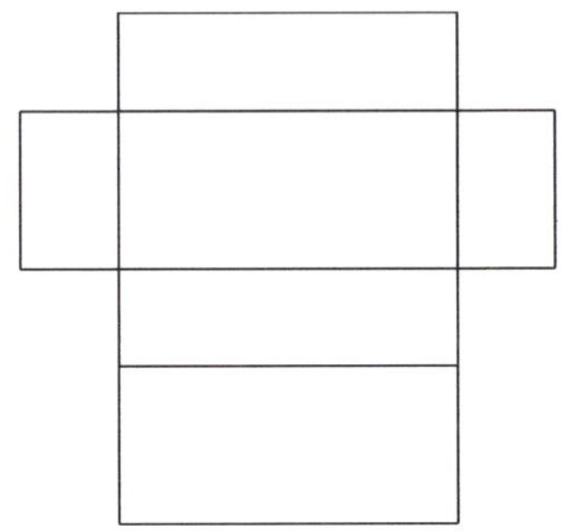

Quadrat

Ein Rechteck mit vier gleich langen Seiten heißt Quadrat.

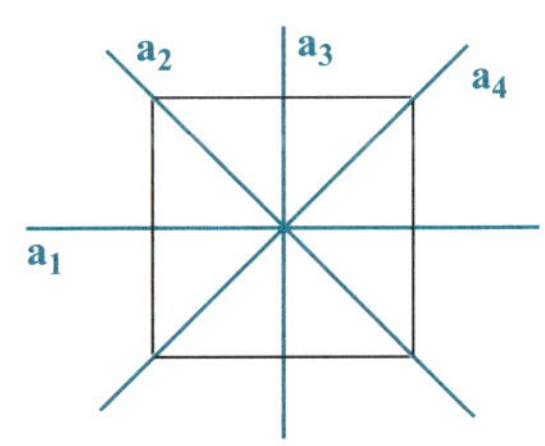

Eigenschaften:

- Die Diagonalen sind gleich lang, halbieren sich gegenseitig und stehen aufeinander senkrecht.
- punktsymmetrisch zum Diagonalenschnittpunkt
- achsensymmetrisch zu den Diagonalen und zu den Mittelsenkrechten (vier Symmetrieachsen)

Raute

Ein Viereck mit vier gleich langen Seiten heißt Raute.

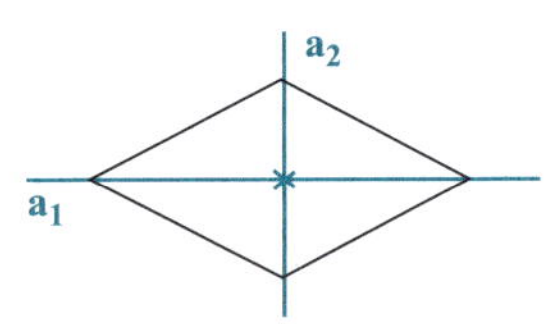

Eigenschaften:

- Gegenüberliegende Winkel sind gleich groß.
- Die Diagonalen stehen senkrecht aufeinander und halbieren sich gegenseitig.
- punktsymmetrisch zum Diagonalenschnittpunkt
- achsensymmetrisch zu den Diagonalen (zwei Symmetrieachsen)

Rechteck

Ein Viereck mit vier rechten Winkeln heißt Rechteck.

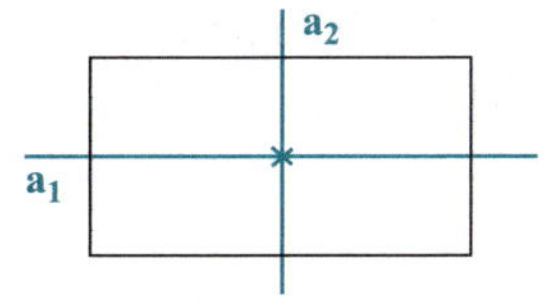

Eigenschaften:
- Die Diagonalen sind gleich lang und halbieren sich gegenseitig.
- Gegenüberliegende Seiten sind gleich lang.
- achsensymmetrisch zu den Mittelsenkrechten (zwei Symmetrieachsen)
- punktsymmetrisch zum Diagonalenschnittpunkt

rechtwinkliges Dreieck

Ein Dreieck mit einem rechten Winkel heißt rechtwinkliges Dreieck.
Die dem rechten Winkel gegenüberliegende Seite heißt Hypotenuse, die an den rechten Winkel angrenzenden Seiten werden als Katheten bezeichnet.

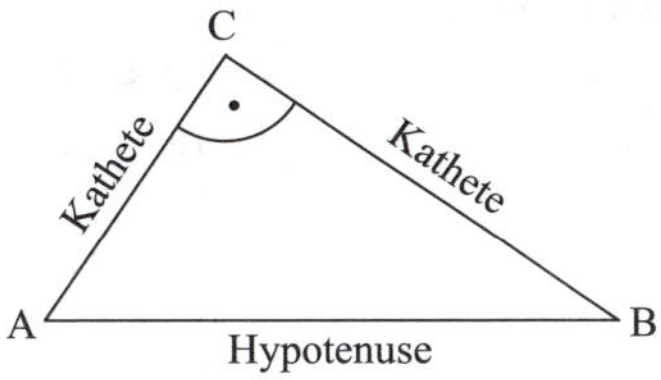

Satz des Thales und Thaleskreis

Ein Dreieck ABC hat genau dann bei C einen rechten Winkel, wenn C auf dem Halbkreis über [AB] liegt.
Der Kreis mit dem Durchmesser [AB] heißt auch Thaleskreis über [AB].

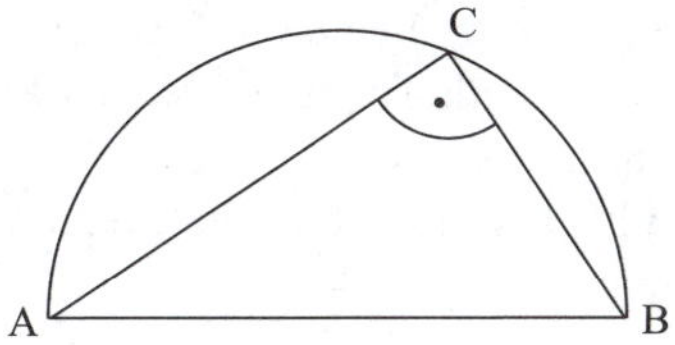

Scheitelwinkel

An einer Geradenkreuzung gegenüberliegende Winkel werden als Scheitelwinkel bezeichnet.

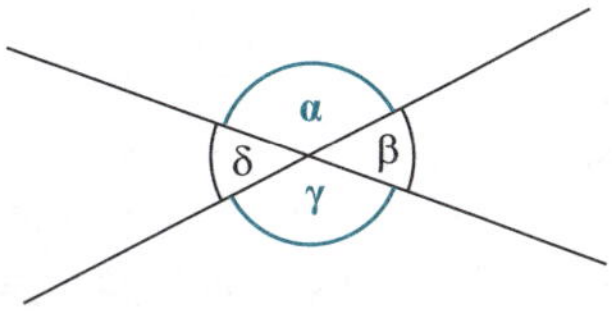

Seitenhalbierende

Als Seitenhalbierende eines Dreiecks wird die Strecke zwischen einem Eckpunkt und der gegenüberliegenden Seitenmitte bezeichnet.

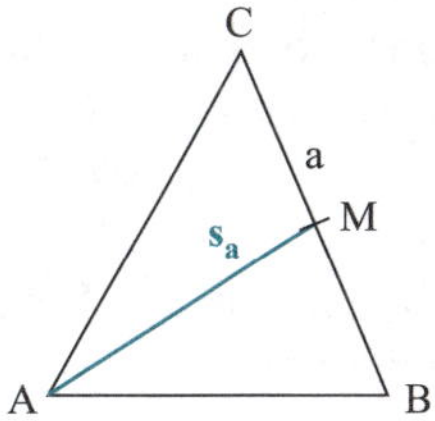

Sekante

Eine Gerade, die einen Kreis in zwei Punkten schneidet, heißt Sekante.

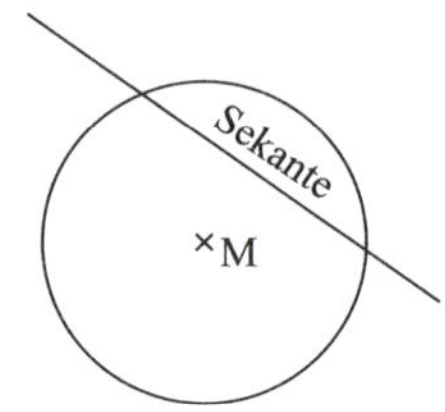

Strecke

Die kürzeste Verbindung zwischen zwei Punkten A und B ist die Strecke [AB]. Die Länge der Strecke [AB] wird abgekürzt als $\overline{AB}$.

Stufenwinkel

An einer Doppelkreuzung sind die Stufenwinkel an parallelen Geraden gleich groß.

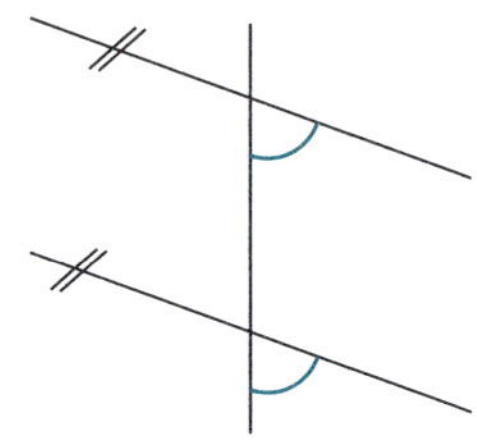

Tangente

Eine Gerade, die einen Kreis in einem Punkt berührt, heißt Tangente. Dieser Punkt heißt Berührpunkt. Die Gerade durch Berührpunkt und Mittelpunkt steht senkrecht auf der Tangente.

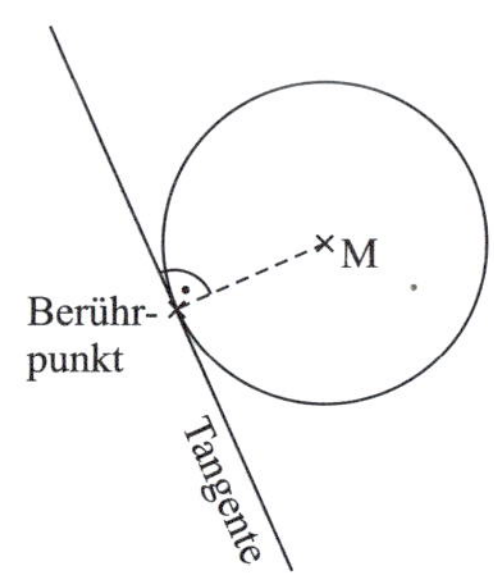

Trapez

Ein Viereck mit zwei zueinander parallelen Seiten heißt Trapez. Die nicht parallelen Seiten werden als Schenkel bezeichnet.

Eigenschaften:
Die an einem Schenkel anliegenden Winkel ergänzen sich zu 180°.

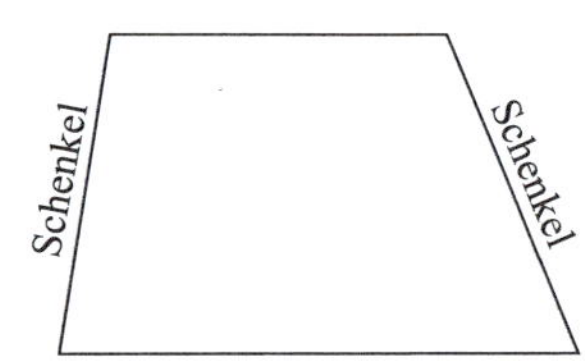

Umkreis

Der Kreis, auf dem alle Ecken eines n-Ecks liegen, heißt Umkreis des n-Ecks.

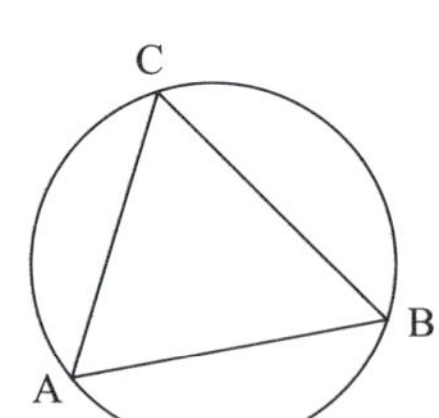

Viereck

Die gängigen Bezeichnungen im Viereck findest du in nebenstehender Abbildung.
Die Verbindung zweier gegenüberliegender Ecken heißt Diagonale.
Die Summe der Innenwinkel (hier: α, β, γ, δ) beträgt 360°.

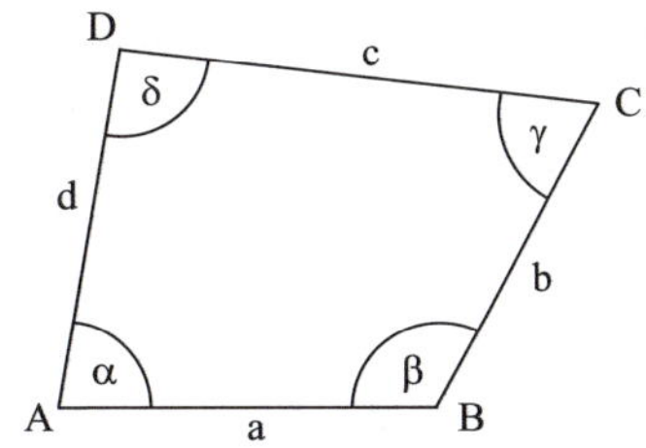

Besondere Vierecke:
Drachenviereck, Parallelogramm, Quadrat, Raute, Rechteck, Trapez

Volumen

Volumeneinheiten:
1 m^3, 1 dm^3, 1 cm^3, 1 mm^3, 1 km^3, 1 ℓ (Liter), 1 $h\ell$ (Hektoliter)

Umrechnung

$1\,000\ mm^3 = 1\ cm^3$

$1\,000\ cm^3 = 1\ dm^3$

$1\,000\ dm^3 = 1\ m^3$

$1\,000\,000\,000\ m^3 = 1\ km^3$

$1\ dm^3 = 1\ \ell$

$100\ \ell = 1\ h\ell$

Volumen eines Quaders mit Seitenlänge a, b und c:
$V = a \cdot b \cdot c$
Volumen komplizierter Körper lassen sich oft bestimmen, in dem sie in Quader zerlegt oder zu Quadern ergänzt werden. Auch ein geeigneter Umbau kann hilfreich sein.

Wechselwinkel

An einer Doppelkreuzung sind die Wechselwinkel an parallelen Geraden gleich groß.

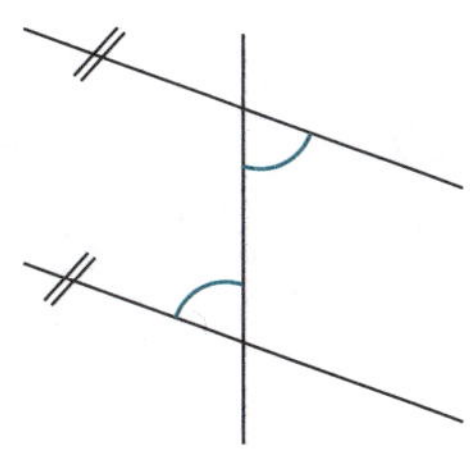

Winkel

Die Halbgeraden [SA und [SB bilden den Winkel α.
S: Scheitel des Winkels
[SA: 1. Schenkel
[SB: 2. Schenkel
Es gibt unterschiedliche Bezeichnungen:

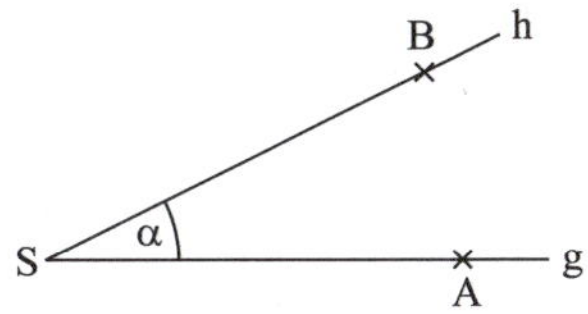

α, β, γ, δ, ε, φ ,μ ...	kleine griechische Buchstaben
∢ ASB	Punkt auf erstem Schenkel, Scheitelpunkt, Punkt auf zweitem Schenkel
∢ (g; h), ∢ (SA; SB)	Geraden oder Halbgeraden, die den Winkel einschließen

Besondere Winkel:

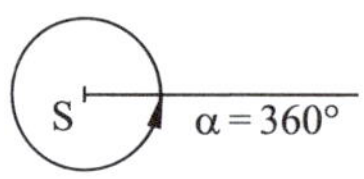

Vollwinkel

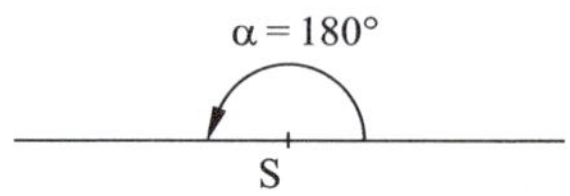

gestreckter Winkel

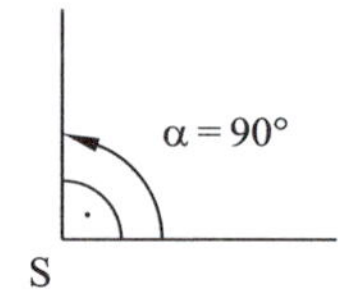

rechter Winkel

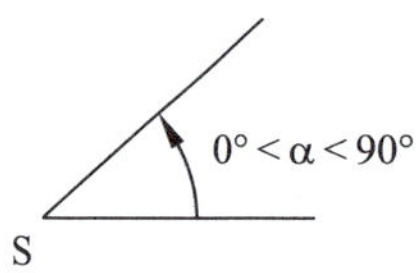

spitzer Winkel

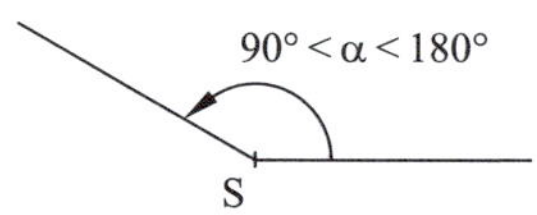

stumpfer Winkel

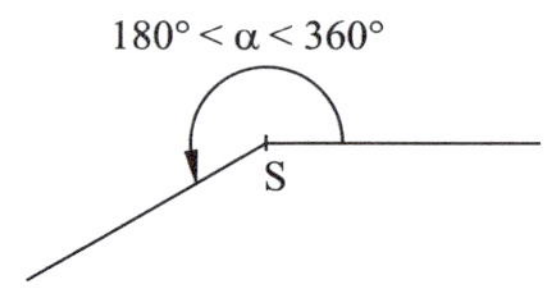

überstumpfer Winkel

Winkelhalbierende

Die Winkelhalbierende w_α von Winkel α ist die Gerade, die durch den Scheitel von α verläuft und den Winkel in zwei gleich große Teile teilt.
Sie entspricht der Symmetrieachse der Schenkel von α.

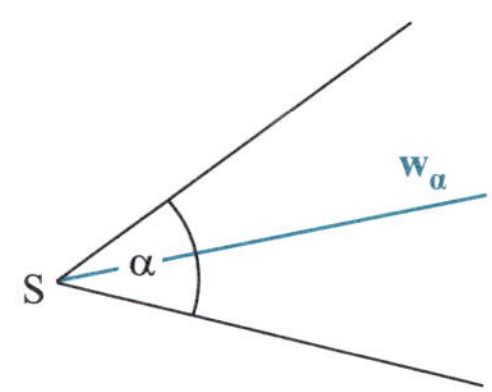

Würfel

Ein Würfel ist ein Quader mit gleicher Länge, Höhe und Breite.

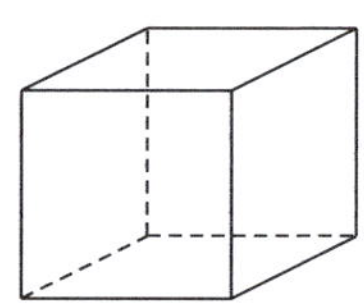

Würfelnetz:

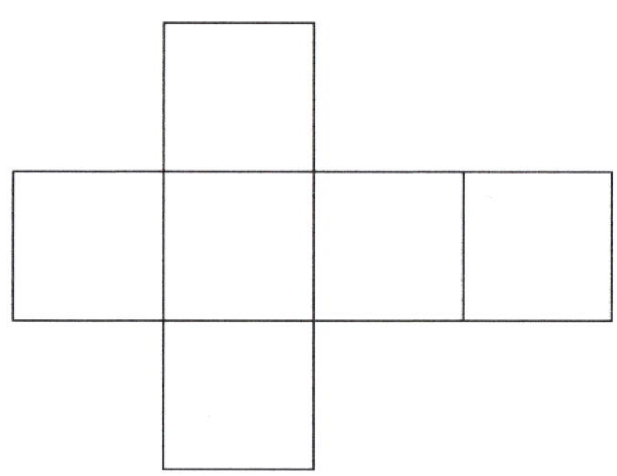

Zylinder

Grund- und Deckfläche sind identische Kreise.
Die gekrümmte Mantelfläche lässt sich zu einem Rechteck „auseinander rollen".

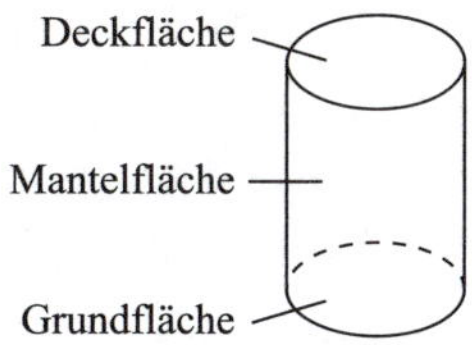

Zylindernetz:

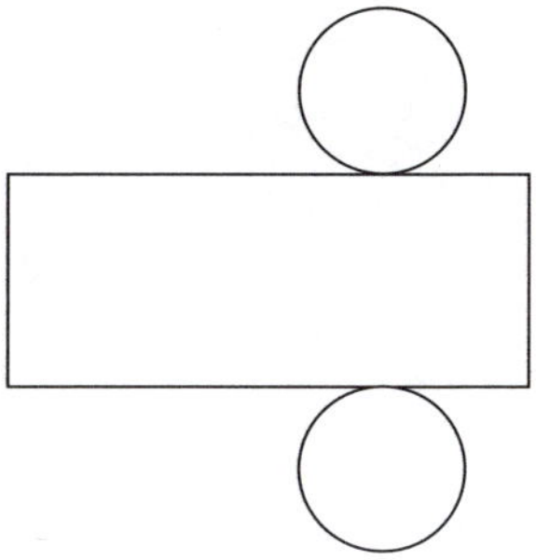

Lösungen

1.

2.

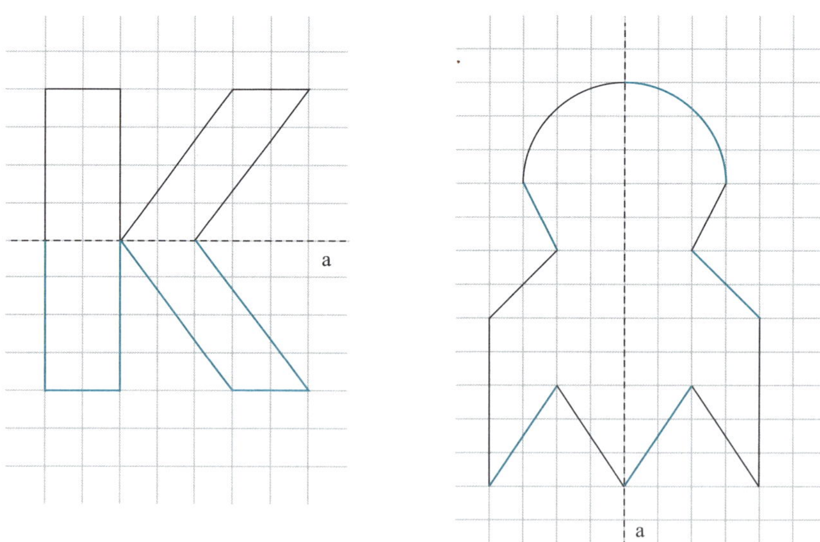

3. a) Der Abstand bleibt gleich.

b) Der Abstand wird um zwei Zentimeter größer, da nicht nur das Original einen Zentimeter weiter von der Symmetrieachse entfernt ist, sondern auch der Bildpunkt.

c) Der Abstand wird um zwei Zentimeter kleiner, da Original und Bildpunkt jeweils einen Zentimeter näher an die Symmetrieachse verschoben werden.

4. Zeichne a, P und Q und den zu P symmetrischen Punkt P'. Gesucht ist der Punkt Q', der zu Q symmetrisch ist.

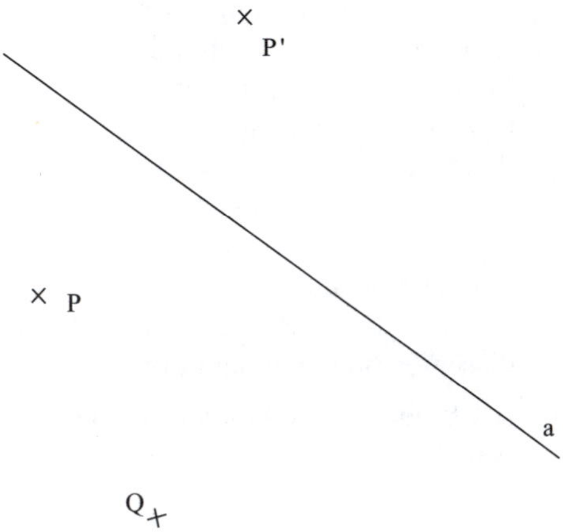

Zeichne die Senkrechte auf die Symmetrieachse, die durch Q verläuft.
Begründung:
Da die Verbindung von Punkt und Spiegelpunkt die Achse im rechten Winkel trifft, liegt Q' auf einer Geraden, die senkrecht zu a ist und durch Q geht.

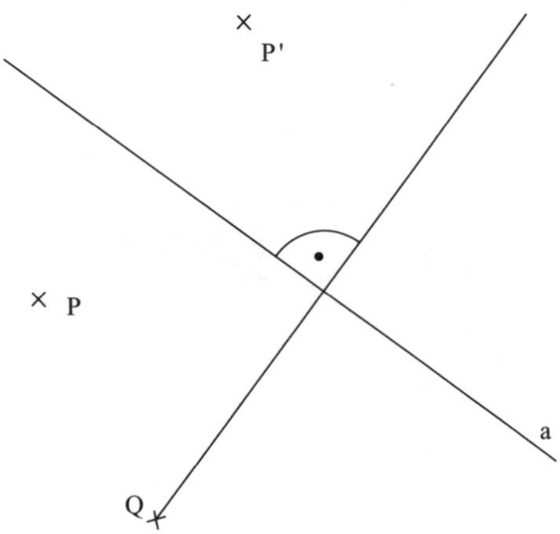

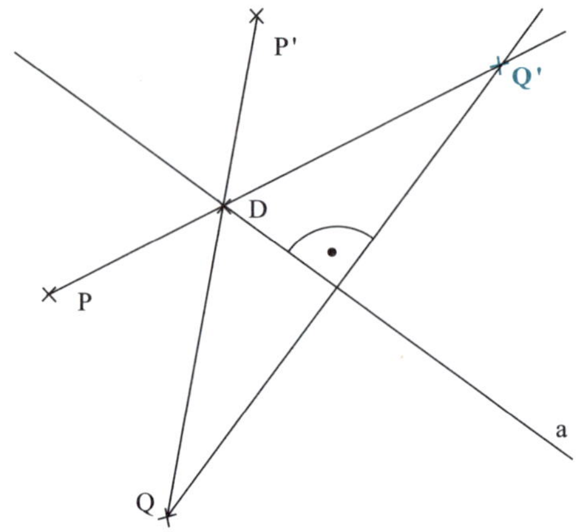

Zeichne die Gerade P'Q.
Spiegele sie an der Symmetrieachse.
Der Schnittpunkt von PD und der Senkrechten durch Q ist Q'.

Begründung:
Zur Festlegung von Q' wird eine weitere Gerade benötigt, auf der Q' liegt. Das Spiegelbild der Geraden P'Q erfüllt dieses Kriterium und verläuft durch die Punkte P und Q'. Ein Punkt der Geraden ist bereits gespiegelt, da P' auf P gespiegelt wird. Als zweiter Punkt bietet sich ein Punkt an, der bei der Spiegelung wieder auf sich selbst abgebildet wird. Dies ist nur bei Punkten, die auf der Achse liegen, der Fall. Der Schnittpunkt von P'Q mit der Achse ist der zweite Punkt. Die Gerade durch diesen Punkt und P ist das Spiegelbild von P'Q. Der Schnittpunkt dieser Geraden mit dem Lot von Q auf a ist Q'.

Als Probe kannst du kontrollieren, ob Q und Q' denselben Abstand von a haben.

5. a)

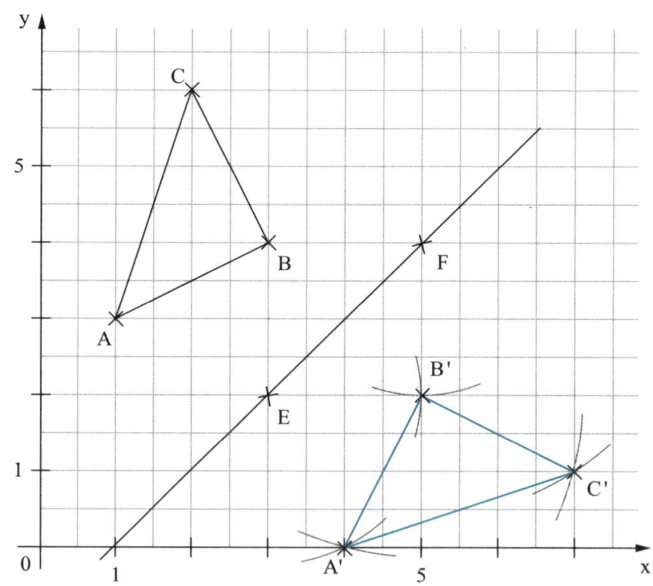

b)

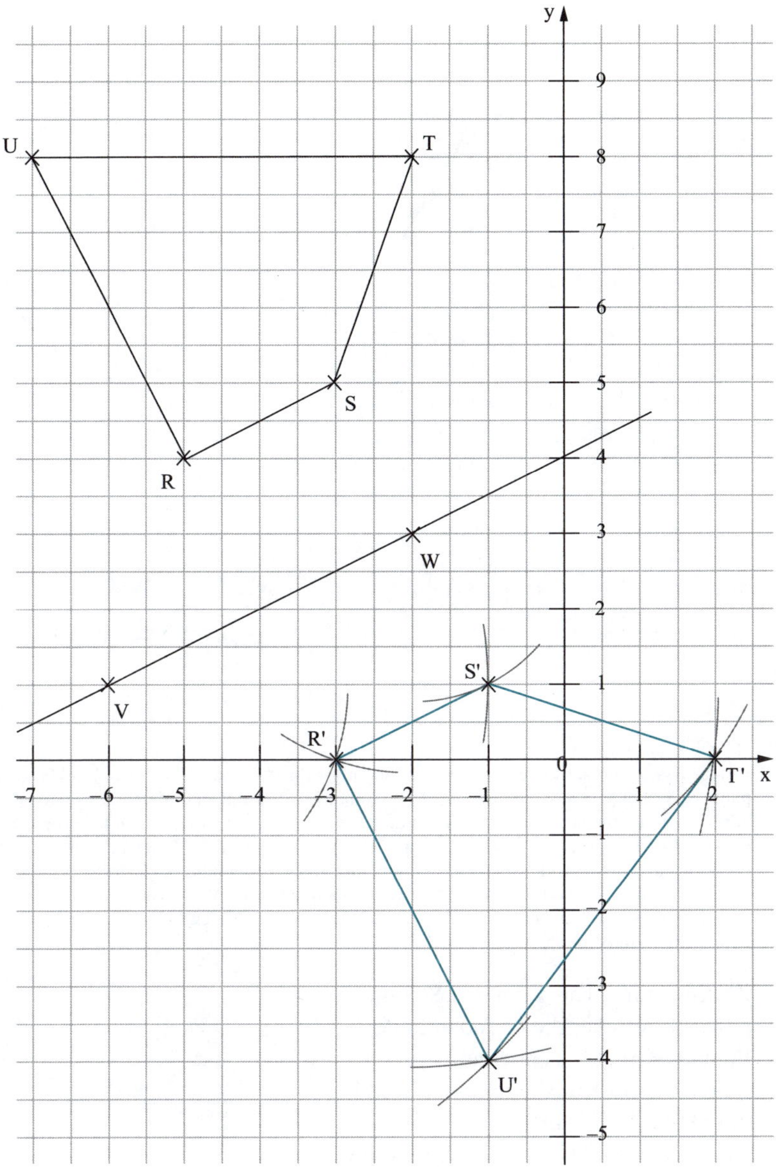

c)

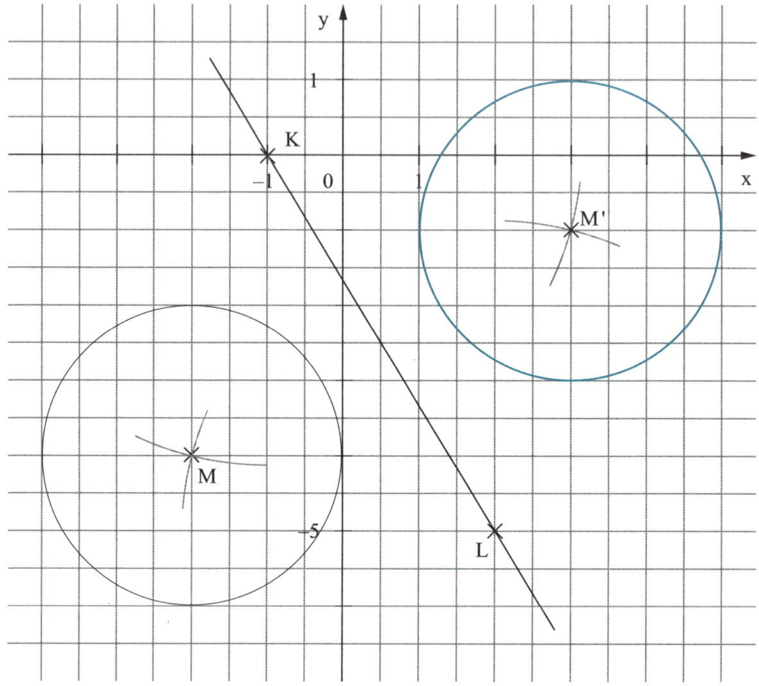

6. Hinweise und Tipps:
Um die Symmetrieachse zu konstruieren, benötigst du zwei auf ihr liegende Punkte. Der Schnittpunkt S der beiden Geraden liegt auf der Symmetrieachse und stellt damit den ersten der beiden benötigten Punkte dar. Außerdem weißt du, dass Punkt und Bildpunkt von jedem Punkt der Symmetrieachse den gleichen Abstand haben. Diese Eigenschaft nutzt du jetzt zweifach aus: Zunächst ermittelst du zwei Punkte auf g und h, die von einem Punkt der Symmetrieachse den gleichen Abstand haben und daher zueinander symmetrisch sind. Von diesen Punkten ausgehend konstruierst du anschließend einen weiteren Achsenpunkt. (Eigentlich konstruierst du im letzten Schritt die Symmetrieachse von P und P'.)

Zeichne einen Kreis um den Schnittpunkt S, welcher die Geraden in den Punkten P und P' schneidet.
Zeichne zwei Kreisbögen um P und P' mit gleichem Radius.
Der Schnittpunkt ist der zweite Punkt auf der Symmetrieachse.
Verbinde den Schnittpunkt mit S.

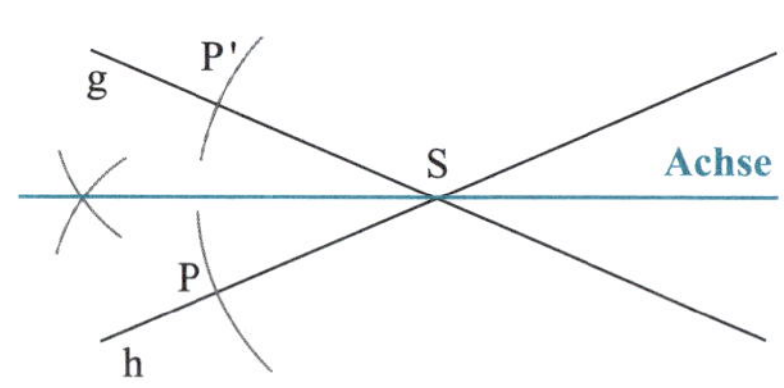

7. Hinweise und Tipps:
Besondere Eigenschaft des Mittelpunktes ist, dass er zu allen Punkten auf der Kreislinie denselben Abstand hat. Wählst du zwei beliebige Punkte A und B auf der Kreislinie, so liegen die Punkte, die denselben Abstand von beiden Punkten haben, auf der Symmetrieachse der Punkte A und B. Wiederholst du dies mit einem weiteren Punktepaar (z. B. B und C), so erhältst du eine weitere Gerade. Schnittpunkt beider Geraden ist der gesuchte Mittelpunkt.

Konstruiere die Symmetrieachse zu A und B.
Konstruiere die Symmetrieachse zu B und C.
Der Schnittpunkt ist der Mittelpunkt.

Als Kontrolle kannst du mit dem Zirkel in den konstruierten Mittelpunkt einstechen und versuchen, den ursprünglichen Kreis nachzuziehen.

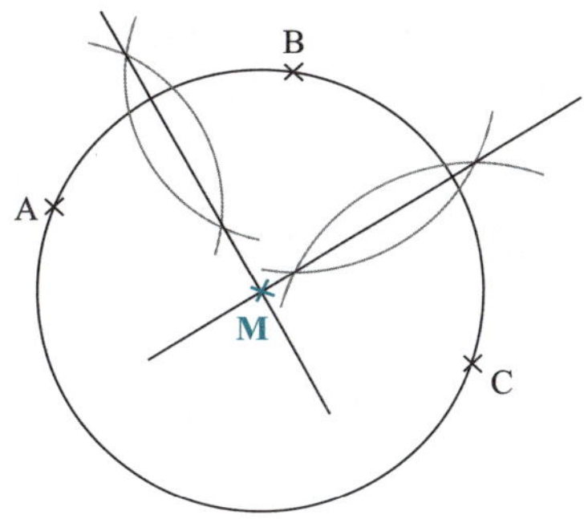

8. Hinweise und Tipps:
Gesucht ist der Punkt F auf f so, dass der Streckenzug von A nach B über F möglichst kurz ist. Der Weg kann in zwei Abschnitte geteilt werden: Die Strecke von A nach F und die Strecke von F nach B. Gesucht ist die kürzeste Kombination der beiden Strecken. Wird der Punkt B an f gespiegelt, so ist die Strecke von F zu B' genauso lang wie die Strecke von F zu B. Der Streckenzug von A über F nach B ist somit genauso lang wie der Streckenzug von A über F nach B'. Die kürzeste Verbindung von A und B' ist bekanntlich eine Strecke, weshalb F genau dort liegen muss, wo die Strecke [AB'] die Gerade f schneidet.

Spiegele B an f.
Der Schnittpunkt der Geraden AB' mit f ist F.

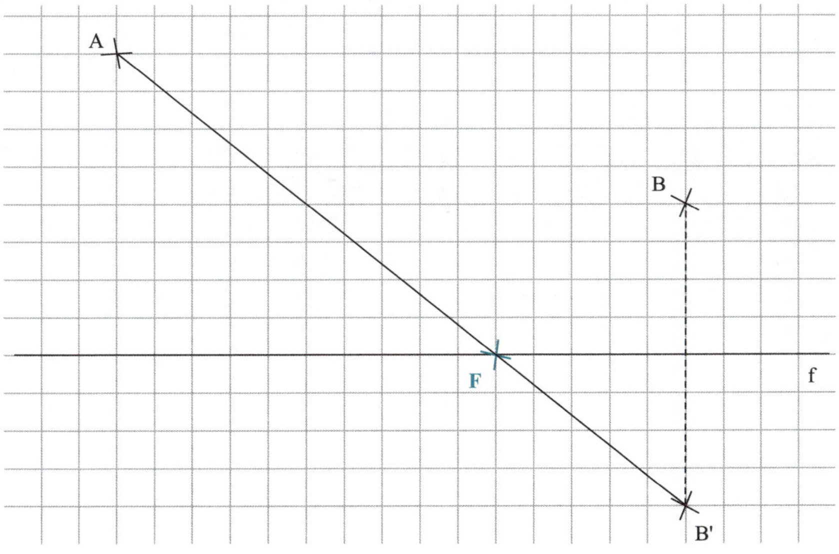

9. Hinweise und Tipps:
Da die Äste sich nicht schneiden sollen, müssen die untersten Teile der Stämme bei der Spiegelung aufeinander treffen, sie sollen also symmetrisch zueinander sein.

Konstruiere zu den unteren Stücken die Symmetrieachse.

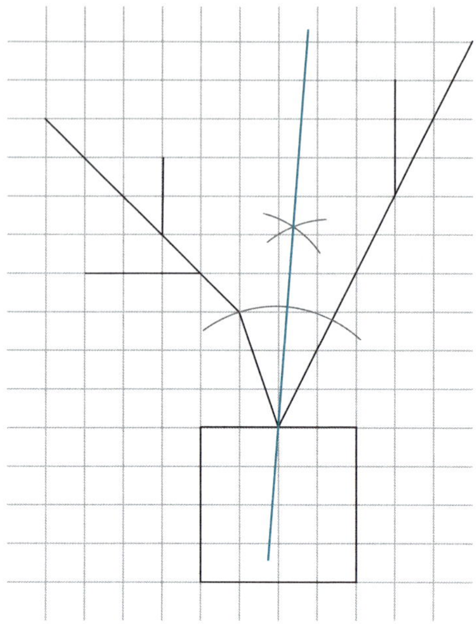

An der Symmetrieachse kannst du nun den restlichen Busch spiegeln.

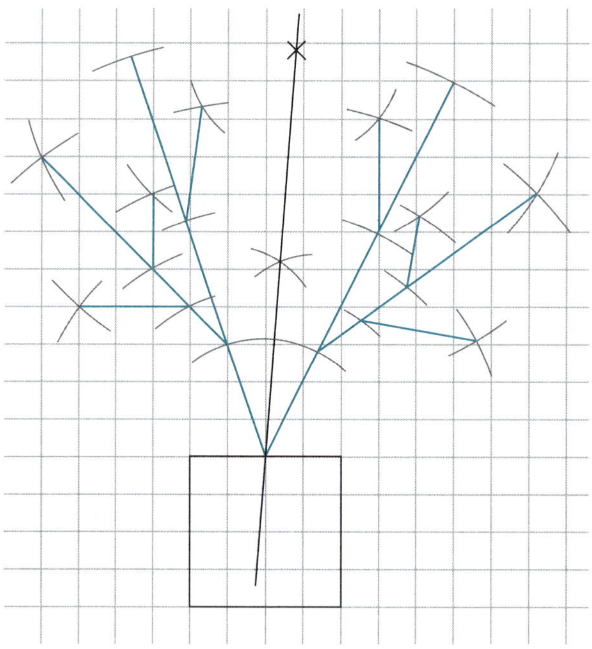

10.

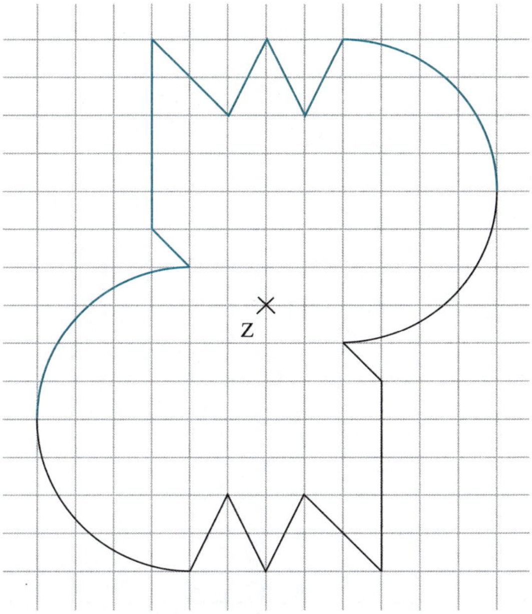

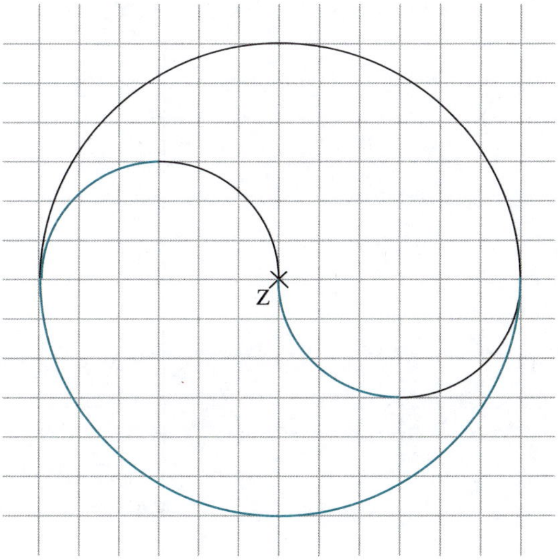

11. a)

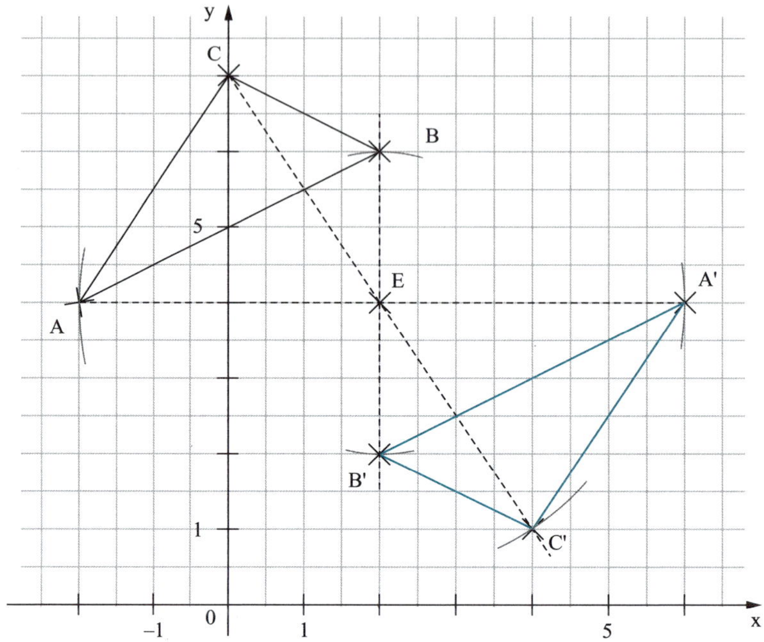

b)

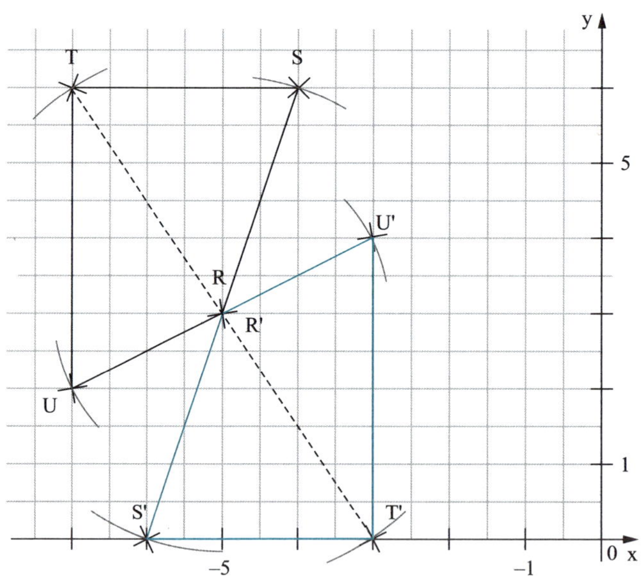

c)

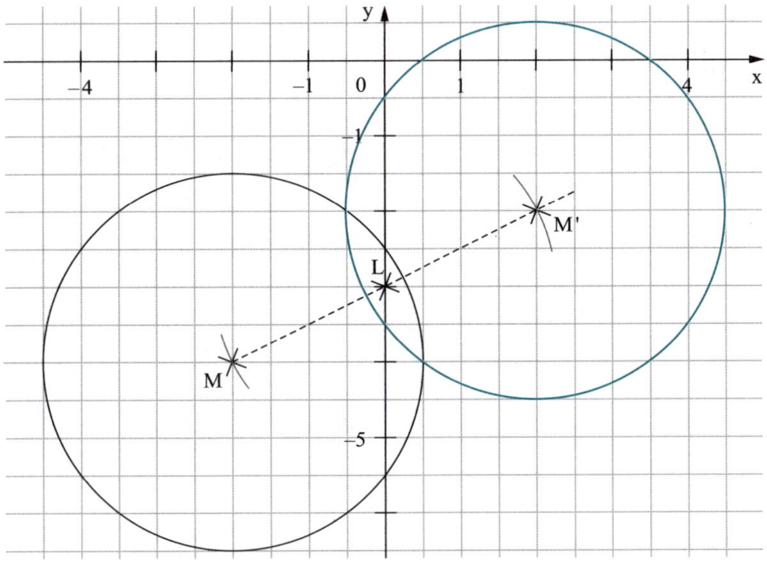

12. Hinweise und Tipps:
Zuerst benötigst du das Zentrum, das durch die Spiegelung von A auf A' bereits festgelegt ist.

Konstruiere das Zentrum Z zu den Punkten A und A'.

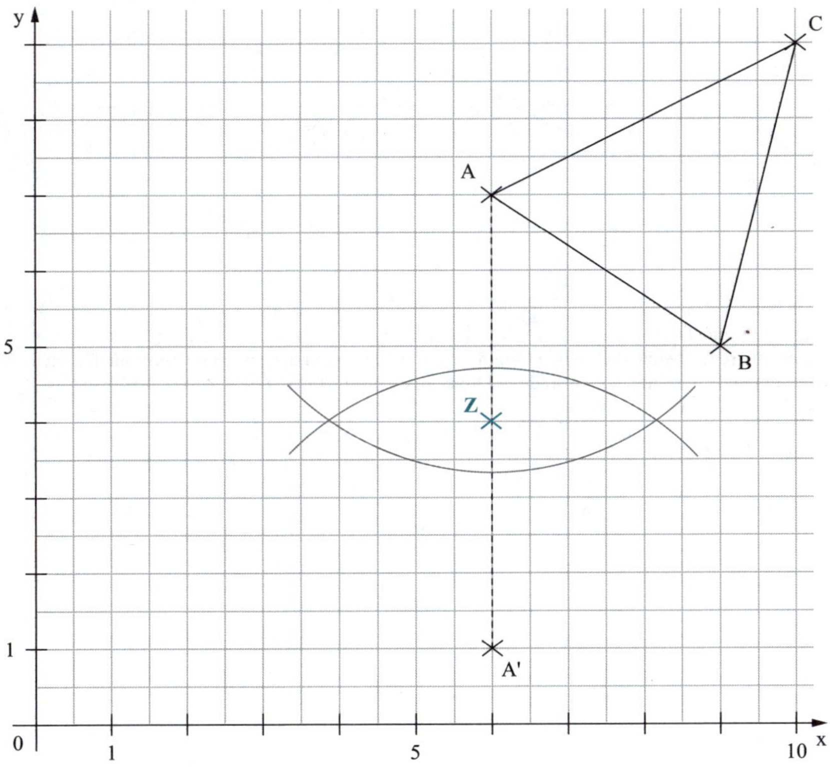

Anschließend spiegelst du die Punkte B und C an diesem Punkt Z.

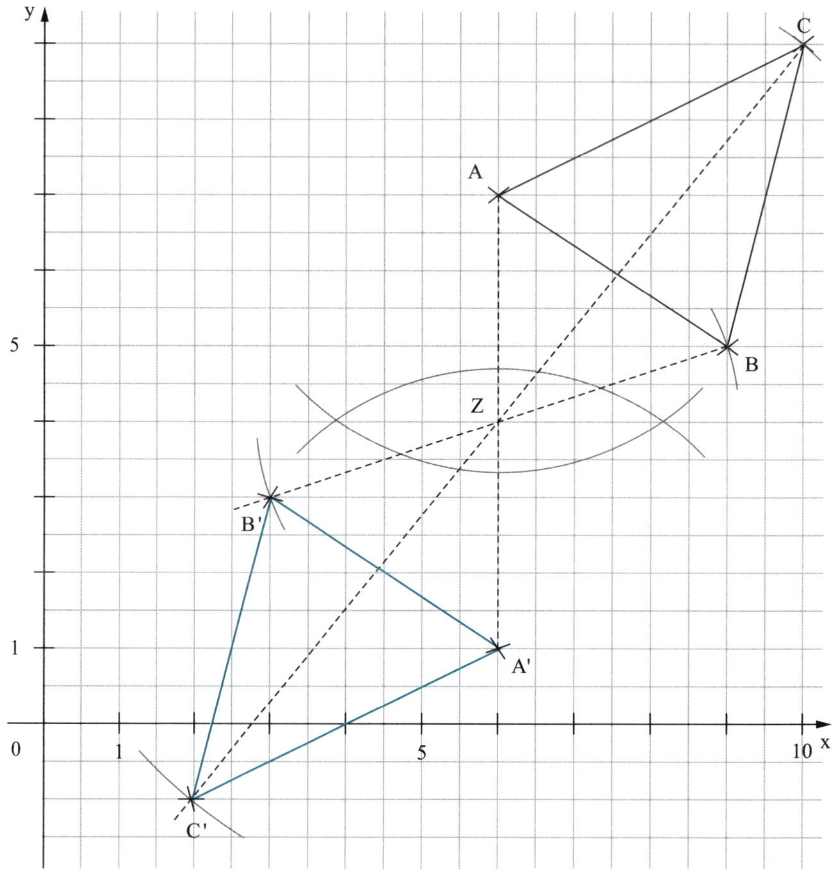

13. Hinweise und Tipps:
Konstruiere nacheinander zu den Original- und Bildpunkten das jeweilige Zentrum. Fallen diese Zentren nicht aufeinander, so sind die Dreiecke nicht punktsymmetrisch.

a) Die Dreiecke sind nicht punktsymmetrisch.

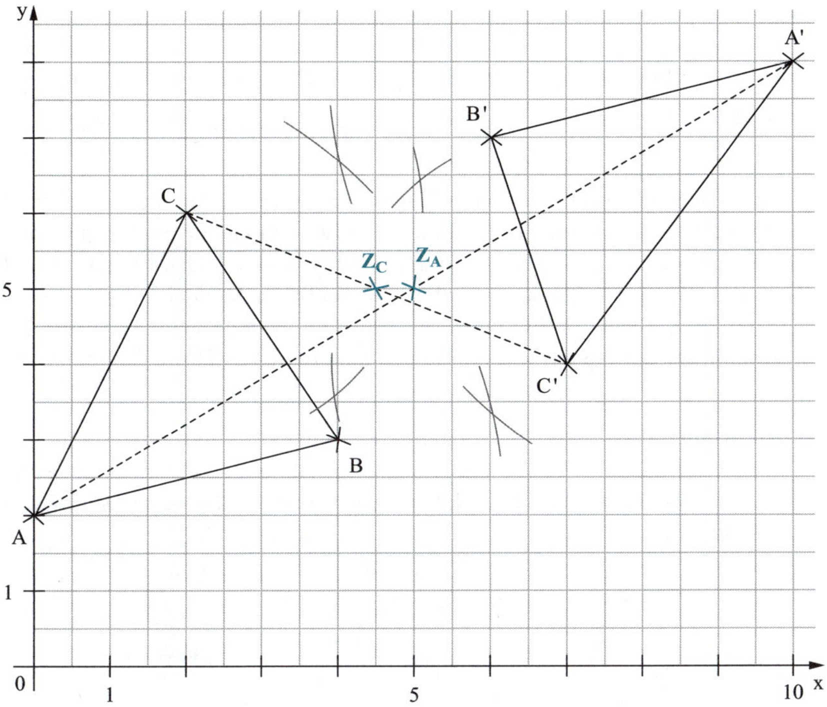

b) Die Dreiecke sind punktsymmetrisch, das Zentrum liegt bei Z(5|3).

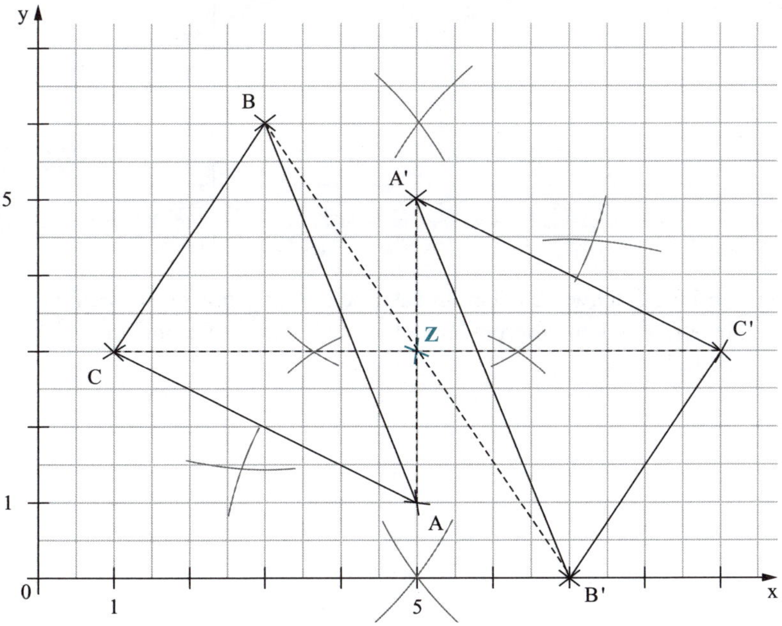

14. a) Die Bildstrecke wird um einen Zentimeter nach unten verschoben.

b) Die Bildstrecke wird um einen Zentimeter nach links verschoben.

c) Die Bildstrecke wird um zwei Zentimeter nach oben verschoben.

d) Die Bildstrecke wird um zwei Zentimeter nach links verschoben.

15. Für eine Symmetrie müssten die Eckpunkte aufeinander abgebildet werden. Beispielsweise könnten die Punkte A und B zueinander punktsymmetrisch sein – das Zentrum läge dann in der Mitte der Seite [AB]. In diesem Fall befände sich der Bildpunkt zu C aber außerhalb des Dreiecks.
Alternativ könnte ein Eckpunkt als Zentrum gewählt werden, wobei aber die Bildpunkte der beiden anderen Ecken außerhalb des Dreiecks liegen würden.

16. a) Wenn das Bild und Original gleich groß sind, stellt die Abbildung durch die Lochkamera eine Punktspiegelung mit dem Kameraloch als Zentrum dar. Die Rückwand muss daher so weit vom Loch entfernt sein wie das Original.

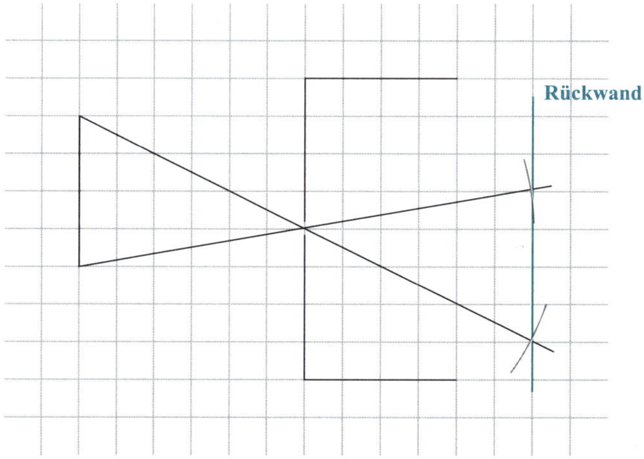

b) Wird die Rückwand näher an das Loch herangebracht, so wird das Bild kleiner. Vorsicht: Hierbei handelt es sich nicht mehr um eine Punktspiegelung!

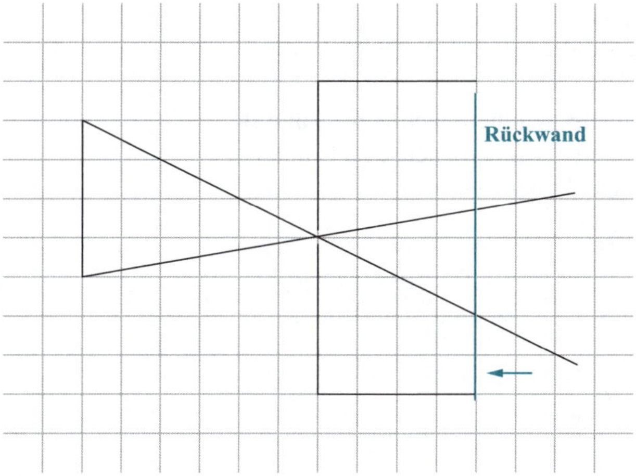

17. a) A, B, C, D, E, K, M, T, U, V, W, Y

b) H, I, O, X

c) H, I, N, O, S, X, Z

18. a) Figur 2, Figur 7

b) Figur 5

c) Figur 1, Figur 4

d) Figur 3, Figur 6

19. Hinweise und Tipps:
Als Lösung ist hier nur ein Beispiel angegeben. Deine Lösung kontrollierst du am besten auf Achsensymmetrie, indem du die Figur entlang der Achse faltest und überprüfst, ob die gefärbten Felder aufeinander treffen. Die Punktsymmetrie überprüfst du, indem du die Figur um 180° um das Zentrum drehst. Erhältst du dieselbe Figur, so ist sie punktsymmetrisch.

a) 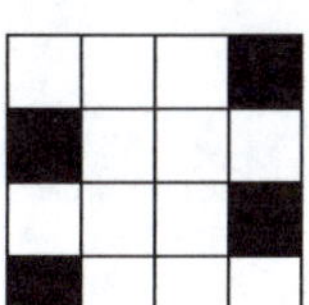

b) 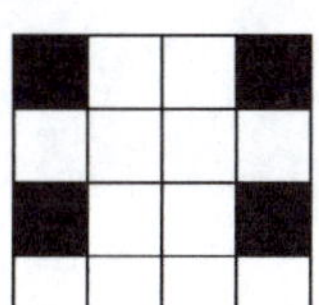

c) 

20. a) Hinweise und Tipps:
Der gesuchte Mittelpunkt hat von A, B und C jeweils den gleichen Abstand. Er liegt deshalb auf dem Schnittpunkt der Symmetrieachse von jeweils zwei Punkten.

Konstruiere die Symmetrieachse zu A und B.
Konstruiere die Symmetrieachse zu B und C.
Der Schnittpunkt der Symmetrieachsen ist M.

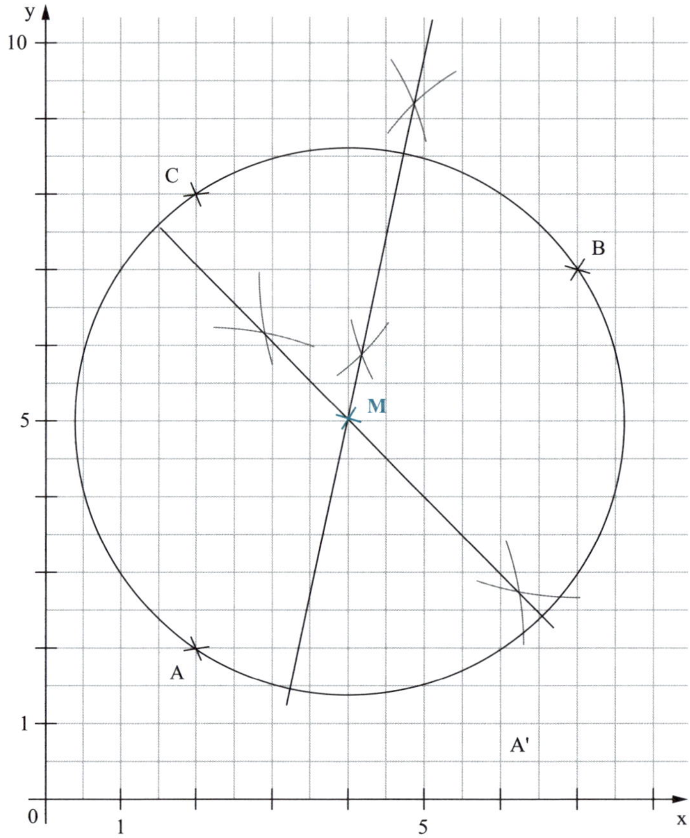

b) Hinweise und Tipps:
Um möglichst wenig Pflanzpositionen zu erhalten, muss die Achse so gewählt werden, dass zwei der bereits gepflanzten Buchsbäume zueinander symmetrisch sind.

Hier gibt es drei Lösungen:

1. Lösung

Konstruiere die Symmetrieachse von A und B.
Spiegele C an ihr, um C' zu erhalten.

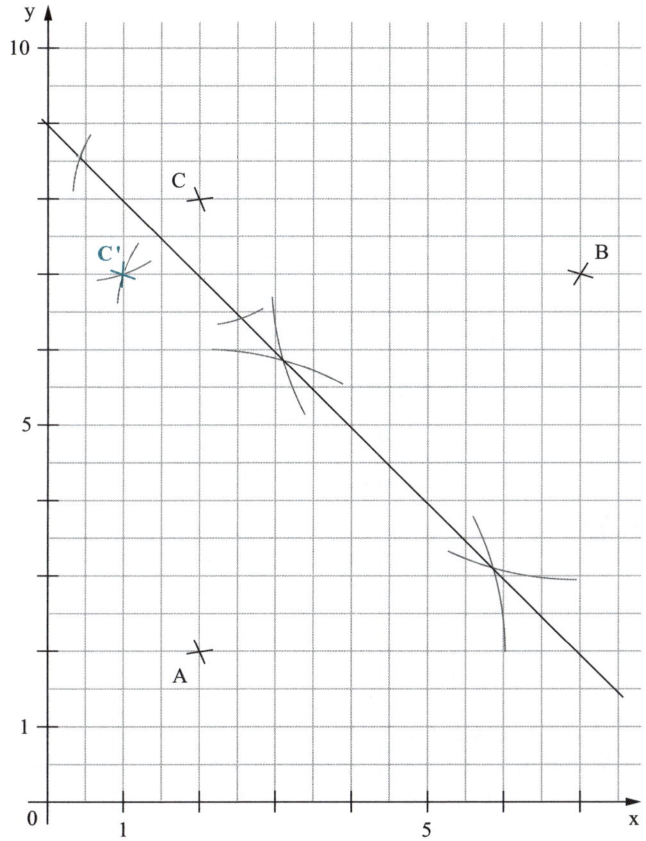

2. Lösung
Konstruiere die Symmetrieachse von A und C.
Spiegele B an ihr, um B' zu erhalten.

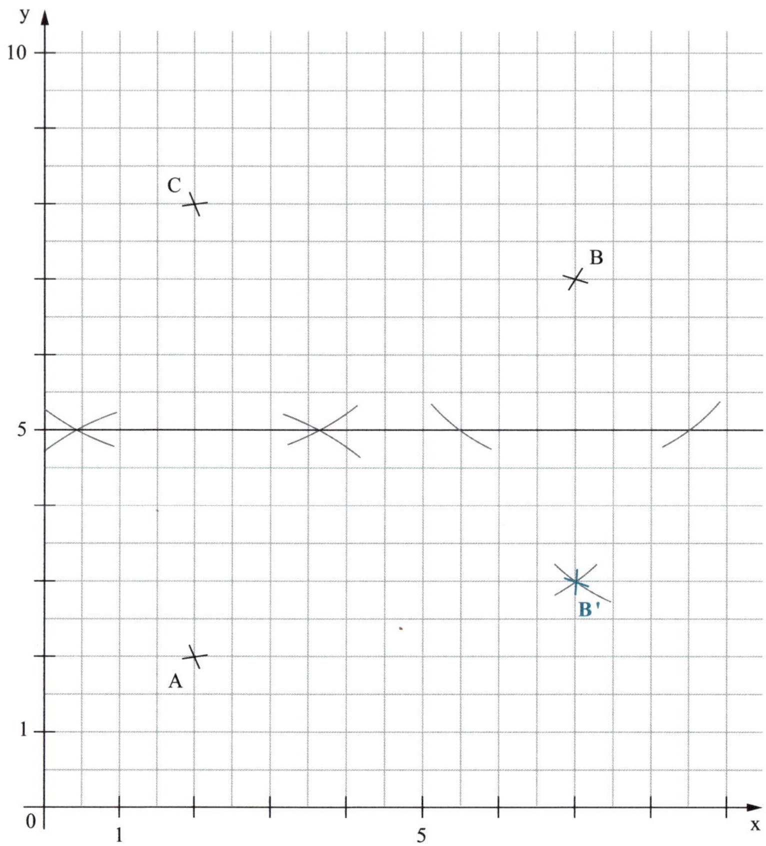

3. Lösung

Konstruiere die Symmetrieachse von B und C.
Spiegele A an ihr, um A' zu erhalten.

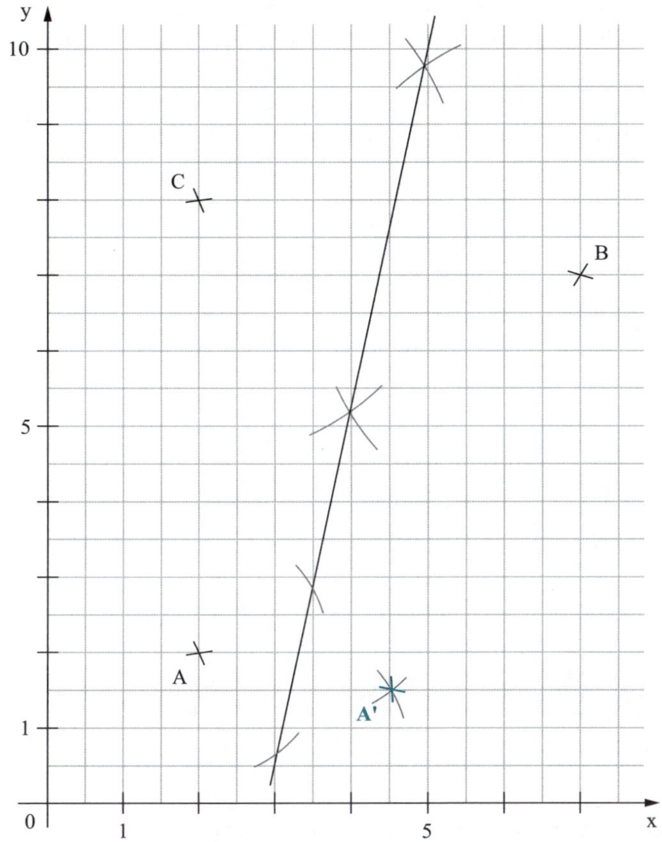

c) Punktsymmetrische Figuren lassen sich daran erkennen, dass sie nach einer Drehung um 180° um das Zentrum deckungsgleich zur ursprünglichen Figur sind. Bei keiner der Figuren lässt sich dies realisieren. Daher ergibt keine der drei Lösungen aus Teilaufgabe b eine punktsymmetrische Anordnung.

21. a) Sie müssen parallel zur Symmetrieachse verlaufen und zu dieser den gleichen Abstand haben.

b) Der Schnittpunkt muss auf der Symmetrieachse liegen und ein Winkel zwischen den Geraden muss von der Symmetrieachse halbiert werden.

c) Der Mittelpunkt muss auf der Symmetrieachse liegen.

22. a) Sie müssen zum Zentrum den gleichen Abstand haben.

b) Der Mittelpunkt muss gleich dem Zentrum sein.

c) Zwei sich schneidende Geraden sind nur punktsymmetrisch zueinander, wenn sie aufeinander liegen und das Zentrum auf den Geraden liegt. Vorsicht: Zwei sich nur in einem Punkt schneidende Geraden stellen zwar eine punktsymmetrische Figur dar, die Geraden sind aber nicht **zueinander** punktsymmetrisch, da jede Gerade zu sich selbst punktsymmetrisch ist!

23. a)

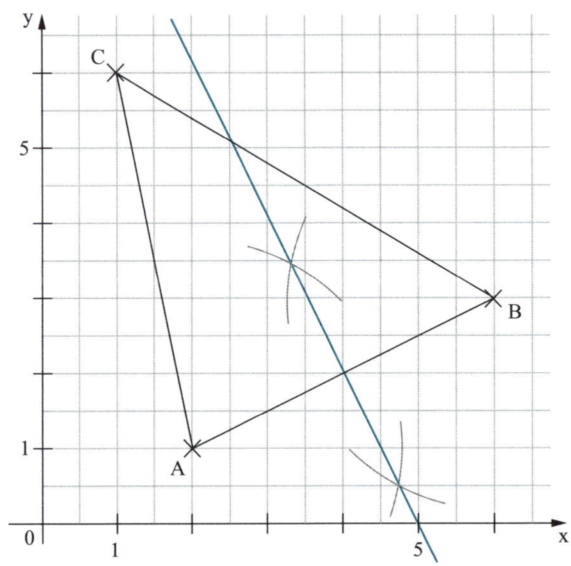

Zur Kontrolle kannst du nachmessen, ob die Strecke auch wirklich halbiert wird.

b) Hier musst du [BC] über B hinaus verlängern.

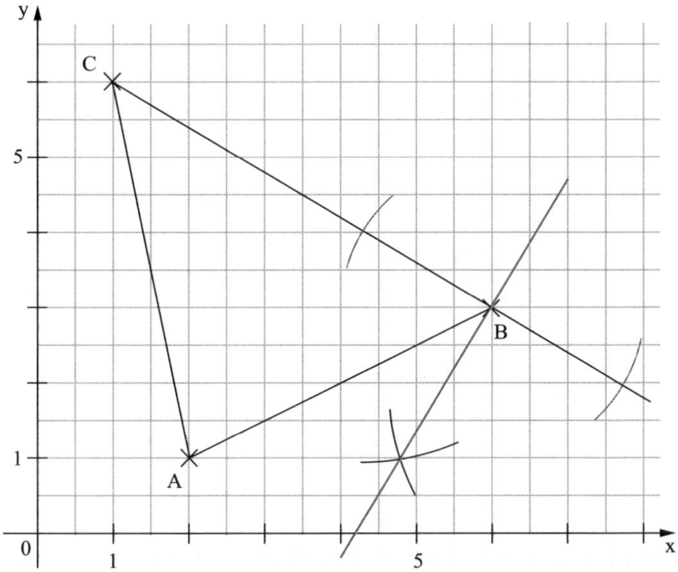

Zur Kontrolle kannst du den rechten Winkel nachmessen.

c)

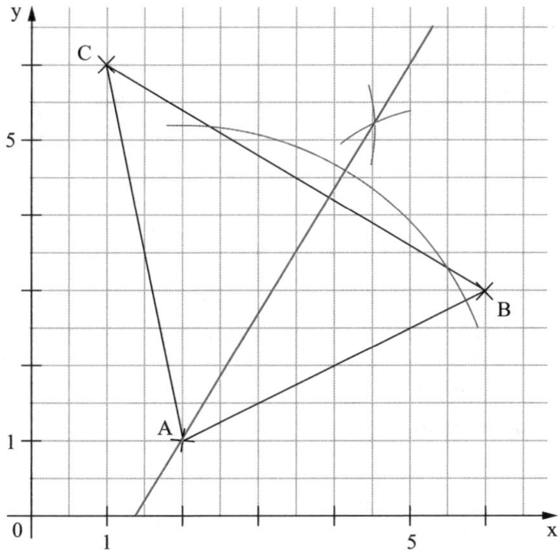

Zur Kontrolle kannst du den rechten Winkel nachmessen.

d)

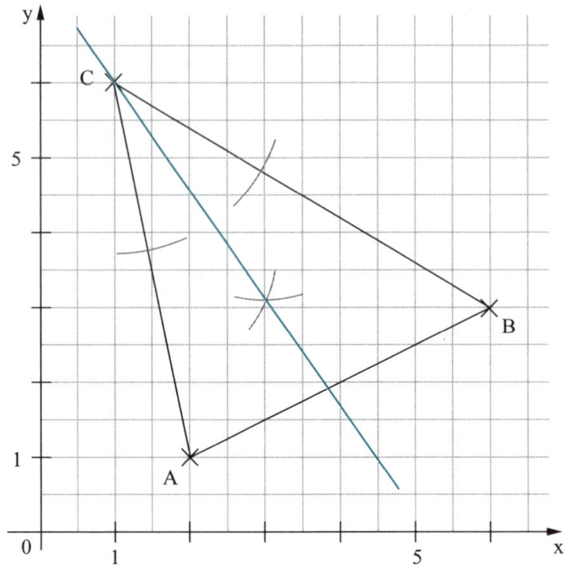

Zur Kontrolle kannst du nachmessen, ob die beiden Teilwinkel gleich groß sind.

24. a) Die Mittelsenkrechten schneiden sich alle in einem Punkt.

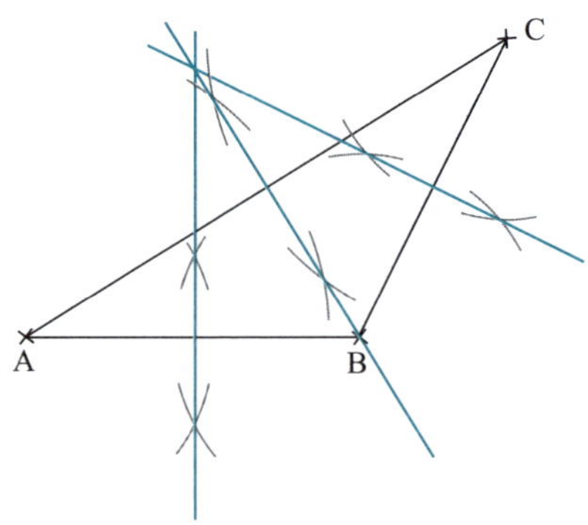

b) Die Winkelhalbierenden schneiden sich alle in einem Punkt.

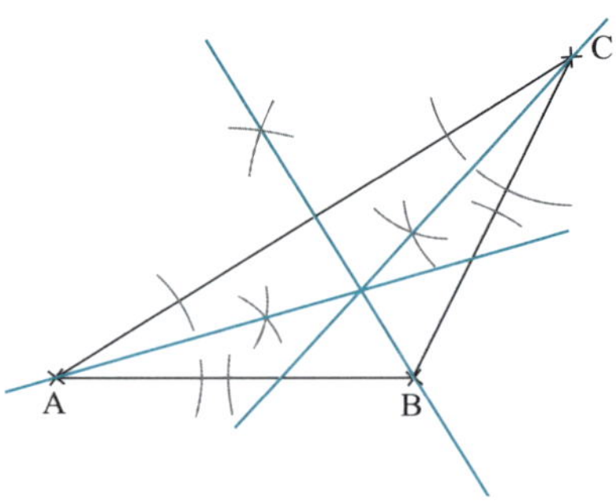

c) Hinweise und Tipps:
Eine Höhe ergibt sich, indem du von einem Eckpunkt aus ein Lot auf die gegenüberliegende Dreiecksseite fällst. Der resultierende Lotfußpunkt (Höhenfußpunkt) kann durchaus außerhalb des Dreiecks liegen – die entsprechende Dreiecksseite musst du in diesem Fall verlängern.

Alle Höhen schneiden sich in einem Punkt, der auch außerhalb des Dreiecks liegen kann.

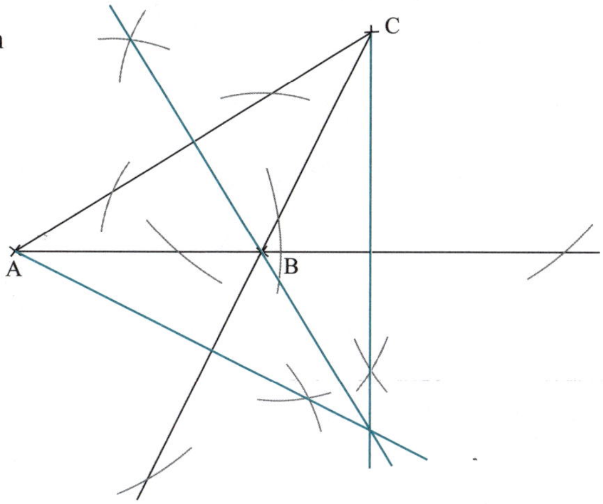

25.

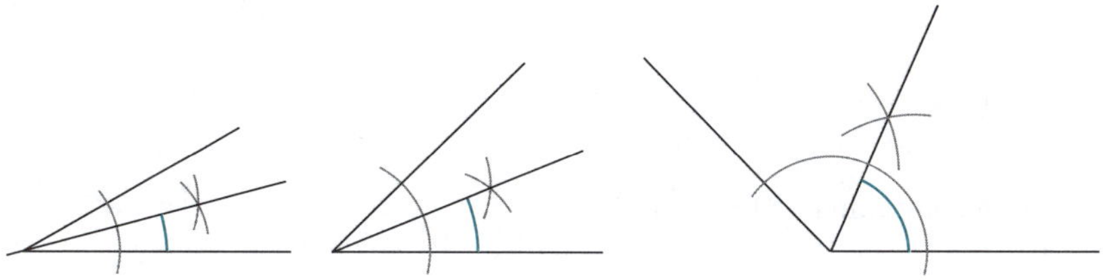

Zur Kontrolle kannst du die Teilwinkel nachmessen.

26. Zeichne die Strecke [AB] mit $\overline{AB} = 4$ cm.
Für D errichtest du in A ein Lot zu [AB] (verlängere hierzu [AB] über A hinaus).
Zeichne einen Kreisbogen um A mit Radius $r = \overline{AB}$, der das Lot zu [AB] schneidet.

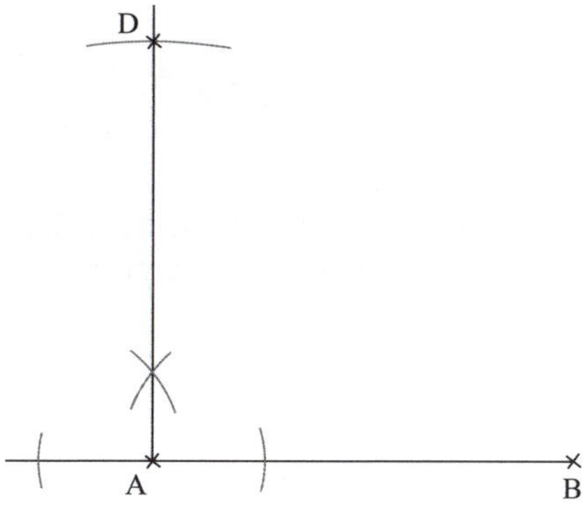

Den Punkt C erhältst du in entsprechender Weise nach Errichten eines Lotes in B oder D.
Verbinde die Punkte C und B.

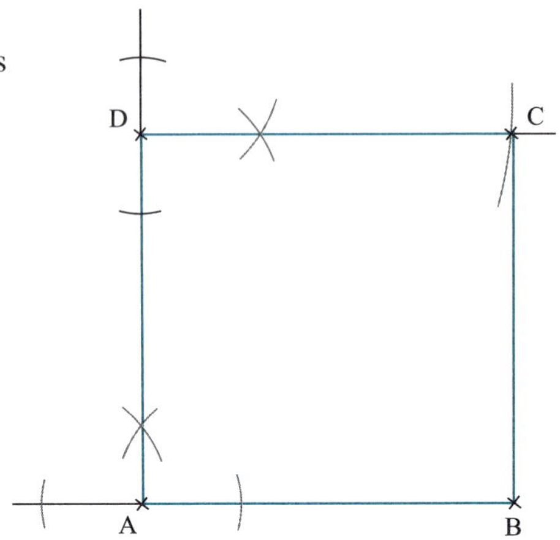

27. Fälle ein Lot ℓ von P auf g.

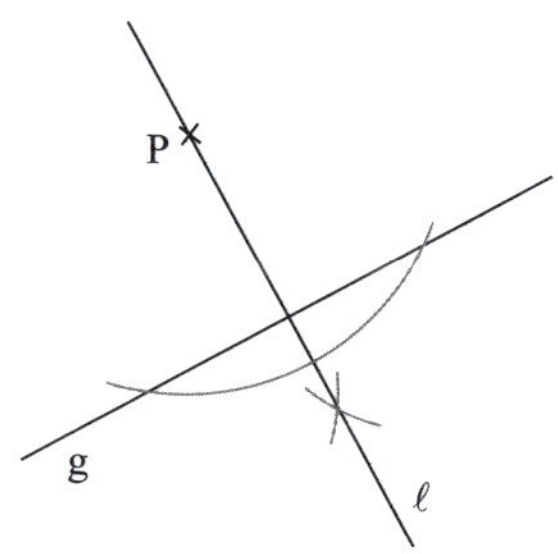

Errichte anschließend in P ein Lot zu ℓ.

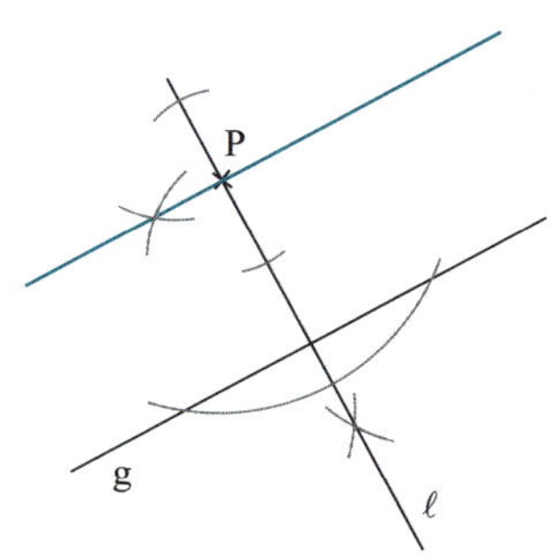

Zur Kontrolle kannst du die rechten Winkel und die Parallelität der Geraden mit dem Geodreieck überprüfen.

28. Hinweise und Tipps:
Die Symmetrieachse verläuft ebenfalls parallel zu g und h und hat zu beiden Geraden den gleichen Abstand.

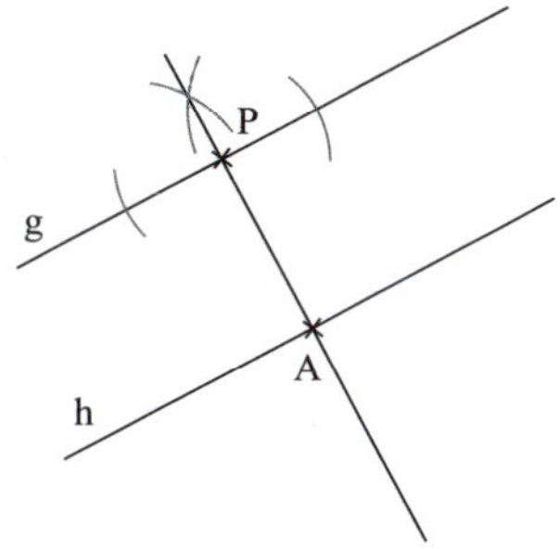

Wähle einen beliebigen Punkt P auf einer der Geraden.
Errichte in P ein Lot auf dieser Geraden.

Hinweise und Tipps:
Das Lot schneidet die andere Gerade rechtwinklig im Punkt Q. Die Symmetrieachse von g und h verläuft senkrecht zu diesem Lot und halbiert die Strecke [PQ]. Sie ergibt sich somit als Mittelsenkrechte von [PQ].

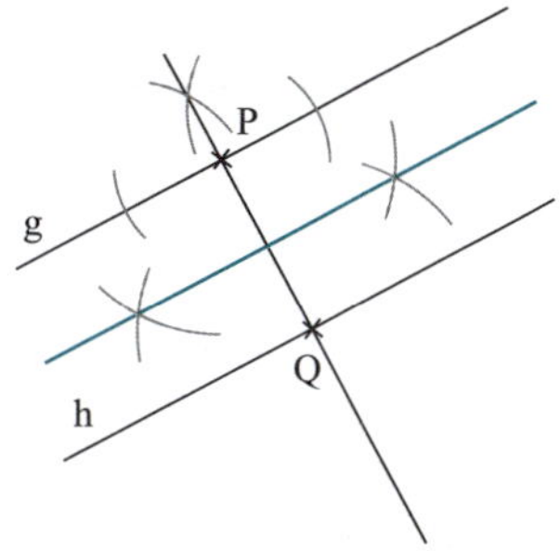

Konstruiere die Mittelsenkrechte von [PQ].

29. Hinweise und Tipps:
Zeichne Geraden, Kreise etc. in eine maßstabsgetreue Zeichnung ein, sodass sie die möglichen Orte abgrenzen. Maßstab 1 : 20 heißt, dass 1 cm in der Zeichnung 20 cm in der Wirklichkeit entspricht.

Erste Bedingung: Abstand zu den bereits gepflanzten Blumen
Zeichne um A und B jeweils einen Kreis mit dem gewünschten Abstand als Radius, hier also 2 cm.
Zweite Bedingung: Abstand vom Beetrand
Konstruiere zur Ober- bzw. Unterkante des Beetes parallele Geraden im geforderten Abstand, hier also 1,5 cm.
Diese allgemeinen Bedingungen gelten für Aufgabe a und b. Die somit möglichen Standorte sind in folgender Abbildung farbig markiert. Durch die in a und b zusätzlich formulierten Bedingungen wird der Pflanzbereich weiter eingeschränkt.

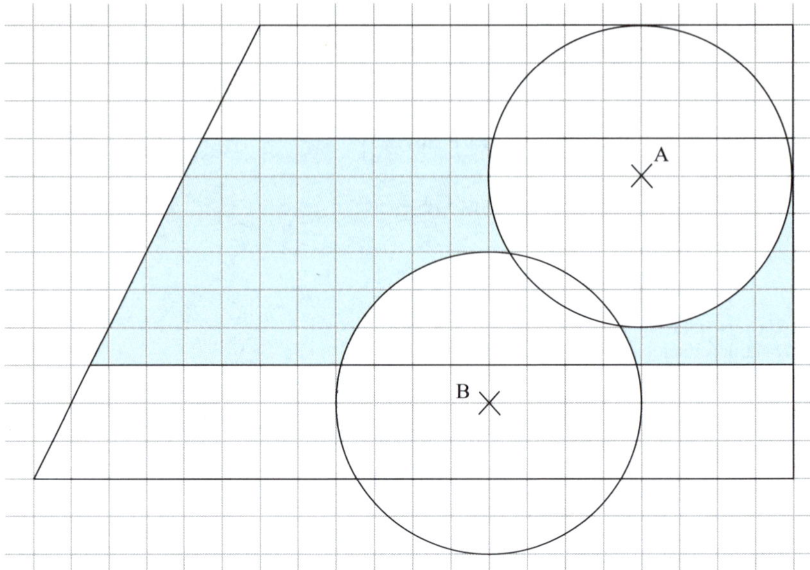

a) Hinweise und Tipps:
Die Punkte mit gleichem Abstand zu zwei Geraden liegen auf der entsprechenden Winkelhalbierenden.

Konstruiere die Winkelhalbierende des Winkels zwischen der oberen und der linken Beetkante und markiere anschließend den möglichen Pflanzbereich.

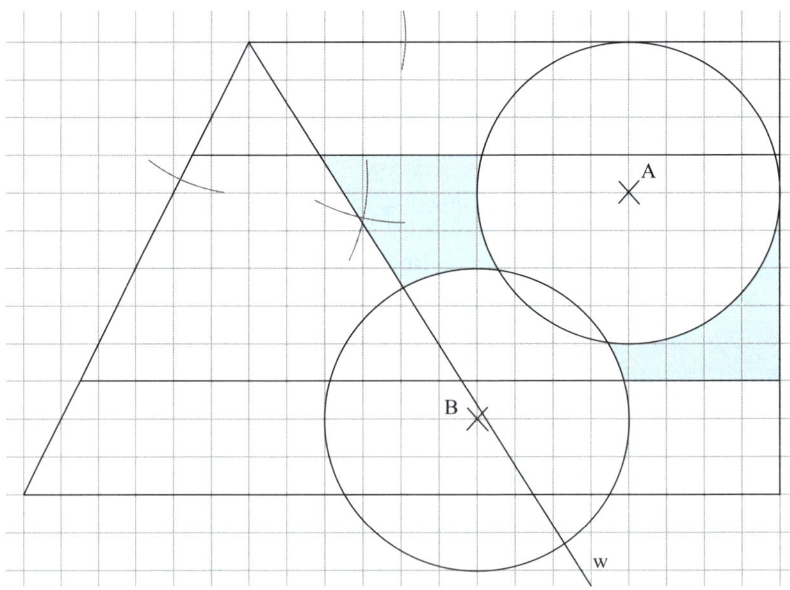

b) Hinweise und Tipps:
Auch hier benötigst du die Winkelhalbierende des Winkels, der von den Seiten des Beetes gebildet wird. Problematisch ist allerdings, dass der Scheitel nicht gegeben ist und bei Verlängerung der beiden Beetseiten nach oben sicherlich weit außerhalb deines Zeichenblattes liegen wird. Du musst deshalb den Umweg über eine richtig orientierte, aber falsch platzierte und somit parallelverschobene „Winkelhalbierende" nutzen.

Zeichne durch die obere linke Beetecke eine zur rechten Beetseite parallel verlaufende Hilfsgerade h.
Konstruiere die Winkelhalbierende des an dieser Ecke entstehenden Winkels.

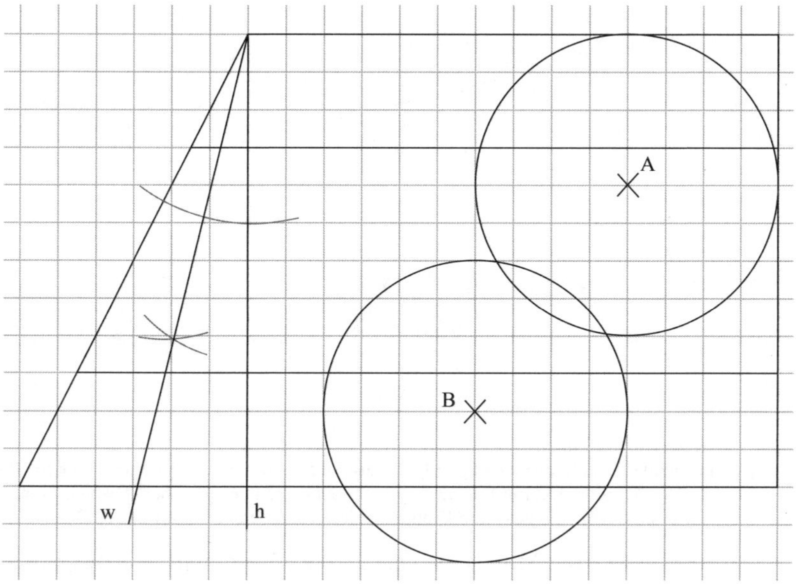

Hinweise und Tipps:
Diese Hilfsgerade muss nun soweit nach rechts verschoben werden, dass sie zur Winkelhalbierenden der linken und rechten Beetseite wird. Jeder Punkt der gesuchten Winkelhalbierenden muss zu beiden Beetseiten den gleichen Abstand haben.

Errichte in einem geeigneten Punkt P der soeben konstruierten Winkelhalbierenden ein Lot, das die beiden Beetseiten in den Punkten R und T schneidet.

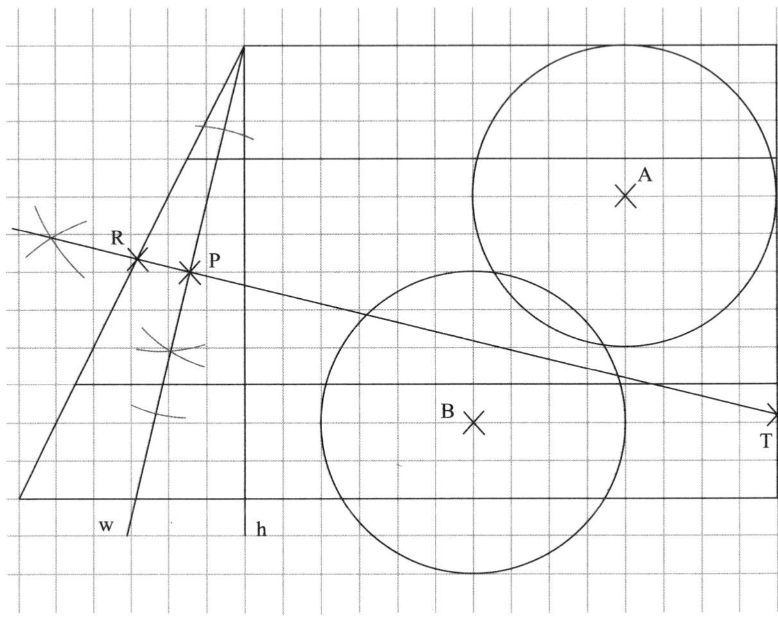

Hinweise und Tipps:
Die Mittelsenkrechte zu [RT] verläuft parallel zur vorher konstruierten Winkelhalbierenden und der Schnittpunkt mit RT hat zu beiden Beetseiten den gleichen Abstand. Somit ist diese Mittelsenkrechte die gesuchte Winkelhalbierende zu den beiden Beetseiten.

Konstruiere die Mittelsenkrechte zu [RT] und markiere anschließend den gewünschten Pflanzbereich.

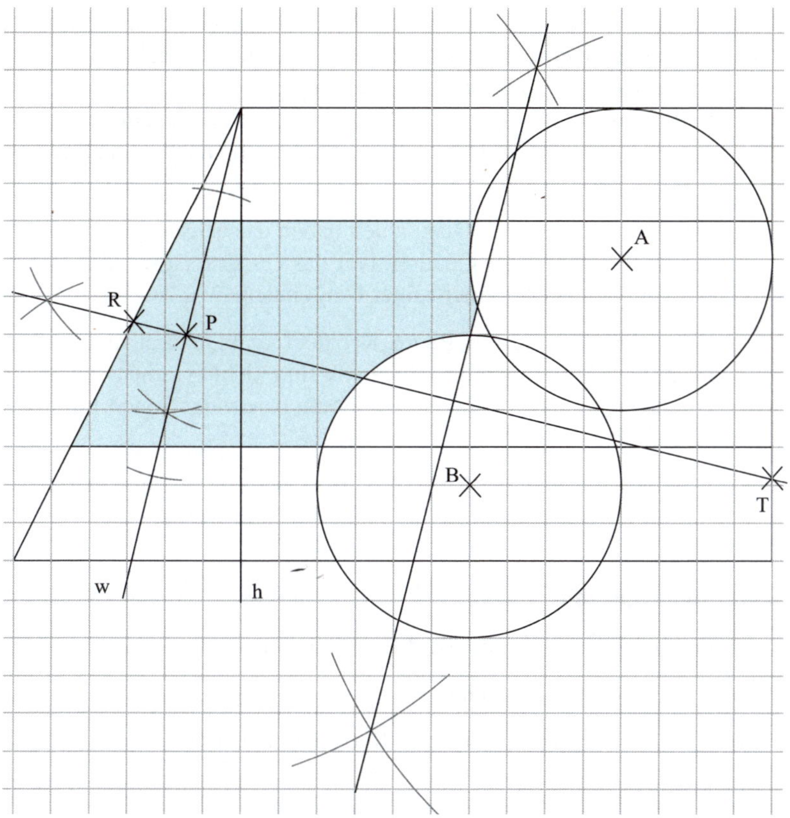

30. Hinweise und Tipps:
Manchmal hilft es, nicht von dem gegebenen Viereck auszugehen und die weitere geforderte Eigenschaft zu ergänzen, sondern von der zusätzlich geforderten Eigenschaft auszugehen, zu überlegen, ob dies schon ein spezielles Viereck ist und dann zu überprüfen, ob die andere Bedingung bereits erfüllt ist.

a) Rechteck. Ein Viereck mit vier gleich großen Winkeln ist ein Rechteck. Ein Rechteck ist zugleich ein Parallelogramm.

b) Raute. Ein Viereck mit vier gleich langen Seiten ist eine Raute, diese ist zugleich auch ein Trapez.

c) Quadrat. Gleich lange Diagonalen haben das achsensymmetrische Trapez, das Rechteck und das Quadrat. Die beiden ersten Kandidaten scheiden aus, da beide nicht über die vier gleich langen Seiten einer Raute verfügen müssen. Es bleibt also nur noch das Quadrat.

d) Rechteck. Ein Viereck mit vier gleich großen Winkeln ist ein Rechteck. Ein Rechteck ist zugleich ein achsensymmetrisches Trapez.

e) Raute. Das Parallelogramm, die Raute, das Rechteck und das Quadrat sind punktsymmetrisch; bei Parallelogramm und Rechteck sind jedoch nur jeweils gegenüberliegende Seiten gleich lang. Die Raute erfüllt die Bedingungen. Das Quadrat ist ein passender Sonderfall der Raute und somit laut Aufgabenstellung keine Lösung, da nach dem allgemeinsten Viereck gefragt wird.

f) Quadrat. Gleich lange Diagonalen haben das achsensymmetrische Trapez, das Rechteck und das Quadrat. Nur das Quadrat ist wie das Drachenviereck symmetrisch zu einer seiner Diagonalen.

g) Raute. Parallelogramm, Raute, Rechteck und Quadrat sind punktsymmetrisch. Parallelogramm und Rechteck sind nicht symmetrisch zu einer Diagonalen und das Quadrat ist wieder ein passender Sonderfall der Raute und somit keine Lösung.

h) Achsensymmetrisches Trapez. Außer der Achsensymmetrie müssen keine weiteren Bedingungen an das Trapez gestellt werden.

31. a) Raute, Quadrat

b) Parallelogramm, Raute, Rechteck, Quadrat

c) Raute, Rechteck, Quadrat

d) achsensymmetrisches Trapez, Rechteck, Quadrat

e) Rechteck, Quadrat

f) Parallelogramm, Raute, Rechteck, Quadrat

g) Drachenviereck, Raute, Quadrat

h) Drachenviereck, Raute, Quadrat

i) Raute, Quadrat

32. a) Da ein Drachenviereck symmetrisch zu einer Diagonalen ist, ist der Punkt D der Spiegelpunkt von B bezüglich der Diagonalen AC.

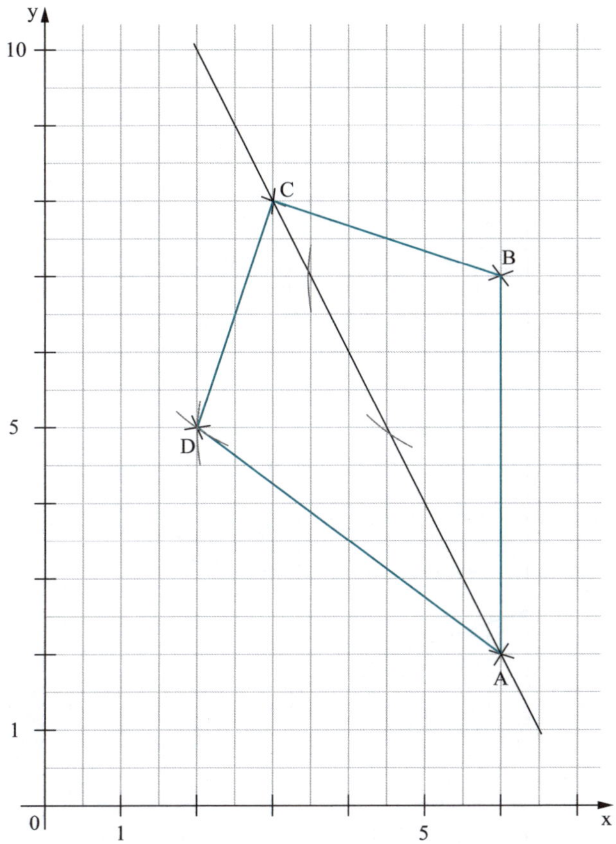

b) Keine Lösung. Eine Raute hat vier gleich lange Seiten. Die vorgegebenen Seiten [AB] und [BC] sind unterschiedlich lang.

c) Die gegenüberliegenden Seiten eines Parallelogramms sind parallel. Zeichne die Parallelen zu AB durch C und zu BC durch A, der Schnittpunkt ist D.

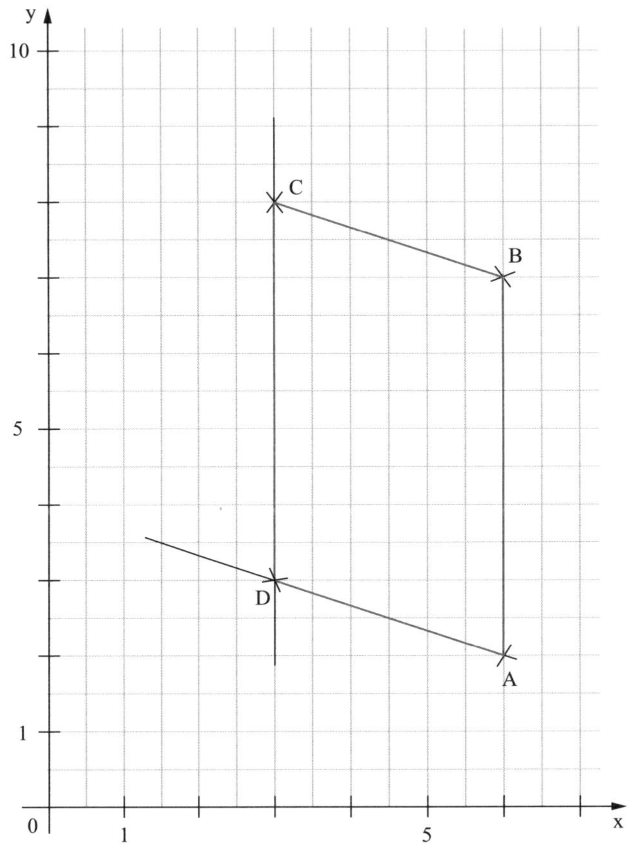

d) Hier gibt es zwei Lösungen. Bei der ersten Lösung ist die Mittelsenkrechte der Seite [AB] die Symmetrieachse, bei der zweiten die Mittelsenkrechte der Seite [BC].
Konstruiere jeweils die Mittelsenkrechte und spiegele den entsprechenden Punkt an ihr.

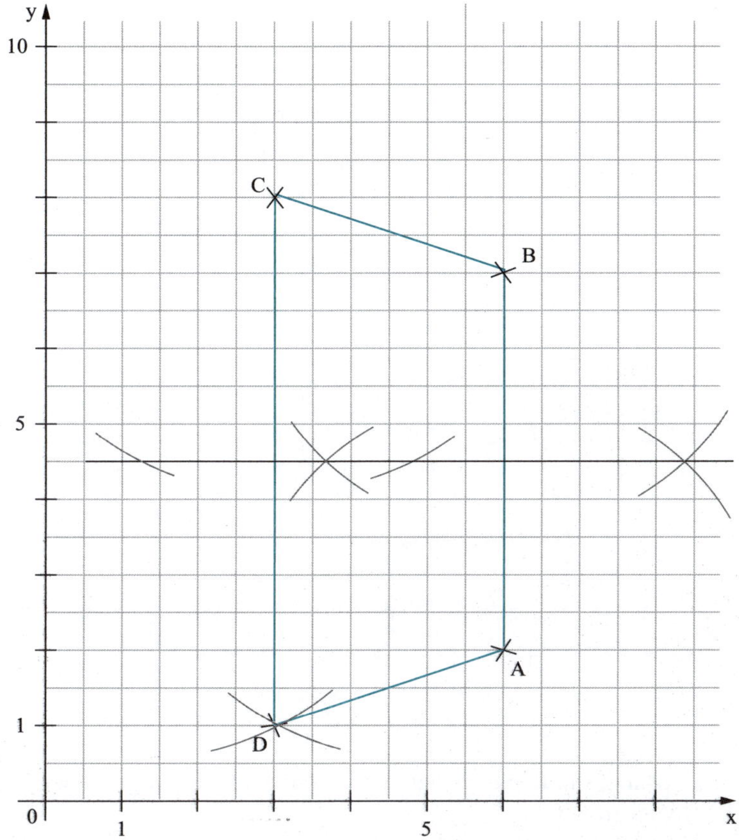

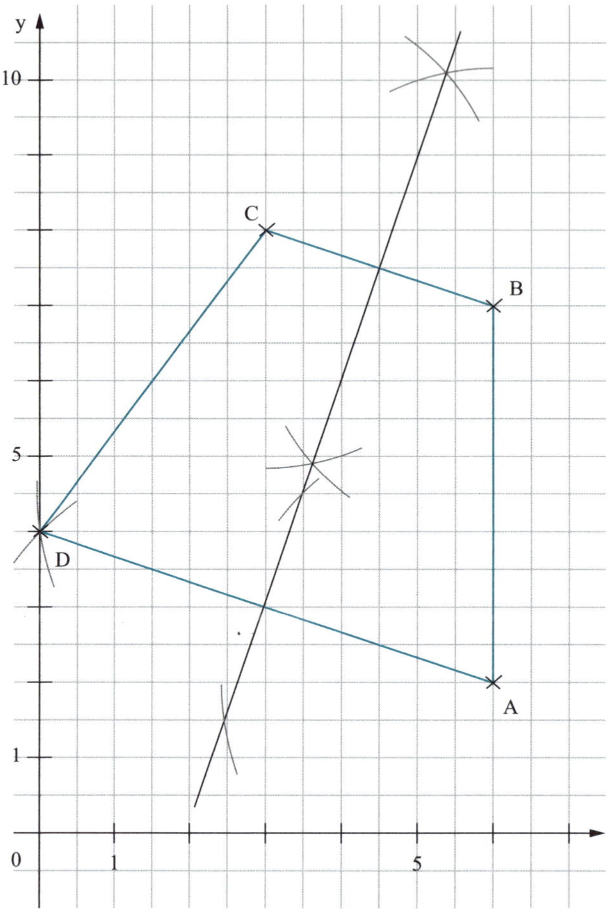

e) Keine Lösung. Ein Rechteck hat vier 90° Winkel, der vorgegebene Winkel CBA ist größer.

f) Keine Lösung. Ein Quadrat hat vier gleich lange Seiten, die vorgegebenen Seiten [AB] und [BC] sind unterschiedlich lang. Alternativ kann auch wie bei Teilaufgabe e argumentiert werden.

33. a) Hinweise und Tipps:
Die Diagonalen einer Raute halbieren sich gegenseitig und stehen senkrecht aufeinander. Konstruiere also die Mittelsenkrechte einer Diagonalen und trage auf ihr vom Schnittpunkt mit der Diagonalen aus jeweils die Hälfte der anderen Diagonalen ab. Diese Hälfte musst du vorher in einer geeigneten Konstruktion bestimmen.

Konstruktion der Hälfte von f:
Zeichne f = 3 cm.
Konstruiere die Mittelsenkrechte von f.

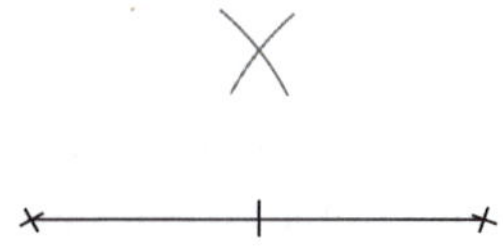

Zeichne $e = \overline{AC} = 5$ cm.
Konstruiere die Mittelsenkrechte von [AC].

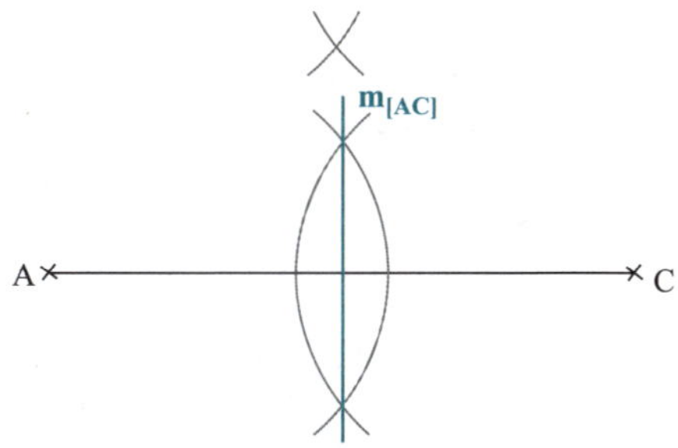

Ziehe jeweils einen Kreisbogen um den Schnittpunkt von [AC] mit der entsprechenden Mittelsenkrechten und verwende als Radius die Hälfte von f.
Die Schnittpunkte der Kreisbögen mit der Mittelsenkrechten von [AC] sind die Punkte B bzw. D.

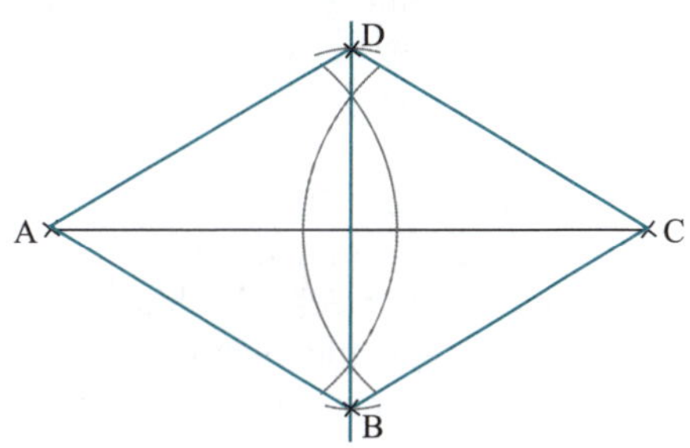

b) Hinweise und Tipps:
Wie schon bei der Raute stehen die Diagonalen in einem Quadrat senkrecht aufeinander und halbieren sich gegenseitig. Die Teilaufgabe ist also ganz analog zu a lösbar, wobei die zusätzliche Konstruktion zur Halbierung von f entfallen kann, da beide Diagonalen gleich lang sind.

Zeichne die Diagonale [AC] mit $\overline{AC} = 5$ cm.
Konstruiere die Mittelsenkrechte der Diagonalen [AC].
Ziehe einen Kreis um den Mittelpunkt M der Diagonalen mit [AM] als Radius.
Die Schnittpunkte des Kreises mit der Mittelsenkrechten sind die Punkte B und D.

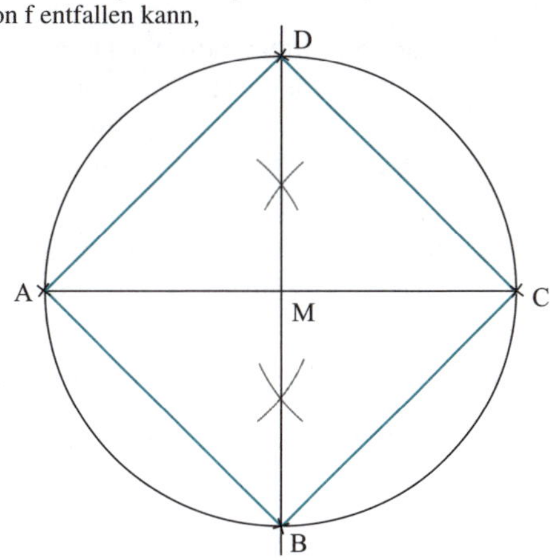

34. a) Die Symmetrieachse des Drachenvierecks ist Winkelhalbierende zweier gegenüberliegender Winkel und verläuft somit durch den dem Winkel gegenüberliegenden Eckpunkt.

b) Da das Drachenviereck symmetrisch zu einer Diagonalen ist, wird ein Winkel auf den anderen abgebildet. Diese Winkel sind somit gleich groß.

c) Das Parallelgramm ist punktsymmetrisch zum Diagonalenschnittpunkt. Das Symmetriezentrum halbiert die Verbindung von Punkt und Bildpunkt, hier also die Diagonalen.

35. a) Zur Berechnung des Flächeninhalts zerlege das Drachenviereck entlang der Diagonalen in vier Dreiecke.

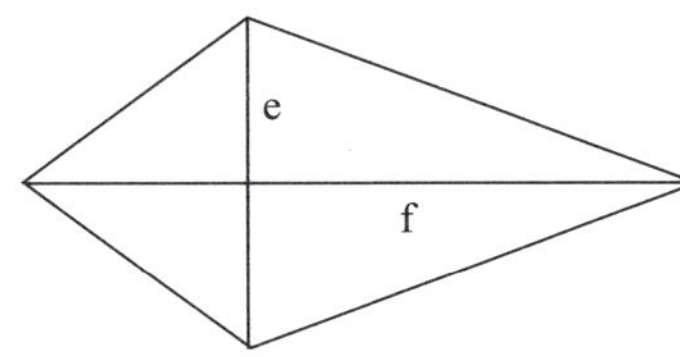

Die Dreiecke kannst du zu einem Rechteck anordnen, für dessen Flächeninhalt gilt: $A = \left(\frac{1}{2}e\right) \cdot f$, wobei e bzw. f die Länge der Diagonalen ist.

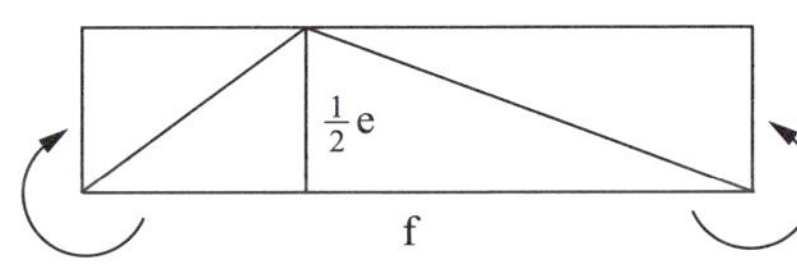

Oder:
Zerlege das Drachenviereck entlang der Symmetrieachse in zwei gleiche Dreiecke. Wähle als Grundseite die Diagonale, die zugleich Symmetrieachse ist, die Höhe entspricht der Hälfte der anderen Diagonalen.

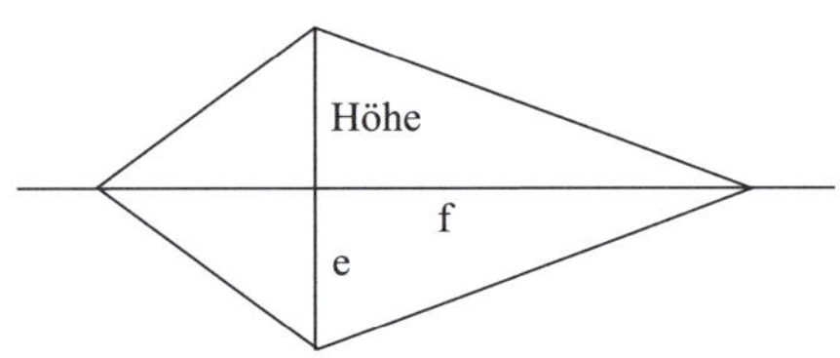

Für die Fläche gilt: $A = 2 \cdot \frac{1}{2} \cdot \left(\frac{1}{2} \cdot e\right) \cdot f = \left(\frac{1}{2} \cdot e\right) \cdot f$

b) Auch hier kannst du das Drachenviereck entlang der Symmetrieachse in zwei gleiche Dreiecke zerlegen. Wähle als Grundseite die Diagonale, die zugleich Symmetrieachse ist, die Höhe entspricht der Hälfte der anderen Diagonalen.

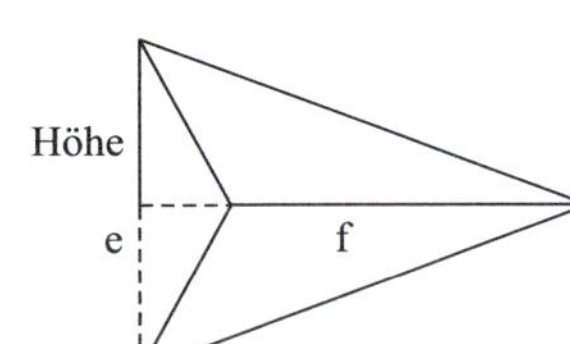

Für die Fläche gilt: $A = 2 \cdot \frac{1}{2} \cdot \left(\frac{1}{2} \cdot e\right) \cdot f = \left(\frac{1}{2} \cdot e\right) \cdot f$

Die Formel stimmt mit der im Aufgabenteil b bestimmten Formel überein.

36. a)

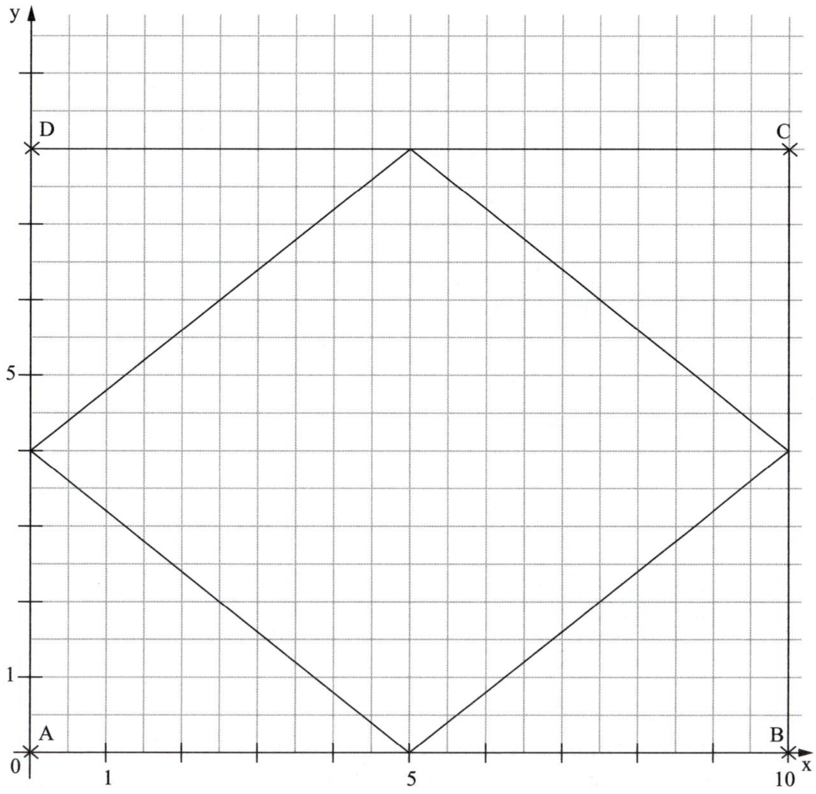

b) Gesucht ist der Flächeninhalt der Raute. Zerlege die Raute in Dreiecke.

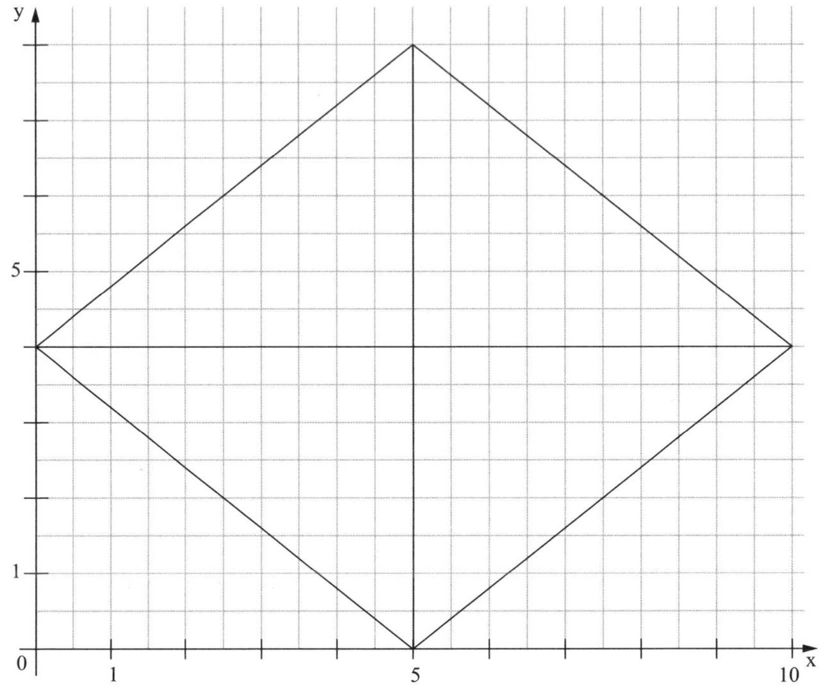

Die vier Dreiecke sind gleich groß. Für den Flächeninhalt der Raute gilt dann: $A = 4 \cdot \frac{1}{2} \cdot 5\ \text{m} \cdot 4\ \text{m} = 40\ \text{m}^2$. Da die Längen der Diagonalen direkt ablesbar sind, kannst du natürlich auch die in der vorherigen Aufgabe hergeleitete Formel für die Rautenfläche verwenden.

c)

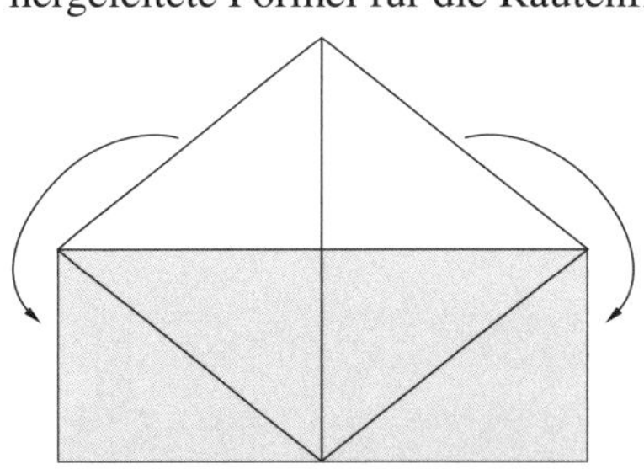

Hinweise und Tipps:
Um den Jahresbedarf an Chlorgranulat zu bestimmen, benötigst du das Volumen des Schwimmbades. Das Schwimmbad ist ein Prisma mit rautenförmiger Grundfläche. Zerteilst du die Raute in vier Dreiecke, kannst du sie zu einem Rechteck anordnen. Dadurch erhältst du einen Quader.

Die Seitenlängen des Quaders sind nun 10 m, 4 m und 1,2 m.
Volumen des Beckens: $V = 10\ \text{m} \cdot 4\ \text{m} \cdot 1{,}2\ \text{m} = 48\ \text{m}^3$
1 Liter entspricht 1 dm^3.
Inhalt des Beckens in Litern: $48\ \text{m}^3 = 48\,000\ \text{dm}^3 \mathrel{\hat{=}} 48\,000\ \ell$
Benötigtes Chlorgranulat:
$48\,000\ \ell : 100\ \ell \cdot 0{,}8\ \text{g} \cdot 52 = 19\,968\ \text{g} = 19{,}968\ \text{kg}$
Es werden 19,968 kg Chlorgranulat pro Jahr benötigt.

37. Es sind jeweils mehrere Lösungen möglich.

a)

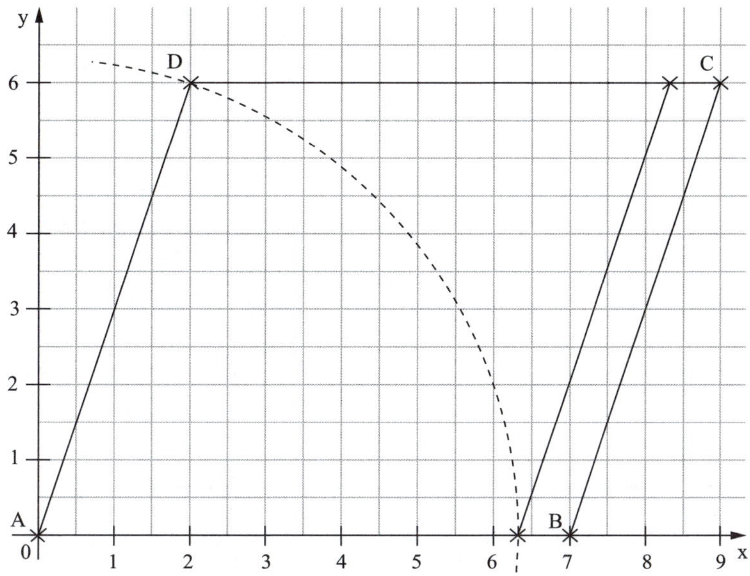

b)

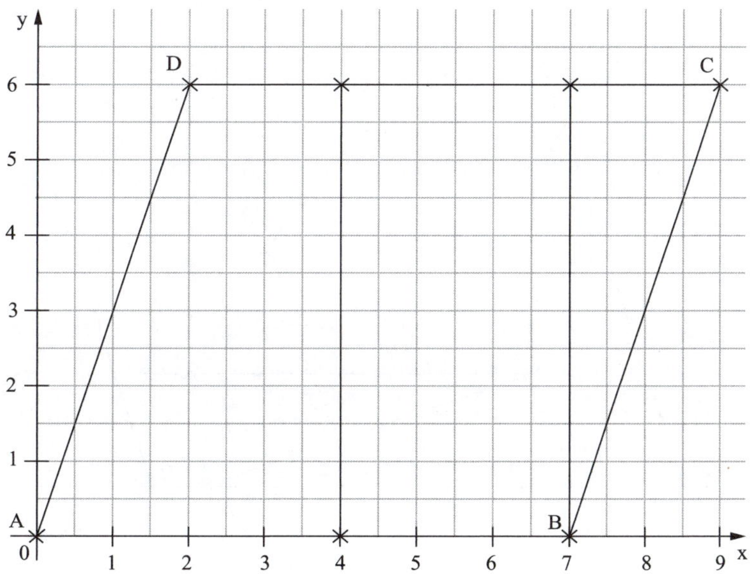

c)

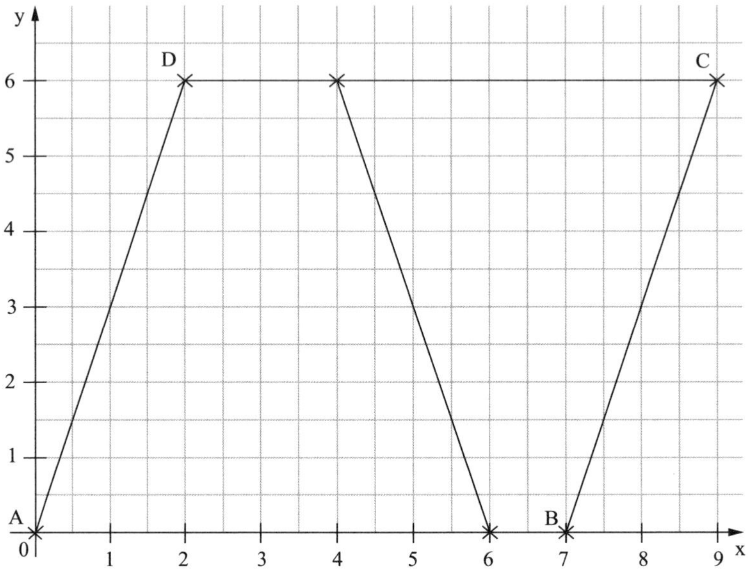

d)

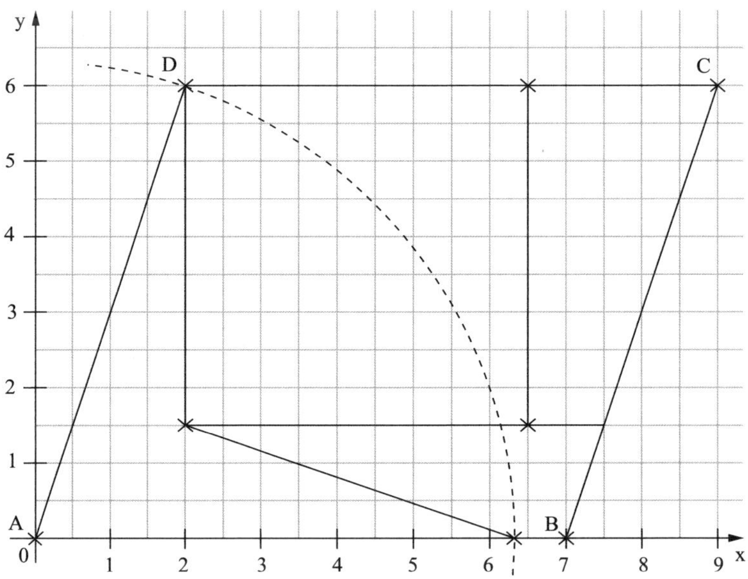

38. a) Wenn drei Seiten ein Dreieck bilden, dann sind zwei Seiten zusammen immer länger als die dritte.

b) Wenn ein Viereck ein Parallelogramm ist, dann ist das Viereck punktsymmetrisch.

c) Wenn ein Viereck ein Rechteck ist, dann sind die Diagonalen gleich lang.

d) Wenn eine Zahl gerade ist, dann ist sie durch 2 teilbar.

e) Wenn ein Viereck ein Quadrat ist, dann ist es zu vier Achsen achsensymmetrisch.

39. a) Wenn ein Viereck ein Rechteck ist, dann sind die Diagonalen gleich lang.
Kehrsatz: Wenn die Diagonalen eines Vierecks gleich lang sind, dann ist das Viereck ein Rechteck.
Der Kehrsatz stimmt nicht. In einem achsensymmetischen Trapez sind die Diagonalen gleich lang, es muss aber kein Rechteck sein.

b) Wenn ein Viereck drei rechte Winkel hat, dann ist es ein Rechteck.
Kehrsatz: Wenn ein Viereck ein Rechteck ist, dann hat es drei rechte Winkel.
Der Kehrsatz stimmt. Laut Definition ist ein Rechteck ein Viereck mit vier gleich großen Winkeln. Diese sind alle 90° groß.

c) Wenn ein Viereck ein Parallelogramm ist, dann sind in dem Viereck zwei Winkel gleich groß.
Kehrsatz: Wenn zwei Winkel eines Vierecks gleich groß sind, dann ist das Viereck ein Parallelogramm.
Der Kehrsatz stimmt nicht. Ein Drachenviereck hat zwei gleich große Winkel, muss aber kein Parallelogramm sein.

d) Wenn eine Zahl durch 2 und 3 teilbar ist, dann ist sie auch durch 6 teilbar.
Kehrsatz: Wenn eine Zahl durch 6 teilbar ist, dann ist sie auch durch 2 und 3 teilbar.
Der Kehrsatz ist wahr. Die Teiler einer Zahl lassen sich bestimmen, indem die Zahl als Produkt dargestellt wird. Die möglichen Faktoren sind Teiler der Zahl.
Da die Zahl durch 6 teilbar ist, kann die Zahl als Produkt mit einem Faktor 6 dargestellt werden. Der Faktor 6 lässt sich noch weiter in das Produkt aus 2 und 3 zerlegen. Die ursprüngliche Zahl kann also in ein Produkt zerlegt werden, das die Faktoren 2 und 3 enthält. Somit ist die Zahl auch durch 2 und durch 3 teilbar.

40. a) Gegenbeispiel: 3 $3^2 = 3 \cdot 3 = 9$

b) Gegenbeispiel:

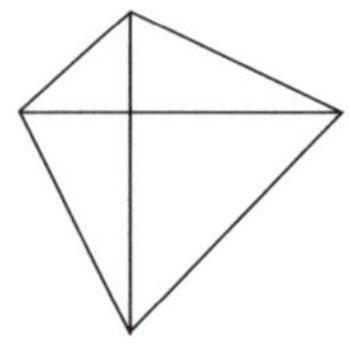

c) Gegenbeispiel:

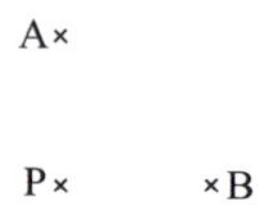

41. Nebenwinkel: α und β, α und ε
Scheitelwinkel: β und ε

42.

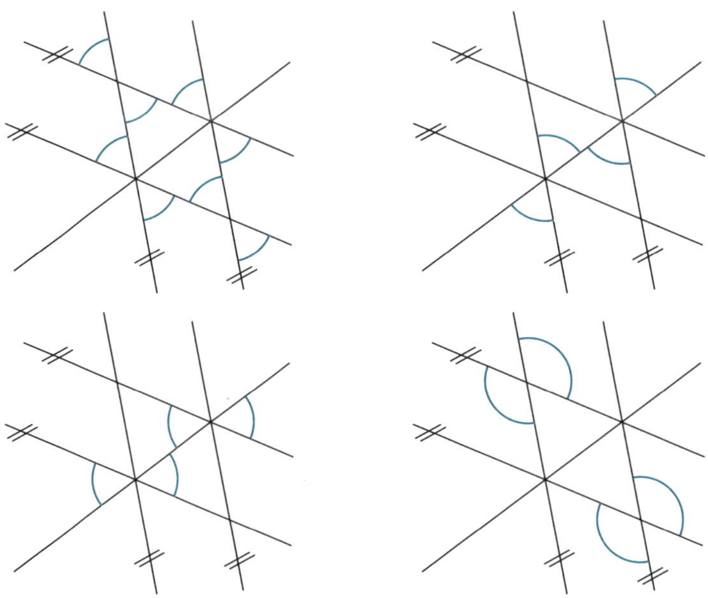

43. a) γ erhält man über die Berechnung seines Scheitelwinkels. Dieser ist die Differenz aus β und α.
$\gamma = \beta - \alpha = 84° - 46° = \mathbf{38°}$ (Scheitelwinkel)

δ ist der Nebenwinkel von β:
$\delta = 180° - \beta = 180° - 84° = \mathbf{96°}$ (Nebenwinkel)

b) $\gamma = \alpha = \mathbf{47° \ 18'}$ (Stufenwinkel)
$\varepsilon = \alpha = \mathbf{47° \ 18'}$ (Wechselwinkel)
$\gamma = \varepsilon = \mathbf{47° \ 18'}$ (Scheitelwinkel)
$\beta = 180° - \varepsilon = 180° - 47° \ 18' = \mathbf{132° \ 42'}$ (Nebenwinkel)
$\delta = \beta = \mathbf{132° \ 42'}$ (Scheitelwinkel)

c) $\gamma = \alpha = \mathbf{125°}$ (Scheitelwinkel)
$\delta = 180° - \alpha = 180° - 125° = \mathbf{55°}$ (Nebenwinkel)
$\eta = \beta = \mathbf{102°}$ (Scheitelwinkel)
$\varepsilon = 180° - \beta = 180° - 102° = \mathbf{78°}$ (Nebenwinkel)
$\varphi = \alpha = \mathbf{125°}$ (Stufenwinkel)
$\sigma = \varphi = \mathbf{125°}$ (Scheitelwinkel)
$\omega = 180° - \varphi = 180° - 125° = \mathbf{55°}$ (Nebenwinkel)
$\pi = \varepsilon = \mathbf{78°}$ (Stufenwinkel)
$\lambda = 180° - \pi = 180° - 78° = \mathbf{102°}$ (Nebenwinkel)

d) α und γ ergeben zusammen 180°, denn γ und der Nebenwinkel von α sind Stufenwinkel.
$\gamma = 180° - \alpha = 180° - 123° = \mathbf{57°}$

δ und γ zusammen sind der Stufenwinkel zu β und somit ist ihre Summe so groß wie β. Daraus lässt sich δ berechnen:
$\delta = \beta - \gamma = 137° - 57° = \mathbf{80°}$

ε ist der Nebenwinkel der Summe aus γ und δ.
$\varepsilon = 180° - (\gamma + \delta) = 180° - (57° + 80°) = 180° - 137° = \mathbf{43°}$

44. Hinweise und Tipps:
Da du nicht weißt, ob die Geraden parallel sind, darfst du nicht annehmen, dass Wechsel- und Stufenwinkel gleich groß sind. Fundamentalsatz 2 besagt, dass Geraden parallel sind, wenn die Stufen- oder Wechselwinkel gleich groß sind. Versuche, geeignete Winkel zu berechnen, sodass du die Größe von Paaren von Stufen- oder Wechselwinkel kennst. Sind diese dann gleich groß, so sind die Geraden parallel.

a) Die Geraden sind nicht parallel, da α und δ als Wechselwinkel sonst gleich groß sein müssten.

b) $\delta = 180° - \gamma = 180° - 44° \ 26' = 135° \ 34'$ (Nebenwinkel)
α und δ sind Wechselwinkel, aber nicht gleich groß.
$\Rightarrow$ Die Geraden sind nicht parallel.

c) $\delta = 180° - \gamma = 180° - 115° = 65°$ (Nebenwinkel)
β und δ sind Stufenwinkel und gleich groß.
$\Rightarrow$ Die Geraden sind parallel.

d) Anhand der Winkelangaben kannst du nicht sagen, ob die Geraden parallel sind oder nicht.

e) Da γ und δ als Nebenwinkel gleich groß sind, betragen sie 90°.
α und δ sind Wechselwinkel und außerdem gleich groß.
$\Rightarrow$ Die Geraden sind parallel.

45. Da AB und CD parallel zueinander sind, ist γ so groß wie der Nebenwinkel von β, den du erhältst, wenn du die Seite [AB] über B hinaus verlängerst.

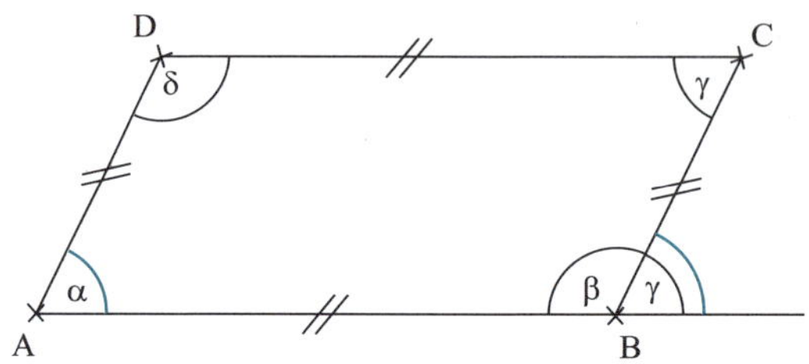

Dieser Nebenwinkel ist zugleich Stufenwinkel zu α. Da auch BC und AD parallel zueinander sind, sind α und der Nebenwinkel zu β ebenfalls gleich groß, weshalb gilt: $\alpha = \gamma$.
Genauso kannst du für β und δ argumentieren.

46. Sei β der Nebenwinkel von α.

a) α und β ergänzen sich zu 180°. Teilt man diese 180° in drei gleiche Teile, entfallen zwei dieser Teile auf α:
$180° : 3 = 60° \quad \Rightarrow \quad \alpha = 2 \cdot 60° = \mathbf{120°}$

b) α und β ergeben zusammen 180°. Zieht man 40° von α ab, so ergibt sich ein Winkel, der so groß wie β ist:
$\alpha + (\alpha - 40°) = 180° \quad \Rightarrow \quad \alpha + \alpha = 220° \quad \Rightarrow \quad \alpha = \mathbf{110°}$

c) Besitzt α ein Drittel der Größe seines Nebenwinkels, so ist der Nebenwinkel dreimal so groß wie α. Teilt man die 180° (ähnlich wie in Teilaufgabe a) in vier gleiche Teile, so entfällt auf α ein solcher Teil:
$180° : 4 = 45° \quad \Rightarrow \quad \alpha = \mathbf{45°}$

d) β ist um 50 % größer als α, d. h., β ist eineinhalb mal so groß wie α. Um die 180° geeignet auf α und β verteilen zu können, müssen sie in fünf gleiche Teile aufgeteilt werden. Auf α entfallen dann zwei solche Teile und auf β eineinhalb mal so viele, also drei:
$180° : 5 = 36° \quad \Rightarrow \quad \alpha = 36° \cdot 2 = \mathbf{72°}$

47. a) $\gamma = 180° - (\alpha + \beta) = 180° - (34° + 117°) = 180° - 151° = \mathbf{29°}$

b) $\beta = 180° - (\alpha + \gamma) = 180° - (67°\,43' + 89°\,35') = 180° - 157°\,18' = \mathbf{22°\,42'}$

c) $\alpha = \gamma = (180^\circ - \beta) : 2 = (180^\circ - 78^\circ) : 2 = 102^\circ : 2 = \mathbf{51}^\circ$

d) $\alpha + \beta = 180^\circ - \gamma = 180^\circ - 60^\circ = 120^\circ$
α und β teilen 120° in drei gleiche Teile, wovon zwei Teile auf α fallen:
$\alpha = 120^\circ : 3 \cdot 2 = 40^\circ \cdot 2 = \mathbf{80}^\circ$
$\beta = 120^\circ - 80^\circ = \mathbf{40}^\circ$

e) $\alpha + \beta = 180^\circ - \gamma = 180^\circ - 70^\circ = 110^\circ$
α ist um ein Fünftel größer als β. Zusammen teilen sie 110° in 11 gleich große Teile, wovon 6 auf α und 5 auf β entfallen.
$\alpha = 110^\circ : 11 \cdot 6 = \mathbf{60}^\circ$
$\beta = 110^\circ - 60^\circ = \mathbf{50}^\circ$

f) $\alpha = \beta = \gamma = 180^\circ : 3 = \mathbf{60}^\circ$

g) $\beta = 180^\circ - \beta^* = 180^\circ - 134^\circ = \mathbf{46}^\circ$
$\gamma = 180^\circ - (\alpha + \beta) = 180^\circ - (27^\circ + 46^\circ) = 180^\circ - 73^\circ = \mathbf{107}^\circ$

48. a) Hinweise und Tipps:
Verlängere die Seite [AC] über C hinaus und zeichne die Parallele zu [AB] durch C.

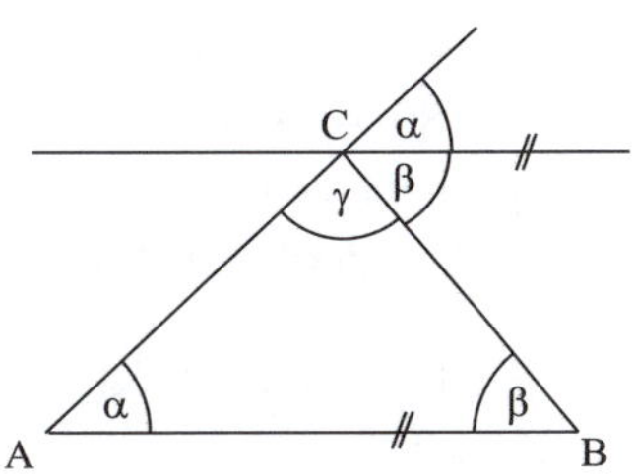

Da Wechsel- und Stufenwinkel bei parallelen Geraden gleich groß sind, ist der Winkel, der von der Seite [BC] und der eingezeichneten Parallelen eingeschlossen wird, gleich β. Ebenso findest du einen Stufenwinkel zu α bei C.
Für γ^* gilt: $\gamma^* = \alpha + \beta$
Dies ist also gleich der Summe der nicht anliegenden Innenwinkel.
Bei den beiden anderen Außenwinkeln kannst du analog argumentieren.

oder:

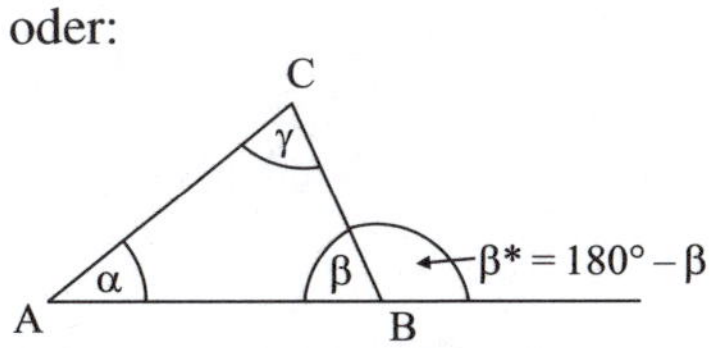

Wegen der Winkelsumme im Dreieck gilt:
$\alpha + \gamma = 180^\circ - \beta = \beta^*$
Bei den beiden anderen Außenwinkeln kannst du analog argumentieren.

b) $\alpha^* + \beta^* + \gamma^* =$ (Außenwinkelsatz)
$\beta + \gamma + \alpha + \gamma + \alpha + \beta =$
$\alpha + \beta + \gamma + \alpha + \beta + \gamma =$ (Summe der Innenwinkel)
$180^\circ + 180^\circ = 360^\circ$

49. a) Die gesuchten Winkel lassen sich mithilfe der Winkelsumme im Dreieck berechnen.

$\varepsilon = 180° - 90° - \alpha$
$= 180° - 90° - 67° = \mathbf{23°}$

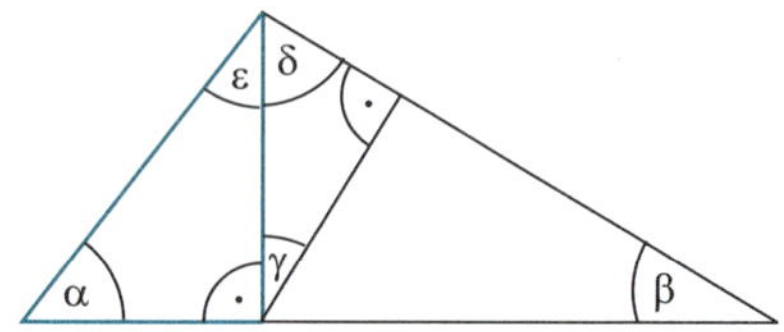

Möglichkeit 1:
Um γ zu berechnen, benötigt man den Winkel γ'.
Diesen erhält man ebenso mithilfe der Winkelsumme im Dreieck:

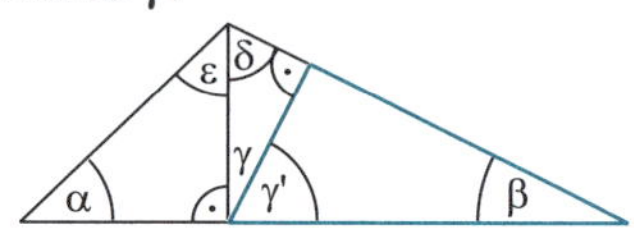

$\gamma' = 180° - 90° - \beta$
$= 180° - 90° - 32° = \mathbf{58°}$

γ und γ' zusammen ergeben den Nebenwinkel von 90°
$\Rightarrow \quad \gamma + \gamma' = 180° - 90° = 90°$
$\gamma = 90° - \gamma' = 90° - 58° = \mathbf{32°}$

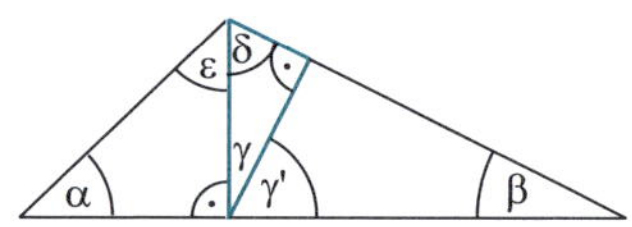

$\delta = 180° - 90° - \gamma$
$= 180° - 90° - 32° = \mathbf{58°}$

Möglichkeit 2:
Anhand der Winkelsumme im großen Dreieck lässt sich folgern:
$\delta = 180° - \alpha - \beta - \varepsilon = 180° - 67° - 32° - 23° = \mathbf{58°}$
Mithilfe der Winkelsumme in dem in voriger Abbildung markierten Dreieck gilt für γ:
$\gamma = 180° - 90° - \delta = 180° - 90° - 58° = \mathbf{32°}$

b) $\beta' = 180° - \beta = 180° - 114° = 66°$
(Nebenwinkel)
$\gamma = (360° - \alpha - \beta') : 2$
$= (360° - 56° - 66°) : 2$
$= 238° : 2$
$= \mathbf{119°}$
(Winkelsumme im Viereck)

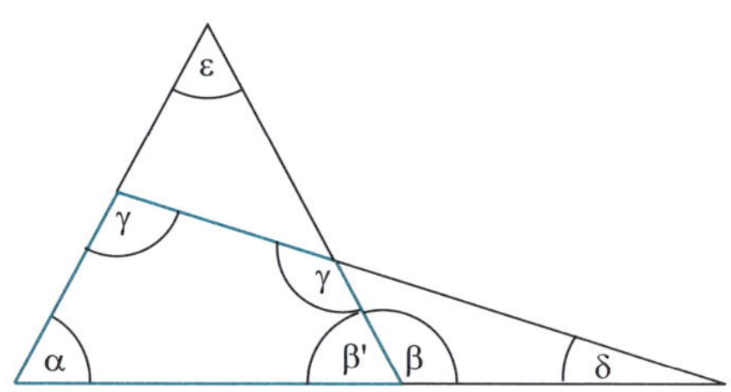

$\gamma' = 180° - \gamma = 180° - 119° = 61°$
(Nebenwinkel)
$\varepsilon = 180° - \gamma' - \gamma'$
$= 180° - 61° - 61° = \mathbf{58°}$
(Winkelsumme im Dreieck)

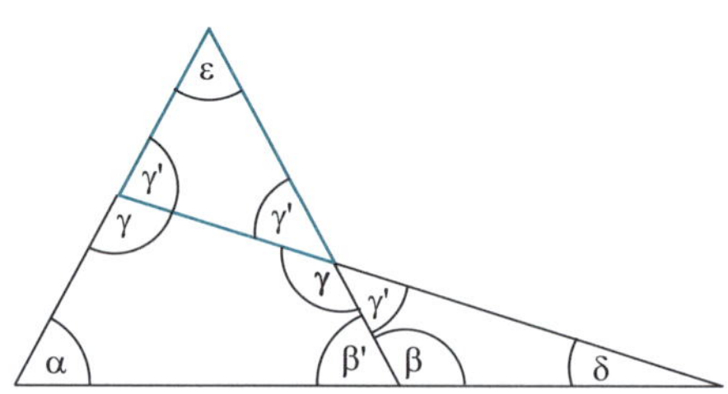

$\delta = 180° - \beta - \gamma'$
$= 180° - 114° - 61° = \mathbf{5°}$
(Winkelsumme im Dreieck)

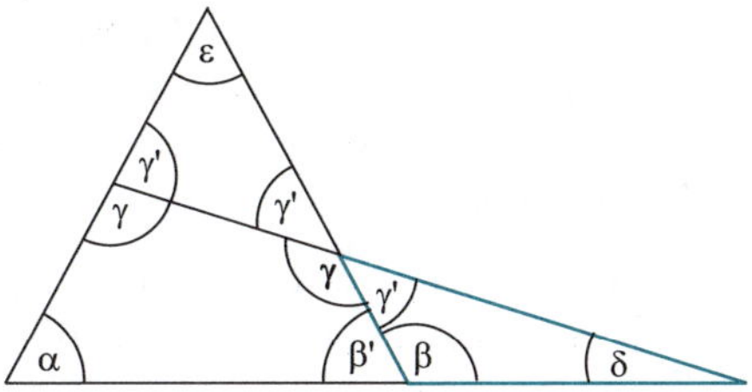

c) Hinweise und Tipps:
Um γ zu bestimmen, suchst du am besten ein Viereck, in dem γ enthalten ist und dessen restliche drei Winkel bereits bekannt sind oder leicht bestimmt werden können. Hier bietet sich das große Viereck an. Du benötigst noch den in folgender Abbildung als ε bezeichneten Winkel.

Die Hälfte von ε kannst du mithilfe der Winkelsumme im markierten Dreieck bestimmen:

$\frac{1}{2} \cdot \varepsilon = 180° - \alpha - \beta$
$= 180° - 60° - 45° = 75°$
$\Rightarrow \quad \varepsilon = 150°$

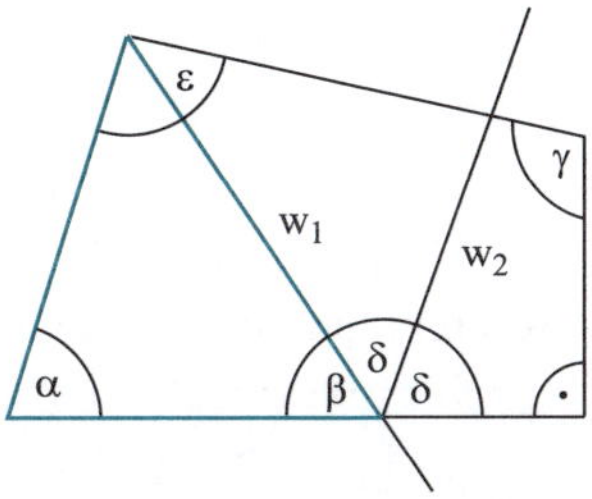

Nun lässt sich γ mithilfe der Winkelsumme im großen Viereck berechnen:
$\gamma = 360° - \alpha - \varepsilon - 90°$
$= 360° - 60° - 150° - 90° = \mathbf{60°}$

Der Nebenwinkel von β ist doppelt so groß wie δ.
$\Rightarrow \quad 2 \cdot \delta = 180° - \beta$
$= 180° - 45° = 135°$
$\Rightarrow \quad \delta = \mathbf{67{,}5°}$

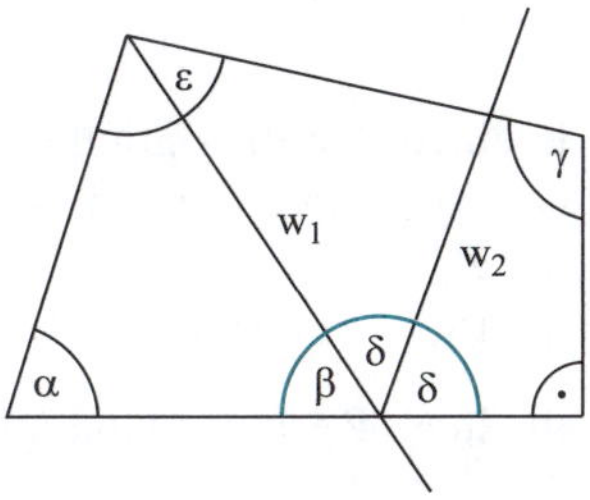

50. a) Die Aussage ist richtig. Beispielsweise ein Dreieck mit $\alpha = 80°$, $\beta = 30°$ und $\gamma = 70°$ hat drei spitze Winkel.

b) Die Aussage ist falsch. Da ein stumpfer Winkel größer als 90° ist, ist die Summe zweier stumpfer Winkel bereits größer als 180°. Da die Winkelsumme im Dreieck 180° beträgt, kann ein Dreieck somit keine zwei stumpfen Winkel besitzen.

c) Die Aussage ist falsch. Ein überstumpfer Winkel ist größer als 180°. Da die Winkelsumme im Dreieck 180° beträgt, kann ein Dreieck somit keinen überstumpfen Winkel besitzen.

d) Die Aussage ist falsch. Da ein spitzer Winkel kleiner als 90° ist, wäre die Summe aus vier spitzen Winkeln kleiner als 360°. Da die Winkelsumme im Viereck aber 360° beträgt, kann ein Viereck keine vier spitzen Winkel besitzen.

e) Die Aussage ist richtig. Folgende Skizze zeigt ein Viereck mit drei stumpfen und einem spitzen Winkel: $\alpha = 44°$, $\beta = 92°$, $\gamma = 119°$, $\delta = 105°$.

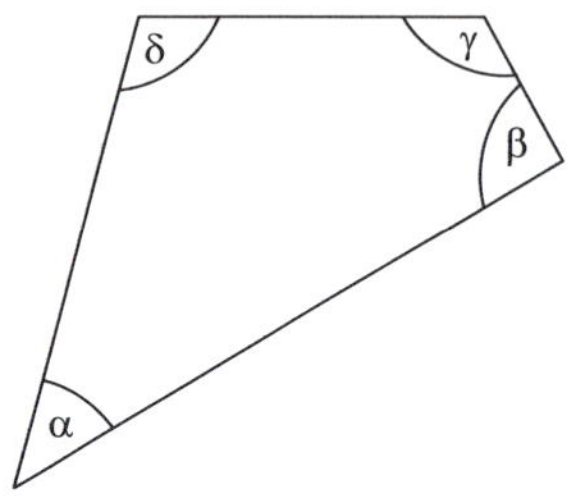

f) Die Aussage ist richtig. Folgende Skizze zeigt ein Viereck mit einem stumpfen und drei spitzen Winkeln: $\alpha = 116°$, $\beta = 84°$, $\gamma = 74°$, $\delta = 86°$.

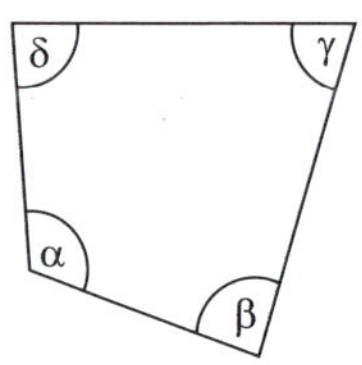

51. a) In einem Parallelogramm sind gegenüberliegende Winkel gleich groß und nebeneinander liegende Winkel ergänzen sich zu 180° (siehe S. 43).
$\alpha = 70°$
$\beta = 180° - \alpha = 180° - 70° = \mathbf{110°}$, $\gamma = \mathbf{70°}$ und $\delta = \beta = \mathbf{110°}$.

b) In einem Rechteck sind alle Winkel **90°** groß.

c) Die an einem Schenkel anliegenden Winkel ergänzen sich zu 180°. Da α und δ zusammen nicht 180° ergeben, liegen sie nicht an einem Schenkel, sondern an einer der parallelen Seiten. Daraus kannst du folgern, dass b und d parallel sind und sowohl α und β als auch δ und γ zusammen 180° ergeben.

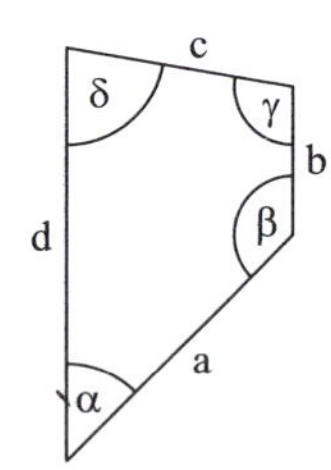

$\alpha + \beta = 180° \Rightarrow \beta = 180° - \alpha = 180° - 45° = \mathbf{135°}$
$\gamma + \delta = 180° \Rightarrow \gamma = 180° - \delta = 180° - 80° = \mathbf{100°}$

d) Die gegenüberliegenden Winkel einer Raute sind gleich groß. Daraus lassen sich die restlichen Winkel berechnen:
$\gamma = \alpha = \mathbf{60°}$
$\beta + \delta = 360° - (\alpha + \gamma) = 360° - (60° + 60°) = 360° - 120° = 240°$
$\Rightarrow \quad \beta = \delta = 240° : 2 = \mathbf{120°}$

e) In einem Drachenviereck sind zwei Winkel gleich groß. Je nachdem, wie die Symmetrieachse des Drachenvierecks liegt, sind α und γ oder β und δ gleich groß. Anhand der Winkelsumme im Viereck musst du für beide Möglichkeiten den fehlenden Winkel berechnen.
Möglichkeit 1:
Symmetrieachse [BD] $\Rightarrow \quad \alpha = \gamma$
$\gamma = \alpha = \mathbf{130°}$
$\Rightarrow \quad \delta = 360° - (\alpha + \gamma + \beta) = 360° - (130° + 130° + 45°) = 360° - 305° = \mathbf{55°}$
Möglichkeit 2:
Symmetrieachse [AC] $\Rightarrow \quad \delta = \beta$
$\beta = \delta = \mathbf{45°}$
$\Rightarrow \quad \gamma = 360° - (\alpha + \beta + \delta) = 360° - (130° + 45° + 45°) = 360° - 220° = \mathbf{140°}$

f) Wie in Teilaufgabe e musst du wieder zwei Möglichkeiten untersuchen:
Möglichkeit 1:
Symmetrieachse [BD] $\Rightarrow \quad \alpha = \gamma$
$\gamma = \alpha = \mathbf{160°}$
$\Rightarrow \quad \beta = 360° - (\alpha + \gamma + \delta) = 360° - (160° + 160° + 70°) = 360° - 390° = -30°$
Die Summe aus α, γ und δ ist bereits größer als 360°. Die Symmetrieachse kann also nicht [BD] sein.
Möglichkeit 2:
Symmetrieachse [AC] $\Rightarrow \quad \delta = \beta$
$\beta = \delta = \mathbf{70°}$
$\Rightarrow \quad \gamma = 360° - (\alpha + \beta + \delta) = 360° - (160° + 70° + 70°) = 360° - 300° = \mathbf{60°}$

52. a) Ein Fünfeck lässt sich in drei Dreiecke zerlegen.

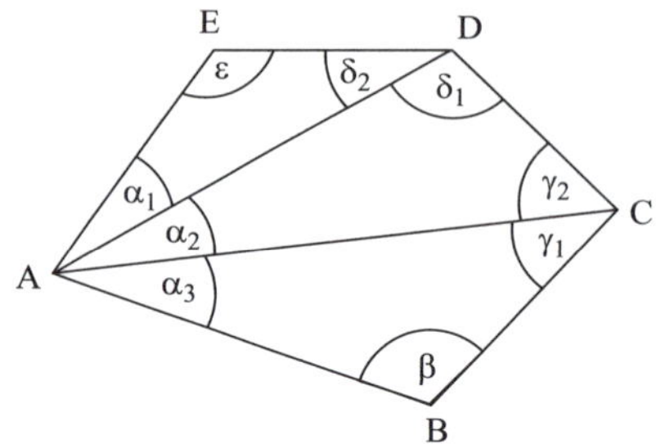

Für die Summe der Winkel gilt:

$\alpha_1 + \alpha_2 + \alpha_3 + \beta + \gamma_1 + \gamma_2 + \delta_1 + \delta_2 + \varepsilon =$

$\alpha_1 + \delta_2 + \varepsilon + \alpha_2 + \gamma_2 + \delta_1 + \alpha_3 + \beta + \gamma_1 =$

$180° \quad + \quad 180° \quad + \quad 180° \quad = 540°$

b) Jedes n-Eck lässt sich in Dreiecke zerlegen, indem du von einem Eckpunkt aus Strecken zu den anderen Eckpunkten ziehst. Dabei entstehen zwei Dreiecke weniger als das n-Eck Ecken hat, also $n-2$ Dreiecke. Die Anzahl der Dreiecke multipliziert mit der Winkelsumme eines Dreiecks ergibt die Winkelsumme des n-Ecks: $(n-2) \cdot 180°$

53. a) Aufgrund der Winkelsumme im Viereck gilt:

$\beta = 360° - 90° - 90° - \delta$

$\quad = 360° - 90° - 90° - 90° = 90°$

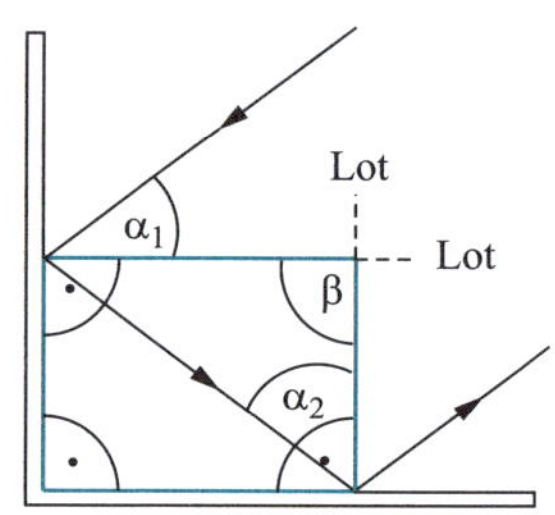

Aufgrund der Winkelsumme im Dreieck gilt:

$\alpha_2 = 180° - \beta - \alpha_1$

$\quad = 180° - 90° - 25° = \mathbf{65°}$

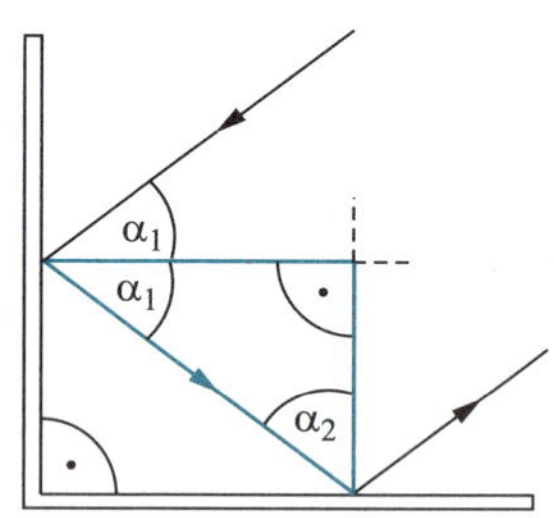

Hinweise und Tipps:
Die Skizze legt nahe, dass der reflektierte Strahl parallel zum einfallenden Strahl verläuft. Suche Wechselwinkel und zeige, dass sie gleich groß sind.

$\varepsilon = 180° - 90° - \alpha_1$
$= 180° - 90° - 25° = 65° = \alpha_2$
$\Rightarrow$ Der reflektierte Strahl ist parallel zum einfallenden Strahl.

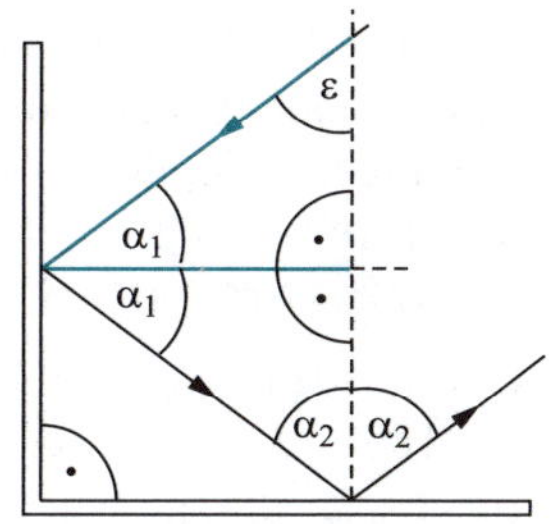

Spiegel

b) Aufgrund der Winkelsumme im Viereck gilt:
$\beta = 360° - 90° - 90° - \delta$
$= 360° - 90° - 90° - 45° = 135°$

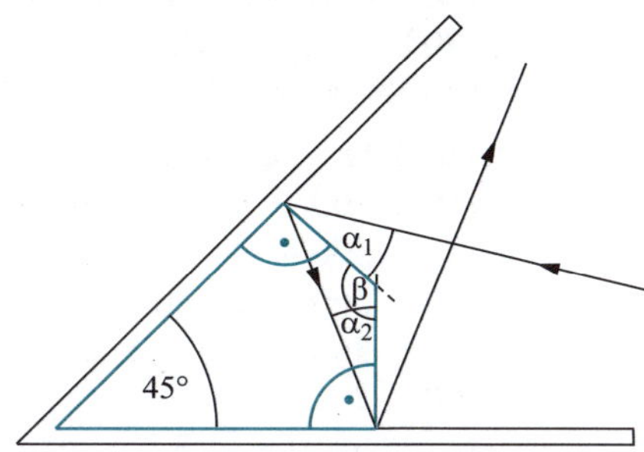

Spiegel

Aufgrund der Winkelsumme im Dreieck gilt:
$\alpha_2 = 180° - \alpha_1 - \beta$
$= 180° - 25° - 135° = \mathbf{20°}$

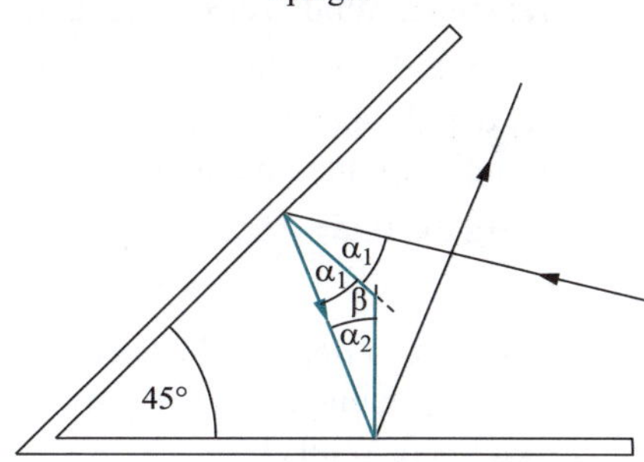

Spiegel

$\gamma = 180° - 2 \cdot \alpha_1 - 2 \cdot \alpha_2$
$= 180° - 2 \cdot 25° - 2 \cdot 20°$
$= 180° - 50° - 40° = 90°$
(Winkelsumme im Dreieck)

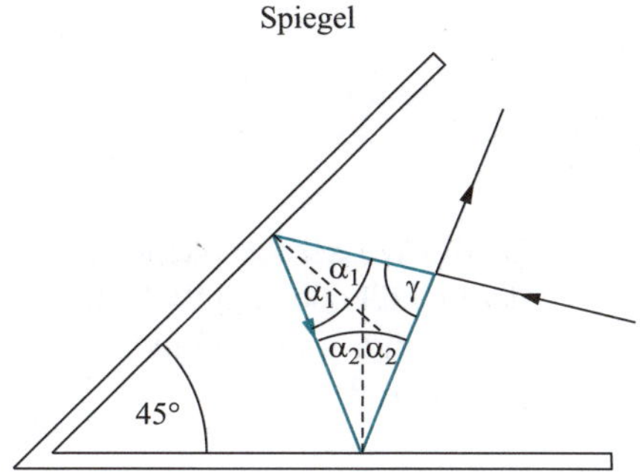

Spiegel

$\Rightarrow$ Der reflektierte Strahl verläuft senkrecht zum anfangs einfallenden Strahl.

c) δ ist der Winkel zwischen den Spiegeln, γ sei der Winkel zwischen dem einfallenden und ausfallenden Strahl. In Aufgabe b hast du folgende Beziehungen gefunden:

$\alpha_2 = 180° - \alpha_1 - \beta$ (*)

$\beta = 360° - 90° - 90° - \delta$ (**)

Es lässt sich nun verallgemeinern:

$\gamma = 180° - 2 \cdot \alpha_1 - 2 \cdot \alpha_2$ (Winkelsumme im Dreieck)

Ersetze α_2 durch oben angegebene Beziehung (*):

$\gamma = 180° - 2 \cdot \alpha_1 - 2 \cdot (180° - \alpha_1 - \beta)$

$= 180° - 2 \cdot \alpha_1 - 2 \cdot 180° + 2 \cdot \alpha_1 + 2 \cdot \beta$

$= 180° - 360° + 2 \cdot \beta$

Ersetze β durch oben angegebene Beziehung (**):

$\gamma = 180° - 360° + 2 \cdot (360° - 90° - 90° - \delta)$

$= 180° - 360° + 2 \cdot (180° - \delta)$

$= 180° - 360° + 2 \cdot 180° - 2 \cdot \delta$

$= 180° - 360° + 360° - 2 \cdot \delta$

$= 180° - 2 \cdot \delta$

Zur Kontrolle kannst du die in Aufgabe a und b gefundene Größe von γ nun auch mit dieser Formel berechnen:

Aufgabe a: $\delta = 90° \Rightarrow \gamma = 180° - 2 \cdot \delta = 180° - 2 \cdot 90° = 180° - 180° = 0°$
Ist der Winkel zwischen ein- und ausfallendem Strahl gleich null, so laufen die Strahlen parallel.

Aufgabe b: $\delta = 45° \Rightarrow \gamma = 180° - 2 \cdot \delta = 180° - 2 \cdot 45° = 180° - 90° = 90°$

54. a) Gesucht ist der in nebenstehender Abbildung als α gekennzeichnete Winkel.

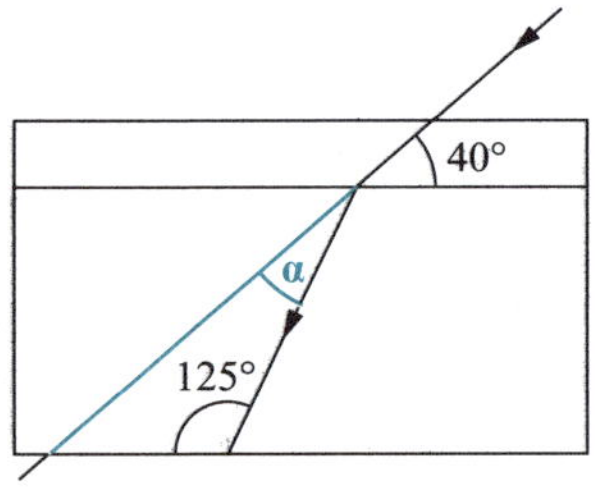

Da die Wasseroberfläche und der Gefäßboden parallel zueinander sind, sind Stufenwinkel gleich groß.

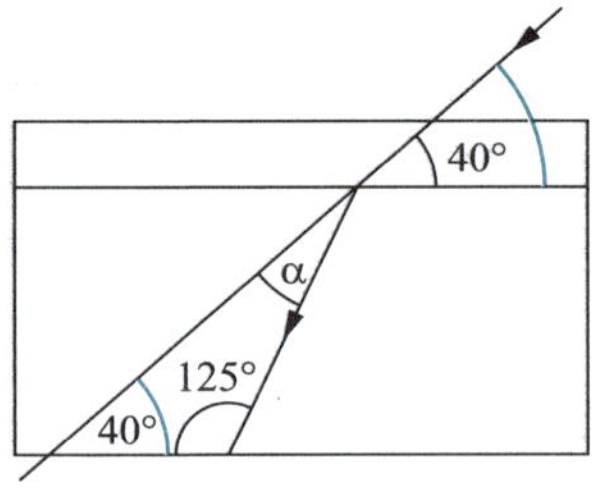

Mithilfe der Winkelsumme des in nebenstehender Abbildung farbig markierten Dreiecks lässt sich α bestimmen:
$\alpha = 180° - 125° - 40° = \mathbf{15°}$

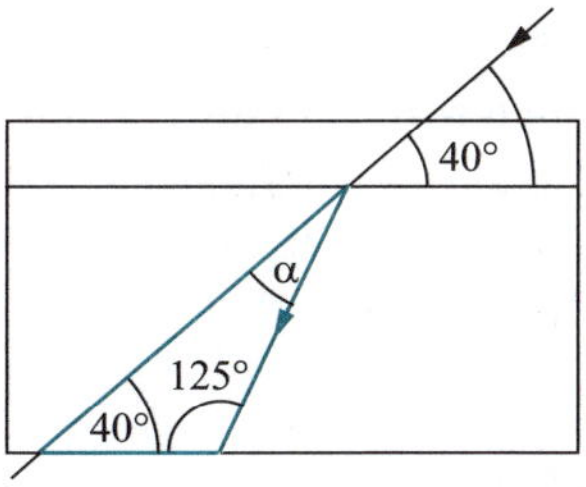

b) Der Laserstrahl trifft mit Einfallswinkel α auf die Grenzfläche zwischen optisch dichterem und dünnerem Medium (1). Da der Strahl totalreflektiert wird, ist auch der Ausfallswinkel gleich α.
Die gestrichelten Linien stellen Lote auf den Übergängen zwischen den unterschiedlichen Medien dar. Da diese Übergänge oben und unten parallel zueinander verlaufen, sind auch die Lote parallel zueinander.
⇒ Wechselwinkel sind gleich groß.
Das heißt, der Strahl trifft wieder mit Einfallswinkel α auf den oberen Übergang (2). Hier wird der Strahl wieder totalreflektiert.
⇒ Einfallswinkel = Ausfallswinkel.
Diese Argumentationskette lässt sich für die restlichen Reflexionen fortsetzen, sodass die Einfallswinkel und Ausfallswinkel jeweils gleich groß sind.

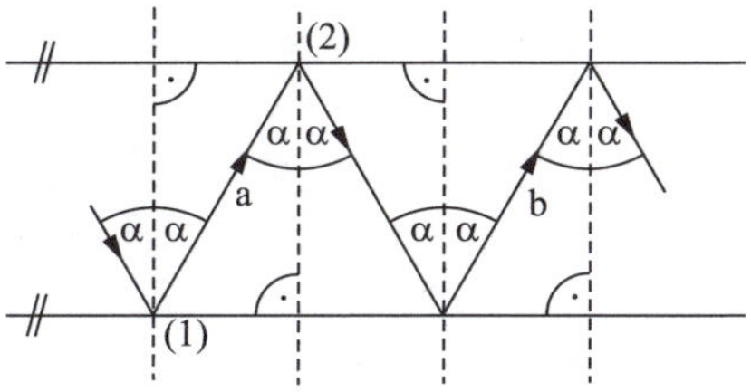

In folgender Abbildung sind Wechselwinkel an den Abschnitten a und b farbig gekennzeichnet.

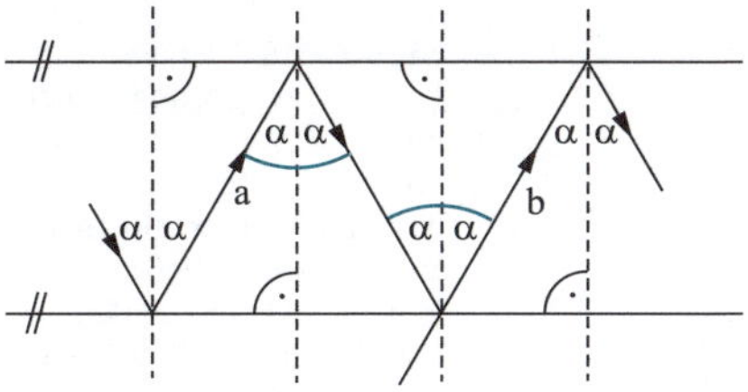

Sie sind jeweils $2 \cdot \alpha$ groß ⇒ a und b sind parallel zueinander.

55. farbgleich: Figur 3, 5 und 6 sowie Figur 1, 2, 4 und 7

formgleich: Figur 4 und 5
Beide Figuren sind Quadrate, wie du durch Messen überprüfen kannst.
Figur 2 und 7
Beide Figuren sind gleichseitige Dreiecke, wie du durch Messen überprüfen kannst.

flächengleich: Figur 1 und 4
Die Gleichheit der Flächeninhalte kannst du abschätzen. Wenn du es genau wissen willst, kannst du den Flächeninhalt der Rechtecke berechnen.
Figur 2 und 7
Da die Seiten von beiden Dreiecken gleich lang sind, ist auch ihr Flächeninhalt gleich.

kongruent: Figur 2 und 7
Wenn du die zwei Figuren ausschneidest, kannst du sie direkt aufeinander legen.

56. a)

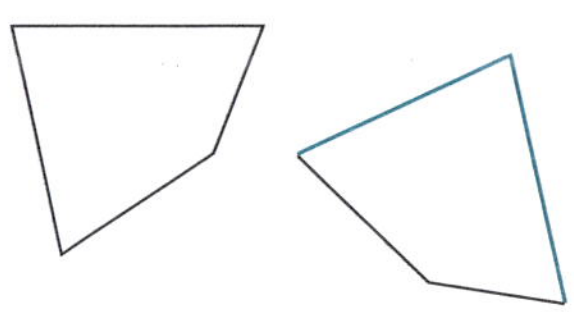

Hinweise und Tipps:
Miss die entsprechenden Winkel und Längen und ergänze sie bei der angefangenen Figur.

b)

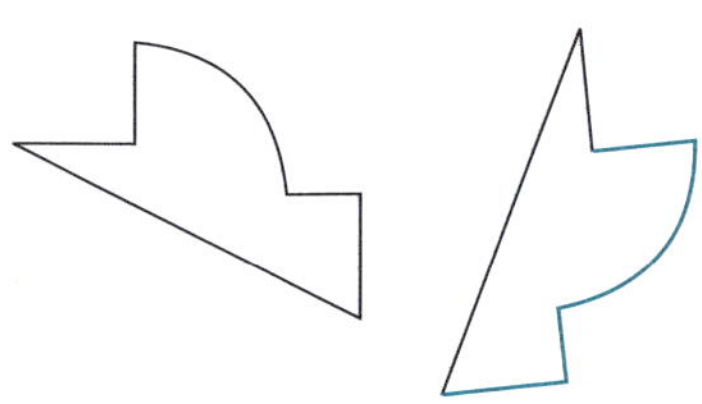

57.

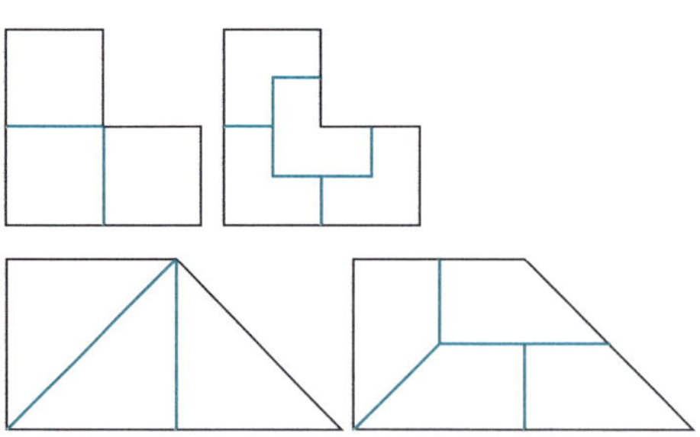

Hinweise und Tipps:
Um zu einer Lösung zu gelangen, musst du einfach kniffeln. Eventuell hilft dir ein Raster oder Kästchen, das du in die Figuren hineinzeichnest. Versuche anschließend, die Kästchen gleichmäßig aufzuteilen, sodass nicht nur die Anzahl der Kästchen, die auf eine Teilfigur entfallen, übereinstimmt, sondern auch deren Lage zueinander.

58. a) Zwei Strecken sind kongruent, wenn sie die **gleiche Länge** haben.
Zwei Kreise sind kongruent, wenn sie den **gleichen Radius** haben.
Zwei Rechtecke sind kongruent, wenn sie die **gleiche Länge** und die **gleiche Breite** haben.

b) Ein Drachenviereck und ein Parallelogramm sind kongruent, wenn das Drachenviereck zugleich Parallelogramm ist oder das Parallelogramm zugleich ein Drachenviereck ist. Dies ist bei der **Raute** der Fall.

59. a) Richtig. Da bei einem Quadrat die Seiten gleich lang sind, lässt sich aus dem Umfang eindeutig die Seitenlänge bestimmen. Quadrate mit gleichem Umfang haben also gleiche Seitenlänge und sind somit kongruent zueinander.

b) Falsch. Bei Rauten mit gleichem Umfang sind zwar die Seiten jeweils gleich lang, die Winkel müssen aber nicht gleich groß sein.

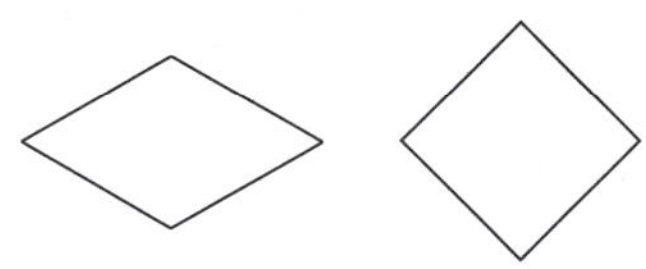

c) Falsch. Die beiden Figuren sind kongruent, aber weder achsen- noch punktsymmetrisch.

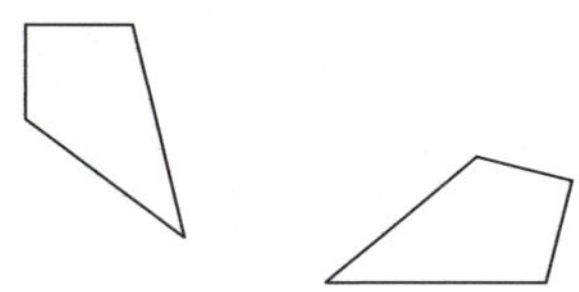

60. a) *Planfigur:*

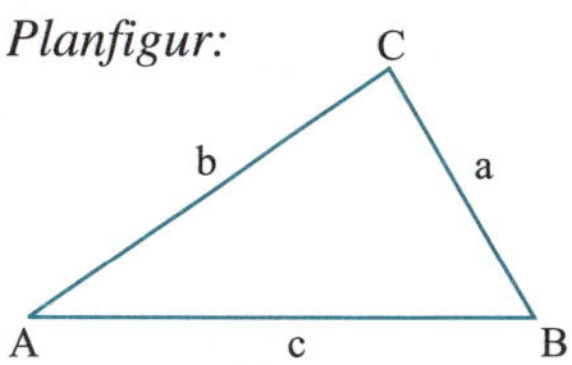

Hinweise und Tipps:
Du kannst mit jeder Seite beginnen (siehe S. 69).

Konstruktionsbeschreibung:
Zeichne c = [AB].
Zeichne einen Kreis um A mit Radius b.
Zeichne einen Kreis um B mit Radius a.
Der Schnittpunkt der beiden Kreise ist C.

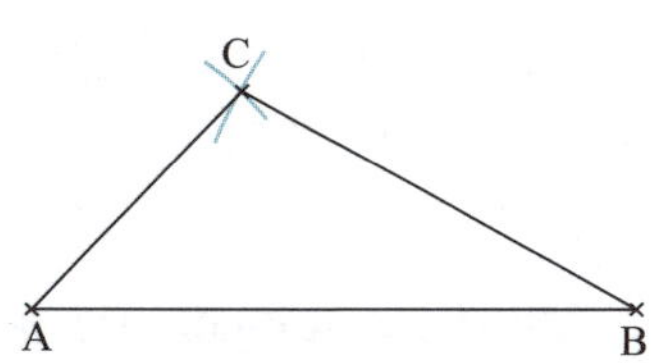

b) *Planfigur:*

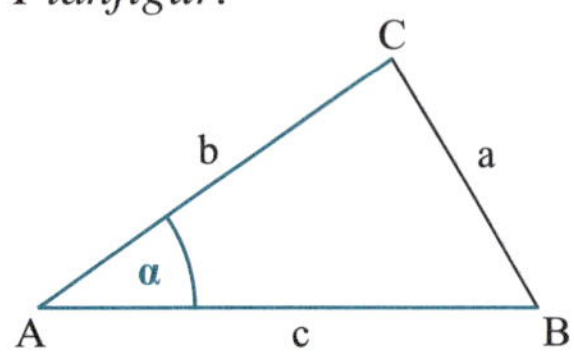

Hinweise und Tipps:
Du kannst mit jeder Größe beginnen (siehe S. 70).

Konstruktionsbeschreibung:
Zeichne c = [AB].
Trage α in A an c an.
Ziehe einen Kreis um A mit Radius b.
Der Schnittpunkt des Kreises mit dem freien Schenkel von α ist C.

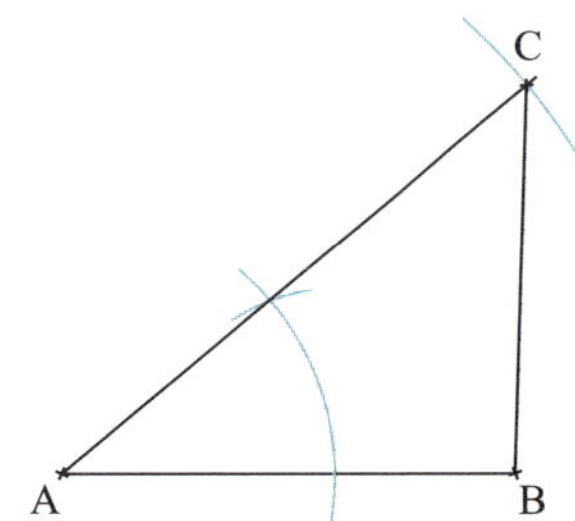

c) *Planfigur:*

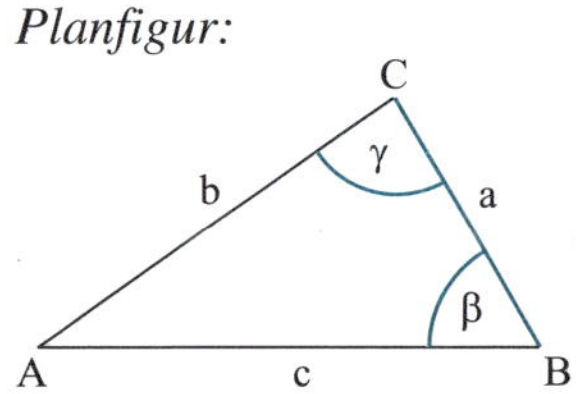

Hinweise und Tipps:
Du kannst mit jeder Größe beginnen (siehe S. 73).

Konstruktionsbeschreibung:
Zeichne a = [BC].
Trage β in B an a an.
Trage γ in C an a an.
Der Schnittpunkt der freien Schenkel ist A.

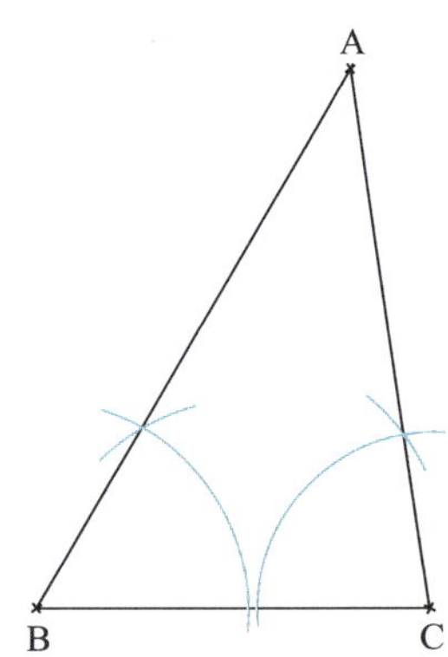

d) Dieser Aufgabentyp lässt sich auf zwei verschiedene Arten konstruieren.
Planfigur:

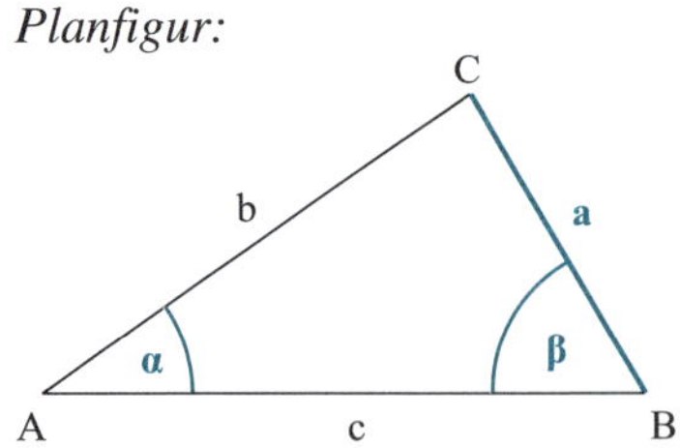

Konstruktionsbeschreibung 1:
Zeichne a = [BC].
Trage den Winkel β in B an a an.

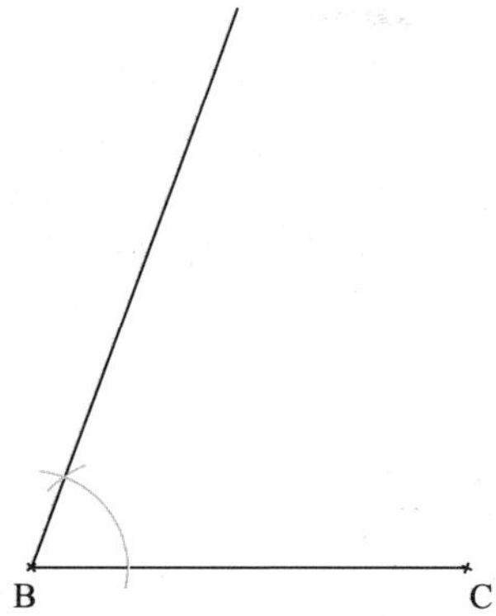

Trage den Winkel α in einem beliebigen Punkt P auf dem freien Schenkel von β an den freien Schenkel von β an.

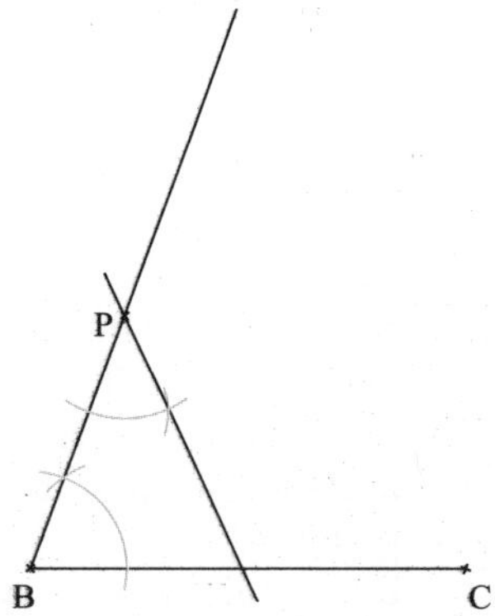

Konstruiere nun eine Parallele zum freien Schenkel von α durch C.
Der Schnittpunkt der Parallelen mit [BP ist A.

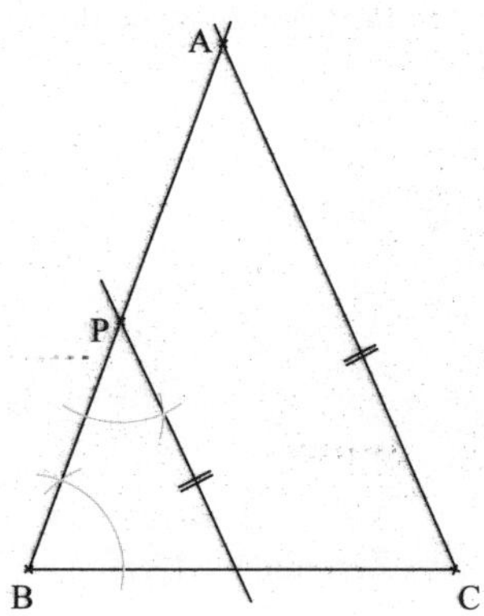

Konstruktionsbeschreibung 2:
Konstruiere zuerst den Winkel γ. Konstruiere die Winkelsumme von α und β.
Der Nebenwinkel der Summe ist der Winkel γ. Nun läuft die Konstruktion parallel zu Beispiel 4.

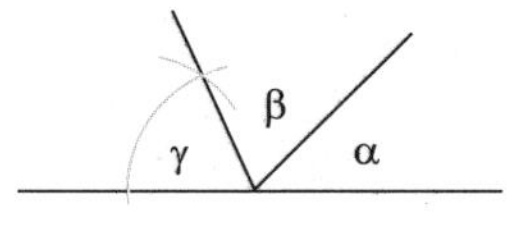

Zeichne a = [BC].
Trage den Winkel β in B an a an.
Trage den Winkel γ in C an a an.
Der Schnittpunkt der beiden freien Schenkel ist A.

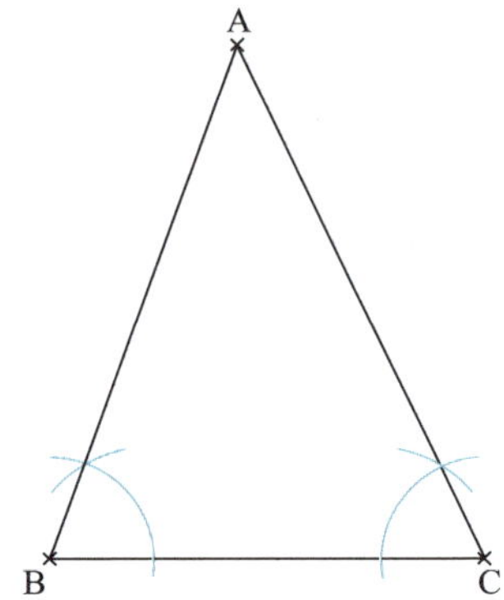

e) *Planfigur:*

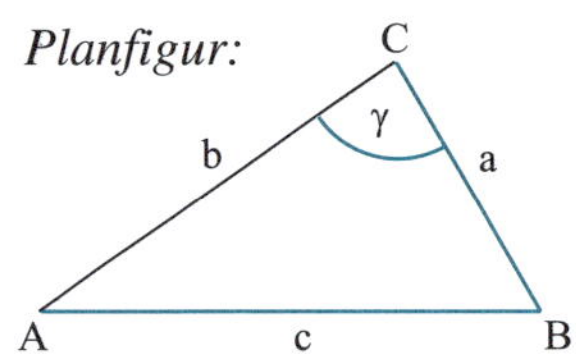

Hinweise und Tipps:
Die dem Winkel gegenüberliegende Seite ist größer, also gibt es eine Lösung. In diesem Fall kommst du nicht weiter, wenn du mit der Seite c beginnst (siehe S. 71).

Konstruktionsbeschreibung:
Zeichne a = [BC].
Trage γ in C an a ab.
Ziehe einen Kreis um B mit Radius c.
Der Schnittpunkt des Kreises mit dem freien Schenkel ist A.

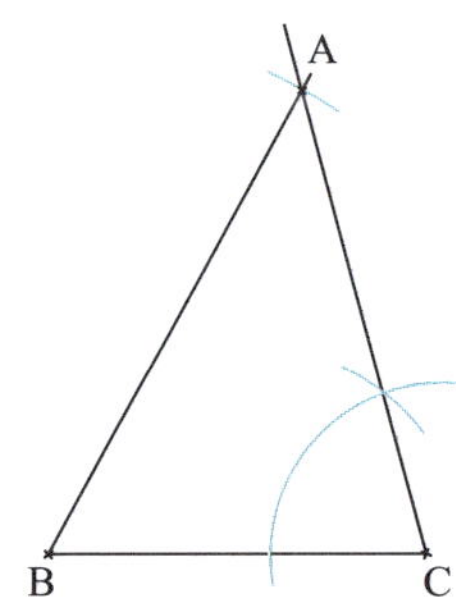

f) *Planfigur:*

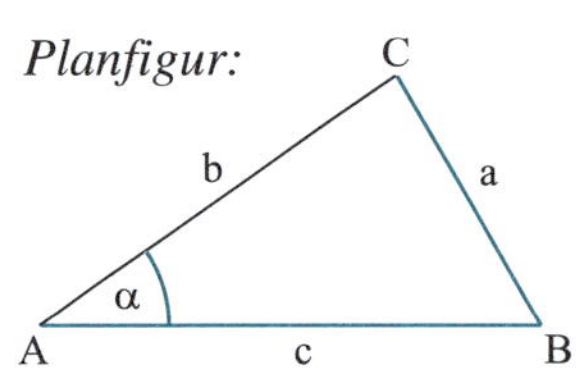

Hinweise und Tipps:
Die dem Winkel gegenüberliegende Seite ist kleiner, also gibt es keine oder zwei Lösungen. In diesem Fall kommst du nicht weiter, wenn du mit der Seite a beginnst (siehe S. 71).

Konstruktionsbeschreibung:
Zeichne c = [AB].
Trage α in A an c ab.
Ziehe einen Kreis um B mit Radius a.
Die Schnittpunkte des Kreises mit dem freien Schenkel sind C_1 und C_2. Es gibt zwei Lösungen.

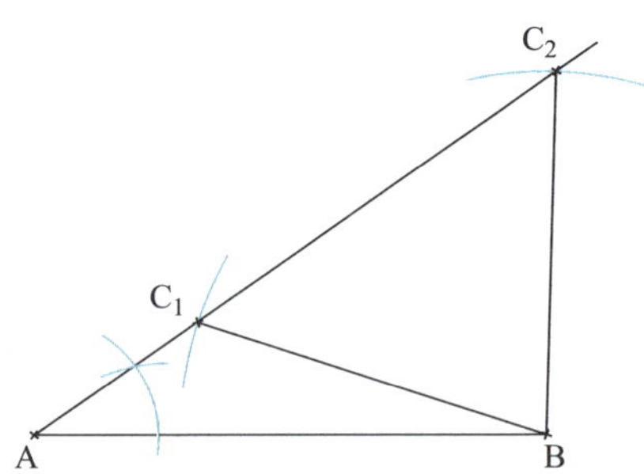

61. *Planfigur:*

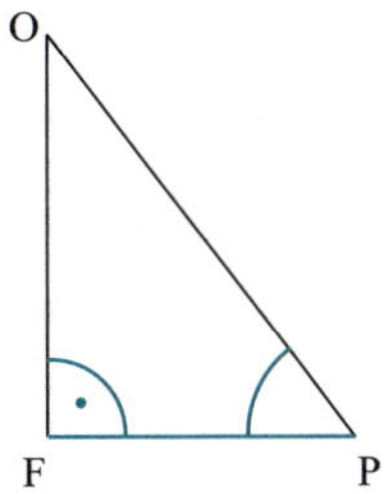

Hinweise und Tipps:
Maßstab 1 : 600 bedeutet, dass 1 cm in der Zeichnung 600 cm = 6 m in Wirklichkeit entsprechen. [FP] ist also 2 cm lang.

F: Fußpunkt der Kletterwand, O: Oberkante der Kletterwand; $\sphericalangle OPF = 58°$.
Außerdem ist der $\sphericalangle PFO = 90°$. Der Abstand vom Fußpunkt zu P beträgt 12 m.
Gesucht ist die Länge der Strecke [OF].
Anhand der Skizze siehst du, dass die Konstruktion analog zu Beispiel 4 verläuft.

Konstruktionsbeschreibung:
Zeichne [FP] mit $\overline{FP} = 2$ cm.
Errichte ein Lot in F zu FP.
Trage den Winkel OPF in P an [FP] an.

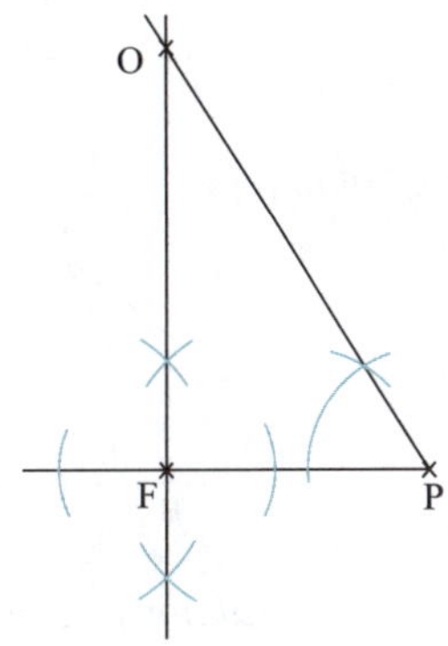

Aus der Zeichnung ergibt sich $\overline{OF}$ zu 3,1 cm.

$$\begin{aligned} 3{,}1\text{ cm} &\triangleq 3{,}1 \cdot 600\text{ cm} \\ &= 1\,860\text{ cm} \\ &= 18{,}6\text{ m} \end{aligned}$$

In Wirklichkeit ist die Kletterwand also **18,6 m** hoch.

62. *Planfigur:*

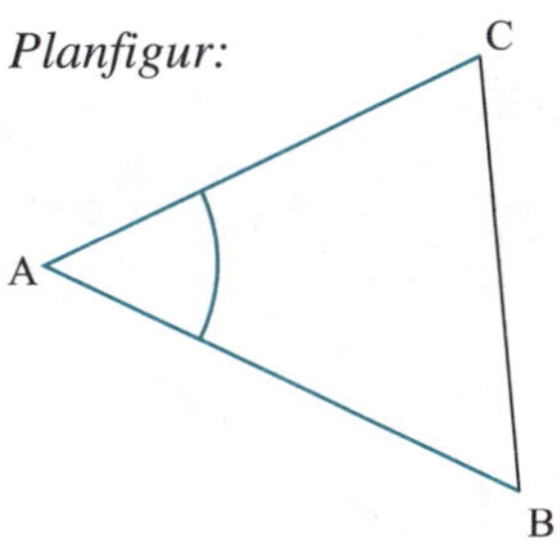

Hinweise und Tipps:
Maßstab 1 : 10 000 bedeutet, dass 1 cm in der Zeichnung 10 000 cm = 100 m in Wirklichkeit entsprechen. Für die Strecken in der Zeichnung gilt dann:
$\overline{AB} = 3{,}4$ cm
$\overline{AC} = 2{,}7$ cm

A: Eingang; B: Ende des ersten Hauptstollens, C: Ende des zweiten Hauptstollens; $\sphericalangle BAC = 80°$
Gesucht sind $\overline{BC}$ und die Winkel CBA und ACB.
Anhand der Skizze siehst du, dass die Konstruktion analog zu Beispiel 2 verläuft.

Konstruktionsbeschreibung:
Zeichne [AB] mit $\overline{AB} = 3{,}4$ cm.
Trage den Winkel α in A an [AB] an.
Zeichne einen Kreisbogen um A mit Radius $\overline{AC} = 2{,}7$ cm.
Der Schnittpunkt des Kreisbogens mit dem freien Schenkel von α ist C.

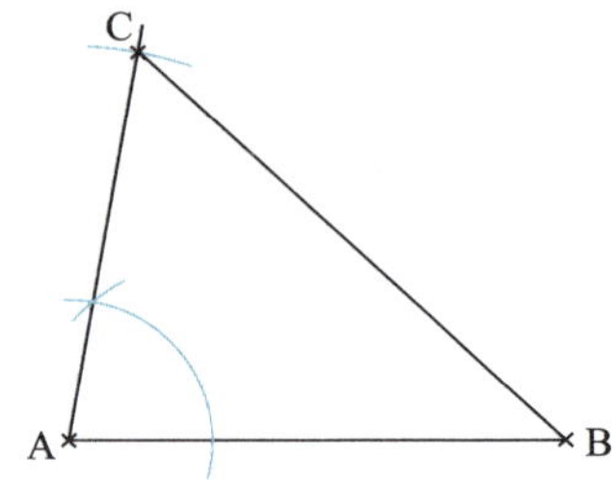

Aus der Zeichnung ergibt sich:
$\overline{BC} = 4$ cm, $\sphericalangle CBA = 42°$,
$\sphericalangle ACB = 58°$

$$4\text{ cm} \mathrel{\hat{=}} 4 \cdot 10\,000\text{ cm}$$
$$= 40\,000\text{ cm}$$
$$= 400\text{ m}$$

Der Verbindungsstollen ist also **400 m** lang. Vom ersten Hauptstollen musste der Verbindungsstollen unter einem Winkel von **42°** vorangetrieben werden, vom zweiten Hauptstollen aus unter **58°**.

63. *Planfigur:*

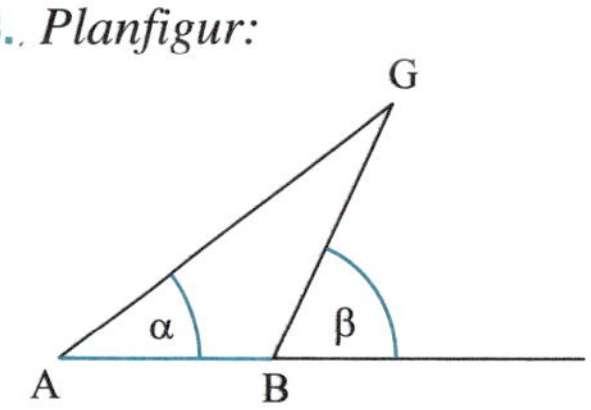

Hinweise und Tipps:
Die Länge der abgesteckten Wiese im Maßstab 1 : 80 000 ergibt $\overline{AB} = 1{,}4$ cm.

Konstruktionsbeschreibung:
Zeichne [AB].
Trage an c in A den Winkel α an.

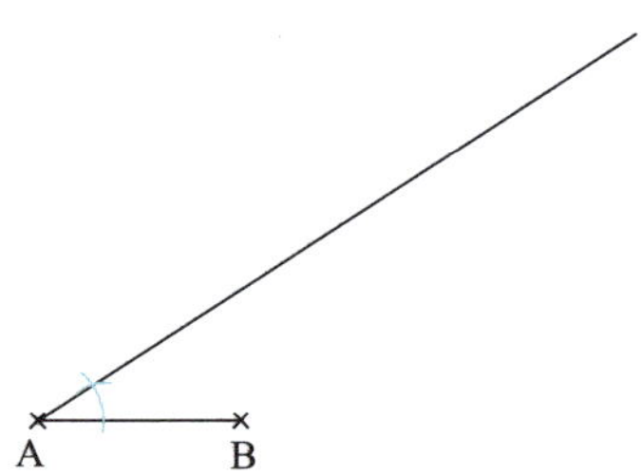

Trage an der Verlängerung von c über B in B den Winkel β an.
Der Schnittpunkt der freien Schenkel von α und β ist G.

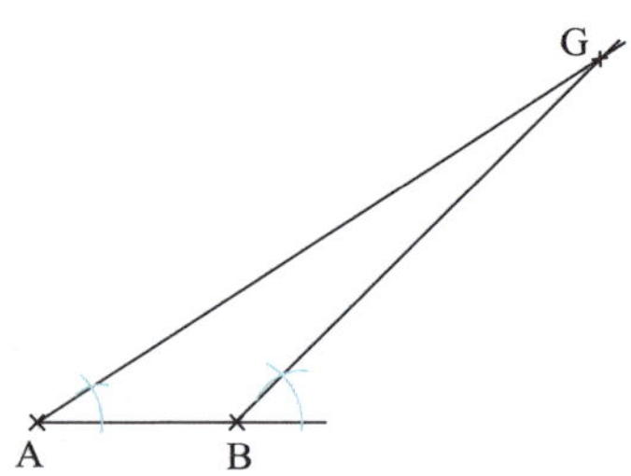

Um die Höhe des Berges zu bestimmen, musst du nun noch ein Lot von G auf AB fällen.

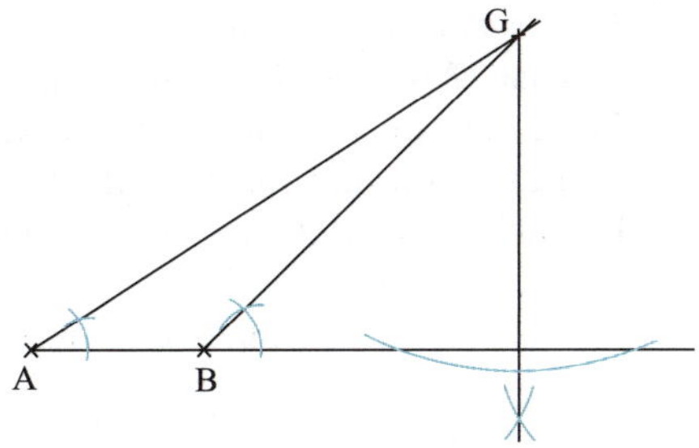

G liegt 2,6 cm über AB. Die Umrechnung ergibt eine Höhe von

$$\begin{aligned} 2{,}6\text{ cm} &\mathrel{\hat{=}} 2{,}6 \cdot 80\,000\text{ cm} \\ &= 208\,000\text{ cm} \\ &= 2\,080\text{ m} \end{aligned}$$

über der Wiese.

$2\,080\text{ m} + 882\text{ m} = 2\,962\text{ m}$

Der Gipfel der Zugspitze ist **2 962 m** ü. d. M.

64. *Planfigur:*

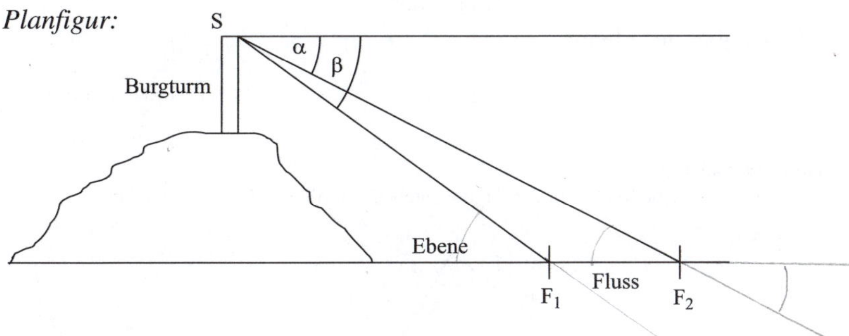

Hinweise und Tipps:
Zuerst musst du ein Dreieck suchen, das du konstruieren kannst. Hierzu musst du eventuell noch weitere Größen bestimmen.
Wähle Dreieck F_1F_2S: $\overline{F_1F_2}$ ist gegeben.
Der Winkel SF_2F_1 ist genauso groß wie α, da die beiden Winkel Wechselwinkel an parallelen Geraden sind. Der Winkel F_1SF_2 lässt sich aus der Differenz von β und α bestimmen.
Hier sind also eine Seite und zwei Winkel gegeben, wobei der eine Winkel der gegebenen Seite gegenüber liegt. Dies lässt sich wieder auf zwei Arten konstruieren (siehe Aufgabe 60 d). In diesem Fall wird zuerst der Winkel F_2SF_1 konstruiert, anschließend der Winkel F_2F_1S.
Maßstab 1 : 800 bedeutet, dass der 12 m breite Fluss in der Konstruktion die Länge 1,5 cm besitzt.

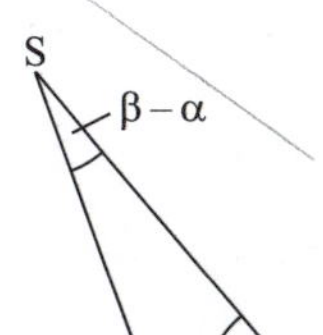

Winkel F_2F_1S

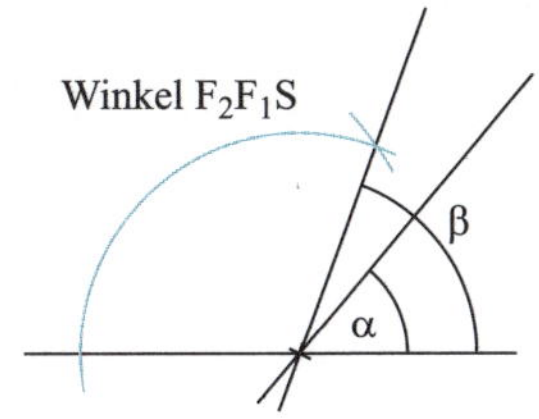

Konstruktionsbeschreibung:
Zeichne $[F_1F_2]$ mit $\overline{F_1F_2} = 1{,}5$ cm.
Trage $\sphericalangle SF_2F_1 = 50°$ in F_2 an $[F_1F_2]$ an.
Trage $\sphericalangle F_2F_1S$ in F_1 an $[F_1F_2]$ an.
Der Schnittpunkt der freien Schenkel ist S.

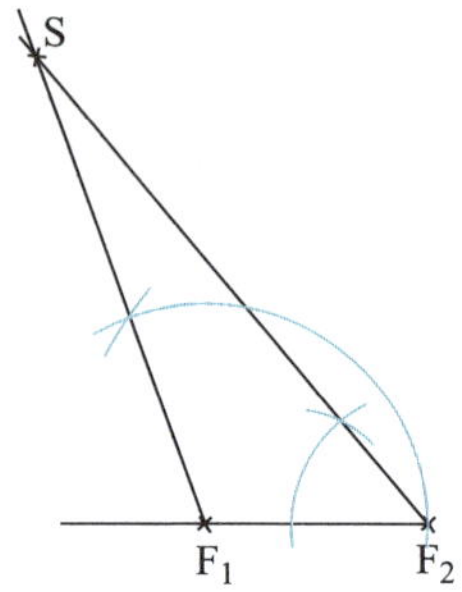

Nun musst du noch ein Lot von S auf F_1F_2 fällen und den Abstand von S zu F_1F_2 messen.
Dieser beträgt 3,1 cm.

$$\begin{aligned} 3{,}1\text{ cm} &\mathrel{\hat{=}} 3{,}1 \cdot 800\text{ cm} \\ &= 2\,480\text{ cm} \\ &= 24{,}8\text{ m} \end{aligned}$$

Die Spitze des Burgturms befindet sich **24,8 m** über der Ebene.

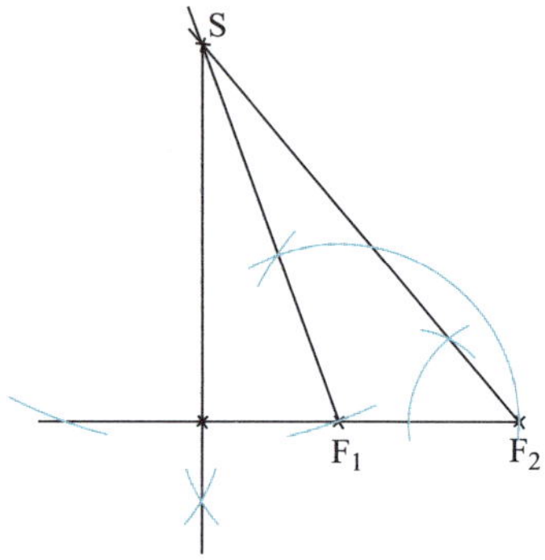

65. Hinweise und Tipps:
Zeichne jeweils eine Skizze, in der du die gegebenen Größen farbig kennzeichnest.

a) SWS

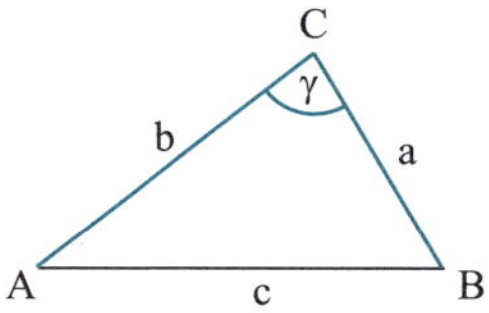

b) SSS

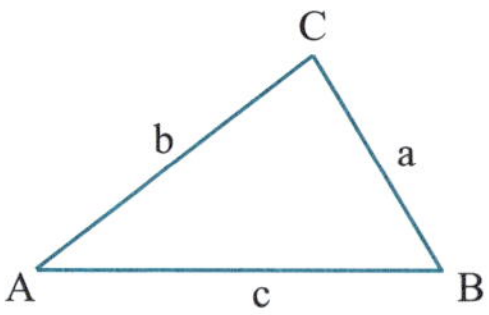

c) SWW

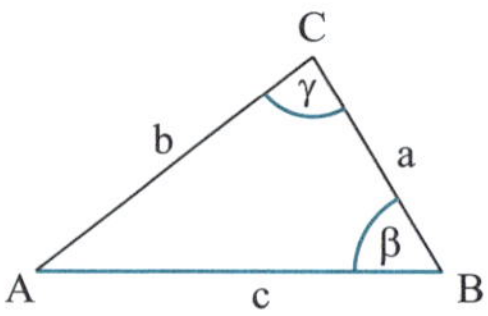

d) Das Dreieck ist nicht eindeutig konstruierbar, da der Winkel der kleineren Seite gegenüber liegt.

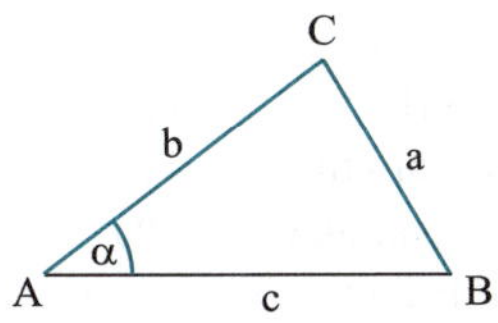

e) SWS

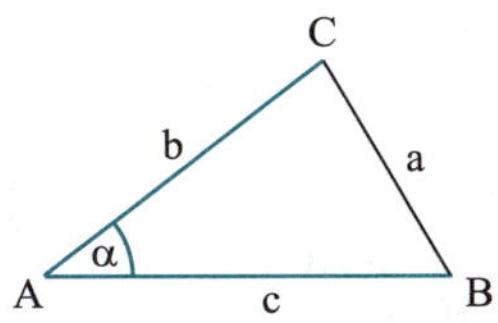

f) WSW

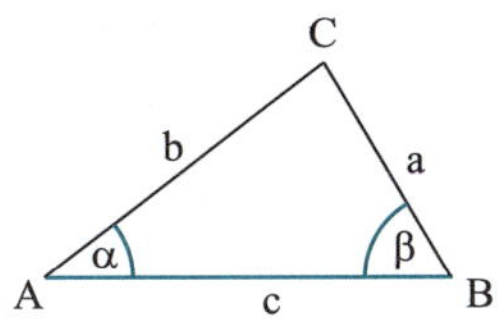

g) SsW

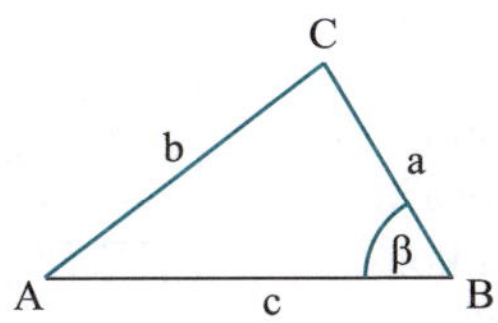

h) Die Winkelsumme beträgt 190°, das Dreieck ist nicht konstruierbar.

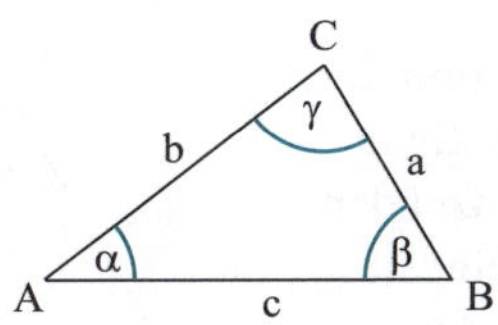

i) Vorsicht: hier könnte man vermuten, dass der SSS-Satz anwendbar ist. Die Summe zweier Seiten muss aber immer größer als die dritte Seite des Dreiecks sein (Dreiecksungleichung). Da die Summe der Seiten a und c kleiner als die Seite b ist, ist das Dreieck nicht konstruierbar.

j) Die Winkelsumme im Dreieck beträgt 180°, das Dreieck ist prinzipiell konstruierbar. Da aber die Länge einer Seite fehlt, ist die Konstruktion nicht eindeutig. Einen entsprechenden Kongruenzsatz gibt es nicht.

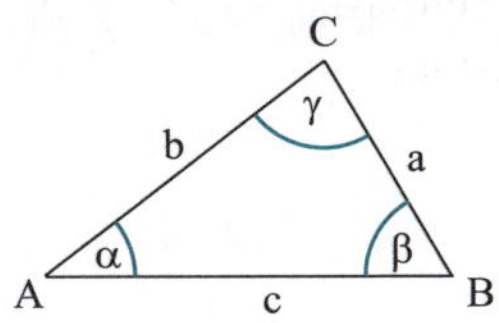

66. a) Die Dreiecke stimmen jeweils in zwei Seiten und dem Zwischenwinkel überein, sie sind also nach dem Kongruenzsatz SWS kongruent.

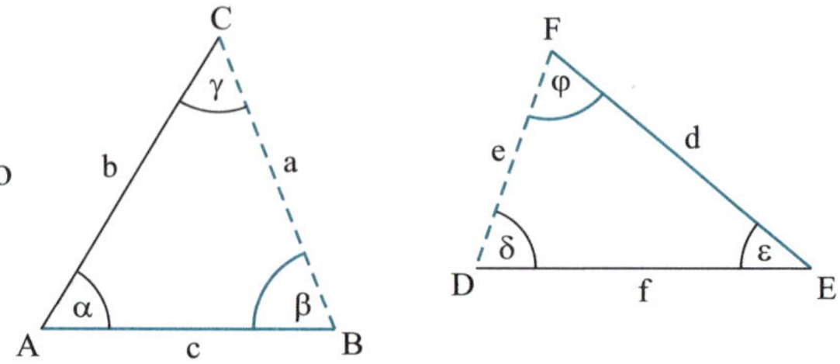

b) Die Lage des Winkels bezüglich der Seiten ist hier unterschiedlich.

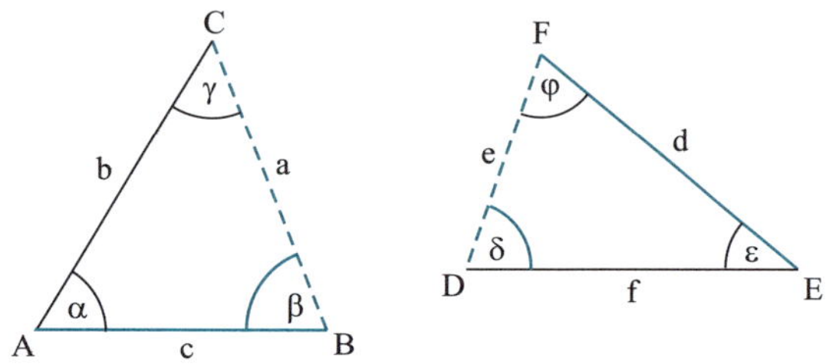

Wählt man z. B. für $c = d = 2$ cm, $a = e = 2{,}5$ cm und $\beta = \delta = 35°$, so erhält man zwei nicht kongruente Dreiecke.

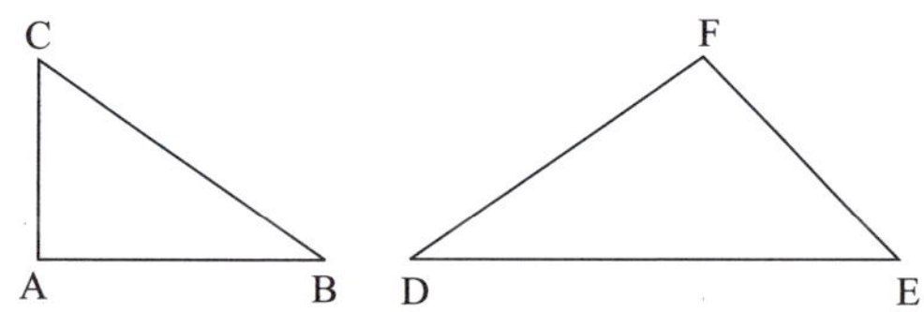

c) Die Dreiecke stimmen jeweils in einer Seite und den angrenzenden Winkeln überein, sie sind also nach dem Kongruenzsatz WSW kongruent.

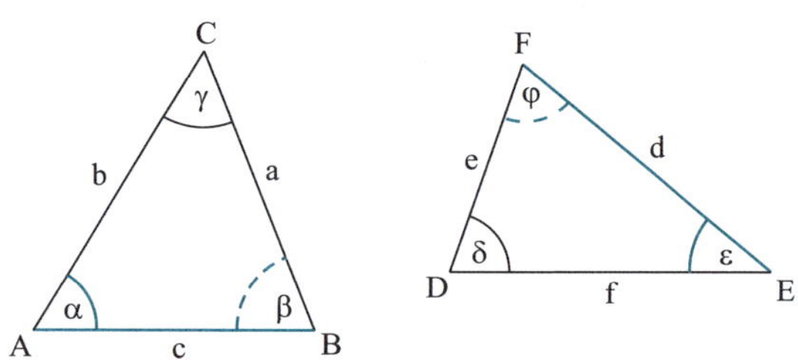

d) Die Lage der Winkel bezüglich der Seite ist hier unterschiedlich.

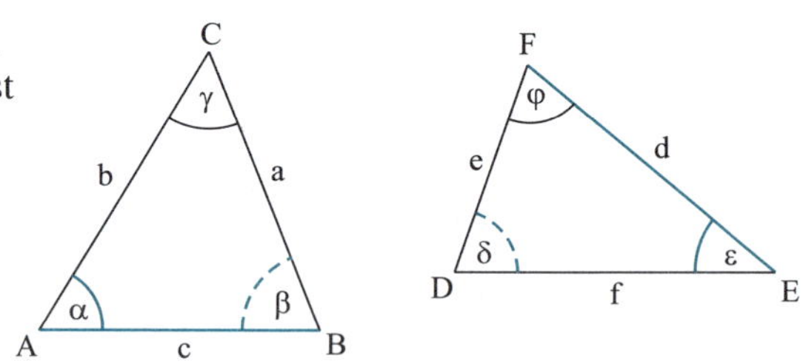

Wählt man z. B. für $c = d = 2{,}5$ cm, $\alpha = \varepsilon = 100°$, $\beta = \delta = 50°$, so erhält man zwei nicht kongruente Dreiecke.

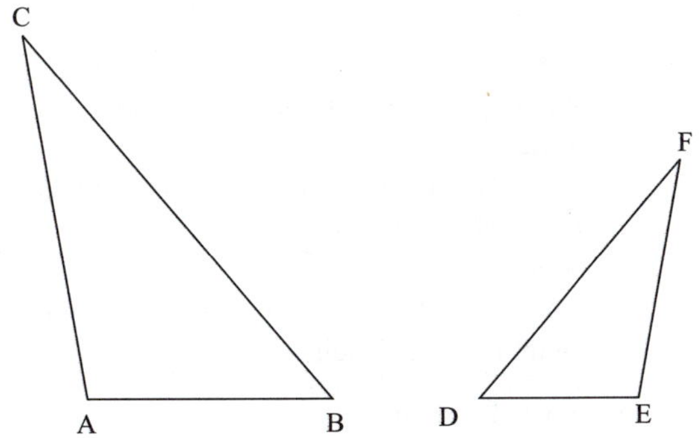

e) Die Dreiecke stimmen zwar jeweils in zwei Seiten und dem der kleineren Seite gegenüberliegenden Winkel überein, die Dreiecke sind aber durch die Angabe dieser Größen nicht eindeutig konstruierbar.

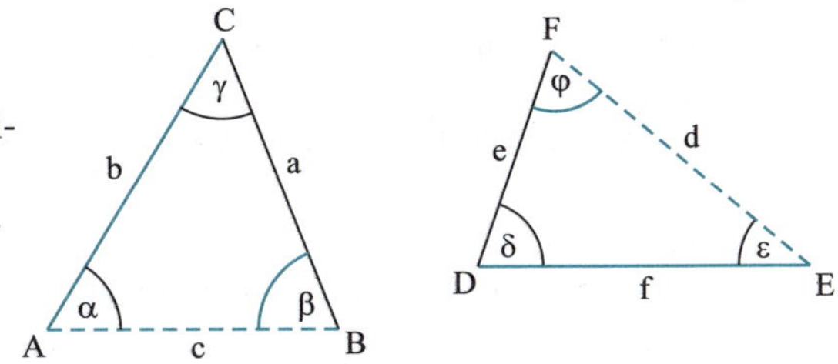

Beispielsweise gibt es für $b = f = 2{,}5$ cm, $c = d = 3$ cm, $\beta = \delta = 45°$ zwei nicht kongruente Dreiecke. Wäre $b > c$, so könnten die Dreiecke nach SsW eindeutig konstruiert werden.

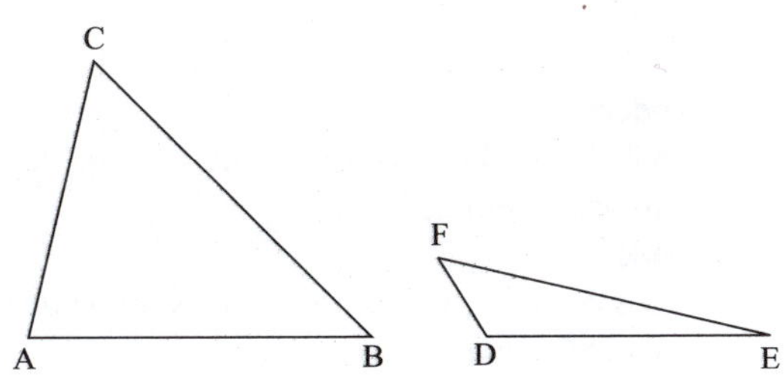

67. Hinweise und Tipps:
Hier hast du viele Möglichkeiten. Am besten suchst du dir einen Kongruenzsatz aus und ergänzt die entsprechenden Größen in geeigneter Weise. Bei der Wahl der Länge der Seiten bzw. der Größe der Winkel hast du freie Wahl, sofern du folgendes beachtest:

- Die Winkelsumme im Dreieck beträgt 180°.
- Die Summe zweier Seiten muss größer sein als die dritte (Dreiecksungleichung).
- Beim Kongruenzsatz SsW muss die dem Winkel gegenüberliegende Seite größer sein.

Eine Skizze ist wie immer hilfreich!
In der Lösung ist zu jedem Kongruenzsatz nur eine Lösung angegeben.

a) SSS: $b = 3$ cm, $c = 5$ cm. Die Summe zweier Seiten muss größer sein als die dritte Seite (Dreiecksungleichung).
oder:
SWS: $b = 2$ cm, $\gamma = 36°$. Der Winkel muss kleiner als 180° sein.

oder:
SsW: $c = 6$ cm, $\gamma = 30°$. Die Seite c muss länger als die Seite a sein, der Winkel muss kleiner als 180° sein.
oder:
WSW: $\beta = 60°$, $\gamma = 100°$. Die Summe der Winkel β und γ muss kleiner als 180° sein.
oder:
SWW: $\alpha = 30°$, $\beta = 120°$. Auch hier muss die Summe der Winkel α und β kleiner als 180° sein.

b) SWS: $b = 4$ cm.
oder:
SsW: $a = 4$ cm. Die Seite a muss länger als die Seite c sein.
oder:
WSW: $\beta = 25°$. Die Summe der Winkel α und β muss kleiner als 180° sein.
oder:
SWW: $\gamma = 70°$. Die Summe der Winkel α und γ muss kleiner als 180° sein.

c) SWS: $a = 3$ cm, $c = 4$ cm.
oder:
SsW: $a = 3$ cm, $b = 5$ cm. Die Seite b muss länger als die Seite a sein.
oder:
SWW: $a = 4$ cm, $\alpha = 30°$. Die Summe der Winkel α und β muss kleiner als 180° sein.
oder:
WSW: $c = 3$ cm, $\alpha = 20°$. Die Summe der Winkel α und β muss kleiner als 180° sein.

d) SsW: $a = 3$ cm. Die Seite b muss länger als die Seite a sein.
oder:
SWW: $\gamma = 70°$. Die Summe der Winkel β und γ muss kleiner als 180° sein.

68. a) Du kannst mehrere Kongruenzsätze verwenden, um die Kongruenz von Δ ABD und Δ BCD zu begründen.

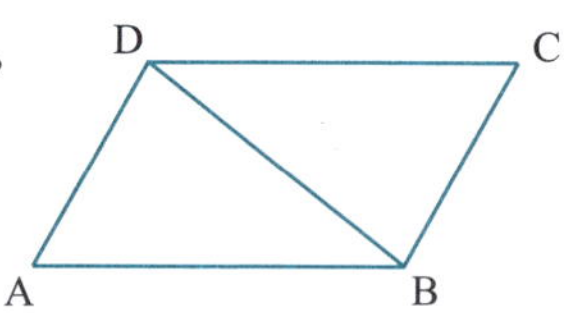

[BD] ist in beiden Dreiecken enthalten.

$$\left.\begin{array}{l}\overline{AB} = \overline{CD} \\ \overline{BC} = \overline{AD}\end{array}\right\}$$ (Eigenschaften eines Parallelogramms)

$\Rightarrow$ nach SSS gilt: $\Delta ABD \cong \Delta BCD$

oder:
[BD] ist in beiden Dreiecken enthalten

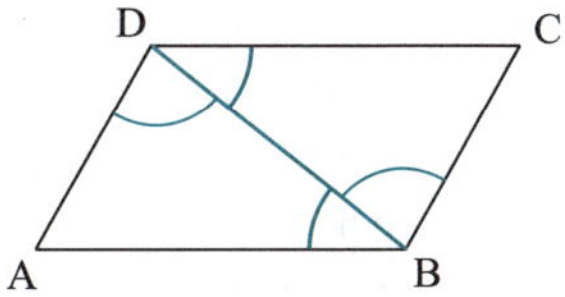

$\sphericalangle$ ADB = $\sphericalangle$ CBD } (Wechselwinkel an
$\sphericalangle$ DBA = $\sphericalangle$ BDC } parallelen Geraden)

$\Rightarrow$ nach WSW gilt: $\Delta ABD \cong \Delta BCD$
Alternativ könntest du in gleicher Weise die Kongruenz von ΔABC und ΔCDA zeigen.

b) Wählt man BD als Symmetrieachse, so sind die Dreiecke AED und ECD sowie ABE und BCE jeweils kongruent zueinander. Dies lässt sich z. B. mit dem Kongruenzsatz SWS begründen. Für die Dreiecke ABE und BCE gilt:

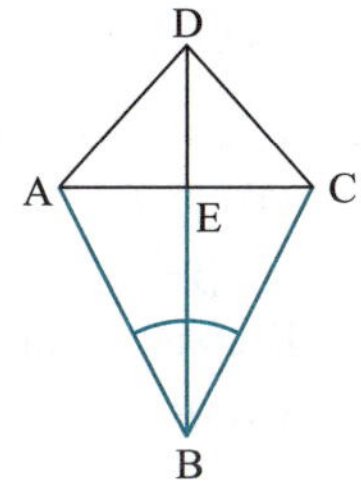

$\overline{AB} = \overline{BC}$ (Eigenschaften des Drachenvierecks)
[EB] ist in beiden Dreiecken enthalten.

$\sphericalangle$ EBA = $\sphericalangle$ CBE (Eigenschaften des Drachenvierecks).
Analog begründet sich die Kongruenz der Dreiecke AED und ECD:

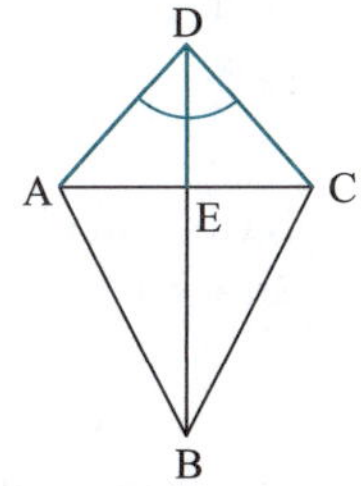

$\overline{AD} = \overline{CD}$ (Eigenschaften des Drachenvierecks)
[ED] ist in beiden Dreiecken enthalten.
$\sphericalangle$ ADE = $\sphericalangle$ EDC (Eigenschaften des Drachenvierecks).

69. a) Winkel an der Spitze: $180° - 2 \cdot 46° = 180° - 92° = \mathbf{88°}$

b) Basiswinkel: $(180° - 80°) : 2 = 100° : 2 = \mathbf{50°}$

c) Es gibt drei Möglichkeiten, wo sich der gegebene Außenwinkel befinden kann.

Möglichkeit 1:

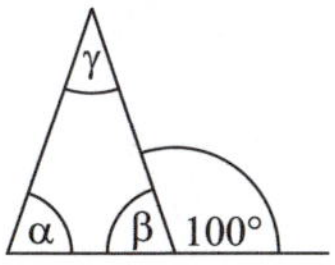

Möglichkeit 2:

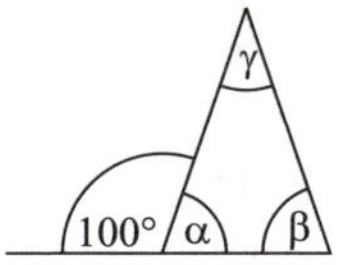

Möglichkeit 3:

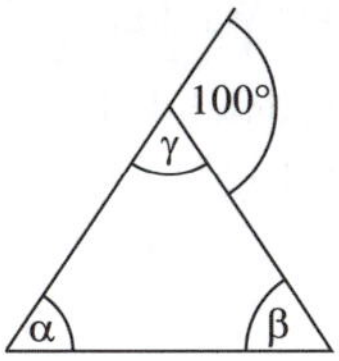

Da das Dreieck gleichschenklig ist, kannst du 1 und 2 als denselben Fall betrachten.

Möglichkeit 1/2:
$\alpha = \beta = 180° - 100° = \mathbf{80°}$ (Nebenwinkel)
$\gamma = 180° - 2 \cdot \alpha = 180° - 2 \cdot 80° = 180° - 160° = \mathbf{20°}$ (Winkelsumme im Dreieck)

Möglichkeit 3:
$\gamma = 180° - 100° = \mathbf{80°}$ (Nebenwinkel)
$\alpha = \beta = (180° - \gamma) : 2 = (180° - 80°) : 2$
$= 100° : 2 = \mathbf{50°}$ (Winkelsumme im Dreieck)
Es gibt somit zwei Lösungen.

d) Wie in Aufgabe c werden die unterschiedlichen Möglichkeiten betrachtet.
Möglichkeit 1/2:
$\alpha = \beta = 180° - 80° = 100°$
Dies ist nicht möglich, da dann bereits α und β zusammen 200° betragen.
Möglichkeit 3:
$\gamma = 180° - 80° = \mathbf{100°}$
$\alpha = \beta = (180° - \gamma) : 2 = (180° - 100) : 2 = 80° : 2 = \mathbf{40°}$
Hier gibt es nur eine Lösung: Der gegebene Winkel ist der Außenwinkel zu γ.

70. a) Basiswinkel: x

$$\begin{aligned} 2x + x + x &= 180° \\ 4x &= 180° \quad | :4 \\ x &= 45° \end{aligned}$$

$\Rightarrow$ Winkel an der Spitze:
$2 \cdot x = 2 \cdot 45° = 90°$
Der Basiswinkel beträgt **45°**, der Winkel an der Spitze **90°**.

Hinweise und Tipps:
Es gilt: Winkel an der Spitze + Basiswinkel + Basiswinkel = 180°
Wähle als x die Größe, die es dir leichter macht, eine entsprechende Gleichung aufzustellen.

b) Winkel an der Spitze: x

$$\begin{aligned} x + 1{,}3x + 1{,}3x &= 180° \\ 3{,}6x &= 180° \quad | :3{,}6 \\ x &= 50° \end{aligned}$$

$\Rightarrow$ Basiswinkel: $1{,}3 \cdot 50° = 65°$
Der Winkel an der Spitze beträgt **50°**, der Basiswinkel **65°**.

c) Basiswinkel: x

$$\begin{aligned} (x + 15°) + x + x &= 180° \\ 3x + 15° &= 180° \quad | -15° \\ 3x &= 165° \quad | :3 \\ x &= 55° \end{aligned}$$

$\Rightarrow$ Winkel an der Spitze: $x + 15° = 55° + 15° = 70°$
Der Basiswinkel beträgt **55°**, der Winkel an der Spitze **70°**.

d) Winkel an der Spitze: x

$$x+(x+30°)+(x+30°)=180°$$
$$3x+60°=180° \quad |-60°$$
$$3x=120° \quad |:3$$
$$x=40°$$

$\Rightarrow$ Basiswinkel: $x+30°=40°+30°=70°$

Der Winkel an der Spitze beträgt **40°**, ein Basiswinkel **70°**.

e) Winkel an der Spitze: x

$$x+0,7x+0,7x=180°$$
$$2,4x=180° \quad |:2,4$$
$$x=75°$$

$\Rightarrow$ Basiswinkel: $0,7\cdot x=0,7\cdot 75°=52,5°$

Der Winkel an der Spitze beträgt **75°**, der Basiswinkel **52,5°**.

71. a) Bei einem gleichschenkligen Dreieck mit Basis c gilt: $\alpha=(180°-\gamma):2$

b) Bei einem gleichschenkligen Dreieck mit Basis c gilt: $\gamma=180°-2\cdot\alpha$

c) Bei einem gleichschenkligen Dreieck mit Basis c gilt für den Außenwinkel des Winkels an der Spitze: $\gamma^*=180°-\gamma$

$\gamma=180°-2\cdot\alpha$ (siehe b)

$\gamma^*=180°-(180°-2\cdot\alpha)=180°-180°+2\cdot\alpha=2\cdot\alpha$

72. a) Die Winkel in einem gleichseitigen Dreieck betragen 60°. Wähle eine beliebige Länge und konstruiere hierfür ein gleichseitiges Dreieck.

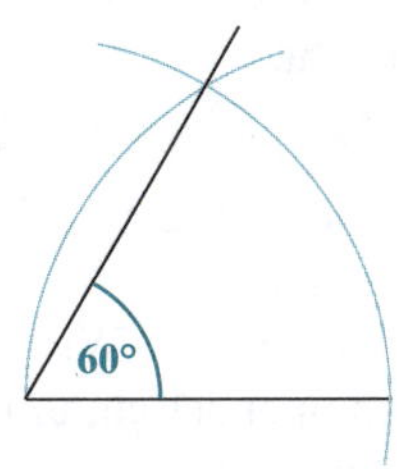

b) Mithilfe eines gleichseitigen Dreiecks konstruierst du einen 60°-Winkel (siehe a), den du halbierst. Der entstehende 30°-Winkel wird noch einmal halbiert.

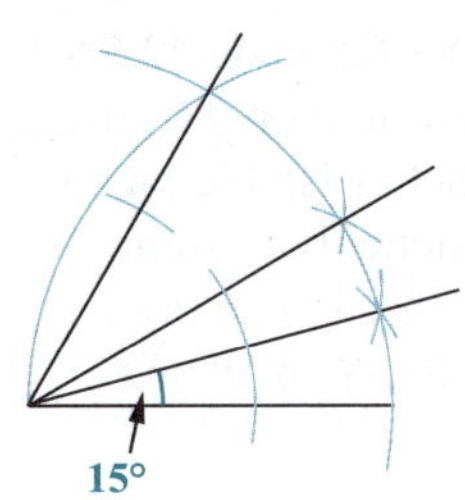

c) $105° = 60° + 45°$
Den 60°-Winkel erhältst du mithilfe eines gleichseitigen Dreiecks (siehe a).
Für den 45° Winkel halbierst du einen rechten Winkel, den du über die Konstruktion eines Lotes erhältst.
Die Summe der beiden Winkel ergibt den gesuchten Winkel.

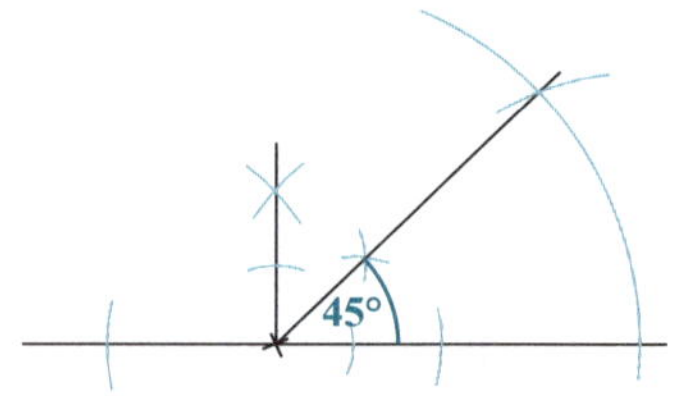

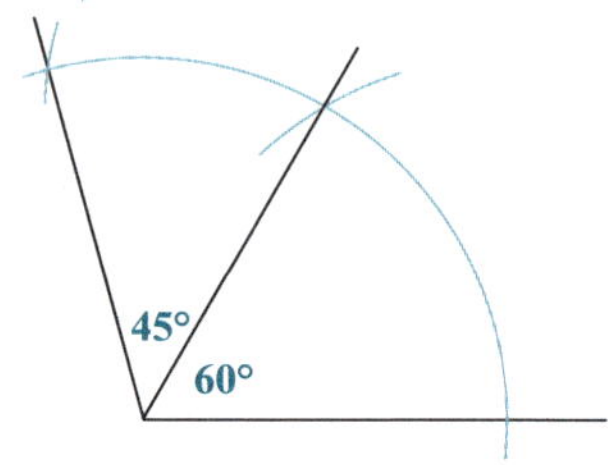

d) $37{,}5° = 60° - 22{,}5°$
60° erhältst du mithilfe eines gleichseitigen Dreiecks (siehe a).
22,5° ist ein Viertel von 90°, hierfür fällst du ein Lot und halbierst den 90°-Winkel (siehe c).
Halbiere den so entstandenen 45°-Winkel erneut.
Trage nun die Winkel so aneinander an, dass die Differenz der Winkel entsteht.

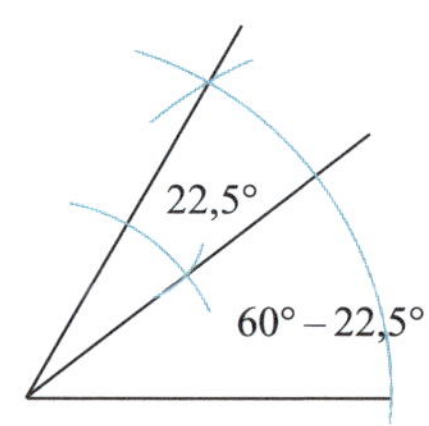

e) $142{,}5° = 2 \cdot 60° + 22{,}5°$
Konstruiere ein gleichseitiges Dreieck (siehe a).
Trage den 60°-Winkel zweimal nacheinander an, um 120° zu erhalten.
Der fehlende 22,5°-Winkel ist ein Viertel von 90°, der durch zweifaches Halbieren eines 90°-Winkels (siehe d) entsteht.
Trage ihn zusätzlich zum 120°-Winkel an.

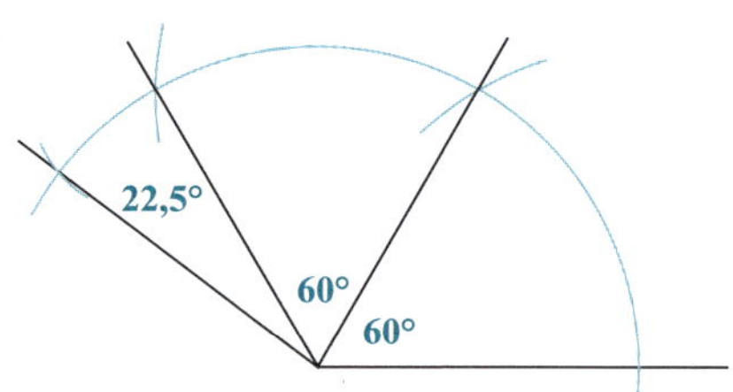

73. a) Schenkellänge: x

$$(x+3)+2\cdot x=18$$

$$3x+3=18 \quad |-3$$

$$3x=15 \quad |:3$$

$$x=5$$

Basis: $18-2\cdot x=18-2\cdot 5=18-10=8$

Ein Schenkel ist **5 cm** lang, die Basis ist **8 cm** lang.

Hinweise und Tipps:
Es gilt: Basislänge + 2 · Schenkellänge = Umfang
Wähle als x die Größe, die es dir leichter macht, eine entsprechende Gleichung aufzustellen.

b) Schenkellänge: x

$$(x-3)+2\cdot x=18$$

$$3x-3=18 \quad |+3$$

$$3x=21 \quad |:3$$

$$x=7$$

Basis: $18-2\cdot x=18-2\cdot 7=18-14=4$

Ein Schenkel ist **7 cm** lang, die Basis ist **4 cm** lang.

c) Basislänge: x

$$x+(x+10)=18$$

$$2x+10=18 \quad |-10$$

$$2x=8 \quad |:2$$

$$x=4$$

Schenkellänge: $(18-x):2=(18-4):2=14:2=7$

Die Basis ist **4 cm** lang, ein Schenkel ist **7 cm** lang.

d) Schenkellänge: x

Ist die Basis 60 % kürzer als der Schenkel, so beträgt ihre Länge 40 % der Schenkellänge.

$$0{,}4\cdot x+2\cdot x=18$$

$$2{,}4x=18 \quad |:2{,}4$$

$$x=7{,}5$$

Basislänge: $0{,}4\cdot x=0{,}4\cdot 7{,}5=3$

Ein Schenkel ist **7,5 cm** lang, die Basis ist **3 cm** lang.

e) Basislänge: x

$$x+2\cdot 1{,}3\cdot x=18$$

$$3{,}6x=18 \quad |:3{,}6$$

$$x=5$$

Schenkellänge: $1{,}3\cdot x=1{,}3\cdot 5=6{,}5$

Die Basis ist **5 cm** lang, ein Schenkel ist **6,5 cm** lang.

f) Basislänge: x

$x + 2 \cdot 2{,}5 \cdot x = 18$

$6x = 18 \quad |:6$

$x = 3$

Schenkellänge: $2{,}5 \cdot x = 2{,}5 \cdot 3 = 7{,}5$

Die Basis ist **3 cm** lang, ein Schenkel ist **7,5 cm** lang.

74. a) Die Aussage ist falsch. Zwar stimmen mit den Basiswinkeln auch die Winkel an den Spitzen überein, da aber keine Aussage zu den Längen der Seiten gemacht wird, findest du leicht zwei Dreiecke mit gleichen Basiswinkeln aber unterschiedlich langen Seiten.

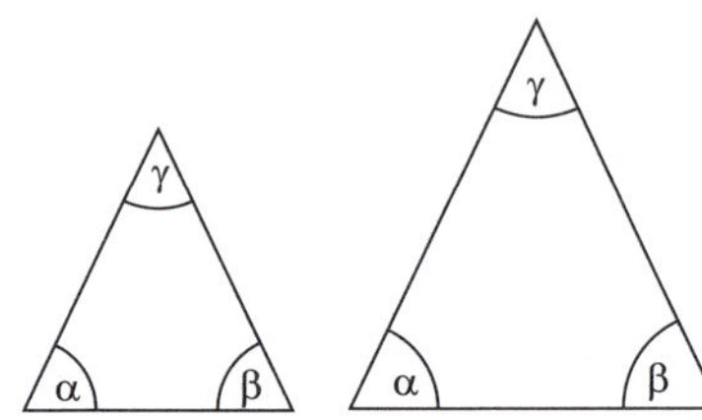

b) Die Aussage ist falsch. Das Dreieck mit Schenkellänge 4 cm und Basislänge 2 cm hat den gleichen Umfang wie das Dreieck mit Schenkellänge 3 cm und Basislänge 4 cm. Die Dreiecke sind aber nicht kongruent.

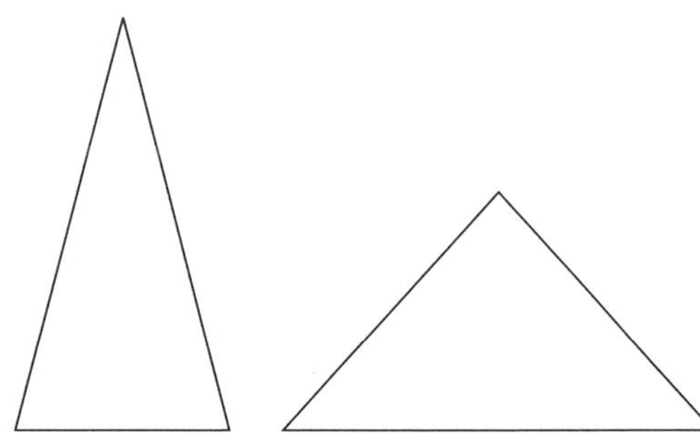

c) Die Aussage ist richtig. Da alle drei Seiten gleich lang sind, lässt sich anhand des Umfangs die Länge einer Seite angeben. Bei gleichem Umfang sind die Seiten gleich lang, die beiden Dreiecke stimmen also in drei Seiten überein und sind somit kongruent.

d) Hier kommt es darauf an, in welchen Seiten die Dreiecke übereinstimmen. Stimmen sie in der Basis und einem Schenkel überein, so sind die Dreiecke kongruent, da die Schenkel gleich lang sind und somit der Kongruenzsatz SSS anwendbar ist.

Stimmen die Dreiecke in ihren Schenkeln überein, so müssen sie nicht kongruent sein, da die Länge der Basis nicht bekannt ist. Die beiden Dreiecke in nebenstehender Abbildung haben gleich lange Schenkel, sind aber nicht kongruent.

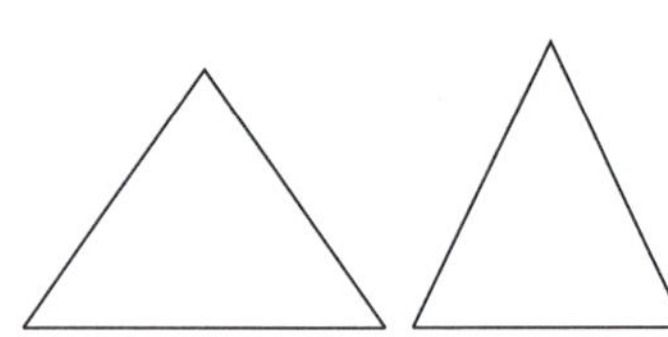

e) Die Aussage ist richtig. Da durch einen Winkel die restlichen Winkel festgelegt sind, lassen sich die Kongruenzsätze WSW bzw. SWW anwenden.

75. In der Figur treten gleichschenklige Dreiecke auf (siehe nebenstehende Abbildung), die dir helfen, die gesuchten Winkel zu berechnen.

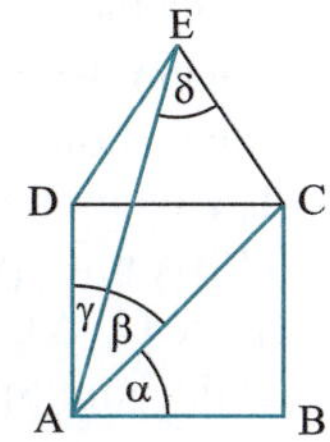

Das Dreieck ABC ist gleichschenklig, da es als Schenkel die Seiten des Quadrates hat. Der Winkel an der Spitze beträgt 90°. Hieraus lässt sich der Basiswinkel α berechnen:
$\alpha = (180° - 90°) : 2 = 90° : 2 = \mathbf{45°}$

Das Dreieck AED ist gleichschenklig, da das Dreieck CED gleichseitig mit Seitenlänge [CD] ist. Der Winkel an der Spitze D setzt sich zusammen aus dem rechten Winkel des Quadrates und dem 60°-Winkel des gleichseitigen Dreiecks. Hieraus lässt sich der Basiswinkel γ berechnen:
$\gamma = [180° - (90° + 60°)] : 2 = [180° - 150°] : 2 = 30° : 2 = \mathbf{15°}$

α, β und γ ergeben zusammen 90°.
$\beta = 90° - \alpha - \gamma = 90° - 45° - 15° = \mathbf{30°}$

δ ergibt zusammen mit dem Basiswinkel des Dreiecks AED den 60°-Winkel des gleichseitigen Dreiecks CED.
$\delta = 60° - \gamma = 60° - 15° = \mathbf{45°}$

76. Hinweise und Tipps:
Die Seitenlängen lassen sich mithilfe von gleichschenkligen und kongruenten Dreiecken bestimmen. Die gleichschenkligen Dreiecke findest du mithilfe der Basiswinkel. Bestimme zuerst die Winkel und suche dann gleichschenklige Dreiecke.

Die in nebenstehender Abbildung farbig gekennzeichneten Winkel lassen sich durch Nebenwinkel und Scheitelwinkel bestimmen.

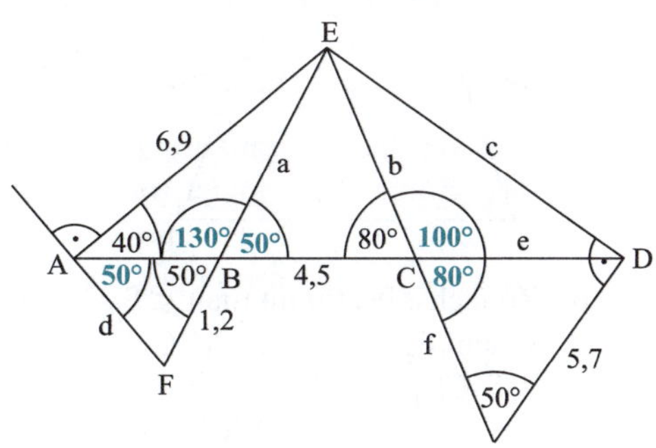

Die in nebenstehender Abbildung farbig gekennzeichneten Winkel lassen sich durch die Winkelsumme im Dreieck bestimmen.

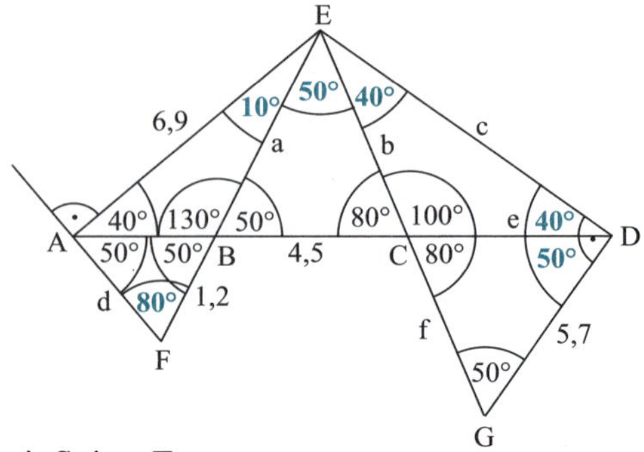

Anhand der bekannten Winkel erkennst du folgende Dreiecke als gleichschenklig:
Δ FBA mit Spitze F, Δ BCE mit Spitze C, Δ CDE mit Spitze C, Δ GDC mit Spitze C und Δ ADE mit Spitze E.
Nun lassen sich alle gesuchten Seitenlängen außer a mithilfe der gleich langen Schenkel im gleichschenkligen Dreieck bestimmen:
d = **1,2** (Δ FBA)
c = **6,9** (Δ ADE)
b = **4,5** (Δ BCE)
e = b = **4,5** (Δ CDE)
f = e = **4,5** (Δ GDC)

a erhältst du mithilfe kongruenter Dreiecke.
Nach WSW gilt: $\Delta GDC \cong \Delta EBC \Rightarrow a = \mathbf{5{,}7}$

77. a)

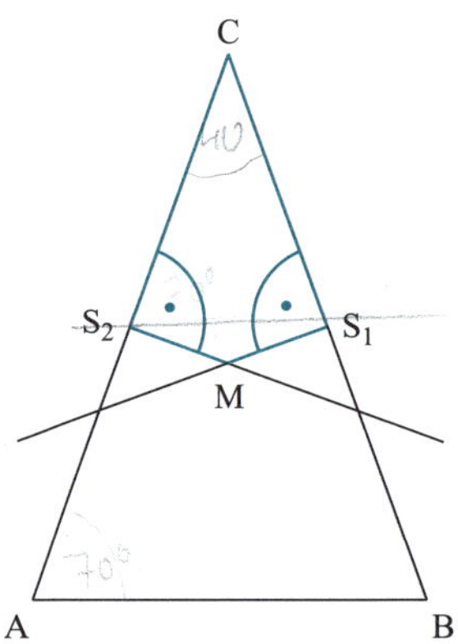

b) Zunächst bestimmt man $\sphericalangle S_2CS_1$ über die Winkelsumme im gleichschenkligen Dreieck ABC:

$$\sphericalangle S_2CS_1 = 180° - 2 \cdot \alpha = 180° - 2 \cdot 70° = 180° - 140° = 40°$$

Über die Winkelsumme im Viereck MS_1CS_2 lässt sich der gesuchte Winkel nun ermitteln:

$$\sphericalangle S_1MS_2 = 360° - 90° - \sphericalangle S_2CS_1 - 90° = 360° - 90° - 40° - 90° = \mathbf{140°}$$

c) Beim Vergleich stellst du fest, dass $\sphericalangle S_1MS_2$ doppelt so groß wie der Basiswinkel ist.
Um zu überprüfen, ob dies in jedem gleichschenkligen Dreieck gilt, musst du einen allgemeinen Term aufstellen.

$$\sphericalangle S_1MS_2 = 360° - 90° - \sphericalangle S_2CS_1 - 90° = 360° - 90° - (180° - 2 \cdot \alpha) - 90°$$
$$= 360° - 90° - 180° + 2 \cdot \alpha - 90° = \mathbf{2 \cdot \alpha}$$

$\sphericalangle S_1MS_2$ ist somit immer doppelt so groß wie der Basiswinkel.

78. a)

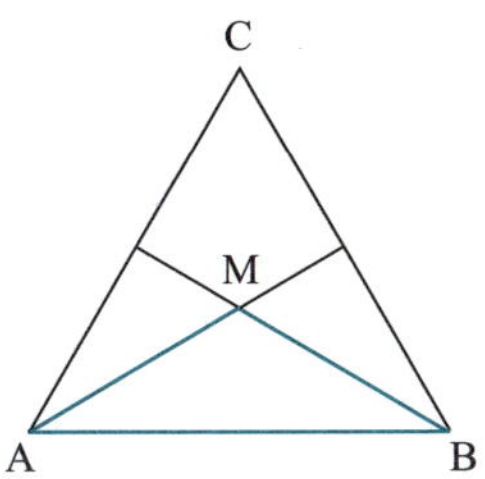

b) Betrachte das Dreieck ABM.

$$\sphericalangle AMB = 180° - 2 \cdot \left(\frac{1}{2} \cdot \alpha\right) = 180° - \alpha$$
$$= 180° - 60° = \mathbf{120°}$$

c) Zusammenhang zum Basiswinkel:
1) $\sphericalangle$ AMB ist doppelt so groß wie der Basiswinkel.
2) $\sphericalangle$ AMB ergibt zusammen mit α 180°.
Um zu überprüfen, ob dies in jedem gleichschenkligen Dreieck gilt, musst du einen allgemeinen Term aufstellen.

$$\sphericalangle AMB = 180° - 2 \cdot \left(\frac{1}{2} \cdot \alpha\right) = \mathbf{180° - \alpha}$$

Der erste Zusammenhang gilt somit nur für $\alpha = 60°$, während der zweite Zusammenhang immer gilt.

79. Die Skizze zeigt das gleichseitige Dreieck ABC mit zwei der drei Symmetrieachsen. Gesucht ist $\sphericalangle$MSB. Betrachte das Dreieck MBS. Da in einem gleichseitigen Dreieck die Symmetrieachse zugleich Mittelsenkrechte und Winkelhalbierende ist, gilt für $\sphericalangle$MSB:

$$\sphericalangle MSB = 180° - 90° - \frac{1}{2}\beta = 180° - 90° - 30° = \mathbf{60°}$$

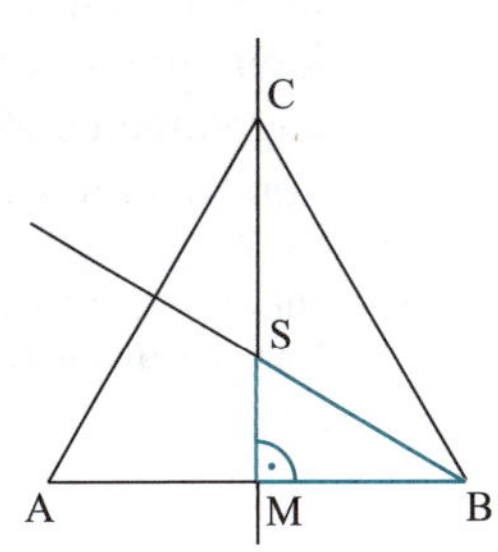

80. a) Hinweise und Tipps:
Zur eindeutigen Konstruktion von Dreiecken werden drei geeignete Größen benötigt. Die dritte Größe erhältst du aus den Eigenschaften gleichschenkliger Dreiecke: $a = b$ bzw. $\alpha = \beta$. Die Konstruktion verläuft parallel zu der auf S. 71.

Hier wird die Eigenschaft gleich langer Schenkel verwendet.

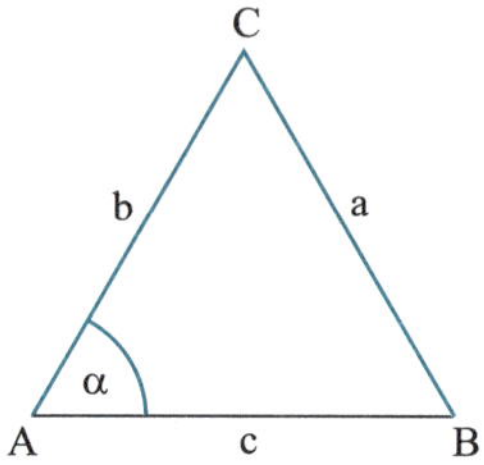

Konstruktionsbeschreibung:
Zeichne die Strecke $b = [AC]$.
Trage α in A an b an.
Ziehe einen Kreisbogen um C mit Radius a.
Der Schnittpunkt des Kreisbogens mit dem freien Schenkel von α ist B.

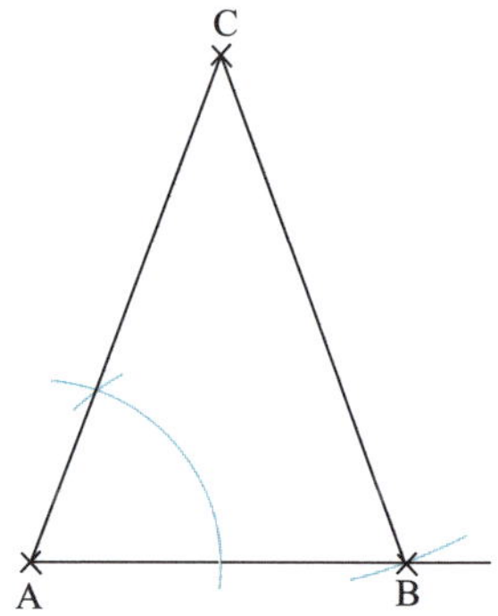

b) Hier kann nur die Eigenschaft gleich großer Basiswinkel ausgenutzt werden.

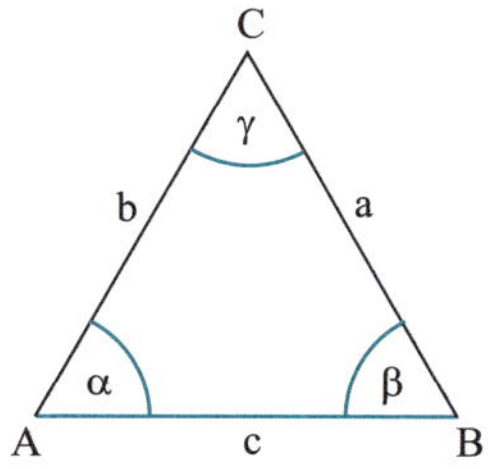

Mithilfe des Winkels an der Spitze lässt sich ein Basiswinkel konstruieren, indem γ an einer Geraden angetragen und der Nebenwinkel von γ halbiert wird.

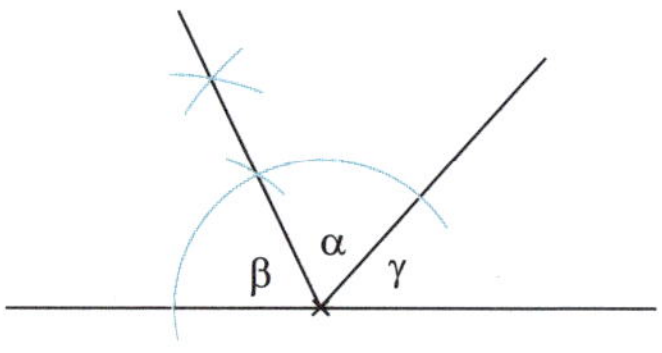

Hinweise und Tipps:
Nun verläuft die Konstruktion parallel zu der auf S. 73.

Konstruktionsbeschreibung:
Zeichne die Strecke c = [AB].
Trage α in A an c an.
Trage β in B an c an.
Der Schnittpunkt der beiden freien Schenkel ist C.

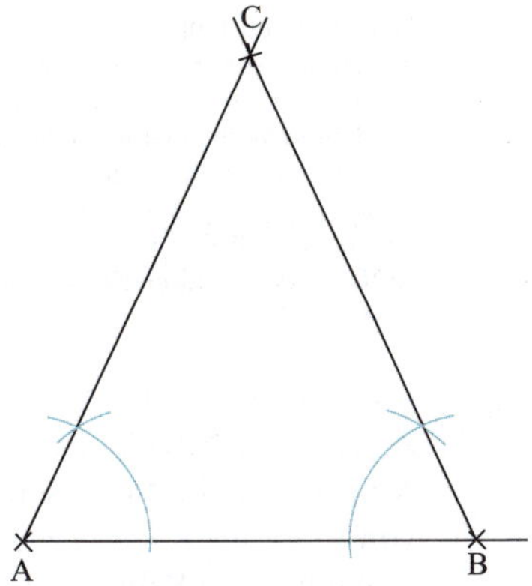

c) Hinweise und Tipps:
Die Winkelhalbierende des Winkels an der Spitze in einem gleichschenkligen Dreieck ist zugleich auch Höhe und Mittelsenkrechte. Zerlegst du das gleichschenklige Dreieck in zwei zueinander kongruente Teildreiecke, so kennst du jeweils drei Größen und kannst die Konstruktion der Teildreiecke parallel zu der auf S. 73 durchführen.

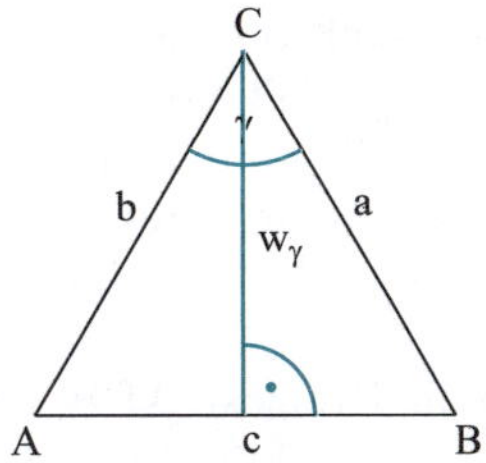

Konstruktionsbeschreibung:
Trage γ am Punkt C an.
Konstruiere die Winkelhalbierende von γ.
Ziehe einen Kreisbogen um C mit Radius w_γ.
Der Schnittpunkt mit der Winkelhalbierenden ist D.
Errichte ein Lot zu w_γ in D.
Die Schnittpunkte des Lotes mit den Schenkeln von γ sind die Punkte A und B.

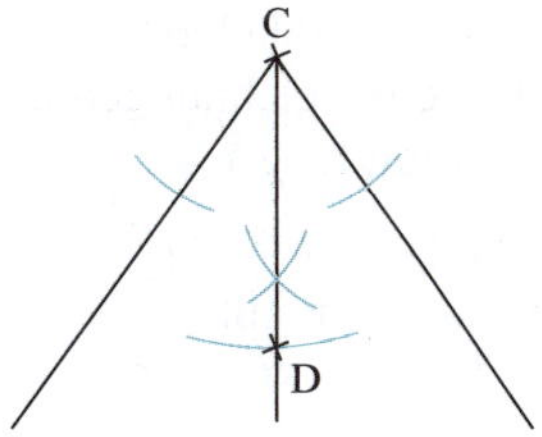

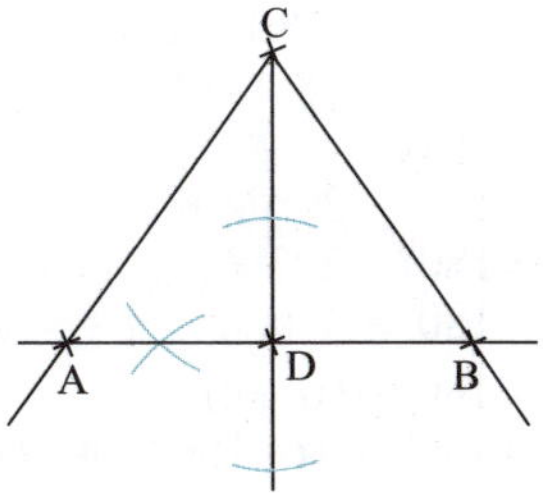

d) Hinweise und Tipps:
Die Höhe zur Basis ist in einem gleichschenkligen Dreieck zugleich Mittelsenkrechte und Winkelhalbierende. Zerlegst du das gleichschenklige Dreieck in zwei zueinander kongruente Teildreiecke, so kennst du jeweils drei Größen und kannst die Konstruktion der Teildreiecke analog zu der auf S. 70 durchführen.

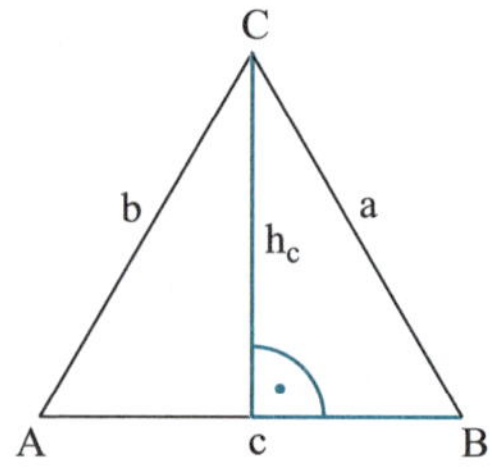

Konstruktionsbeschreibung:
Zeichne die Strecke $c = [AB]$.
Konstruiere die Mittelsenkrechte von c.
Ziehe um den Schnittpunkt der Mittelsenkrechten mit c einen Kreisbogen mit Radius h_c.
Der Schnittpunkt des Kreisbogens mit der Mittelsenkrechten ist C.

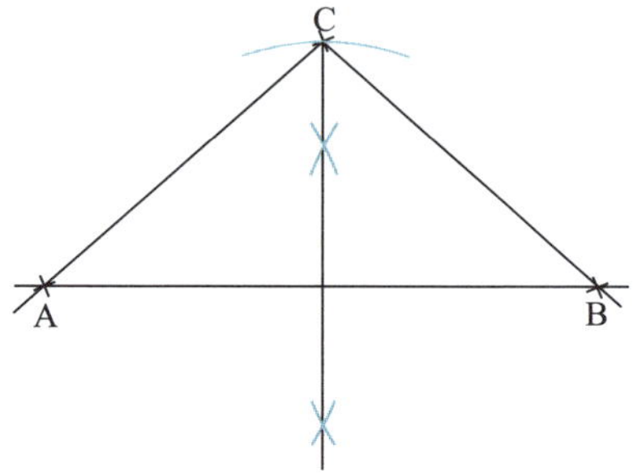

81. Da die Dreiecke ADE, DBE und BCE gleichschenklig sind, sind die jeweiligen Basiswinkel gleich groß (siehe gleiche Bezeichnungen in nebenstehender Abbildung.)

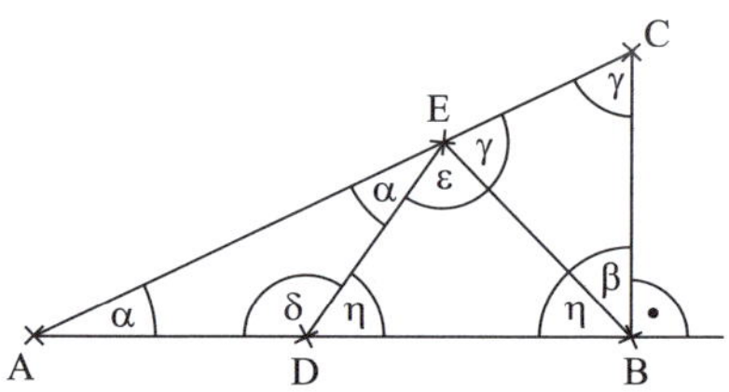

Desweiteren gilt:

$\delta = 180° - 2 \cdot \alpha$ (Winkelsumme im Dreieck ADE)

$\eta = 180° - \delta$ (Nebenwinkel)
$= 180° - (180° - 2 \cdot \alpha)$
$= 180° - 180° + 2 \cdot \alpha$
$= 2 \cdot \alpha$ (*)

$\varepsilon = 180° - 2 \cdot \eta$ (Winkelsumme im Dreieck DBE)
$= 180° - 2 \cdot 2 \cdot \alpha$
$= 180° - 4 \cdot \alpha$

$\gamma = 180° - (\alpha + \varepsilon)$ (Nebenwinkel)
$= 180° - (\alpha + 180° - 4 \cdot \alpha)$
$= 180° - (180° - 3 \cdot \alpha)$
$= 180° - 180° + 3 \cdot \alpha$
$= 3 \cdot \alpha$

$\beta = 180° - 2 \cdot \gamma$ (Winkelsumme im Dreieck BCE)
$= 180° - 2 \cdot 3 \cdot \alpha$
$= 180° - 6 \cdot \alpha$ (**)

Außerdem gilt:

$$
\begin{aligned}
\eta + \beta &= 90^\circ && \text{mit (*) und (**)}\\
2\cdot\alpha + (180^\circ - 6\cdot\alpha) &= 90^\circ \\
180^\circ - 4\cdot\alpha &= 90^\circ && \mid -90^\circ + 4\cdot\alpha \\
90^\circ &= 4\cdot\alpha && \mid :4 \\
\alpha &= 22{,}5^\circ
\end{aligned}
$$

82. a) C liegt auf dem Thaleskreis über [AB], wobei hier zwei Lösungen existieren.

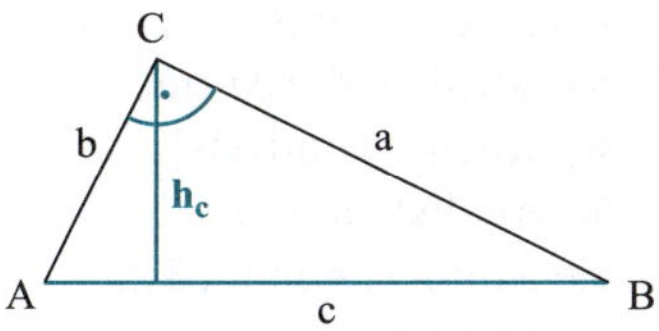

Konstruktionsbeschreibung:
Zeichne c = [AB].
Konstruiere den Mittelpunkt von [AB].
Zeichne um ihn einen Kreis mit Radius $\frac{1}{2}$c.
Zeichne die Parallele zu [AB] im Abstand der Höhe h_c.
Die Schnittpunkte der Parallelen mit dem Kreisbogen sind die Punkte C_1 bzw. C_2.

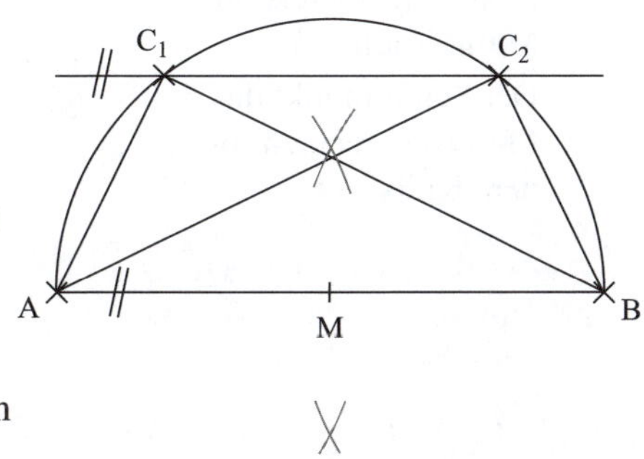

b) B liegt auf dem Thaleskreis über [AC].

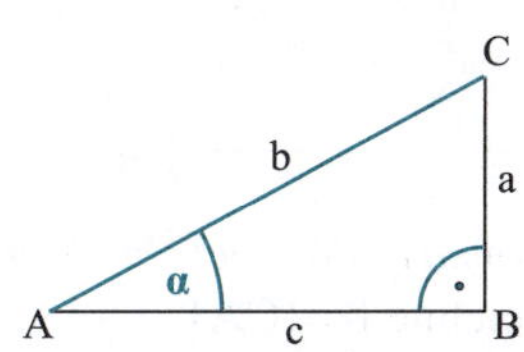

Konstruktionsbeschreibung:
Zeichne b = [CA].
Trage α an b in A an.
Konstruiere den Mittelpunkt von [CA].
Zeichne um ihn einen Kreis mit Radius $\frac{1}{2}$b.
Der Schnittpunkt des freien Schenkels von α mit dem Thaleskreis ist B.

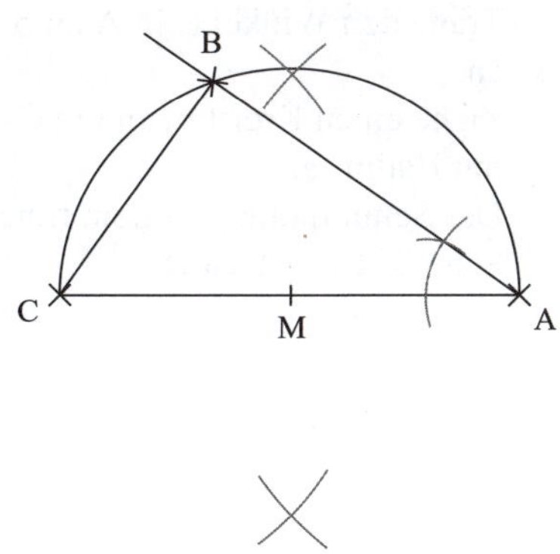

c) Das gesuchte Dreieck ist gleichschenklig und somit achsensymmetrisch zur Mittelsenkrechen von [AB]. Außerdem liegt der Punkt C auf dem Thaleskreis über [AB].

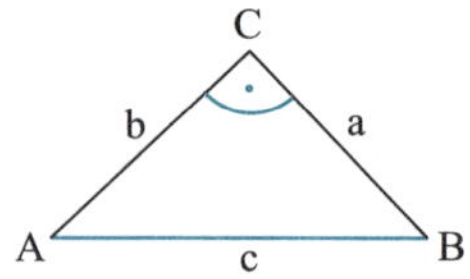

Konstruktionsbeschreibung:
Zeichne c = [AB].
Konstruiere die Mittelsenkrechte von [AB], du erhältst damit auch die Mitte M von [AB].
Ziehe einen Kreis um M mit Radius $\frac{1}{2}$c.
Der Schnittpunkt der Mittelsenkrechten mit dem Kreis ist C.

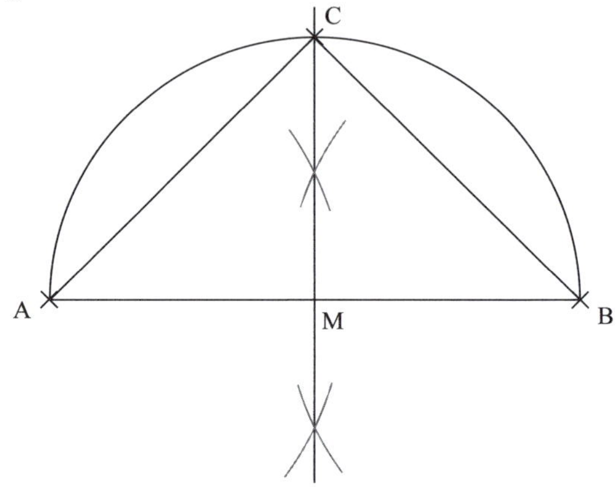

83. a)

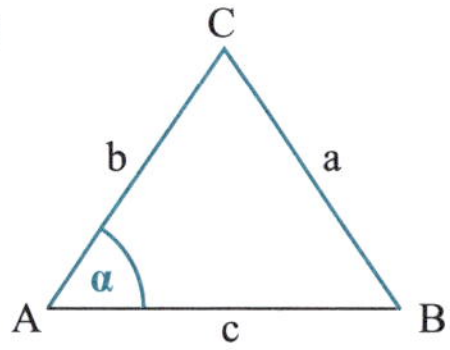

Konstruktionsbeschreibung:
Zeichne b = [CA].
Trage den Winkel α in A an b an.
Ziehe einen Kreisbogen um C mit Radius a.
Der Schnittpunkt mit dem freien Schenkel von α ist B.

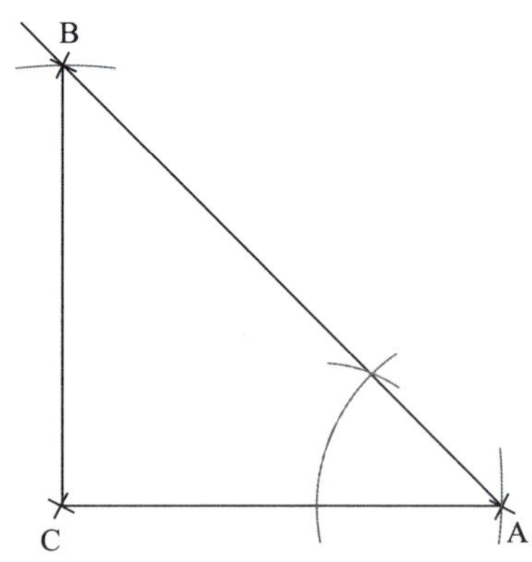

b) ΔABC ist gleichschenklig mit Basiswinkel α

$\Rightarrow\ \beta = 45°$

$\Rightarrow\ \gamma = 180° - \alpha - \beta = 180° - 45° - 45° = 90°$ (Winkelsumme im Dreieck)

$\Rightarrow\ \Delta ABC$ ist rechtwinklig mit Hypotenuse c und den Katheten a und b

$\Rightarrow\ h_a = b$ und $h_b = a$

Für den Flächeninhalt gilt:

$$A = \frac{1}{2} \cdot a \cdot h_a = \frac{1}{2} \cdot a \cdot b = \frac{1}{2} \cdot 4\text{ cm} \cdot 4\text{ cm} = \mathbf{8\ cm^2}$$

84. Hinweise und Tipps:
Grundlegende Idee ist hier, das Rechteck in die rechtwinkligen Dreiecke ABC und ACD zu zerlegen und diese mithilfe des Thaleskreises zu konstruieren. Die Diagonale des Rechtecks entspricht jeweils dem Durchmesser des Thaleskreises.

a) 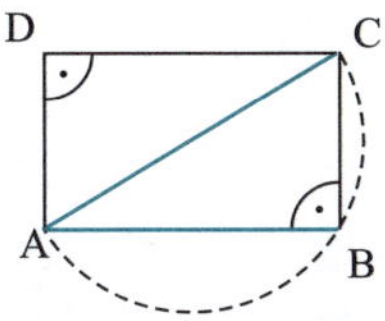

Konstruktionsbeschreibung:
Zeichne [AC].
Konstruiere den Mittelpunkt M.
Ziehe um ihn einen Kreis mit Radius $\overline{AM}$.
Trage von A und C aus jeweils $\overline{AB}$ ab.
Die Schnittpunkte mit dem Kreis sind B bzw. D.

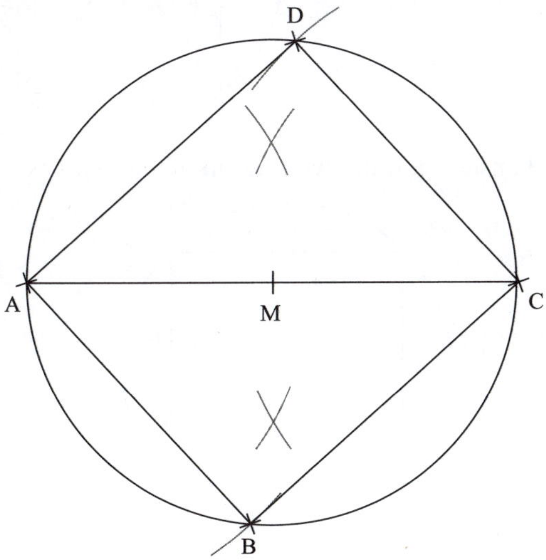

b)

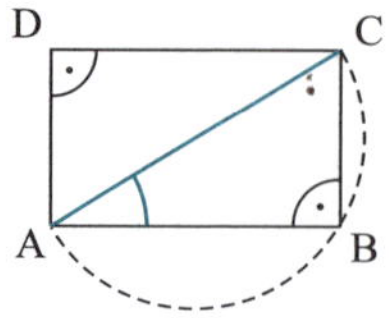

Konstruktionsbeschreibung:
Zeichne [AC].
Konstruiere den Mittelpunkt M.
Ziehe um ihn einen Kreis mit Radius $\overline{AM}$.
Trage ∢BAC jeweils in A und C an [AC] an.
Die Schnittpunkte der freien Schenkel mit dem Kreis sind B bzw. D.

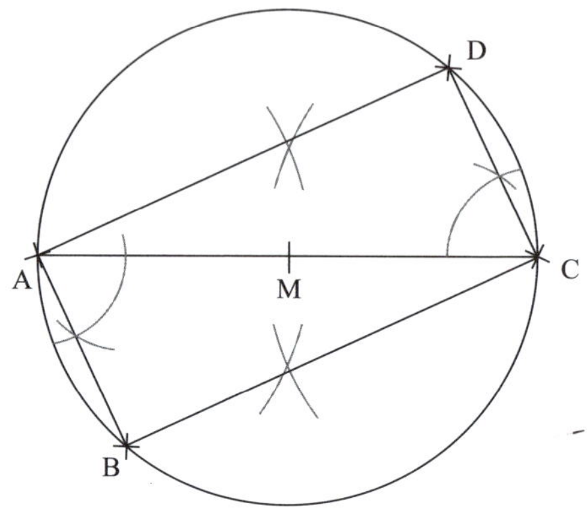

85. In einen Kreis soll ein Rechteck hineinkonstruiert werden. Der Kreisdurchmesser (dieser entspricht der Diagonalen des Rechtecks) und eine Seite des Rechtecks (hier die Höhe des Fensters) ist bekannt (siehe Aufgabe 84 a zur Rechteckskonstruktion).

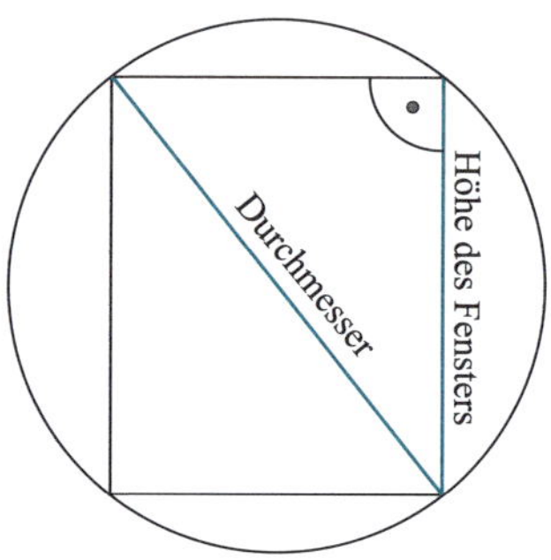

Je kleiner die Höhe des Fensters gewählt wird, desto breiter wird es.

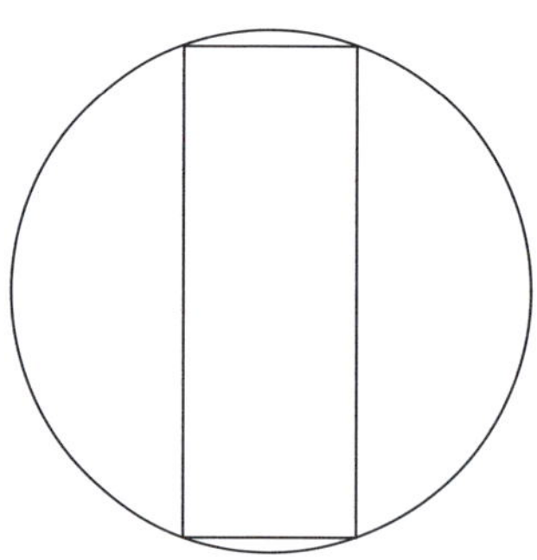

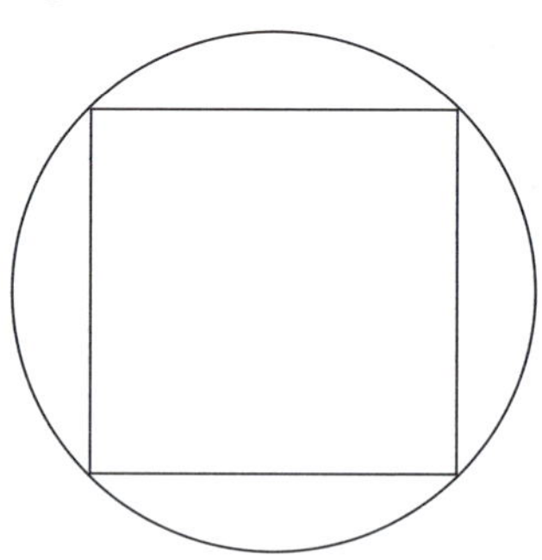

Um die maximale Breite zu bestimmen, musst du die kleinste Höhe verwenden, hier also 70 cm.

Wähle sinnvollerweise den Maßstab 1 : 20. 1 cm in der Zeichnung entspricht hierbei 20 cm in der Realität. Der gezeichnete Kreis hat somit einen Durchmesser von 6 cm bzw. einen Radius von 3 cm, die Höhe des Fensters entspricht in der Zeichnung 3,5 cm.

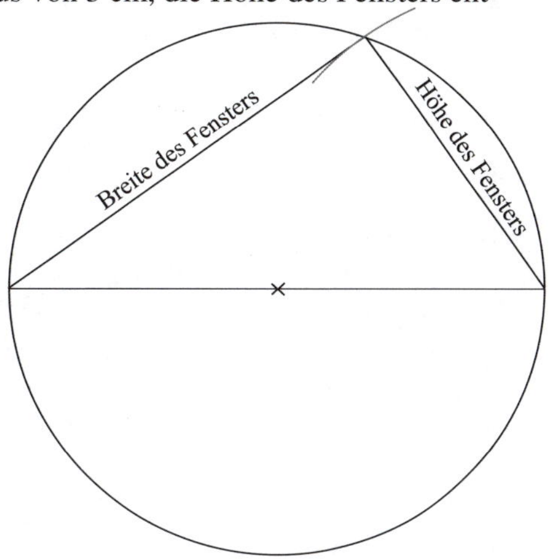

Aus der Zeichnung kannst du die maximale Breite des Fensters als 4,9 cm ablesen, was 98 cm in der Realität entspricht. Das Fenster kann also maximal **98 cm** breit sein.

86. Hinweise und Tipps:
Gesucht ist der Punkt S, an dem sich das Schiff aufhält, wenn es sowohl die Strecke zwischen den zwei Leuchttürmen als auch die Strecke zwischen Leuchtturm 1 und einem Felsen unter einem 90°-Winkel sieht.

Das Dreieck L_1L_2S hat bei S einen rechten Winkel, weshalb sich der Punkt S auf dem Thaleskreis über $[L_1L_2]$ befindet.

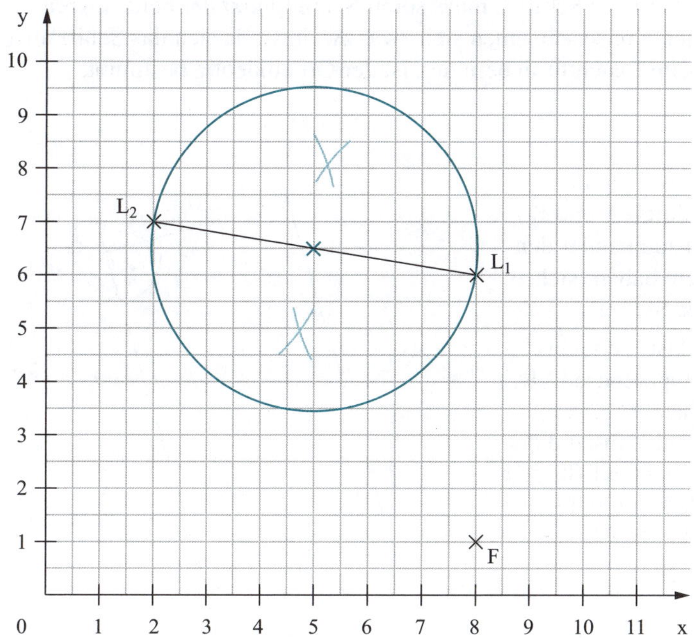

Vergleichbares gilt für das Dreieck L_1SF, wodurch Punkt S auf dem Thaleskreis über $[L_1F]$ liegt.

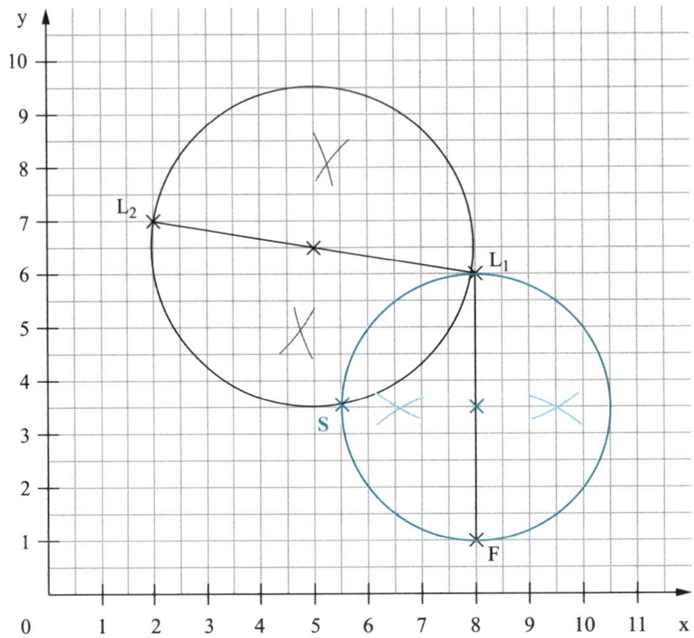

Der Aufenthaltsort des Schiffes muss somit Schnittpunkt der beiden Kreise sein. Die beiden Kreise schneiden sich zwar zweimal, da sich das Schiff aber sicher nicht beim Leuchtturm befindet, ist der Ort eindeutig bestimmt: **S(5,5 | 3,5)**.

87. Gesucht sind zwei parallele Geraden, die durch A und B verlaufen und zueinander den Abstand 2,5 cm haben (siehe nebenstehende Skizze).

Das Dreieck ABC ist rechtwinklig mit Hypotenuse [AB] und eine Kathete ist 2,5 cm lang. Da [AC] als Abstand der Geraden senkrecht auf BC steht, liegt der Punkt C auf dem Thaleskreis über [AB].

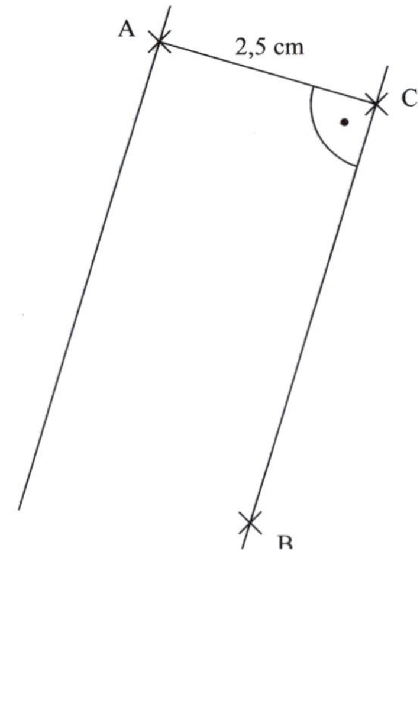

Konstruktionsbeschreibung:
Konstruiere den Thaleskreis über [AB].
Trage von A aus die Länge 2,5 cm an den Thaleskreis ab.
Es gibt zwei Lösungen C_1 und C_2.

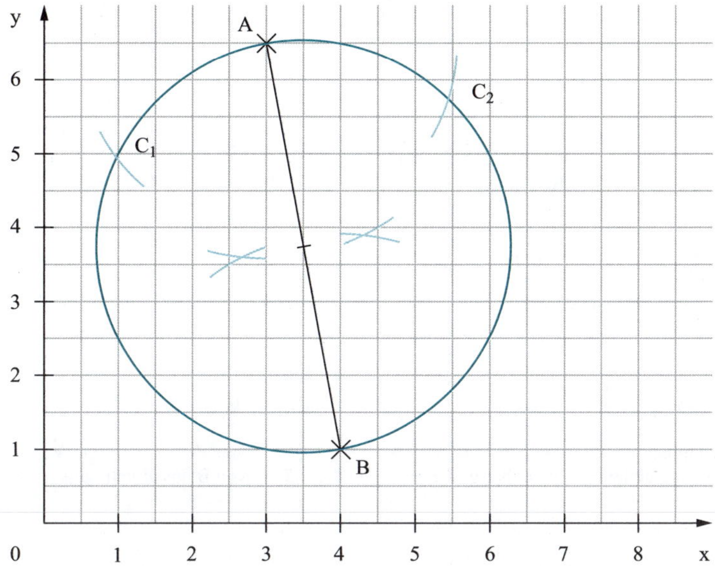

Die Punkte C_1 bzw. C_2 bilden mit B jeweils einen Rand der Piste. Der andere Rand ist die durch A verlaufende Parallele.

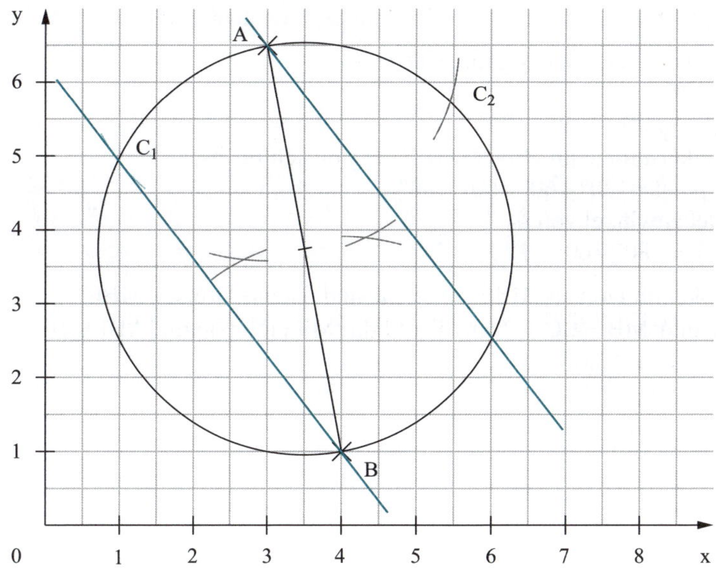

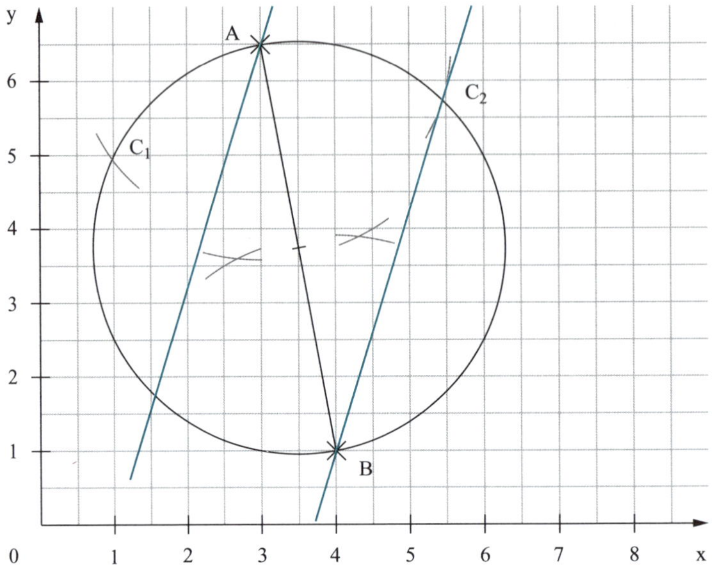

Hinweise und Tipps:
Das Verfahren wäre genauso anwendbar gewesen, wenn die 2,5 cm von B aus abgetragen worden wären.

88. Da C auf dem Thaleskreis liegt, gilt: $\gamma_1 + \gamma_2 = 90°$.
Anhand der Winkelsumme im Dreieck ABC lässt sich β bestimmen:
$\beta = 180° - (\gamma_1 + \gamma_2) - \alpha = 180° - 90° - 30° = \mathbf{60°}$
$\overline{MB} = \overline{MC}$
$\Rightarrow$ ΔMBC ist gleichschenklig mit Spitze M
$\Rightarrow$ $\gamma_2 = \beta = \mathbf{60°}$
$\Rightarrow$ $\gamma_1 = 90° - \gamma_2 = 90° - 60° = \mathbf{30°}$
Aus der Winkelsumme im Dreieck MBC ergibt sich für δ_2:
$\delta_2 = 180° - \gamma_2 - \beta = 180° - 60° - 60° = \mathbf{60°}$
δ_1 ist der Nebenwinkel von δ_2:
$\delta_1 = 180° - \delta_2 = 180° - 60° = \mathbf{120°}$

Da alle Winkel im Dreieck MBC 60° groß sind, ist das Dreieck MBC gleichseitig und $\overline{MB} = \overline{BC} = 2$ cm. Da M der Mittelpunkt von [AB] ist, ist $\overline{AB} = 2 \cdot 2$ cm $=$ **4 cm**.

89. Das in nebenstehender Abbildung farbig hervorgehobene Dreieck ist gleichschenklig und besitzt deshalb gleich große Basiswinkel. Der als δ bezeichnete Winkel ergibt zusammen mit β den Scheitelwinkel zu α:
$\alpha = \beta + \delta$
Für δ gilt somit:
$\delta = \alpha - \beta = 110° - 35° = 75°$

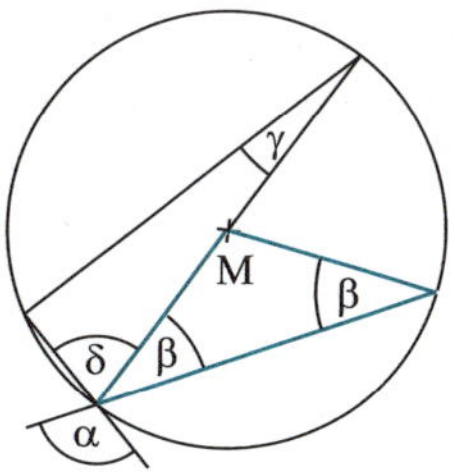

γ lässt sich über die Winkelsumme im Dreieck, das in nebenstehender Skizze farbig hervorgehoben ist, bestimmen. Das Dreieck ist rechtwinklig, da eine Seite dem Durchmesser des Kreises entspricht, auf dem der gegenüberliegende Punkt liegt.
$\gamma = 180° - 90° - \delta = 180° - 90° - 75° = \mathbf{15°}$

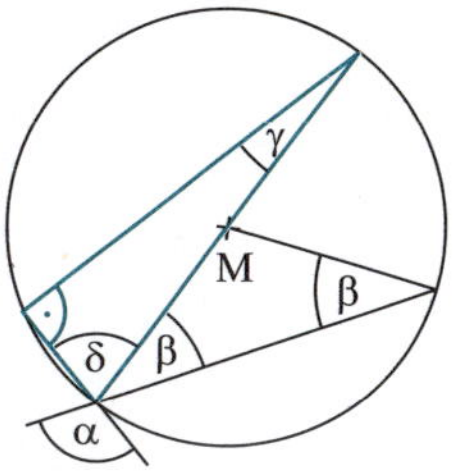

90. Wähle als Seite die Seite c. Die Seitenhalbierende schneidet c in M.
Da c doppelt so lang wie die Seitenhalbierende ist, gilt:
$\overline{MC} = s_c = \frac{1}{2}c = \overline{AM} = \overline{BM}$
$\Rightarrow$ C liegt auf dem Thaleskreis über [AB]
$\Rightarrow$ $\gamma = \mathbf{90°}$

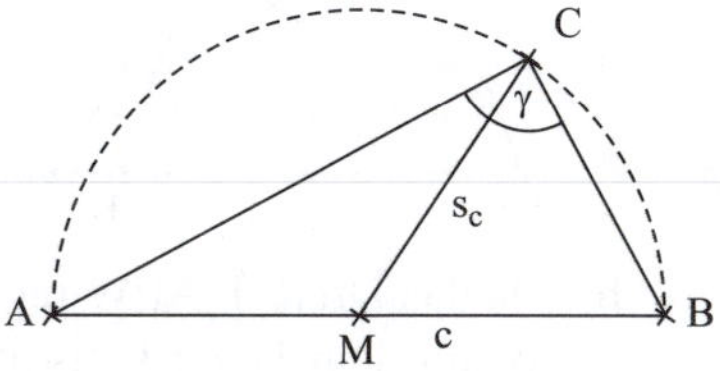

91. Die Dreiecke HH_aC bzw. HCH_b sind rechtwinklig, H_a und H_b liegen also jeweils auf dem Thaleskreis über [CH].

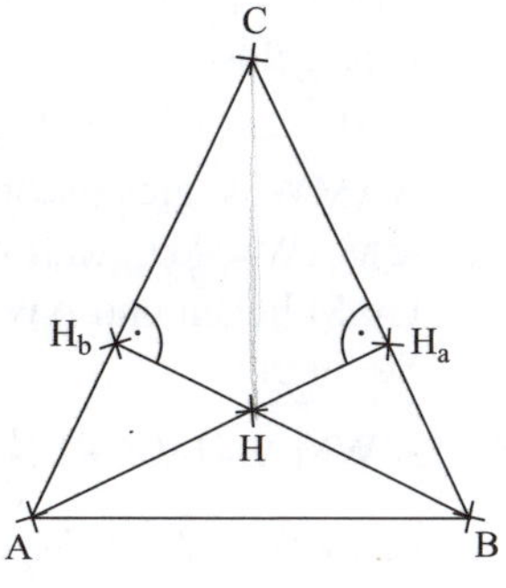

Den Mittelpunkt M erhältst du, indem du die Mitte von [CH] konstruierst.

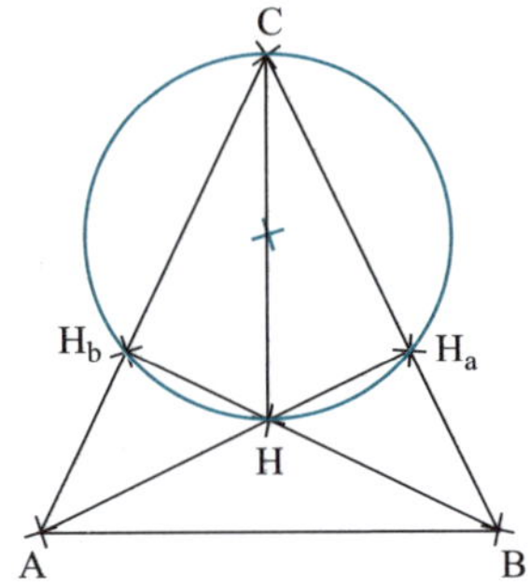

92. a)

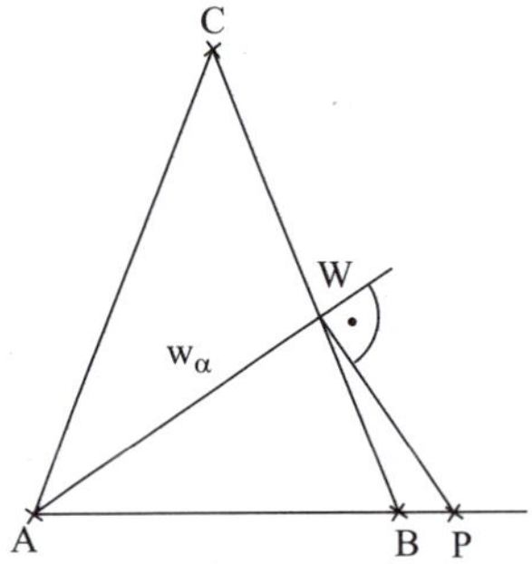

b) Da das Dreieck APW rechtwinklig ist, liegt W auf dem Thaleskreis über [AP]. M sei der Mittelpunkt von [AP]. [MW] ist also halb so lang wie [AP].
Wenn du nun zeigen kannst, dass [MW] und [BW] gleich lang sind, so ist die Aufgabe gelöst.

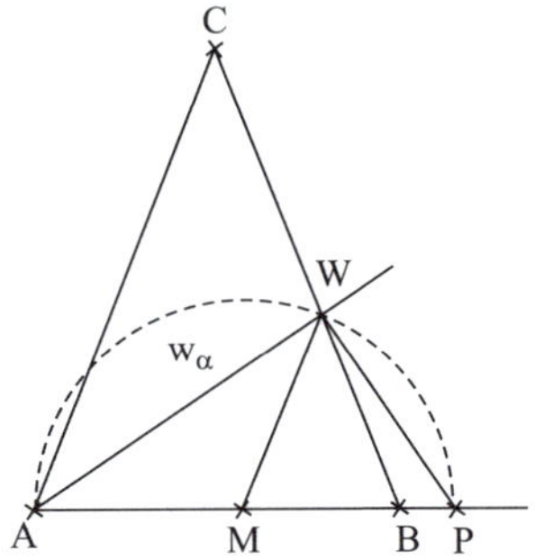

ΔABC gleichschenklig $\Rightarrow \sphericalangle WBA = \beta = \alpha$

ΔAMW ist gleichschenklig mit Basiswinkel $\sphericalangle MAW = \frac{1}{2}\alpha$, weil A und W auf dem Kreis um M liegen und AW die Winkelhalbierende von α ist.
Somit gilt:

$$\sphericalangle WMA = 180° - 2 \cdot \frac{1}{2} \cdot \alpha = 180° - \alpha$$

$\sphericalangle BMW$ und $\sphericalangle WMA$ sind Nebenwinkel

$\Rightarrow \sphericalangle BMW = 180° - \sphericalangle WMA = 180° - (180° - \alpha) = 180° - 180° + \alpha = \alpha$

Da $\sphericalangle WBA$ im gleichschenkligen Dreieck ABC ebenfalls α ist, ist auch ΔMBW gleichschenklig

$$\Rightarrow \overline{BW} = \overline{MW} = \frac{1}{2}\overline{AP}$$

93. Zeichne um M einen Kreis mit Radius 3 cm, sowie C im Abstand von 7 cm von M. Zeichne ausgehend von C das Quadrat mit Seitenlänge 2 cm, wobei C auf der Mitte der oberen Seite liegt und [ED] senkrecht auf [MC] steht.

Gesucht sind nun die Tangenten an den Kreis von den oberen Ecken D und E des Quadrates aus.

Konstruktionsbeschreibung:
Konstruiere den Mittelpunkt von [EM].
Zeichne um ihn einen Halbkreis mit Radius $\frac{1}{2}\overline{EM}$.
Der linke Schnittpunkt mit dem Kreis ist der gesuchte Punkt A.

Hinweise und Tipps:
Es reicht, nur den linken Kreisbogen des Thaleskreises zu zeichnen.

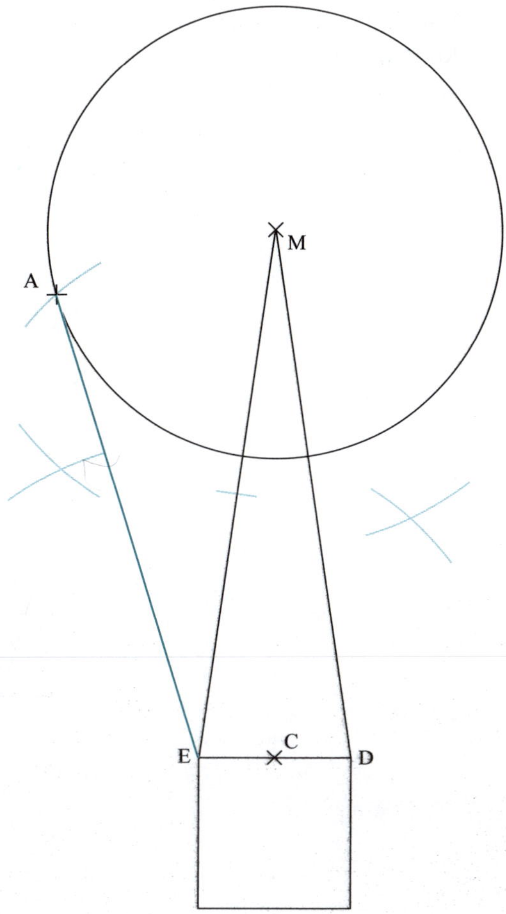

Verfahre entsprechend, für B, diesmal von D ausgehend.

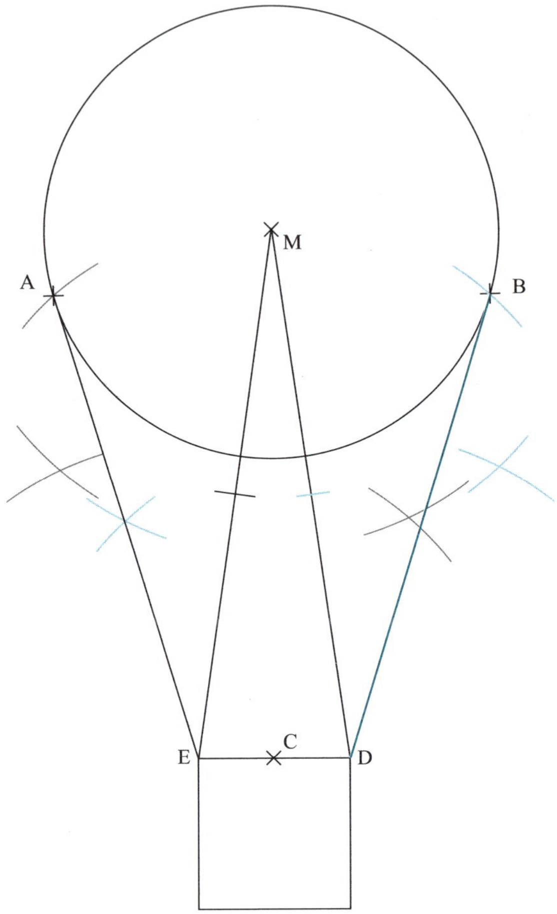

94. Gesucht ist der Mittelpunkt eines Kreises mit Radius 4 cm, sodass die bisherigen Plattenränder Tangenten an diesen Kreis sind. Da der gesuchte Mittelpunkt von beiden Kanten den gleichen Abstand hat, liegt er auf der Winkelhalbierenden des von den Kanten gebildeten Winkels. Da der Radius des Kreises 4 cm betragen soll, liegt der Mittelpunkt außerdem auf der Parallelen zu einer Plattenkante mit Abstand 4 cm.

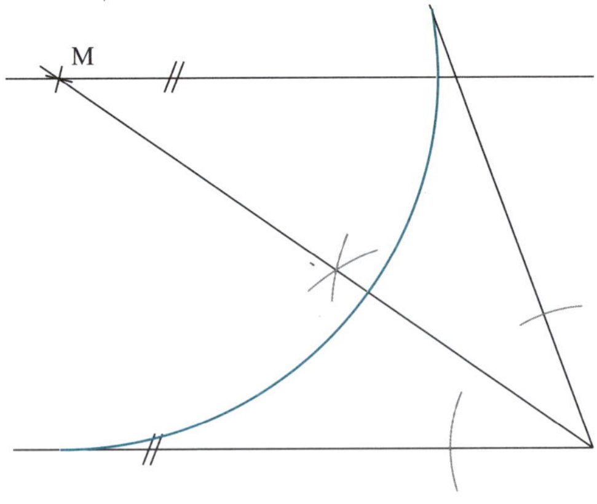

95. Gesucht ist eine Gerade durch die Zapfanlage Z, die zum Chefsessel C denselben Abstand wie die alte Bar hat.
Vorsicht: Diesen Abstand darfst du nicht einfach mit dem Zirkel abgreifen, weil die hierfür notwendige Berührstelle mit der alten Bar nicht bekannt ist.

Daher musst du zuerst ein Lot vom Chefsessel auf die alte Bar fällen. Die Verbindungsstrecke zwischen C und dem Lotfußpunkt stellt den gesuchten Abstand zur Bar dar.
Alle Punkt, die vom Chefsessel diesen Abstand haben, liegen auf einem Kreis um C mit entsprechendem Radius.

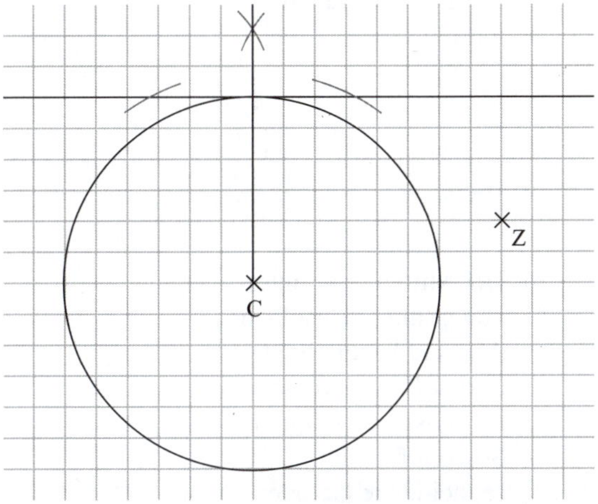

Die gesuchte Gerade durch Z mit diesem Abstand zum Chefsessel ist die Tangente durch Z an den Kreis. (Konstruktion siehe S. 92).
Die blau gefärbten Geraden stellen die beiden Möglichkeiten für den neuen Teil der Bar dar.

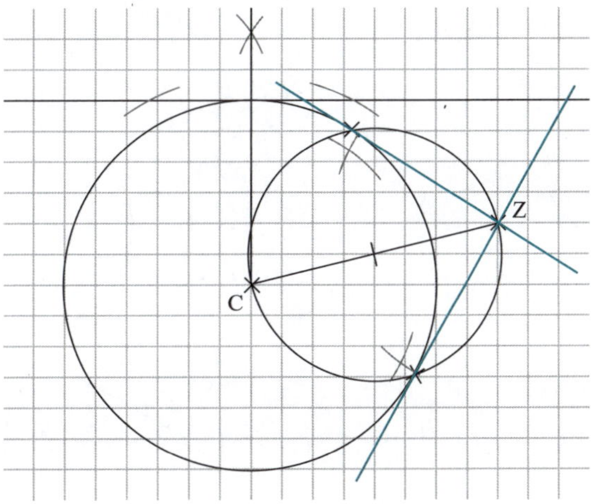

96. a) Es gibt unendlich viele Lösungen. Die Mittelpunkte befinden sich auf den beiden zu g parallelen Geraden mit Abstand r.

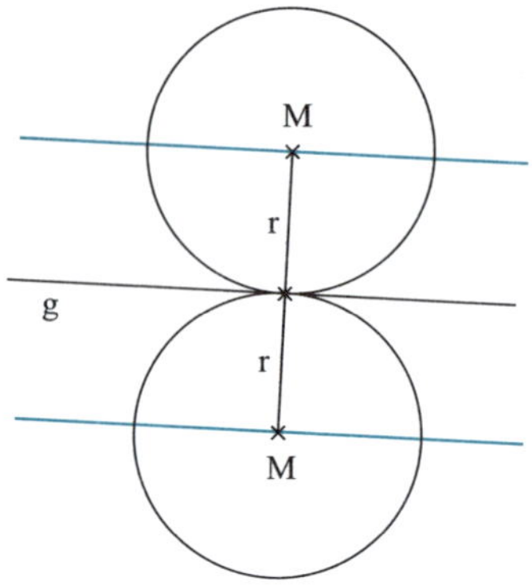

b) Der Mittelpunkt muss von g und h denselben Abstand haben, liegt also auf der Symmetrieachse von g und h. Sowohl für sich schneidende Geraden

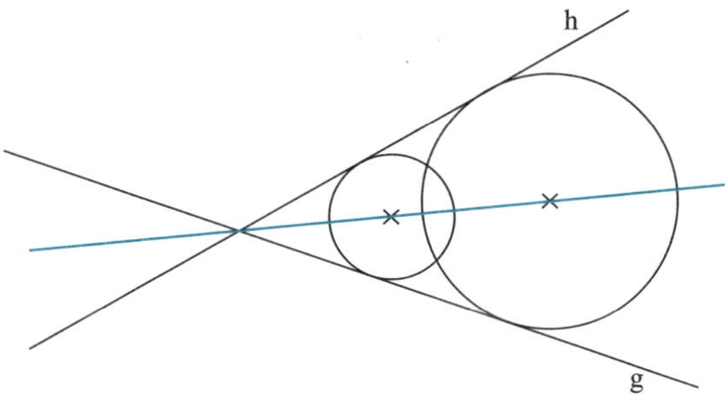

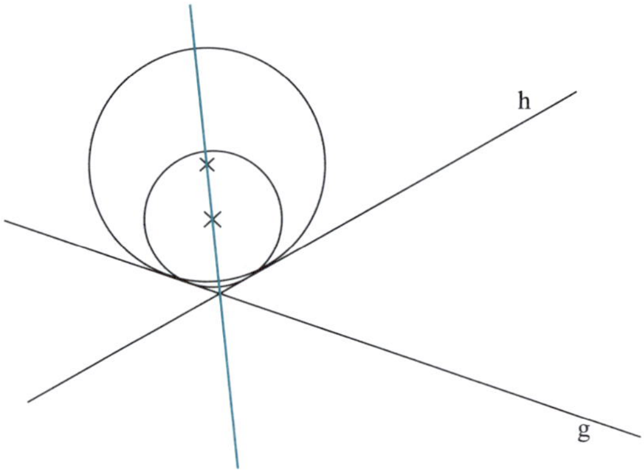

als auch für parallel verlaufende Geraden gibt es unendlich viele Lösungen.

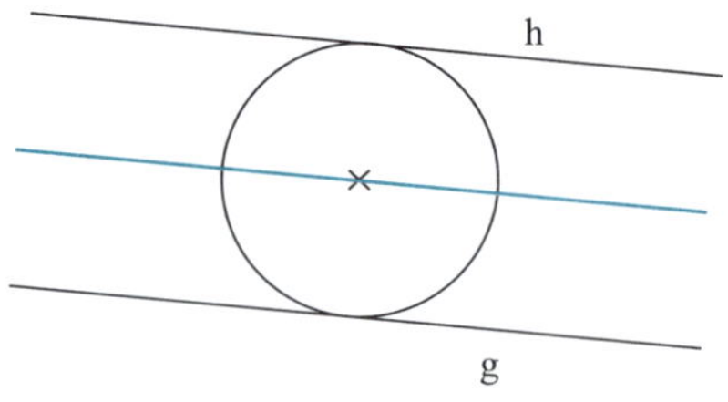

c) Der Mittelpunkt muss von g, h und k den selben Abstand haben, liegt also gleichzeitig auf den Symmetrieachsen von g und h, von g und k sowie von h und k. Die Symmetrieachsen schneiden sich jeweils im gesuchten Punkt. Je nachdem, welche Symmetrieachse gewählt wird, gibt es bei sich paarweise schneidenden Geraden vier verschiedene Lösungen.

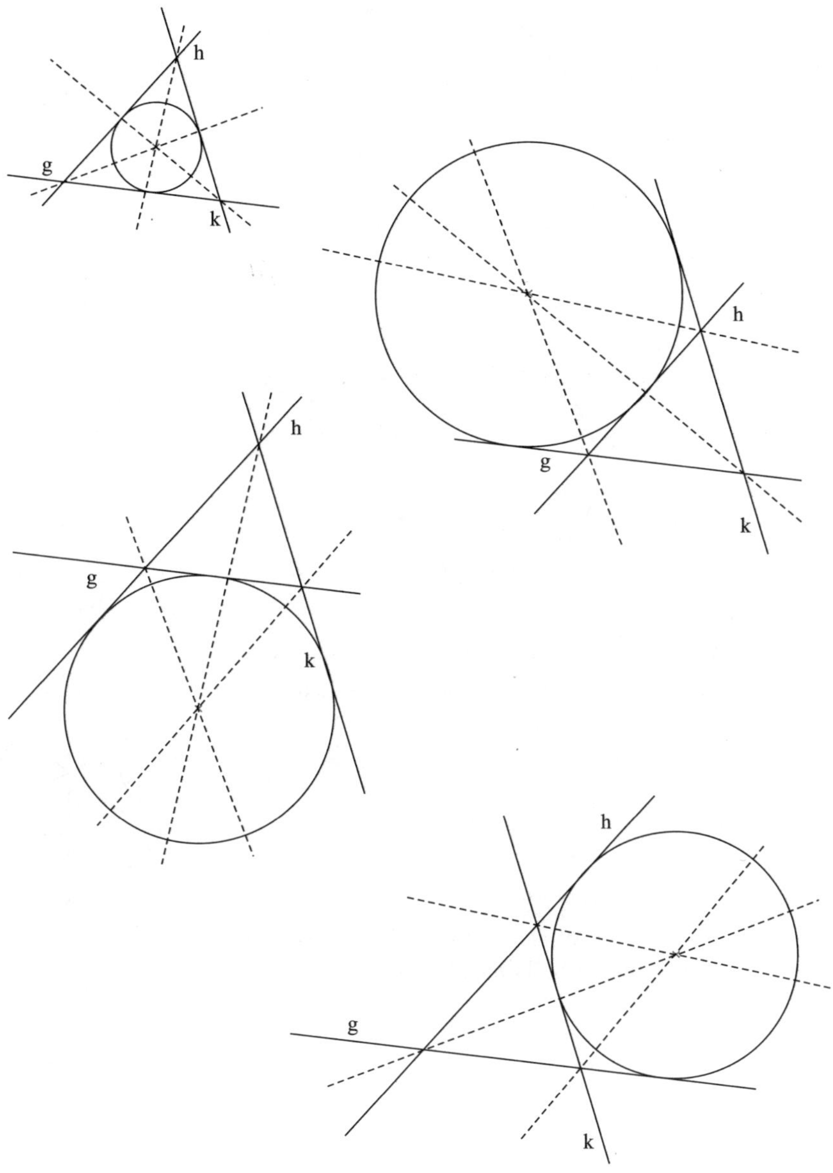

Sind zwei der Geraden parallel, so ergeben sich zwei Lösungen.

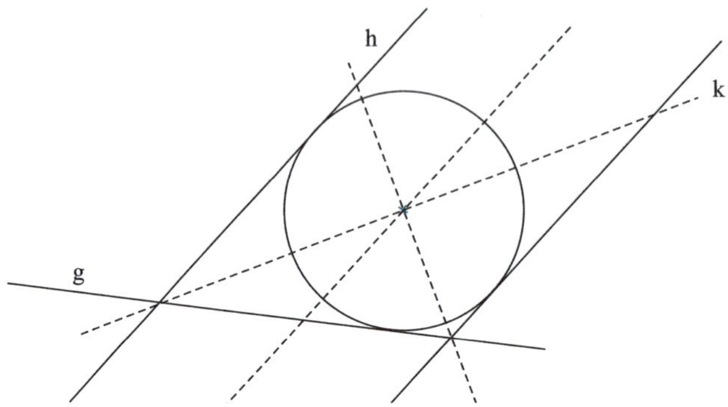

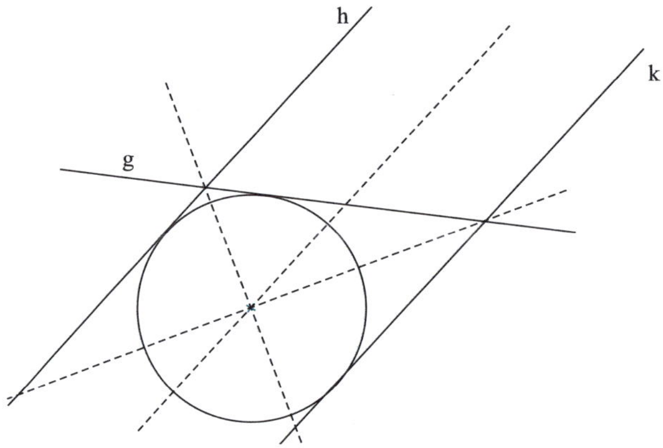

97. a) Fälle von den Eckpunkten aus jeweils ein Lot auf die gegenüberliegende Seite. Wie du ein Lot fällst, kannst du auf S. 38 nachlesen.

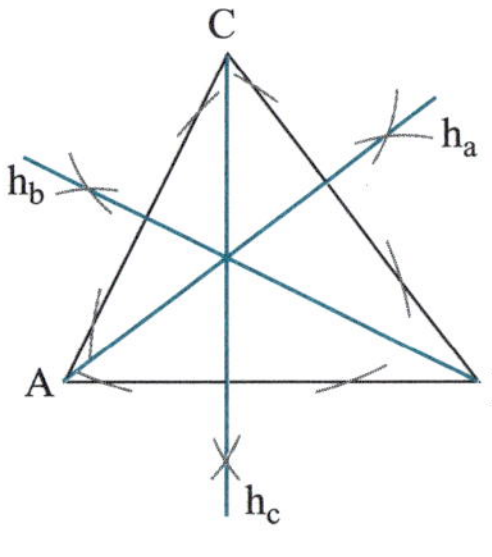

b) Wie du eine Winkelhalbierende konstruierst, kannst du auf S. 35 nachlesen.

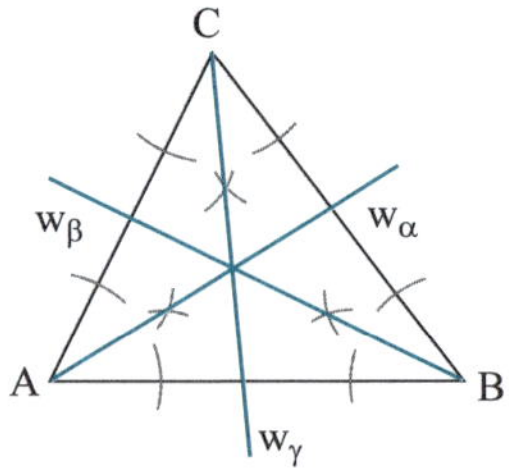

c) Konstruiere jeweils die Symmetrieachse der Seiten. Wie du hierbei vorgehst, kannst du auf S. 34 nachlesen.

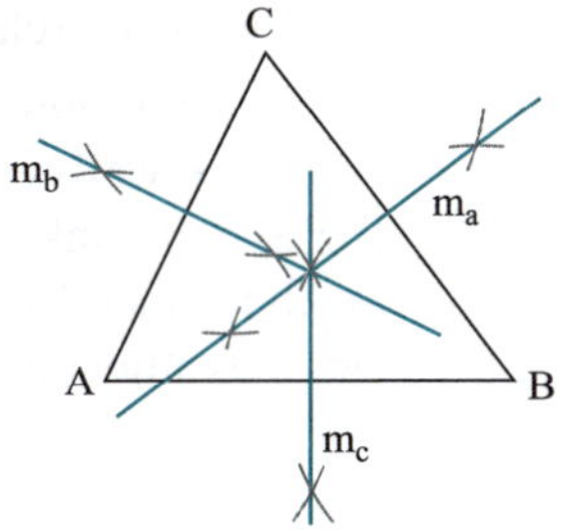

d) Konstruiere den Mittelpunkt der Seite und verbinde ihn mit dem der Seite gegenüberliegenden Eckpunkt des Dreiecks.

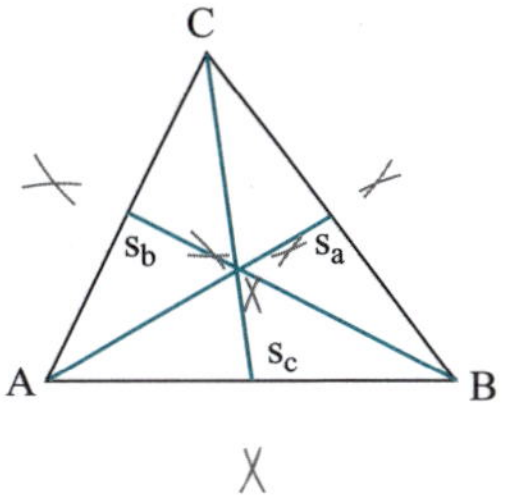

98. a) Konstruiere das Teildreieck ABF. Dies ist wegen des Kongruenzsatzes SsW eindeutig zu konstruieren.

Konstruktionsbeschreibung:
Zeichne $c = [AB]$.
Konstruiere den Thaleskreis über [AB].
Ziehe einen Kreisbogen um B mit Radius h_b.
Der Schnittpunkt mit dem Thaleskreis ist der Fußpunkt F der Höhe h_b.
Zeichne die Halbgerade [AF.

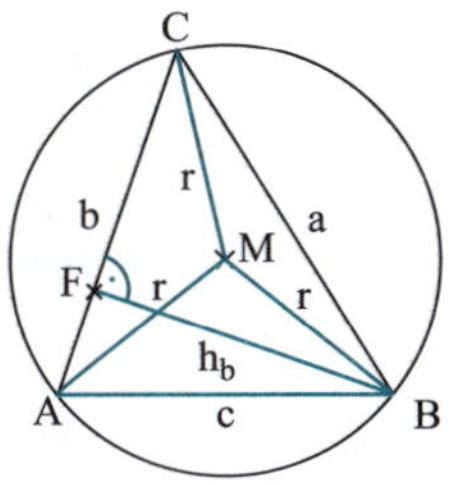

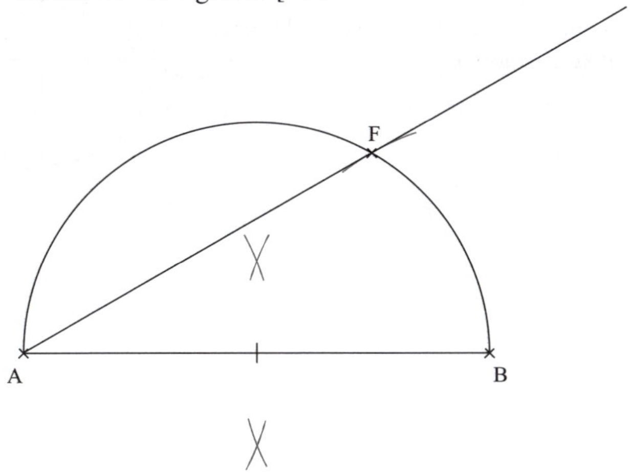

C ist dann der Schnittpunkt des Umkreises mit AF.

Konstruktionsbeschreibung:
Zeichne jeweils einen Kreisbogen um A und B mit Radius $r_{Umkreis}$.
Der Schnittpunkt M ist der Mittelpunkt des Umkreises.
Zeichne einen Kreis um M mit Radius $r_{Umkreis}$.
Der Schnittpunkt des Kreises mit der Halbgeraden [AF ist C.

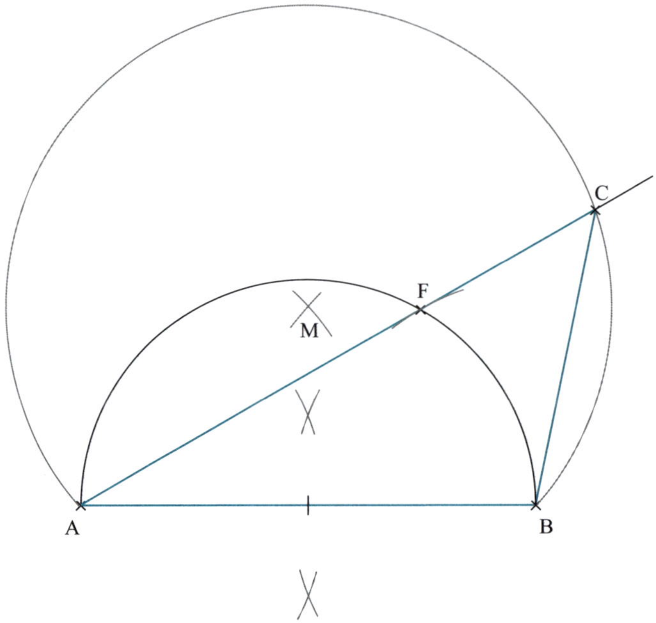

b) Da $\gamma = 90°$ ist, liegt C auf dem Thaleskreis über [AB] mit $\overline{AB} = 2 \cdot r_{Umkreis} = 7$ cm.
Nach dem Kongruenzsatz SWW ist das Dreieck eindeutig zu konstruieren.

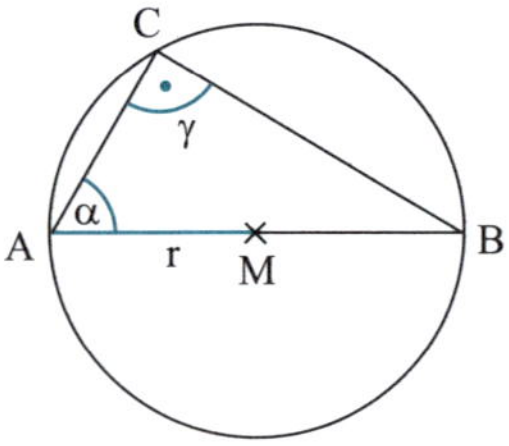

Konstruktionsbeschreibung:
Zeichne c = [AB] mit $\overline{AB} = 2 \cdot r_{Umkreis}$ Konstruiere den Thaleskreis über [AB].
Trage α in A an c an.
Der Schnittpunkt des freien Schenkels mit dem Thaleskreis ist C.

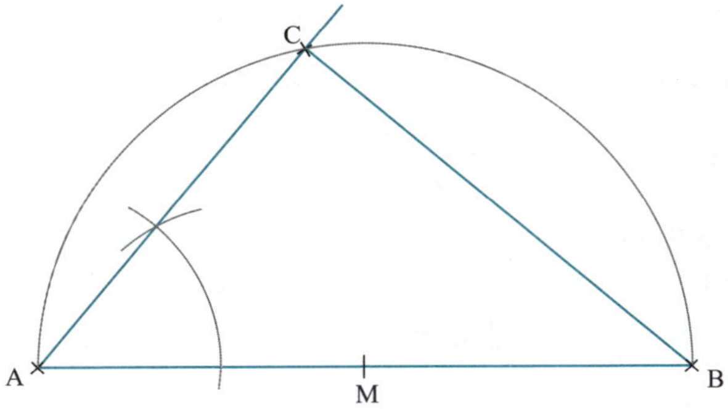

c) Hier lässt sich kein Kongruenzsatz anwenden, trotzdem gibt es nur eine Lösung.

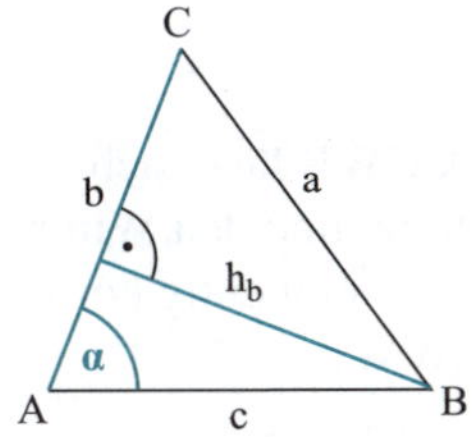

Konstruktionsbeschreibung:
Zeichne b = [AC].
Trage α in A an b an.
Zeichne eine Parallele zu b im Abstand h_b.
Der Schnittpunkt der Parallelen mit dem freien Schenkel von α ist B.

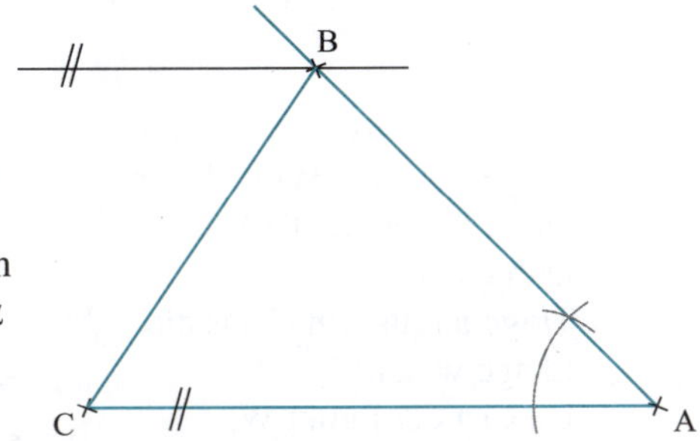

Alternativ kannst du auch erst das untere Teildreieck konstruieren (eindeutig nach SWW). Dies ist aber deutlich aufwendiger.

d) Konstruiere zunächst das Teildreieck ABF. Nach dem Kongruenzsatz SsW ist dies eindeutig zu konstruieren.

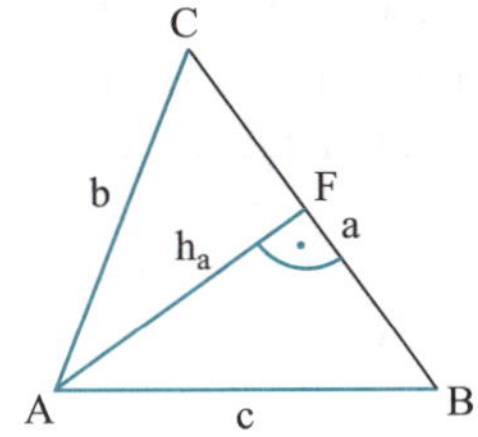

Konstruktionsbeschreibung:
Zeichne c = [AB].
Konstruiere den Thaleskreis über [AB].
Zeichne um A einen Kreisbogen mit Radius h_a.
Der Schnittpunkt mit dem Thaleskreis ist F.
Zeichne die Halbgerade [BF.
Zeichne einen Kreisbogen um A mit Radius b.
Die Schnittpunkte mit [BF sind die Punkte C_1 bzw. C_2.

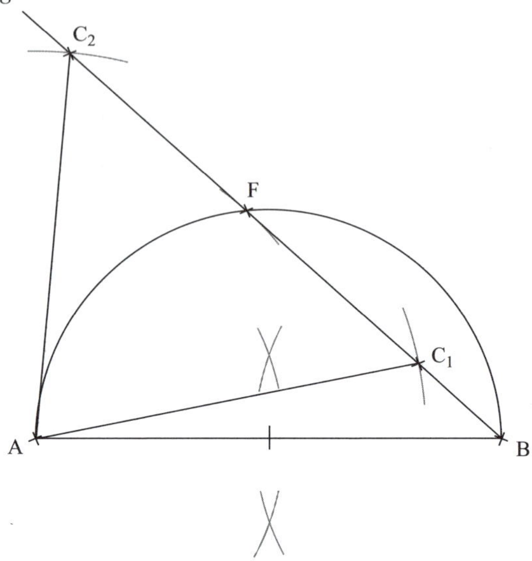

e) Das Dreieck CWB lässt sich mit der Seite w_γ und den Winkeln β und $\frac{1}{2}\gamma$ eindeutig konstruieren (SWW).

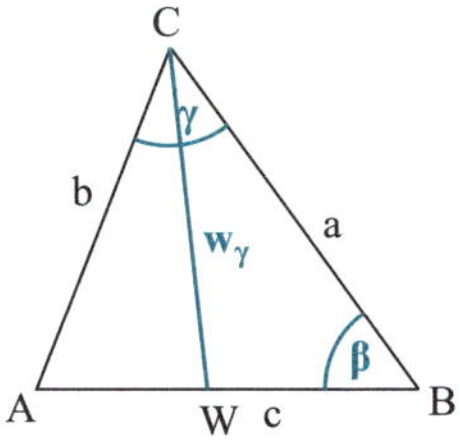

Konstruktionsbeschreibung:
Trage in C den Winkel γ an und konstruiere die Winkelhalbierende.
Trage an ihr von C aus die Länge w_γ an.
Dies ist der Punkt W.

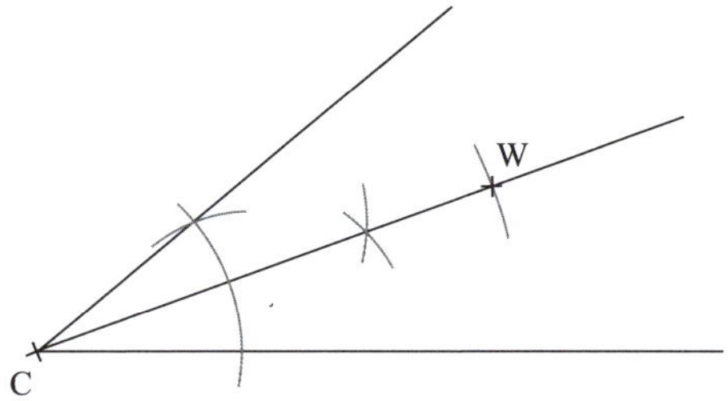

Trage in W an CW $\sphericalangle BWC = 180° - \beta - \frac{1}{2}\gamma$ an.
(Konstruktion des Winkels siehe nebenstehende Skizze).
Der Schnittpunkt des freien Schenkels von $\sphericalangle BWC$ mit dem freien Schenkel von γ ist B.

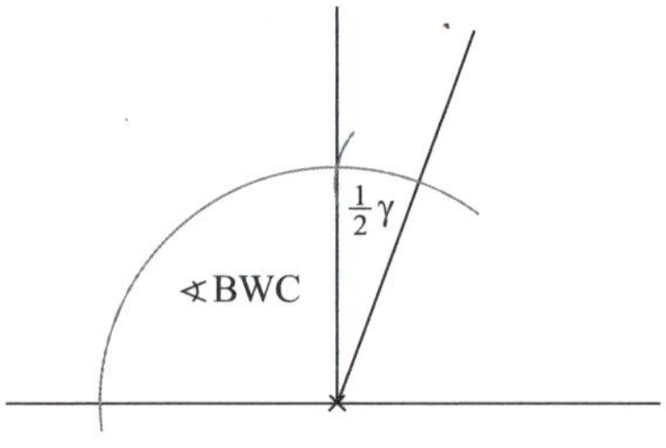

Der Schnittpunk des freien Schenkels von γ mit BW ist A.

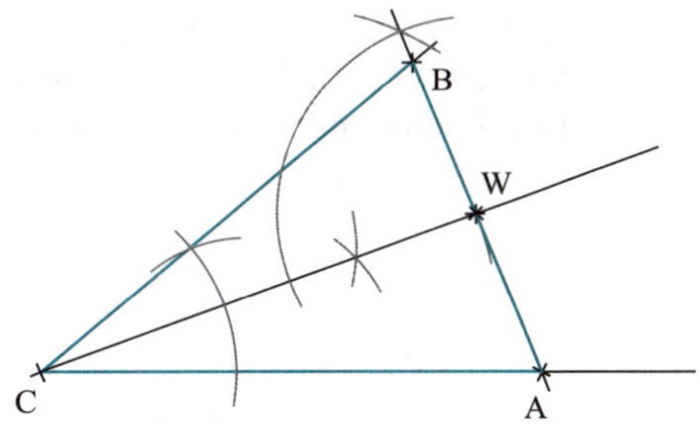

f) Im Teildreieck AWC liegt die kleinere Seite dem Winkel gegenüber, der Kongruenzsatz SsW trifft hier nicht zu, es kann also mehrere Lösungen geben.

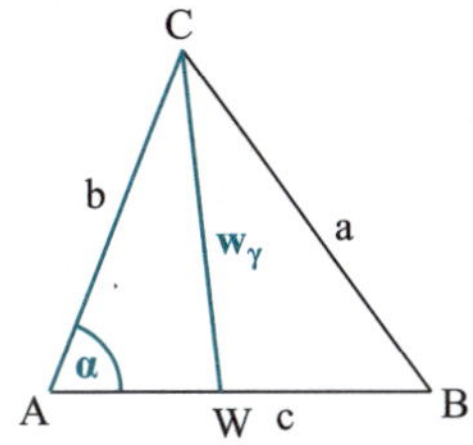

Konstruktionsbeschreibung:
Zeichne b = [CA].
Trage α in A an b an.
Ziehe einen Kreis um C mit Radius w_γ.
Die Schnittpunkte mit dem freien Schenkel von α sind W_1 bzw. W_2.

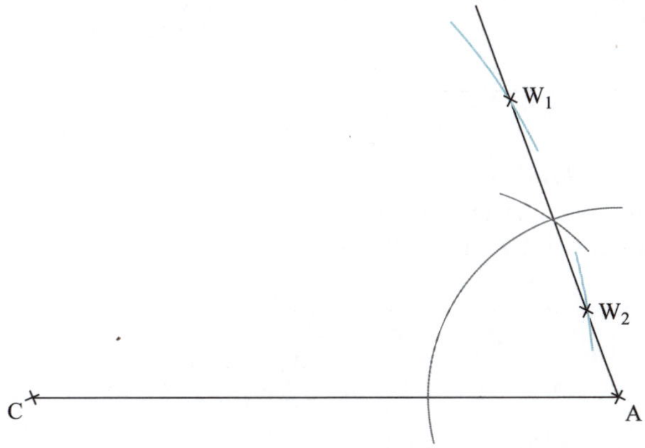

Anschließend kannst du γ durch eine Spiegelung des halben Winkels konstruieren. Den Punkt B erhältst du als Schnittpunkt der Schenkel von α und γ.

Konstruktionsbeschreibung:
Spiegele A an CW_1. Dieser Punkt sei A_1.
Der Schnittpunkt von CA_1 mit AW_1 ist B_1.

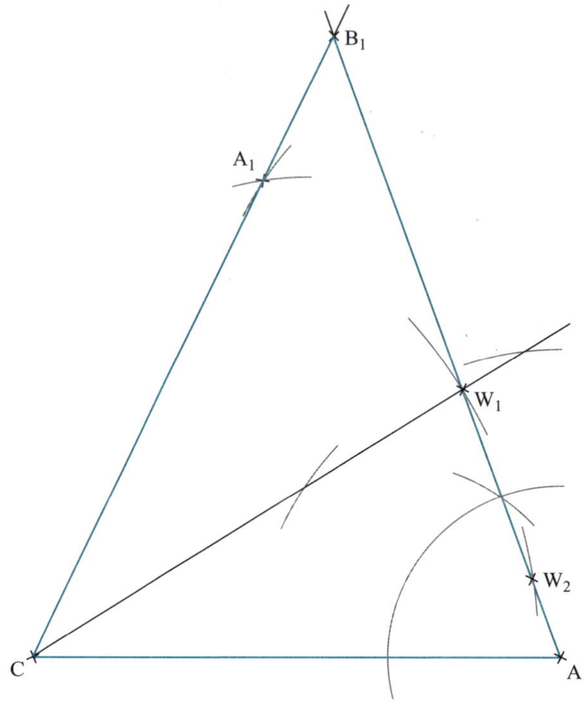

Konstruktionsbeschreibung:
Spiegele A an CW_2. Dieser Punkt sei A_2.
Der Schnittpunkt von CA_2 mit AW_2 ist B_2.

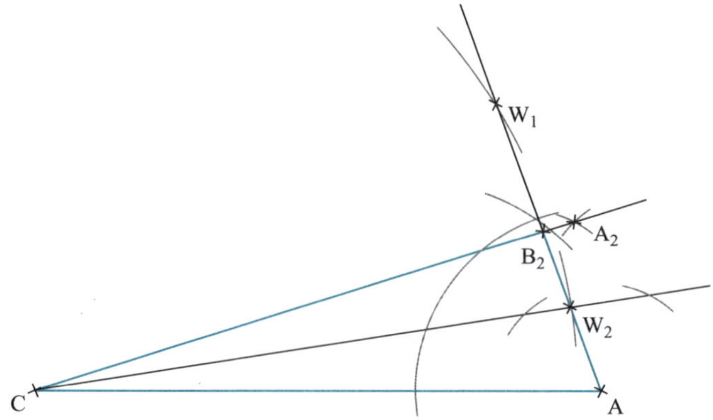

g) Das Dreieck HBC lässt sich nach dem Kongruenzsatz SWW eindeutig konstruieren. Hier reicht es, die Punkte B und C zu konstruieren. Anschließend kannst du mithilfe der Länge der Winkelhalbierenden die Hälfte von γ konstruieren.

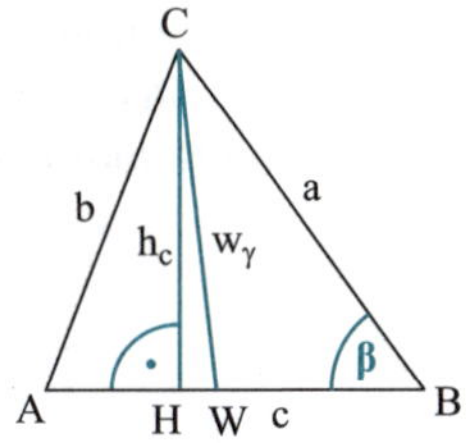

Konstruktionsbeschreibung:
Trage in B den Winkel β an.
Zeichne eine Parallele zum zweiten Schenkel im Abstand h_c.
Der Schnittpunkt mit dem ersten Schenkel ist C.
Ziehe einen Kreisbogen um C mit Radius w_γ.
Die Schnittpunkte mit dem freien Schenkel von β sind W_1 bzw. W_2.

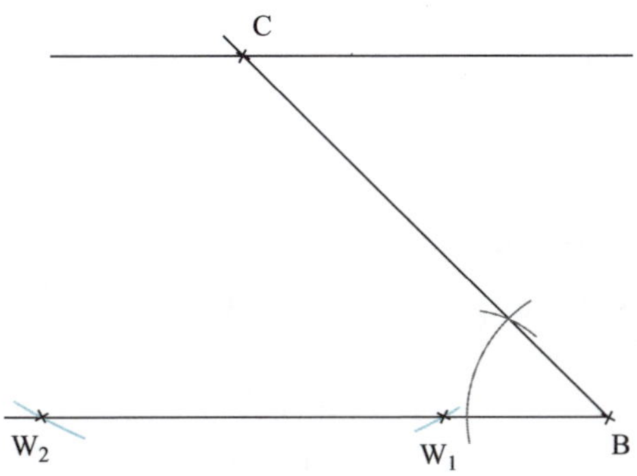

Durch eine Spiegelung des halben Winkels erhältst du den Punkt A als Schnittpunkt der Schenkel von γ und β. Ein Kongruenzsatz greift hier nicht, es kann also eventuell mehrere Lösungen geben.

Konstruktionsbeschreibung:
Konstruiere den Spiegelpunkt D_1 von B bezüglich der Symmetrieachse CW_1.
Der Schnittpunkt von CD_1 mit BW_1 ist A_1.

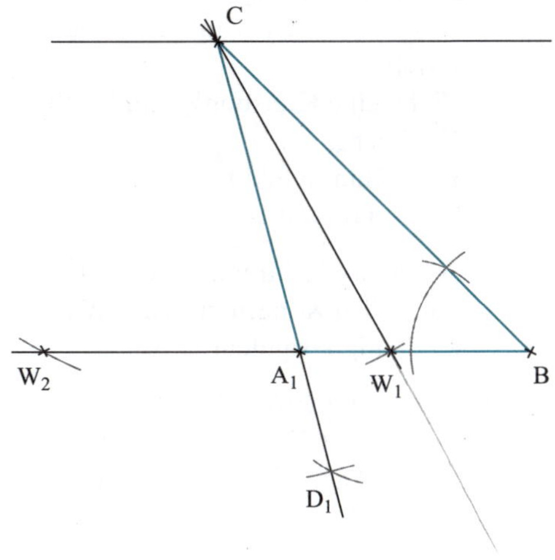

Wiederholst du nun den letzten Schritt mit dem Punkt W_2, so stellst du fest, dass die Halbgeraden $[CD_2$ und $[BW_2$ sich nicht schneiden und somit kein Dreieck A_2BC zustande kommt.

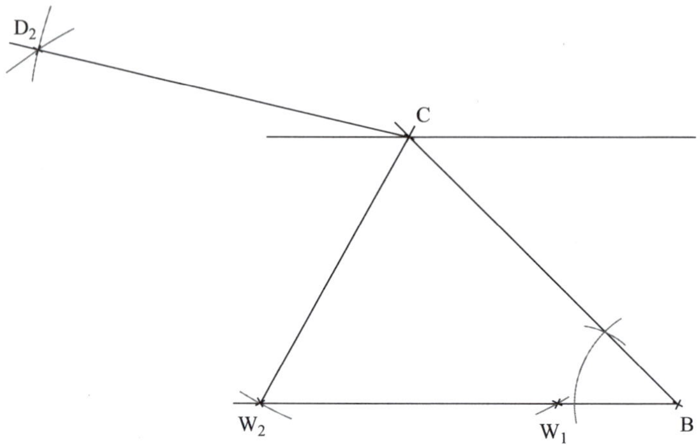

Es gibt hier also nur eine Lösung.

h) Das Dreieck ABH lässt sich eindeutig (SsW) mithilfe des Thaleskreises konstruieren.

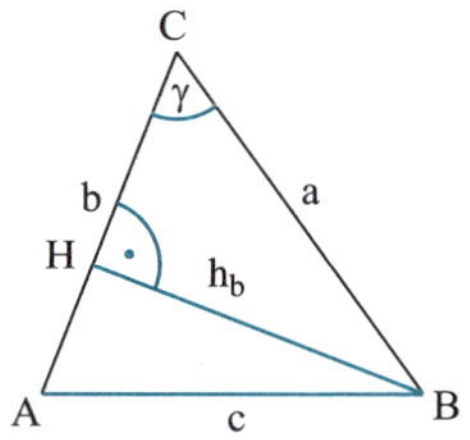

Konstruktionsbeschreibung:
Zeichne $c = [AB]$.
Konstruiere den Thaleskreis über [AB].
Ziehe eine Kreisbogen um B mit Radius h_b.
Der Schnittpunkt mit dem Thaleskreis ist H.

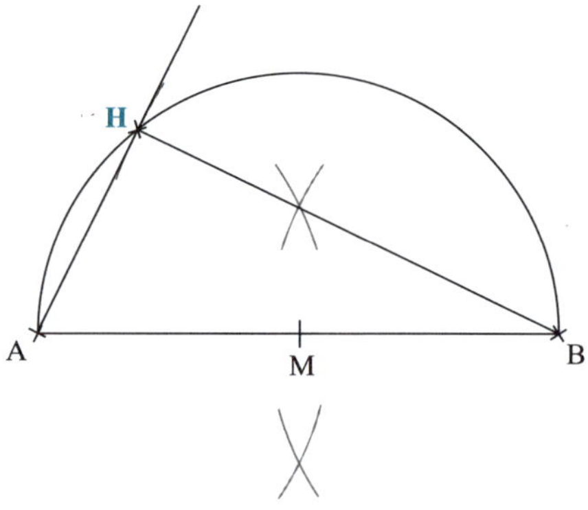

Auch das Teildreieck HBC ist durch den Kongruenzsatz SWW eindeutig festgelegt.

Konstruktionsbeschreibung:
Trage $\sphericalangle CBH = 180° - \gamma - 90°$ in B an [BH] ab. (Konstruktion siehe nebenstehende Skizze)

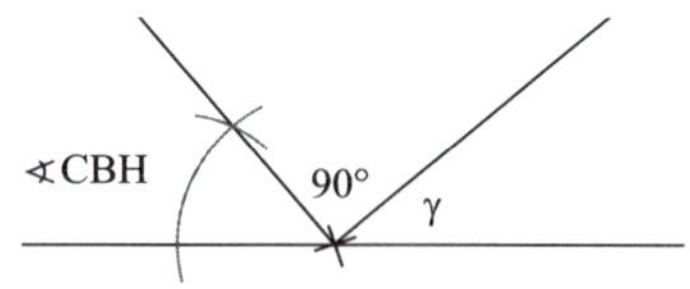

Der Schnittpunkt des freien Schenkels von ∢CBH mit AH ist C.

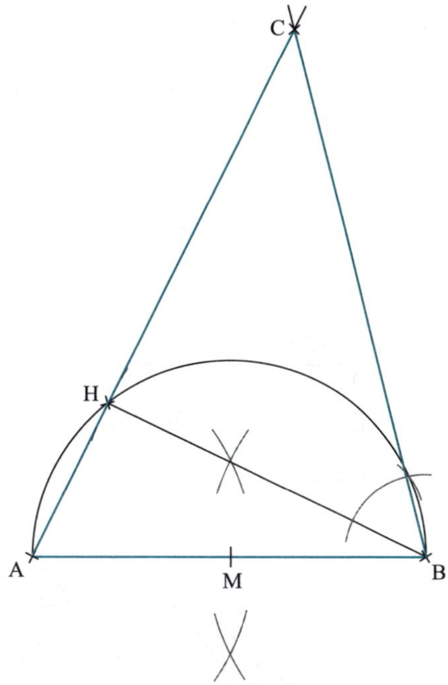

99. a) Gegebene Größen:
$a = 2{,}5$ cm, $b = 3$ cm, $\alpha = 55°$
Es gibt zwei Lösungen.

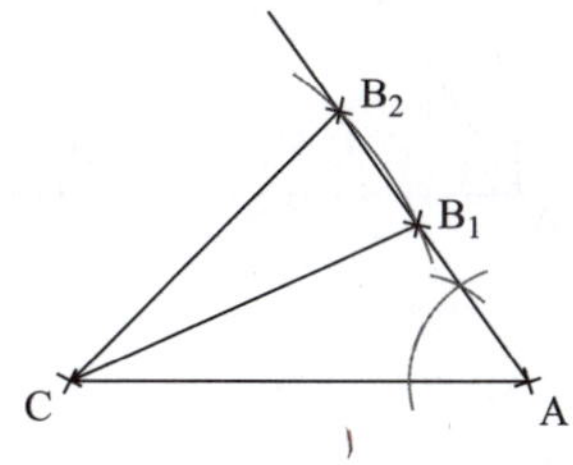

b) Gegebene Größen:
$a = 5{,}5$ cm, $\gamma = 50°$, $w_\gamma = 5$ cm
Es gibt eine Lösung.

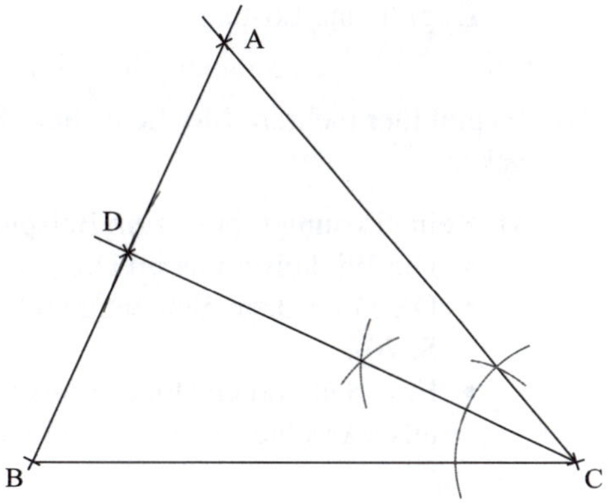

c) Gegebene Größen: a = 4 cm, c = 6 cm, h_c = 3,5 cm

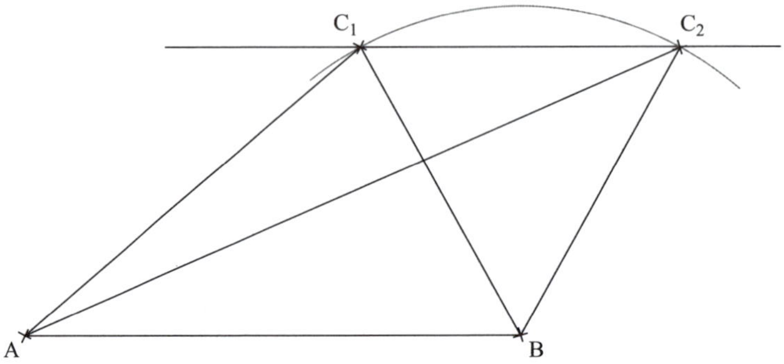

Es gibt zwei Lösungen.

d) Gegebene Größen: c = 6 cm, h_a = 4,5 cm, w_β = 5 cm

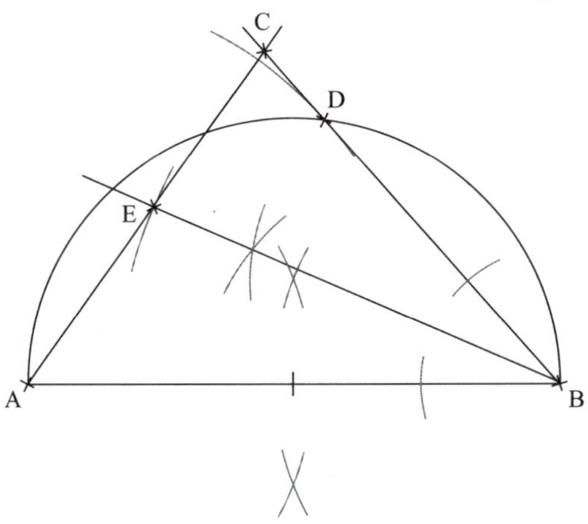

Es gibt eine Lösung.

100. Es gibt hier mehrere Möglichkeiten. Einige Beispiele sind als Lösung angegeben.

a) Keine Lösung gibt es zum Beispiel, wenn
- Die Winkelsumme im Dreieck nicht 180° ist.
- Die Dreiecksungleichung nicht erfüllt ist (Dreiecksungleichung siehe S. 70).
- Eine Seite (auch Höhe, Winkelhalbierende, Seitenhalbierende, Mittelsenkrechte) länger als der Durchmesser des Umkreises ist.

b) Genau zwei Lösungen gibt es z. B. bei der weiteren Angabe von

- einer Seite und der Höhe auf diese Seite

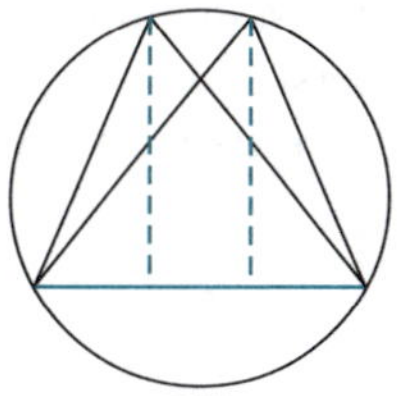

- einer Seite und der Seitenhalbierenden dieser Seite

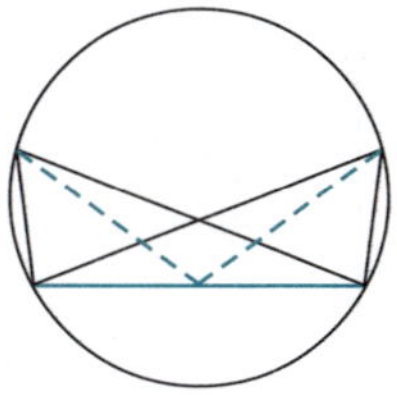

Bei beiden Möglichkeiten ist darauf zu achten, dass die Längen nicht zu groß gewählt werden.

c) Genau eine Lösung gibt es z. B. bei der weiteren Angabe von einer Seite und einem angrenzenden Winkel. Auch hier darf die Seite nicht länger als der Durchmesser des Umkreises sein.

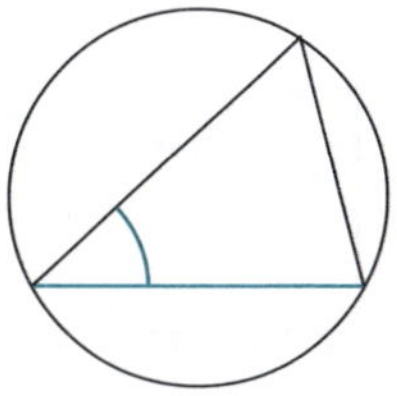

101. Das Viereck kann entlang der Diagonalen, die nicht die beiden rechten Winkel teilt, in zwei rechtwinklige Dreiecke zerlegt werden. Die Eckpunkte liegen somit jeweils auf dem Thaleskreis über dieser Diagonalen, der für beide Dreiecke identisch ist.

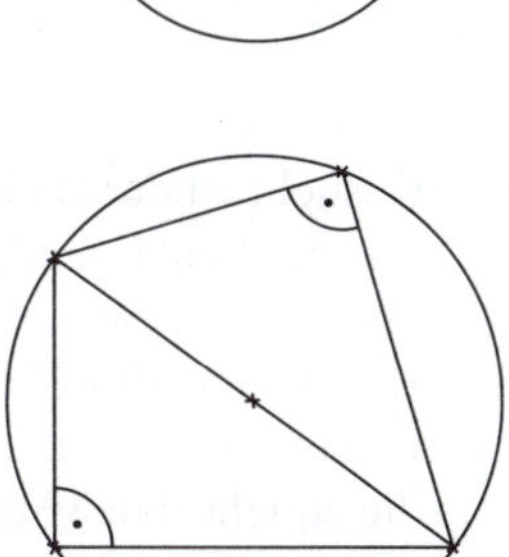

102. Da sich alle Mittelsenkrechten eines Dreiecks in einem Punkt schneiden, genügt es für den Schnittpunkt, zwei der drei Mittelsenkrechten zu konstruieren (siehe S. 34). Verschiebst du z. B. den Punkt C, so verändert sich die Lage von A und B nicht und somit auch die Lage der Mittelsenkrechten von [AB] nicht. Der Schnittpunkt der Mittelsenkrechten befindet sich auf alle Fälle auf der Mittelsenkrechten von [AB], die eine Gerade ist. Durch das Verschieben von C ändert sich die Lage der Mittelsenkrechten der beiden anderen Seiten und somit bewegt sich der Schnittpunkt auf der Mittelsenkrechten von [AB].

103. Gesucht ist der Mittelpunkt des Umkreises des Dreiecks ABC. Diesen erhältst du, indem du die Mittelsenkrechten z. B. von [AC] und [BC] konstruierst.
Der Standort der Turnhalle liegt bei M(5 | 3).

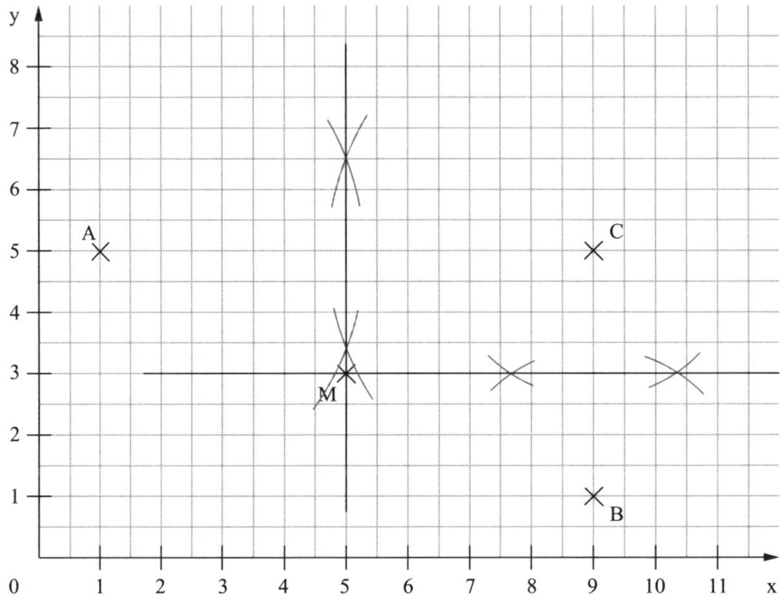

104. Gesucht ist der Radius des Umkreises eines gleichschenkligen Dreiecks mit Basis 3 cm und Höhe 4 cm.
Konstruiere das gleichschenklige Dreieck, indem du zuerst die Basis [AB] zeichnest, die zugehörige Mittelsenkrechte errichtest und an ihr die Höhe abträgst.

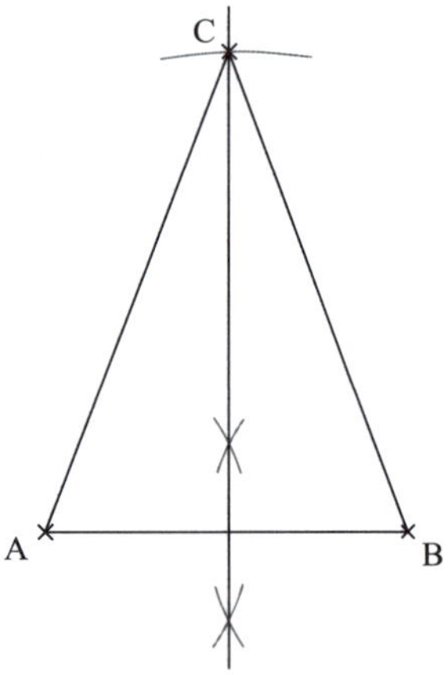

Konstruiere anschließend die Mittelsenkrechte einer weiteren Seite.
Der Schnittpunkt beider Mittelsenkrechten ist der Mittelpunkt des Umkreises.
Der Abstand vom Mittelpunkt zu einem Eckpunkt beträgt 2,3 cm. Der innere Durchmesser des Holzrings muss also 4,6 cm groß sein.

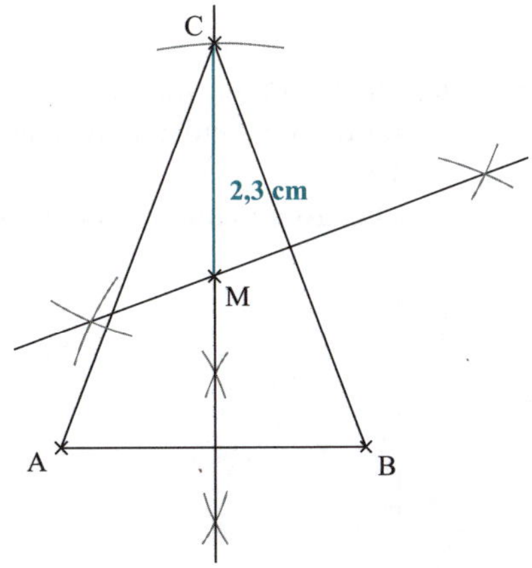

105. a) Der Ort, an dem nur ein Schuss wahrgenommen wird, ist von Punkt A, B und C gleich weit entfernt. Es ist der Umkreismittelpunkt des Dreiecks ABC, den du erhältst, wenn du den Schnittpunkt der Mittelsenkrechen bestimmst. Der Schnittpunkt liegt bei **M(4|4)**.

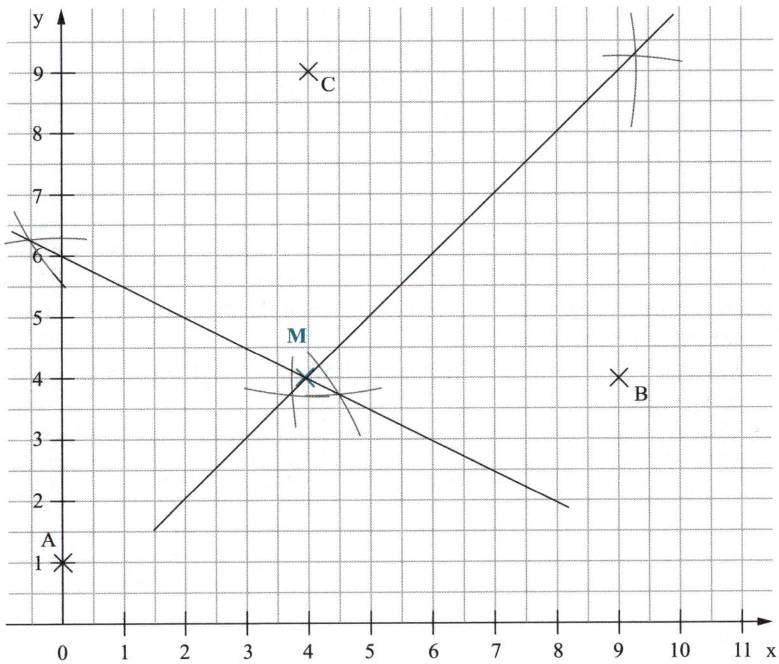

M ist im Koordinatensystem 5,0 LE von B entfernt, in Realität also 1,0 km. Die Schallgeschwindigkeit beträgt etwa $343\,\frac{m}{s}$.

$1{,}0\text{ km} : 343\,\frac{m}{s} = 1\,000\text{ m} : 343\,\frac{m}{s} = 2{,}9\text{ s}$

Der Schuss wird **2,9 Sekunden nach 12:00 Uhr** gehört.

b) Hans hört nur zwei Schüsse, wenn er gleich weit von zwei Schützen entfernt ist und der Abstand zum dritten Schützen größer oder kleiner ist.
Dies ist entlang der Symmetrieachse von jeweils zwei Orten der Fall.

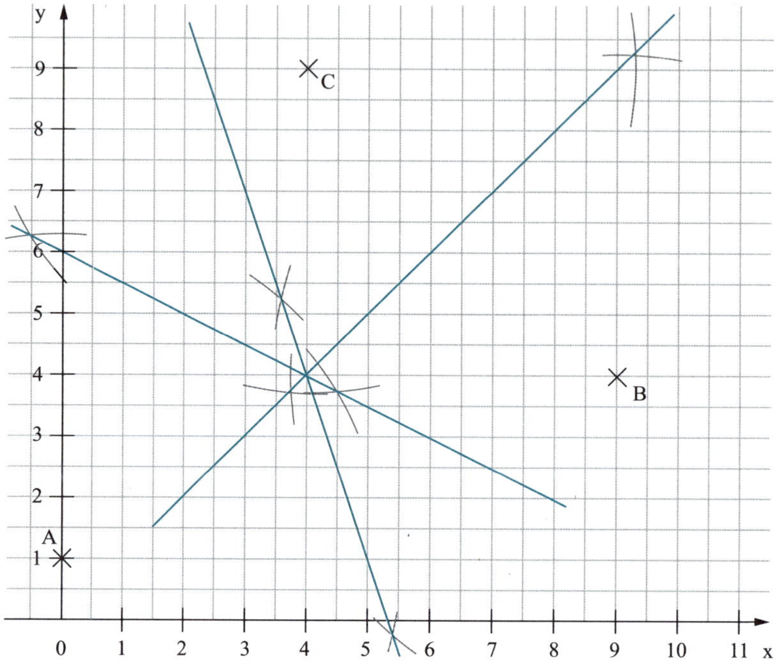

c) Inge hört drei Schüsse, wenn die Abstände zu allen drei Schützen unterschiedlich groß sind.
Sie darf sich also auf keiner der drei Mittelsenkrechten von Dreieck ABC befinden.

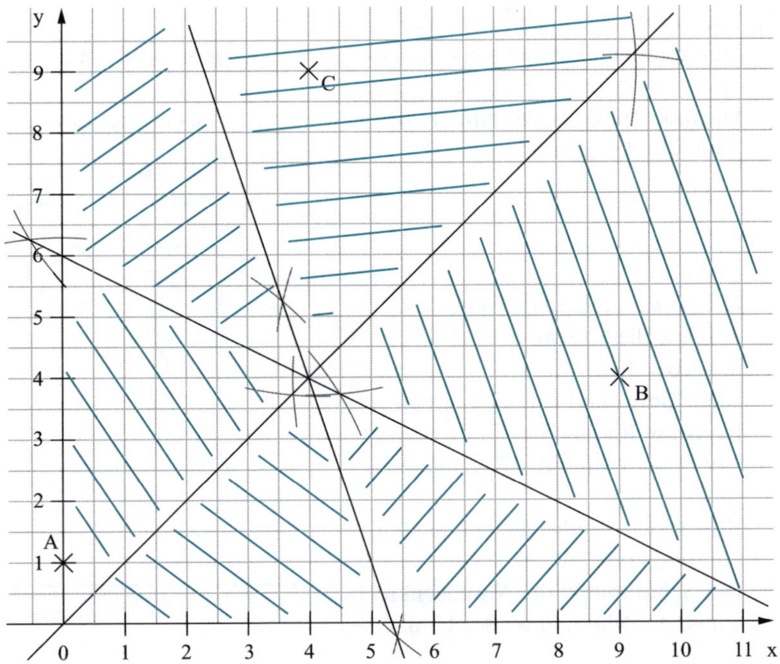

106. a) Die Stäbe werden an den Ecken eines gleichseitigen Dreiecks mit Umkreisradius 30 cm in die Erde gesteckt. Im Mittelpunkt des Umkreises steht das Margaritenbäumchen.

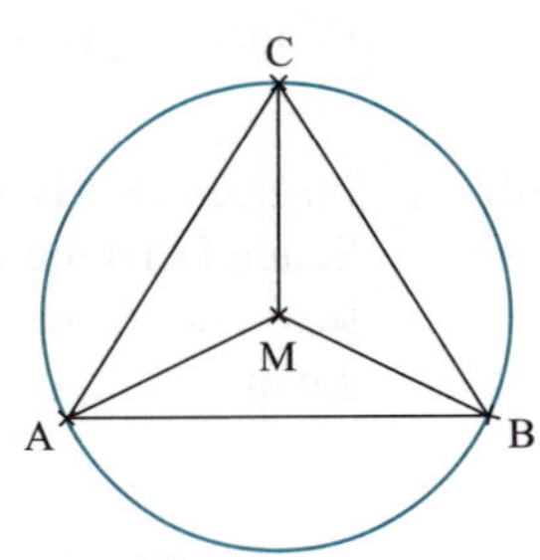

Konstruktionsbeschreibung:
Zeichne einen Kreis um M mit Radius 3 cm. Zeichne eine Halbgerade beginnend bei M ein.
Der Schnittpunkt mit dem Kreis sei A. Trage in M an diese Halbgerade nach beiden Seiten jeweils 120° an.
Die Schnittpunkte der Schenkel mit dem Kreis sind die Punkte B bzw. C.

Die Stäbe werden bei A, B und C in die Erde gesteckt, bei M wird das Bäumchen gepflanzt.

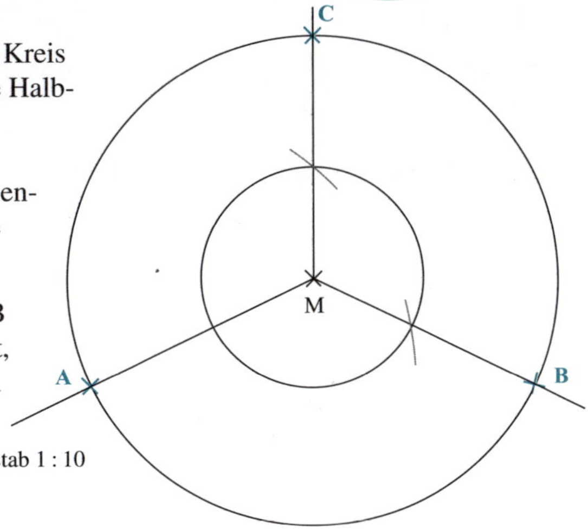

Maßstab 1 : 10

b) Die Stäbe werden an den Ecken eines gleichseitigen Dreiecks mit Seitenlänge 40 cm in die Erde gesteckt. Der Oleander wird im Mittelpunkt des Umkreises gepflanzt.

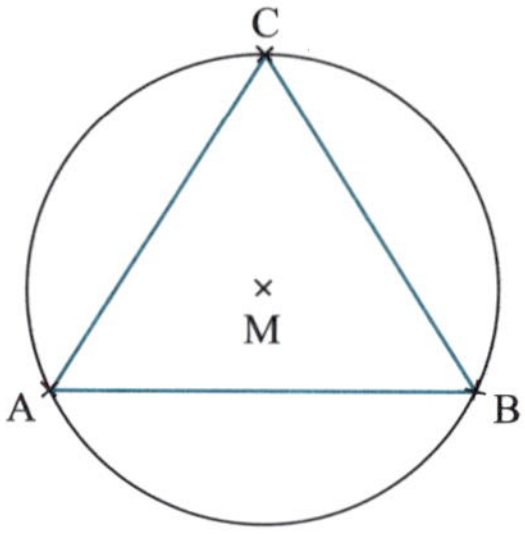

Konstruktionsbeschreibung:
Zeichne die Strecke c = [AB] mit $\overline{AB} = 4$ cm.
Ziehe um A und B jeweils einen Kreis mit Radius c.
Der Schnittpunkt der Kreisbögen ist C.
Konstruiere die Mittelsenkrechten von [AC] und [BC].
Der Schnittpunkt der Mittelsenkrechten ist der Mittelpunkt des Umkreises.

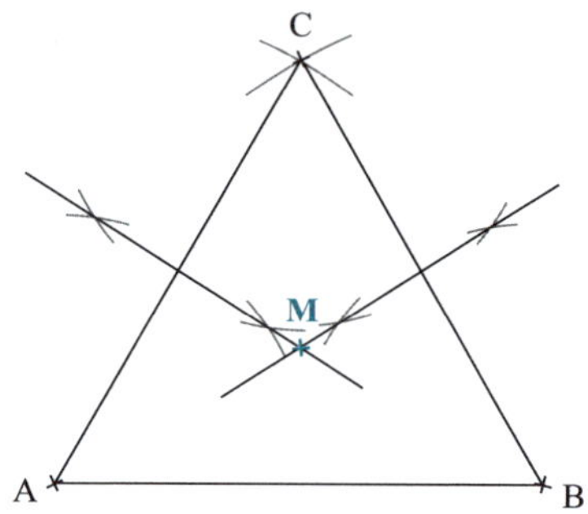

Maßstab 1 : 10

Die Stäbe werden bei A, B und C in die Erde gesteckt, bei M wird die Pflanze eingesetzt.

107. a) Im Dreieck ABD sind die Längen der Seiten [AB] mit 6 cm, [AD] mit 4 cm, sowie der rechte Winkel ∢BAD bekannt.

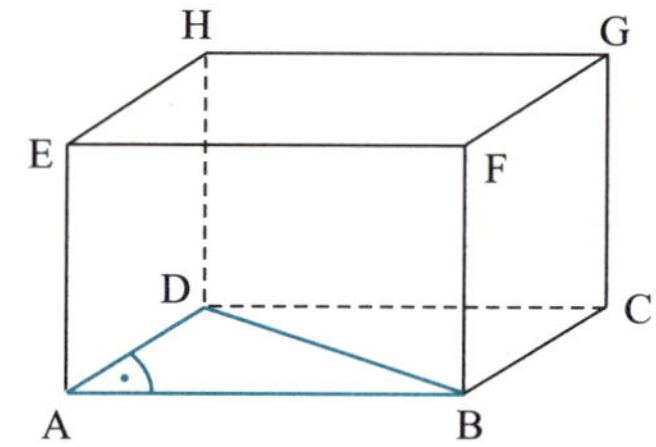

Konstruktionsbeschreibung:
Zeichne [AB].
Um D zu erhalten, errichte ein Lot in A zu [AB] und trage von B aus $\overline{AD}$ an.

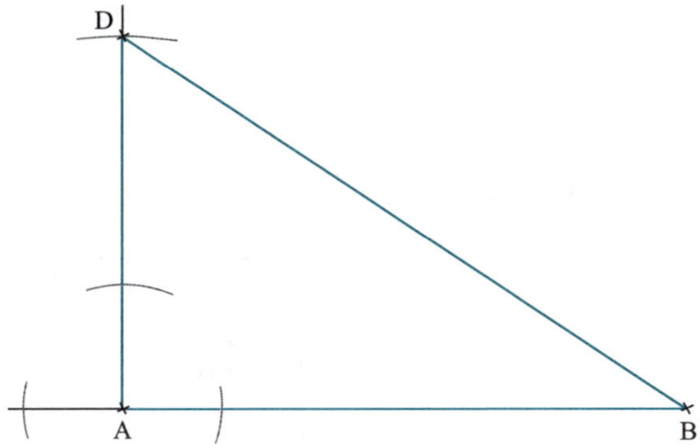

Eine Messung ergibt
$\overline{BD} = 7,2$ cm.

b) Da keiner der Winkel bekannt ist, benötigst du die Länge der drei Seiten.

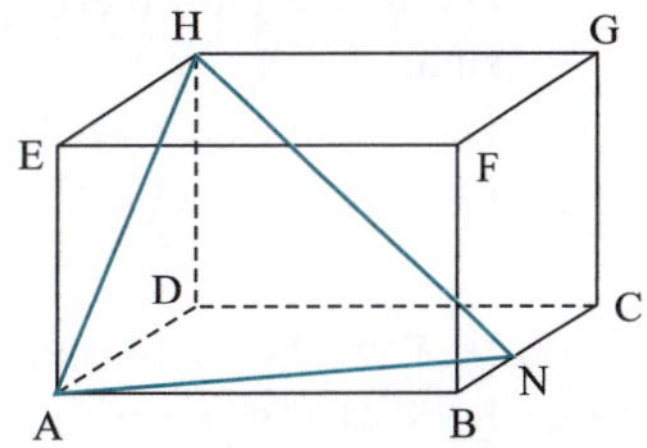

$\overline{AN}$ erhältst du mithilfe von ΔABN.

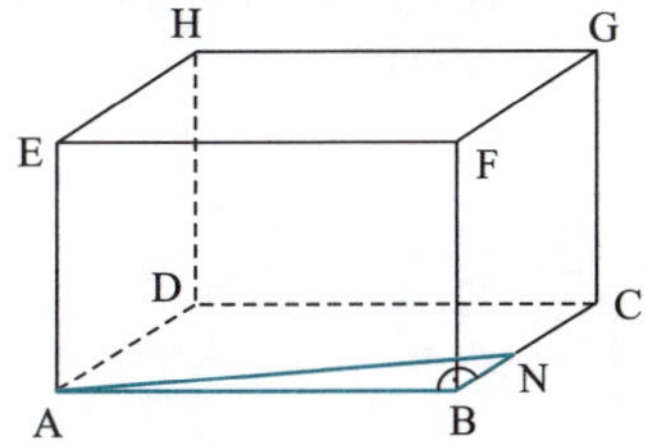

Bekannt ist $\overline{AB} = 6$ cm, $\overline{BN} = \frac{1}{2}\overline{BC} = 2$ cm, $\sphericalangle NBA = 90°$.

Die Konstruktion erfolgt parallel zu Teilaufgabe a.

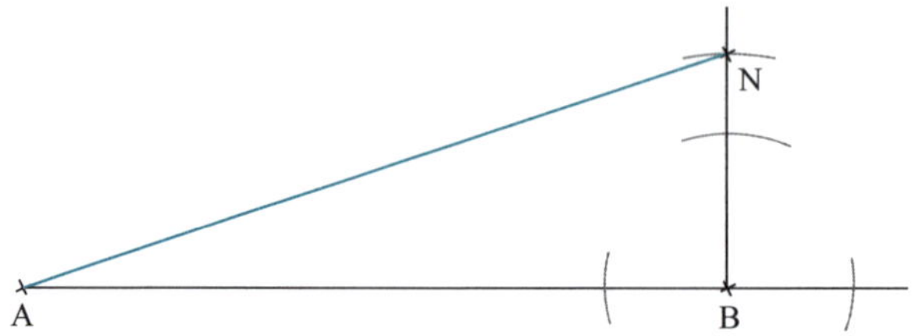

$\overline{AH}$ erhältst du mithilfe von ΔADH.

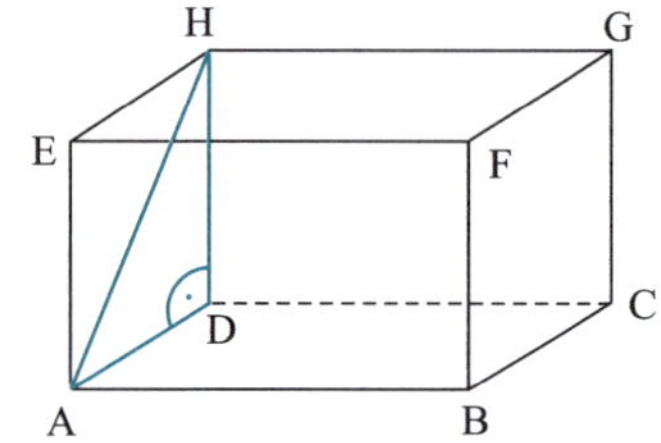

Bekannt ist $\overline{AD} = \overline{BC} = 4$ cm, $\overline{DH} = \overline{AE} = 3$ cm, $\sphericalangle HDA = 90°$. Die Konstruktion erfolgt parallel zu a.

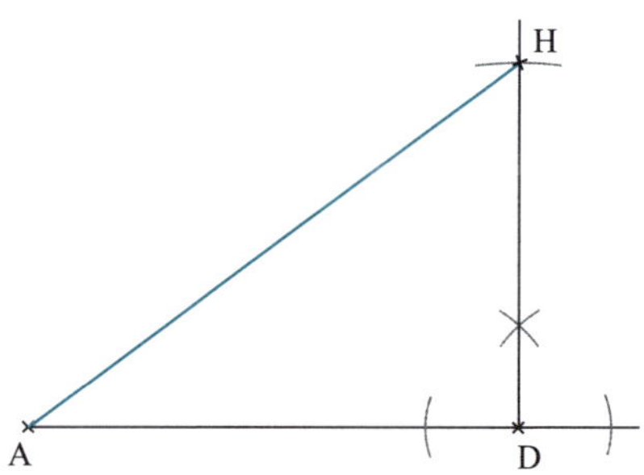

$\overline{HN}$ erhältst du mithilfe von ΔNHD.

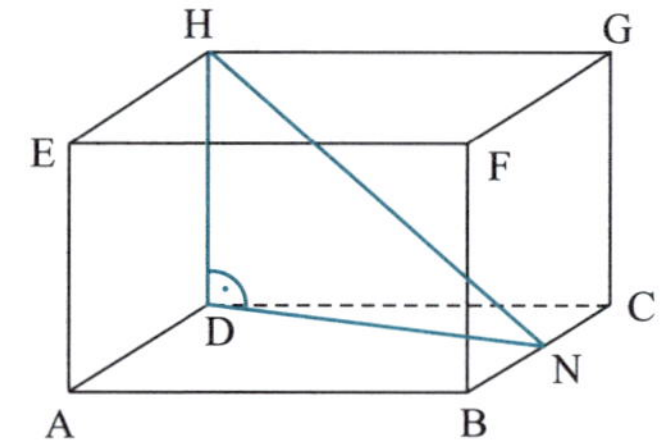

Bekannt ist $\overline{DH} = \overline{AE} = 3$ cm, $\sphericalangle NDH = 90°$ und $\overline{DN}$ ist aus Symmetriegründen genauso lang wie $\overline{AN}$, das du bereits vorher konstruiert hast.
Die Konstruktion erfolgt wieder parallel zu a.

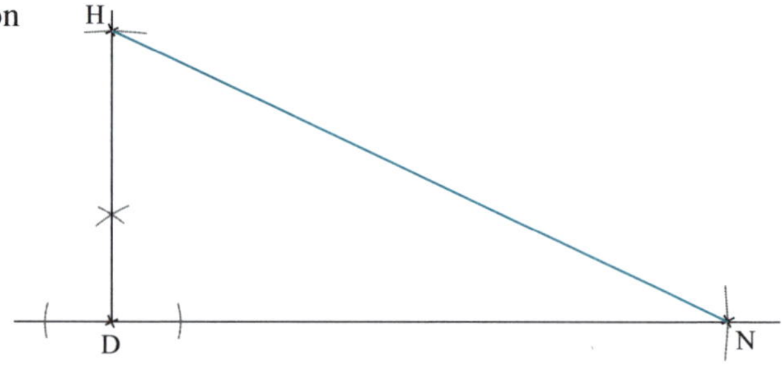

Aus den Längen $\overline{AN}$, $\overline{HN}$ und $\overline{AH}$ kannst du nun das gesuchte Dreieck konstruieren.
Die Konstruktion erfolgt parallel zu der auf S. 69.
Eine Messung ergibt
$\overline{AN} = 6,3$ cm,
$\sphericalangle NAH = 75°$,
$\sphericalangle HNA = 44°$.

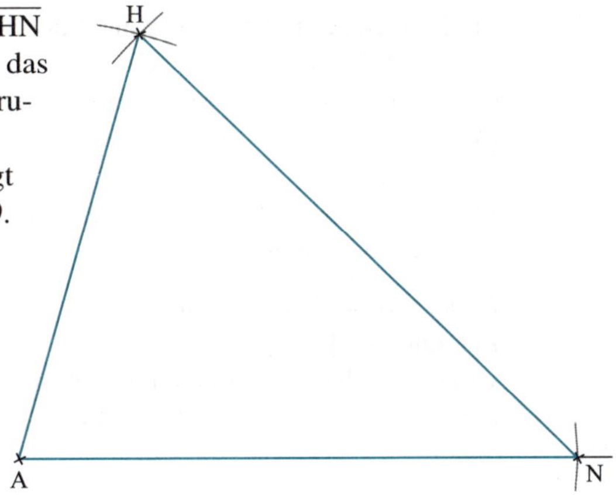

108. a) Im Dreieck EFG sind die Längen der Seiten [EF] und [FG], sowie der rechte Winkel $\sphericalangle GFE$ bekannt.
Mit Maßstab 1 : 100 ergibt sich:
$\overline{EF} = 6$ cm, $\overline{FG} = 5$ cm.

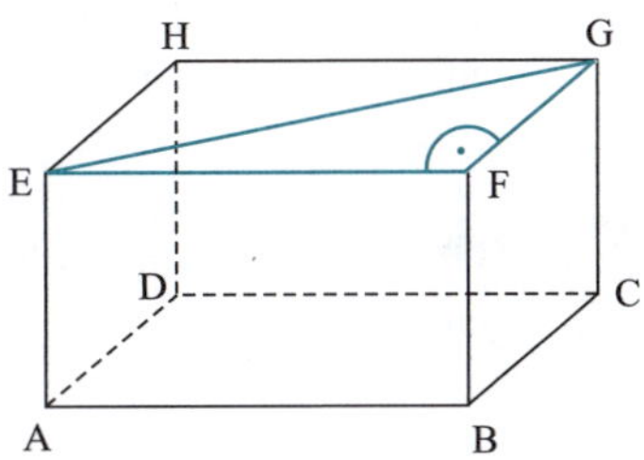

Konstruktionsbeschreibung:
Zeichne [EF].
Um G zu erhalten, errichte ein Lot in F zu [EF] und trage von F aus $\overline{FG}$ an.

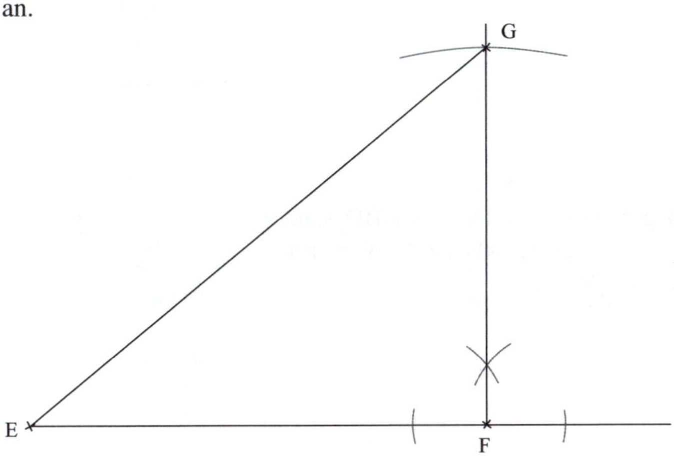

Aus der Zeichnung ergibt sich $\overline{EG} = 7,8$ cm. Die Schnur muss also mindestens **7,8 m** lang sein.

b) Im Dreieck AGE sind die Längen der Seiten [AE] und [EG] (siehe a), sowie der rechte Winkel ∢ AEG bekannt.
Mit Maßstab 1 : 100 ergibt sich:
$\overline{AE} = 3$ cm.
$\overline{EG}$ kannst du mithilfe des Zirkels aus Teilaufgabe a übertragen.

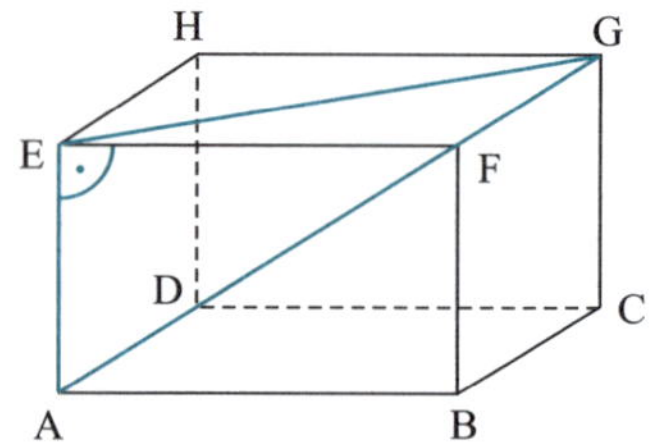

Konstruktionsbeschreibung:
Zeichne [AE].
Um G zu erhalten, errichte ein Lot in E zu [AE] und trage von E aus $\overline{EG}$ an.

Aus der Zeichnung ergibt sich $\overline{AG} = 8{,}3$ cm. Die Schnur muss also mindestens **8,3 m** lang sein.

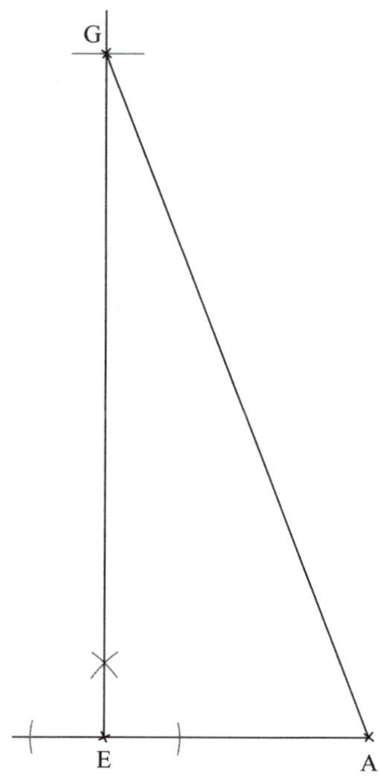

109. a) Beginne mit dem Dreieck ABD (analog zu S. 71). Nach SsW ist die Konstruktion eindeutig.

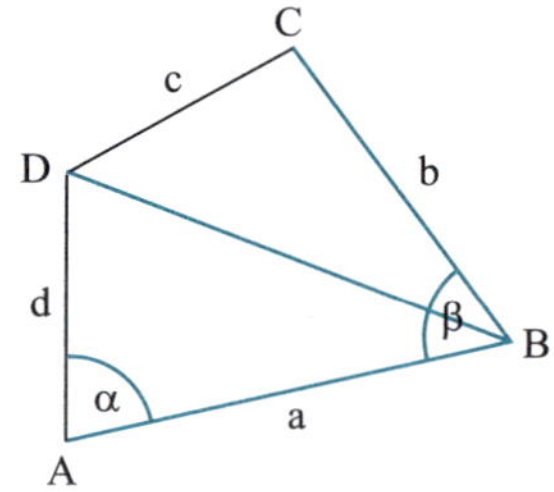

Konstruktionsbeschreibung:
Zeichne a = [AB].
Trage α in A an a an.
Ziehe einen Kreisbogen um B mit Radius $\overline{BD}$.
Der Schnittpunkt mit dem freien Schenkel von α ist D.

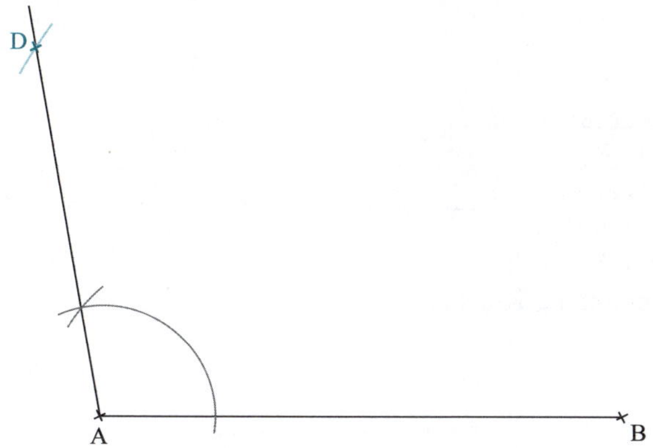

Konstruiere mithilfe von β das Dreieck ABC (analog zu S. 70). Nach SWS ist die Konstruktion eindeutig.

Konstruktionsbeschreibung:
Trage β in B an a an.
Ziehe einen Kreisbogen um B mit Radius b.
Der Schnittpunkt mit dem freien Schenkel von β ist C.

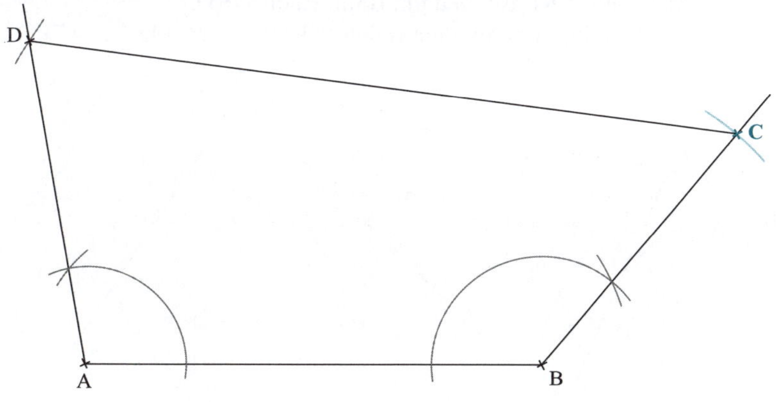

b) Beginne mit Dreieck ABC (analog zu S. 69). Nach SSS ist die Konstruktion eindeutig.

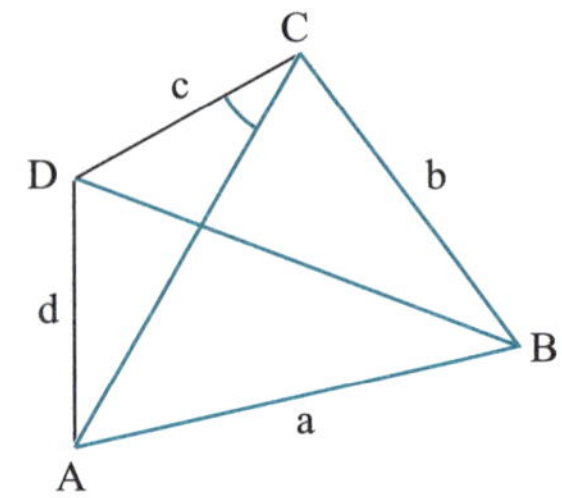

Konstruktionsbeschreibung:
Zeichne a = [AB].
Ziehe jeweils einen Kreisbogen um A mit Radius $\overline{AC}$ und um B mit Radius b.
Der Schnittpunkt der Kreisbögen ist C.

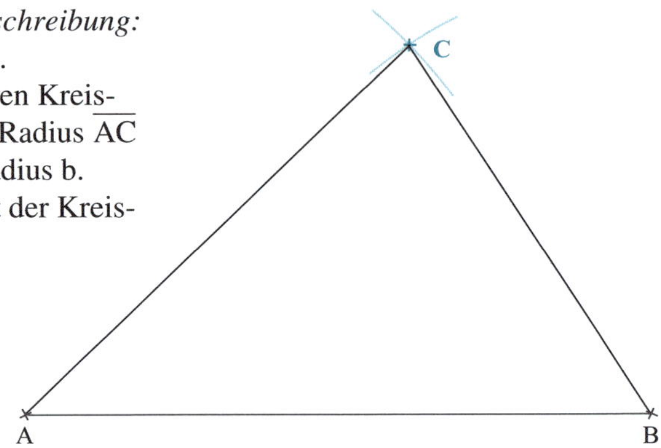

Anschließend erhältst du D mithilfe von ∢DCA und $\overline{BD}$.

Konstruktionsbeschreibung:
Trage ∢DCA in C an [AC] an.
Ziehe einen Kreisbogen um B mit Radius $\overline{BD}$.
Der Schnittpunkt mit dem freien Schenkel von ∢DCA ist D.

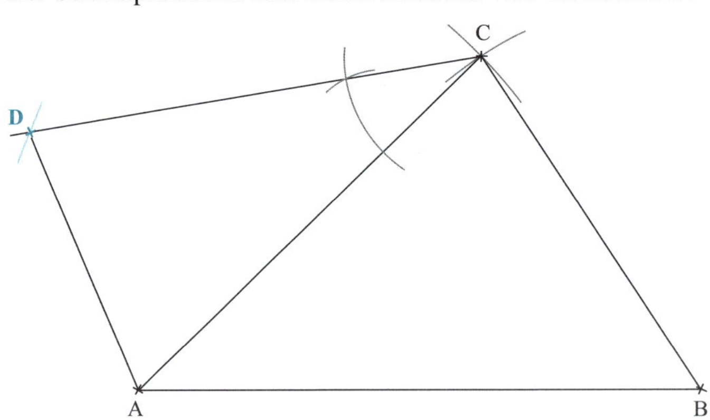

c) In diesem Fall kannst du direkt das Viereck konstruieren. Alternativ kannst du zunächst das Dreieck ABC und anschließend über Dreieck BCD Punkt D konstruieren. Nach SWS ist die Konstruktion jeweils eindeutig.

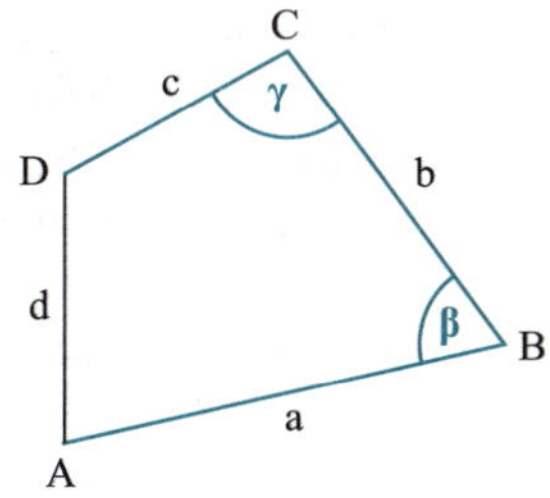

Konstruktionsbeschreibung:
Zeichne b = [BC].
Trage β in B und γ in C an b an.
Ziehe einen Kreisbogen mit Radius a um B.
Der Schnittpunkt mit dem freien Schenkel von β ist A.
Ziehe einen Kreisbogen mit Radius c um C.
Der Schnittpunkt mit dem freien Schenkel von γ ist D.

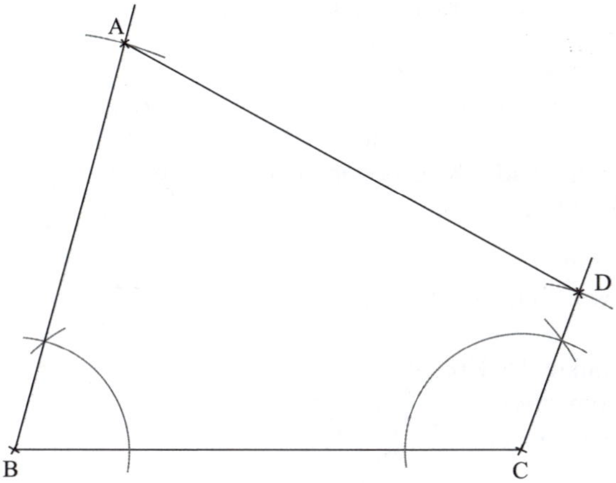

d) Beginne mit Dreieck ABD (analog zu S. 71). Da die kleinere Seite dem Winkel gegenüber liegt, muss die Konstruktion nicht eindeutig sein. In diesem Fall gibt es zwei Lösungen D_1 und D_2.

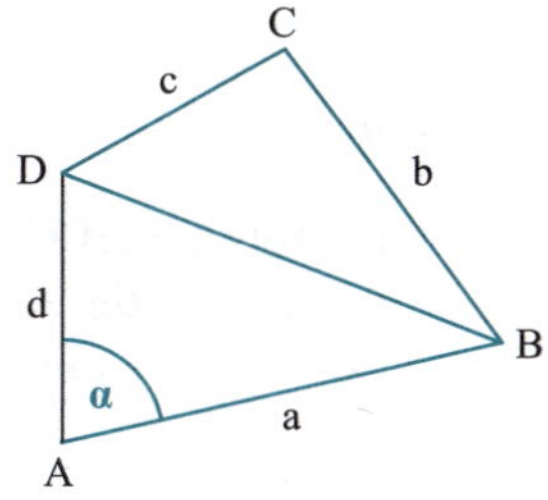

Konstruktionsbeschreibung:
Zeichne a = [AB].
Trage α an [AB] in A an.
Ziehe einen Kreisbogen um B mit Radius $\overline{BD}$.
Die Schnittpunkte mit dem freien Schenkel von α sind D_1 bzw. D_2.

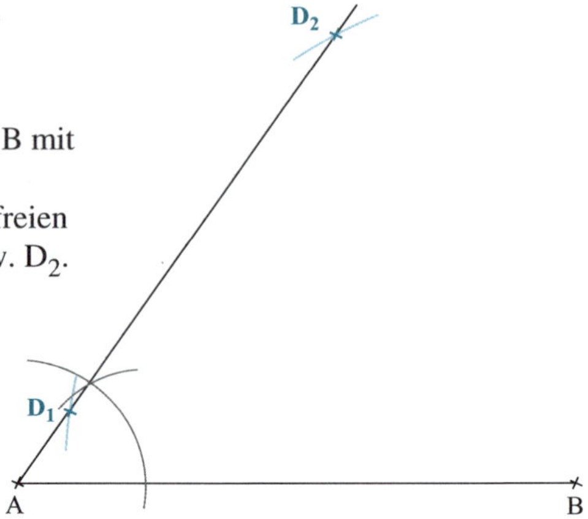

Konstruiere das Dreieck BCD (analog zu S. 69).

Konstruktionsbeschreibung: (für D_1)
Ziehe einen Kreisbogen um B mit Radius b.
Ziehe einen Kreisbogen um D_1 mit Radius c.
Der Schnittpunkt beider Kreisbögen oberhalb von AB ist C_1.

Konstruktionsbeschreibung: (für D_2)
Ziehe einen Kreisbogen um D_2 mit Radius c.
Die Schnittpunkte des Kreisbogens mit dem zuvor schon um B gezogenen Kreisbogen sind C_{21} bzw. C_{22}.

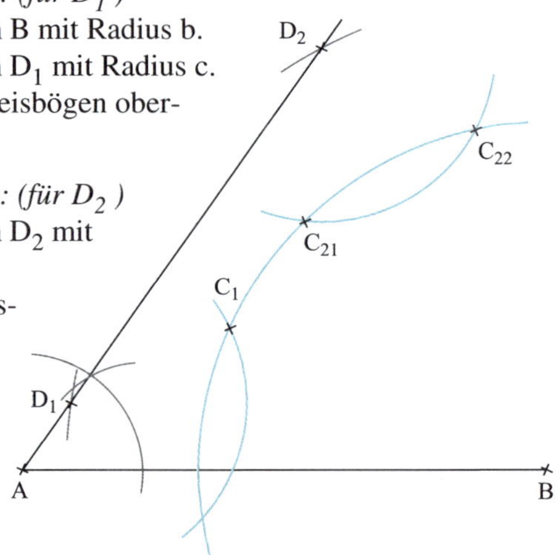

D_1 liefert hierbei eine Lösung für C, die unterhalb von AB liegt, wodurch sich die Viereckseiten [AB] und $[C_1D_1]$ schneiden würden. Diese Lösung fällt somit weg und die aus D_1 resultierende Lösung ist eindeutig.
D_2 führt dagegen nicht zu einer eindeutigen Lösung.

Es gibt somit drei nicht kongruente Vierecke mit den geforderten Größen:

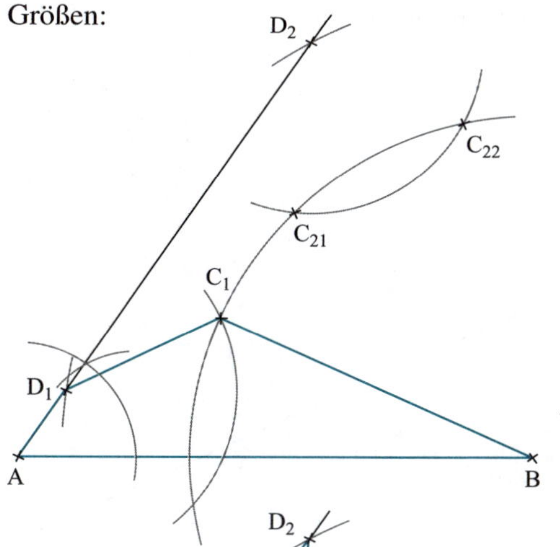

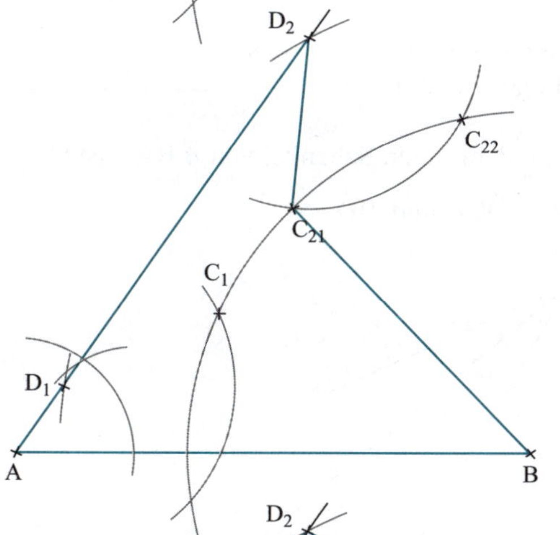

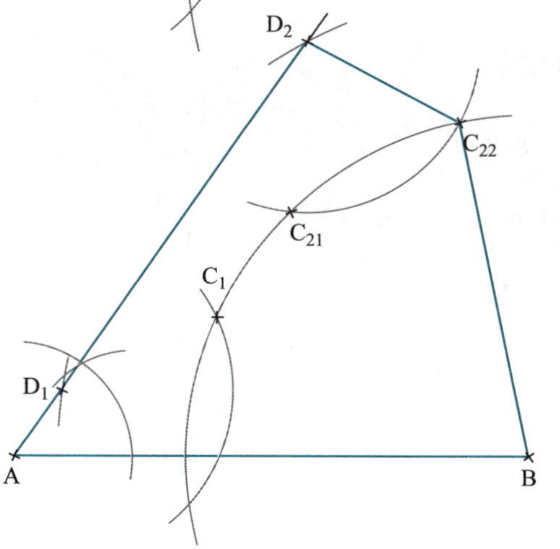

e) Beginne mit Dreieck ABC (analog zu S. 70). Nach SWS ist die Konstruktion eindeutig.

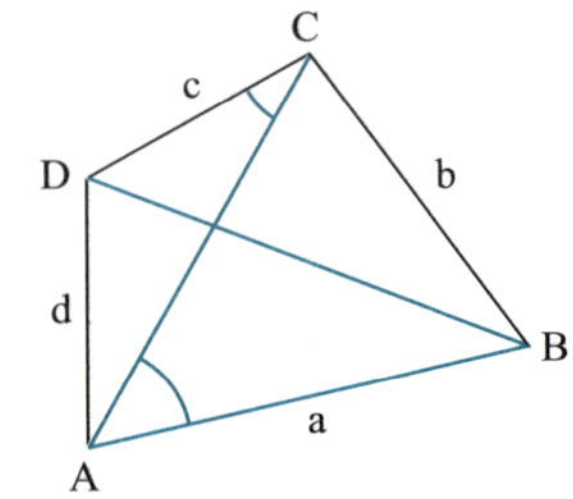

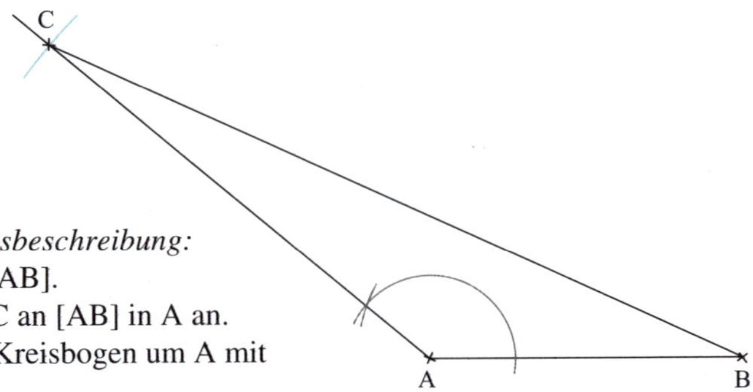

Konstruktionsbeschreibung:
Zeichne a = [AB].
Trage ∢BAC an [AB] in A an.
Ziehe einen Kreisbogen um A mit Radius $\overline{AC}$.
Der Schnittpunkt mit dem freien Schenkel von ∢BAC ist C.

D erhältst du durch ∢DCA und $\overline{BD}$.

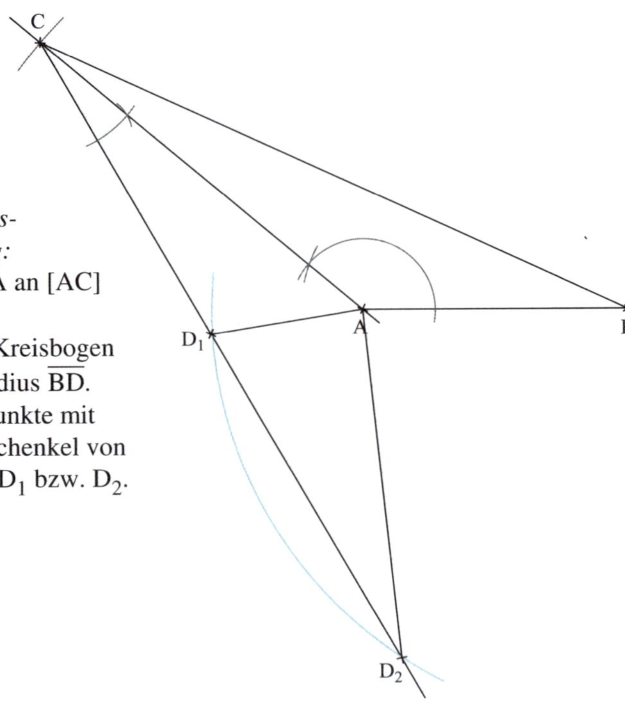

Konstruktionsbeschreibung:
Trage ∢DCA an [AC] in C an.
Ziehe einen Kreisbogen um B mit Radius $\overline{BD}$.
Die Schnittpunkte mit dem freien Schenkel von ∢DCA sind D_1 bzw. D_2.

110. a) In einem Parallelogramm ergänzen sich nebeneinander liegende Winkel zu 180°. Mit α kennst du auch β. Ebenso sind gegenüberliegende Seiten gleich groß.
Beginne mit dem Dreieck ABC mithilfe der Größen a, β und $\overline{AC}$ (analog zu S. 71). Da die größere Seite dem Winkel gegenüber liegt, ist die Konstruktion nach SsW eindeutig.

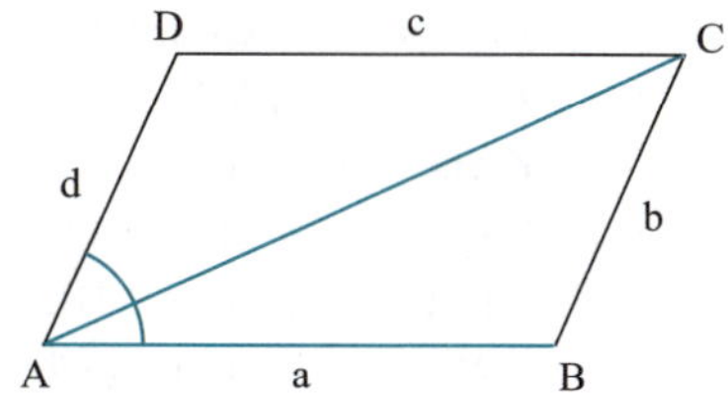

Konstruktionsbeschreibung:
Zeichne a = [AB].
Trage β = 180° − α in B an a an.
Ziehe einen Kreis um A mit Radius $\overline{AC}$.
Der Schnittpunkt ist C.

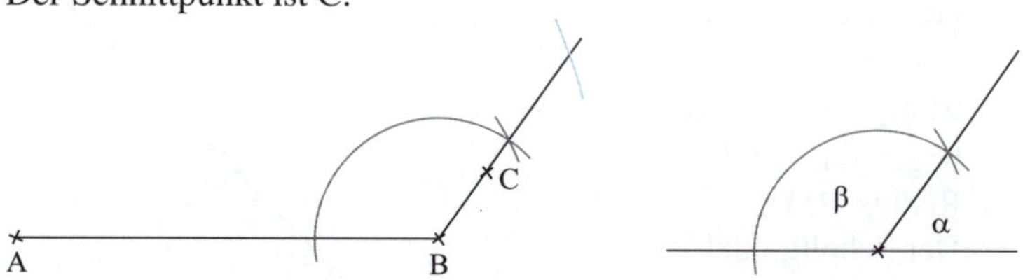

Durch Abtragen der Seiten c = a und d = $\overline{BC}$ erhältst du D (Konstruktion des Dreiecks ACD mit drei bekannten Seiten, analog zu S. 69). Der zweite Schnittpunkt der Kreisbögen ist B und kann aus diesem Grund zu keiner zweiten Lösung führen.

Konstruktionsbeschreibung:
Ziehe jeweils einen Kreisbogen um A mit Radius $\overline{BC}$ und um C mit Radius a.
Der Schnittpunkt ist D.

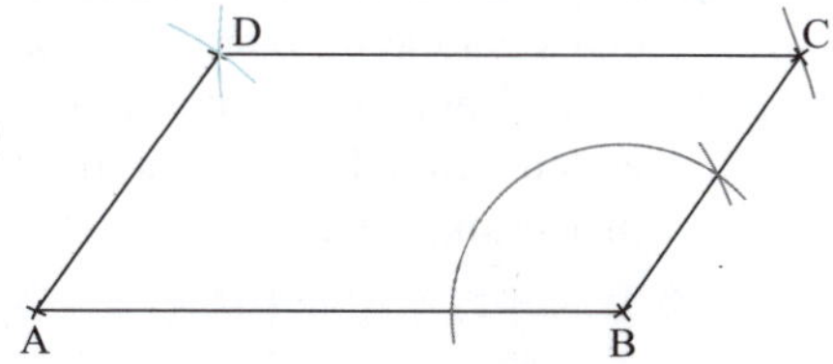

b) In einem Parallelogramm halbieren sich die Diagonalen gegenseitig.
Beginne mit dem Dreieck ABM (analog zu S. 69). Nach SSS ist die Konstruktion eindeutig.

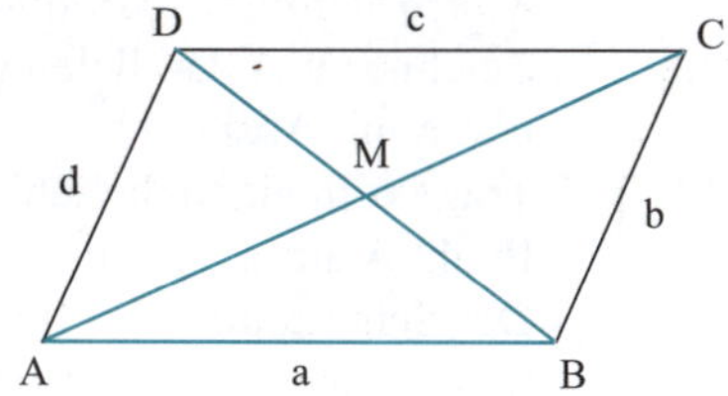

Konstruktionsbeschreibung:
Zeichne a = [AB].
Ziehe jeweils einen Kreisbogen um A mit Radius $\frac{1}{2}\overline{AC}$ und B mit Radius $\frac{1}{2}\overline{BD}$.
Der Schnittpunkt ist M.

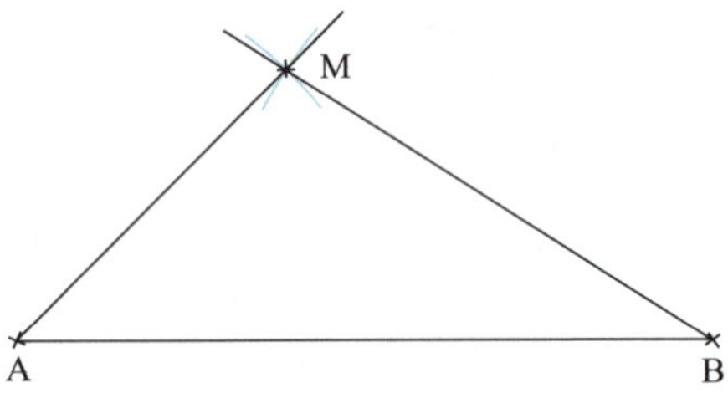

Durch Punktspiegelung von A und B an M erhältst du C und D.
Die Punktspiegelung ist eindeutig, also gibt es nur eine Lösung.

Konstruktionsbeschreibung:
Ziehe einen Kreisbogen um M mit Radius $\overline{AM}$.
Der Schnittpunkt mit AM ist C.
Ziehe einen Kreisbogen um M mit Radius $\overline{BM}$.
Der Schnittpunkt mit BM ist D.

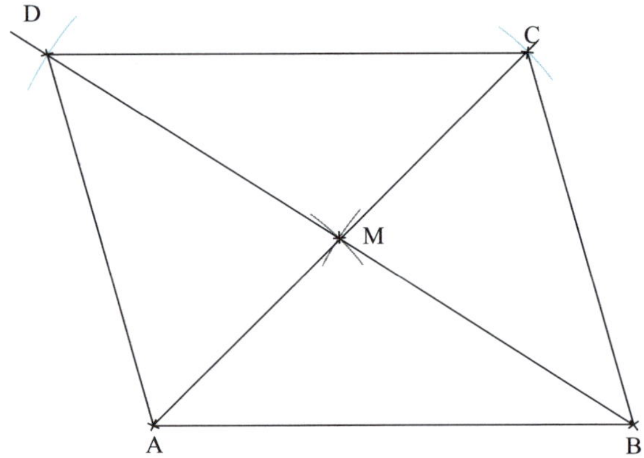

c) Die gegenüberliegenden Seiten eines Parallelogramms sind parallel. Beginne also mit dem ersten Parallelenpaar und trage den Winkel α an.

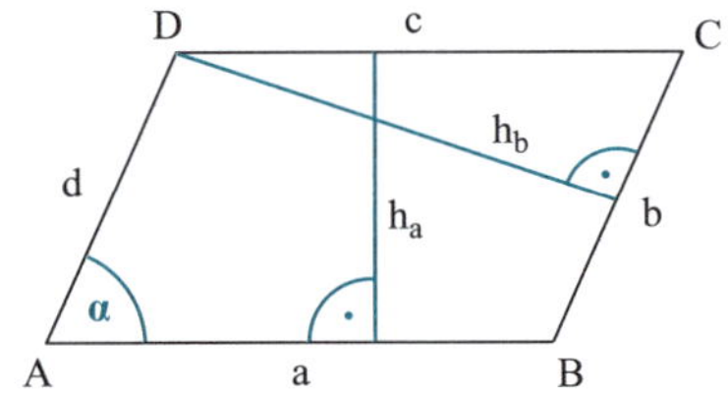

Konstruktionsbeschreibung:
Zeichne zwei Parallelen g und h mit Abstand h_a.
Trage α in einem beliebigen Punkt A auf g an g an.
Der Schnittpunkt des freien Schenkels von α mit h ist D.

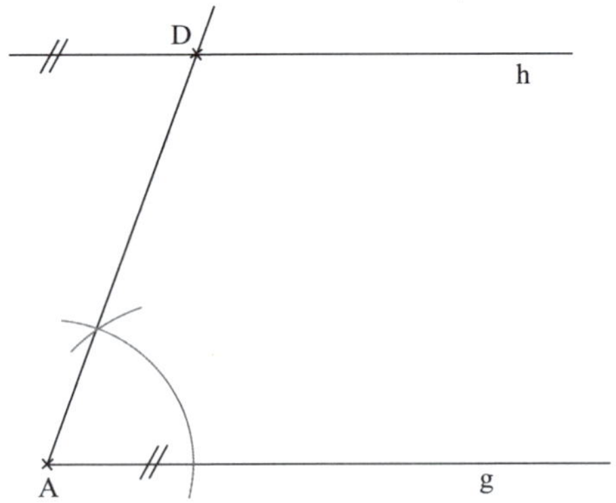

Zeichne nun die Parallele zu AD mit Abstand h_b.

Konstruktionsbeschreibung:
Zeichne eine Parallele k zu AD im Abstand h_b.
Der Schnittpunkt mit g ist B, der Schnittpunkt mit h ist C.

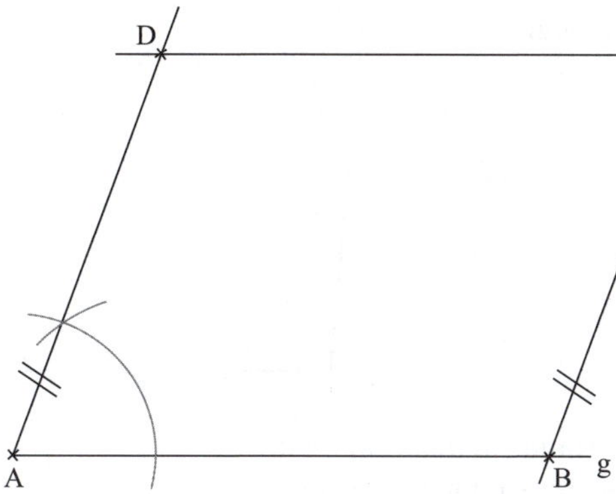

111. a) Für ein Drachenviereck mit A auf der Symmetrieachse gilt: b = c und a = d. Konstruiere das Dreieck BCD (analog zu S. 70). Nach SWS ist die Konstruktion eindeutig.

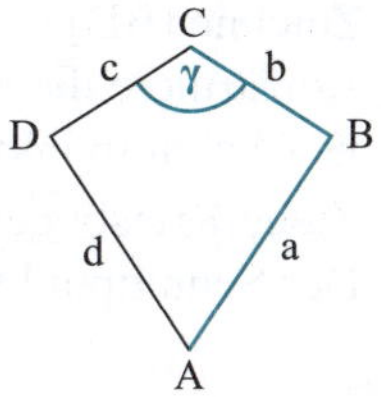

Konstruktionsbeschreibung:
Zeichne b = [BC].
Trage γ in C an b an.
Ziehe einen Kreisbogen um C mit Radius b.
Der Schnittpunkt mit dem freien Schenkel von γ ist D.

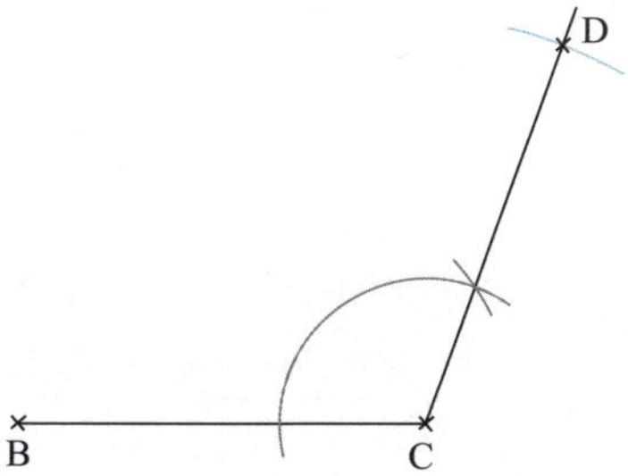

Konstruiere das Dreieck BDA (analog zu S. 69). Da a > b ist, gibt es nur eine Lösung, die zu einem Drachenviereck mit korrektem Umlaufsinn führt.

Konstruktionsbeschreibung:
Ziehe jeweils einen Kreisbogen um B und D mit Radius a.
Der Schnittpunkt, der auf der anderen Seite von BD liegt als C, ist Punkt A.

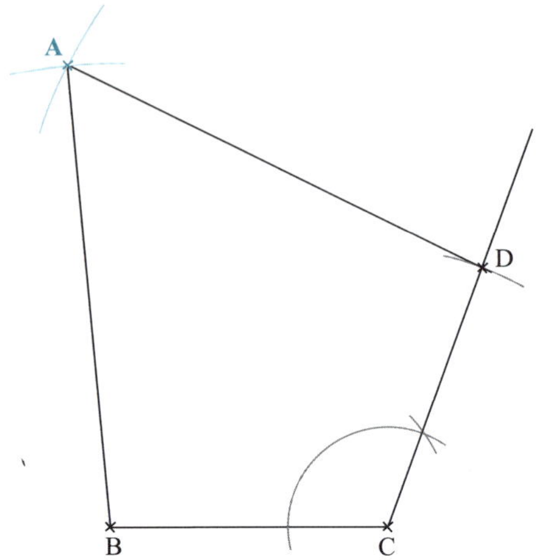

b) Die Diagonalen einer Raute stehen senkrecht aufeinander und halbieren sich gegenseitig.

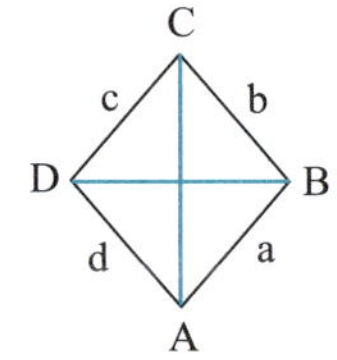

Konstruktionsbeschreibung:
Zeichne [BD].
Konstruiere die Mittelsenkrechte $m_{[BD]}$.
Der Schnittpunkt von $m_{[BD]}$ und [BD] sei M.
Ziehe Kreisbögen um M mit Radius $\frac{1}{2}\overline{AC}$.
Der Schnittpunkt mit $m_{[BD]}$ ist A bzw. C.

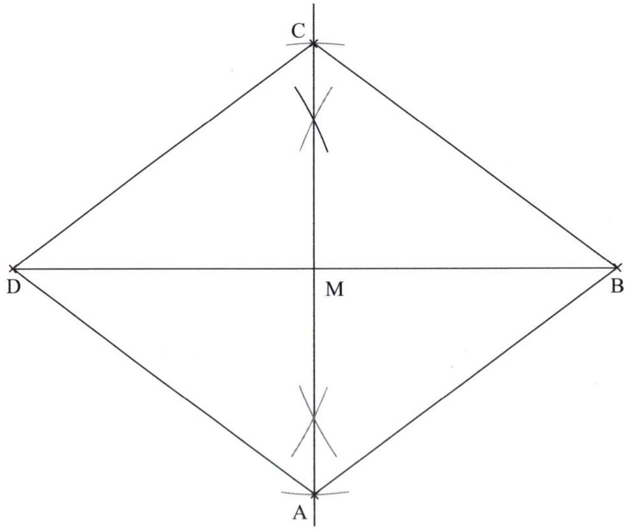

c) Die Diagonalen in einem Rechteck sind gleich lang und halbieren sich gegenseitig. Die Winkel betragen 90°.

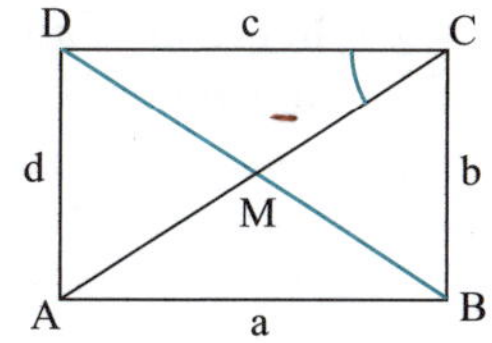

Somit kannst du in der Skizze noch weitere Größen als gegeben markieren (siehe nebenstehende Abbildung).
Beginne mit Dreieck ACD. Nach SWW ist die Konstruktion eindeutig.

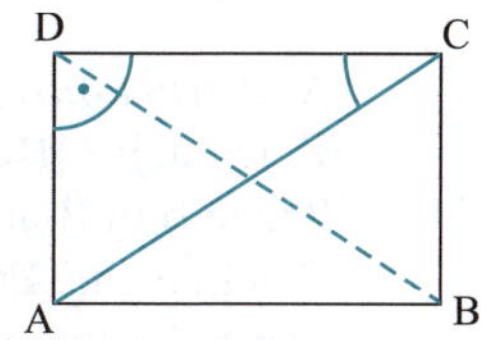

Konstruktionsbeschreibung:
Zeichne [AC] mit $\overline{AC} = \overline{BD}$.
Trage ∢DCA in C an [AC] an.
Fälle von A aus ein Lot auf den 1. Schenkel von ∢DCA.
Der Fußpunkt des Lotes ist D.

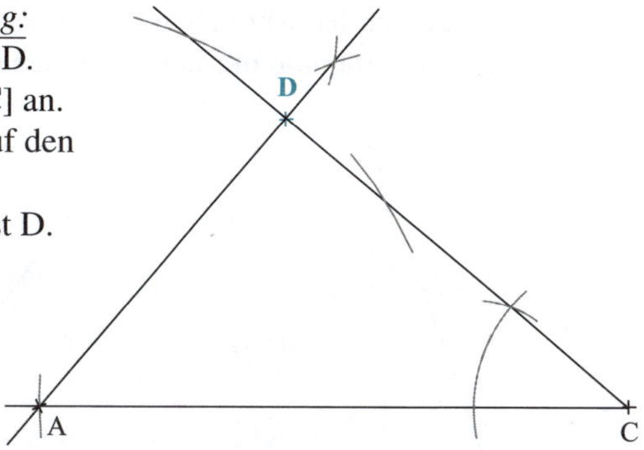

Die gegenüberliegenden Seiten eines Rechtecks sind gleich lang. So erhältst du B. (Konstruktion des Dreiecks ABC mit drei bekannten Seiten, analog zu S. 69)

Konstruktionsbeschreibung:
Ziehe jeweils einen Kreisbogen um C mit Radius $\overline{AD}$ und um A mit Radius $\overline{CD}$.
Der Schnittpunkt unterhalb von AC ist B.
(Der Schnittpunkt oberhalb von AC ergibt kein Rechteck.)

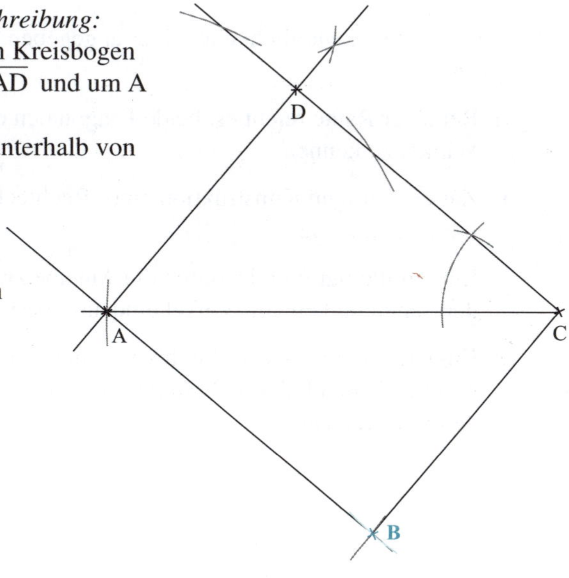

d) In diesem Fall kannst du direkt das Trapez konstruieren.

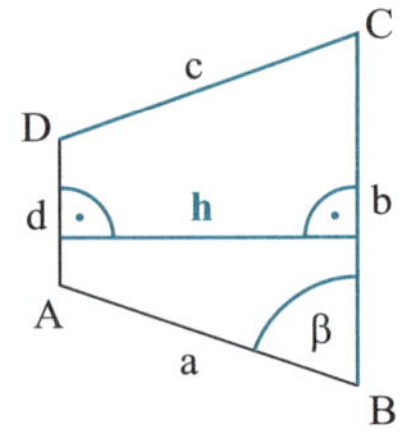

Konstruktionsbeschreibung:
Zeichne b = [BC].
Trage β in B an b an.
Zeichne eine Parallele zu b im Abstand h.
Der Schnittpunkt der Parallelen mit dem freien Schenkel von β ist A.
Ziehe einen Kreisbogen um C mit Radius c.
Die Schnittpunkte mit der Parallelen sind D_1 bzw. D_2.

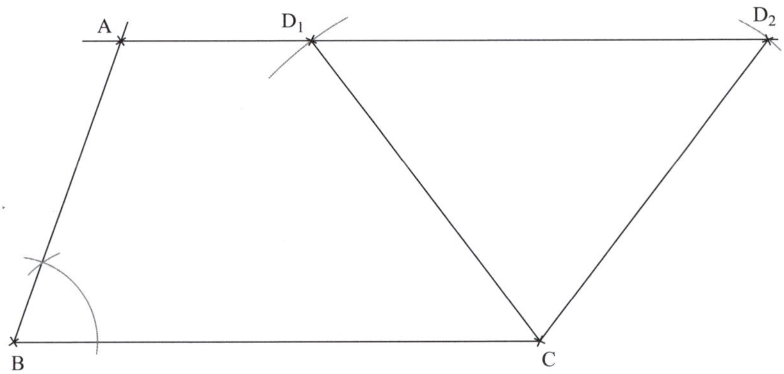

112. Es gibt mehrere Möglichkeiten, hier angegeben wird die vielleicht naheliegendste.

a) Bei einer Raute reicht es, beide Diagonalen oder eine Seite und einen Winkel zu kennen.

b) Zur eindeutigen Konstruktion eines Rechtecks genügt die Angabe von Länge und Breite.

c) Ein Parallelogramm ist durch die Angabe zweier nicht gegenüberliegender Seiten und einem Winkel eindeutig bestimmt.

d) Ein Drachenviereck ist durch zwei einander gegenüberliegende Seiten und den Winkel, der nicht durch die Symmetrieachse halbiert wird, eindeutig festgelegt.

113. a) Gegebene Größen: a = 5 cm, b = 3,5 cm, d = 4 cm, $\overline{AC} = \overline{BD} = 5{,}5$ cm

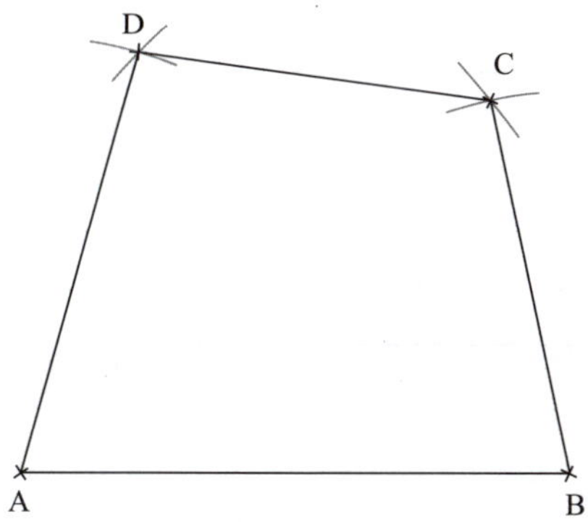

Es gibt eine Lösung. Es handelt sich um ein allgemeines Viereck.

b) Gegebene Größen: c = 5 cm, $\overline{AC} = 7{,}5$ cm, $\overline{BD} = 6$ cm, $\gamma = 75°$, $\delta = 120°$

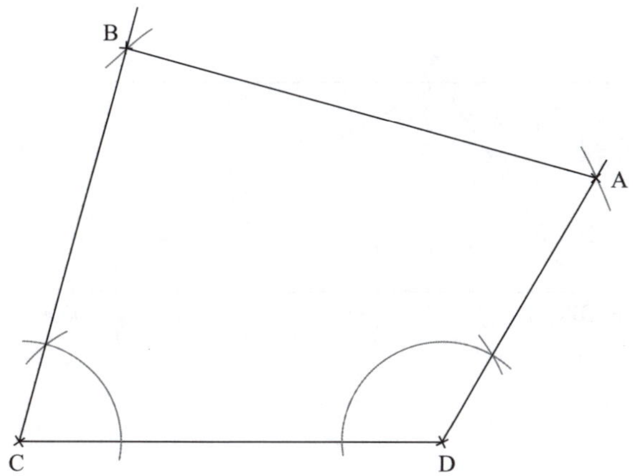

Es gibt eine Lösung. Es handelt sich um ein allgemeines Viereck.

c) Gegebene Größen: $a = 3$ cm, $\overline{AC} = 5$ cm, $\overline{BD} = 6$ cm

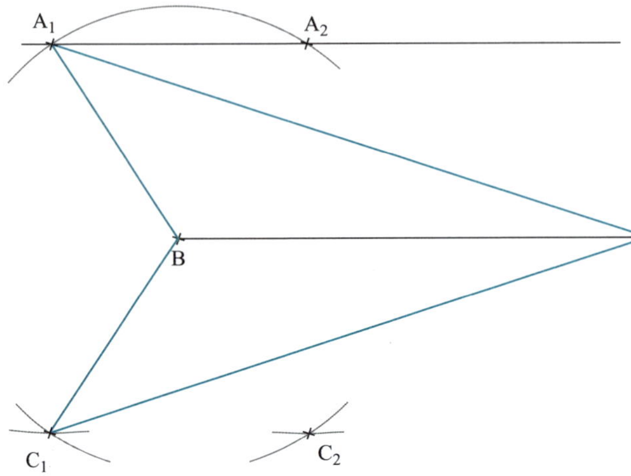

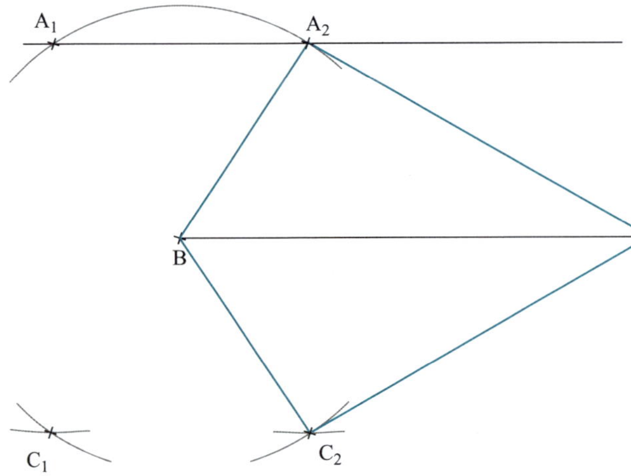

Es gibt zwei Lösungen. Es handelt sich um Drachenvierecke, da C der Spiegelpunkt von A an BD ist.

d) Gegebene Größen: a = 8 cm, b = 3 cm, c = 5 cm, d = 4 cm

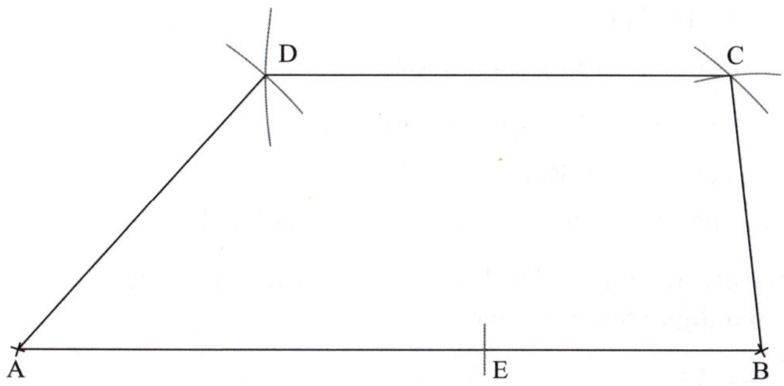

Es gibt eine Lösung. Es handelt sich um ein Trapez, da das Viereck AECD jeweils gleich lange gegenüberliegende Seiten hat und somit ein Parallelogramm ist. Damit sind die Seiten AB und CD parallel.

114. a) Maßstab 1 : 100 000
$\Rightarrow\ \overline{AB} = 5{,}5$ cm, $\overline{BC} = 5{,}8$ cm
$\alpha = 73°$, $\beta = 105°$, $\gamma = 58°$

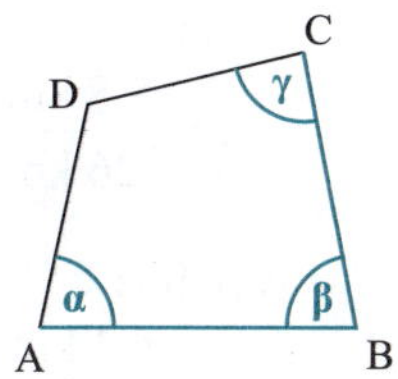

Konstruktionsbeschreibung:
Zeichne a = [AB].
Trage β in B an [AB] an.
Ziehe um B einen Kreisbogen mit Radius $\overline{BC}$.
Der Schnittpunkt mit dem freien Schenkel von β ist C.
Trage α in A an [AB] an.
Trage γ in C an [BC] an.
Der Schnittpunkt des freien Schenkels von γ mit dem freien Schenkel von α ist D.

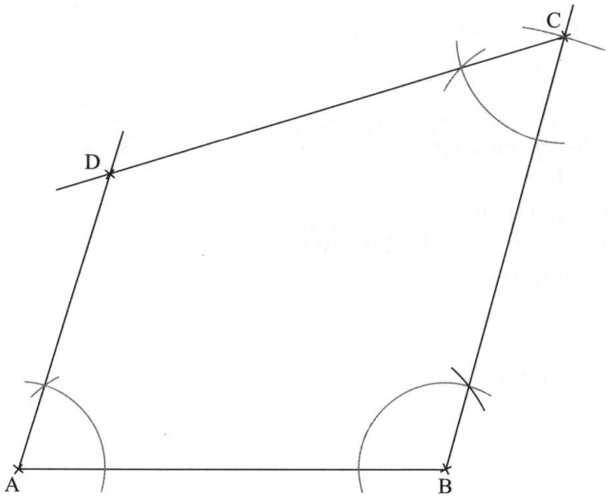

b) Aus der maßstabsgetreuen Konstruktion in Teilaufgabe a ergeben sich folgende Abstände:

$\overline{AD} = 4\text{ cm} \quad \Rightarrow \quad$ in Realität 4 km

$\overline{BD} = 5{,}8\text{ cm} \Rightarrow \quad$ in Realität 5,8 km

$\overline{CD} = 6{,}1\text{ cm} \Rightarrow \quad$ in Realität 6,1 km

Schiff A hat die geringste Entfernung zu Schiff D.

c) Die jeweils benötigte Zeit lässt sich mithilfe der angegebenen Maximalgeschwindigkeiten berechnen:

$v = \frac{s}{t} \Rightarrow t = \frac{s}{v}$

Schiff A:

$$t = \frac{4\text{ km}}{15\text{ kn}} = \frac{4\,000\text{ m}}{15\,\frac{\text{sm}}{\text{h}}} = \frac{4\,000\text{ m}}{15 \cdot \frac{1852\text{ m}}{60\text{ min}}} = \frac{4\,000\text{ m} \cdot 60\text{ min}}{15 \cdot 1\,852\text{ m}} \approx 8{,}6\text{ min}$$

Schiff B:

$$t = \frac{5{,}8\text{ km}}{26\text{ kn}} = \frac{5\,800\text{ m}}{26\,\frac{\text{sm}}{\text{h}}} = \frac{5\,800\text{ m}}{26 \cdot \frac{1852\text{ m}}{60\text{ min}}} = \frac{5\,800\text{ m} \cdot 60\text{ min}}{26 \cdot 1\,852\text{ m}} \approx 7{,}2\text{ min}$$

Schiff C:

$$t = \frac{6{,}1\text{ km}}{20\text{ kn}} = \frac{6\,100\text{ m}}{20\,\frac{\text{sm}}{\text{h}}} = \frac{6\,100\text{ m}}{20 \cdot \frac{1852\text{ m}}{60\text{ min}}} = \frac{6\,100\text{ m} \cdot 60\text{ min}}{20 \cdot 1\,852\text{ m}} \approx 9{,}9\text{ min}$$

Schiff B erreicht Schiff D am schnellsten.

115. Beim Maßstab 1 : 1 000 ergeben die gemessenen Längen in der Konstruktion:

$\overline{AD} = 4{,}3\text{ cm}, \quad \overline{CD} = 6\text{ cm}, \quad \overline{BC} = 2{,}8\text{ cm}$

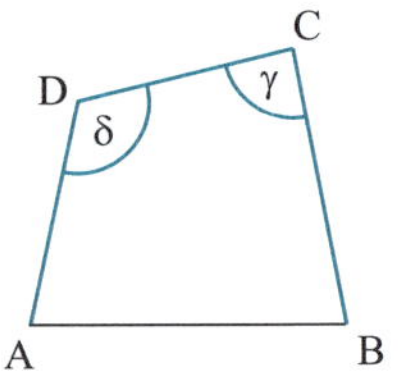

Konstruktionsbeschreibung:

Zeichne c = [DC].

Trage δ in D an [CD] an.

Ziehe einen Kreis um D mit Radius $\overline{AD}$.

Der Schnittpunkt mit dem freien Schenkel von δ ist A.

Trage γ in C an [CD] an.

Ziehe einen Kreis um C mit Radius $\overline{BC}$.

Der Schnittpunkt mit dem freien Schenkel von γ ist B.

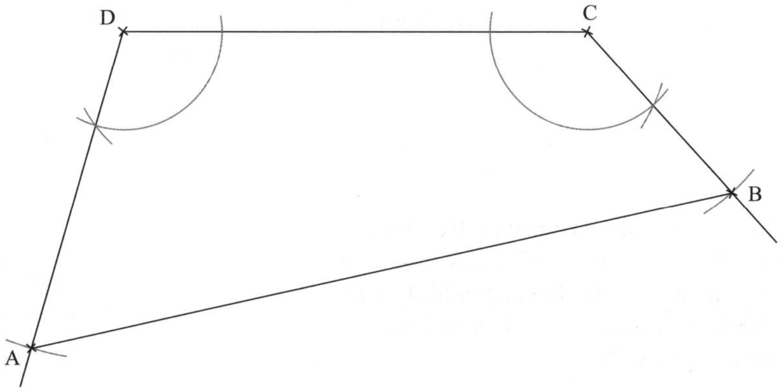

Aus der Zeichnung ergibt sich: $\overline{AB} = 9{,}3$ cm. In Realität entspricht dies einer Länge von **93 m**.

116. Maßstab 1 : 1 000. Für die Zeichnung gilt dann:
$\overline{AB} = 4$ cm
Konstruiere zuerst Dreieck ABC, anschließend das Dreieck ABD (analog zu S. 73).

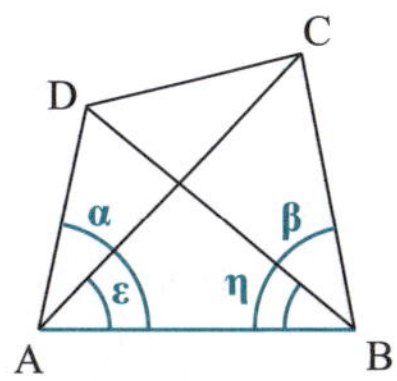

Konstruktionsbeschreibung:
Zeichne a = [AB].
Trage ε und α in A an [AB] an.
Trage β und η in B an [AB] an.
Der Schnittpunkt des freien Schenkels von ε mit dem freien Schenkel von β ist C.
Der Schnittpunkt des freien Schenkels von α mit dem freien Schenkel von η ist D.

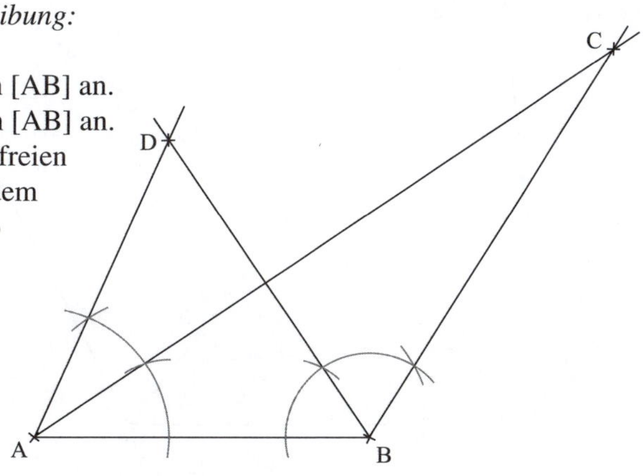

Aus der Zeichnung ergibt sich: $\overline{CD} = 5{,}4$ cm.
Die Bäume stehen **54 m** voneinander entfernt.

117. Mit Maßstab 1 : 2 000 ist $\overline{AB} = 5$ cm.

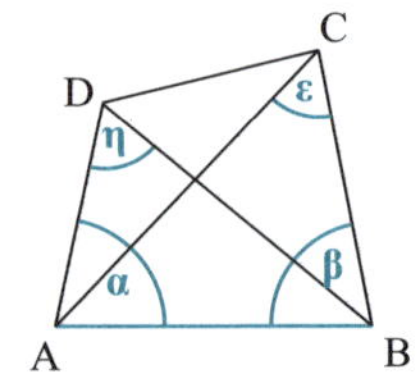

Beginne mit dem Dreieck ABC. Mithilfe der Winkelsumme im Dreieck lässt sich ∢BAC und so das Dreieck mithilfe des WSW-Satzes eindeutig konstruieren (analog zu S. 73).

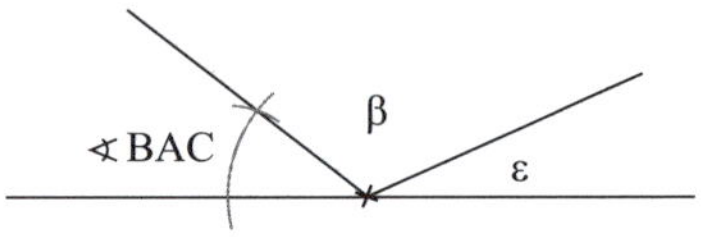

Konstruiere anschließend auf die gleiche Art das Dreieck ABD.

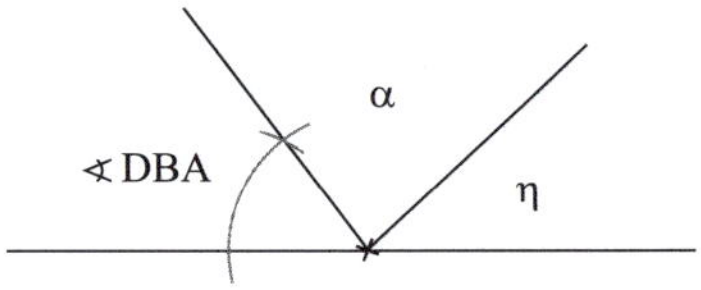

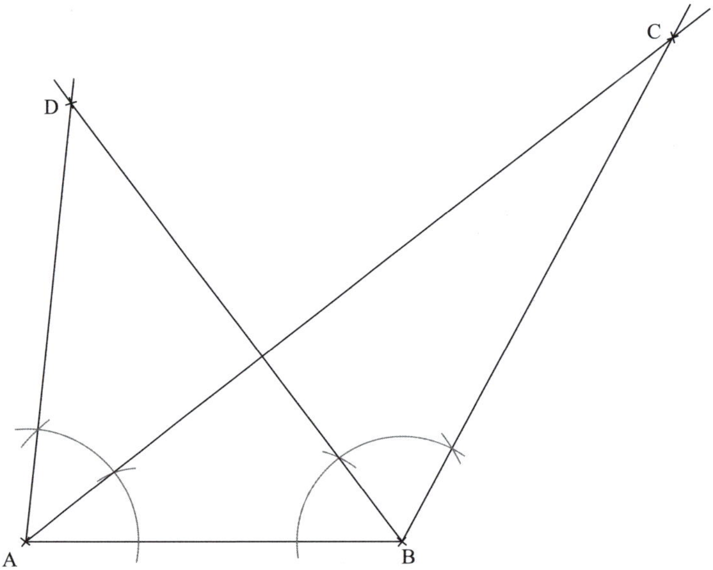

Aus der Zeichnung ergibt sich $\overline{CD} = 8$ cm.
Der Tunnel ist **160 m** lang.

118. a) Maßstab 1 : 750 $\Rightarrow$

45 m : 750 = 4 500 cm : 750 = 6 cm

30 m : 750 = 3 000 cm : 750 = 4 cm

In der Zeichnung gilt $\overline{AB} = 6$ cm und $\overline{CD} = 4$ cm.

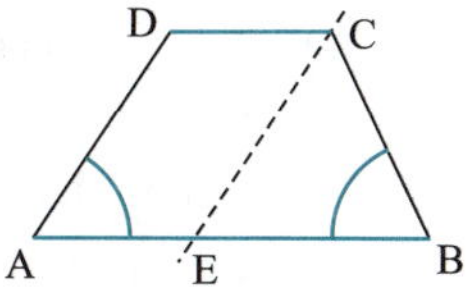

Hinweise und Tipps:
Zerlege das Trapez in ein Parallelogramm und ein Dreieck.

Konstruktionsbeschreibung:
Beginne mit [AB] und trage α und β an.

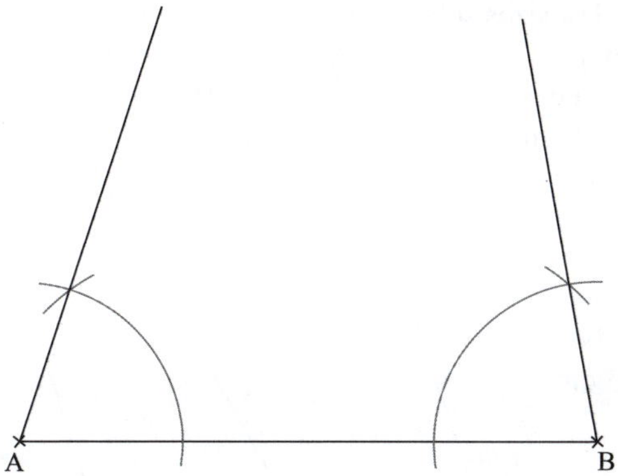

Ziehe eine Parallele zu [AD] durch E mit E auf [AB] und $\overline{AE} = \overline{CD} = 4$ cm.
Punkt C ist der Schnittpunkt der Parallelen mit dem freien Schenkel von β.
Den Punkt D erhältst du, indem du eine Parallele zu [AB] durch C zeichnest.

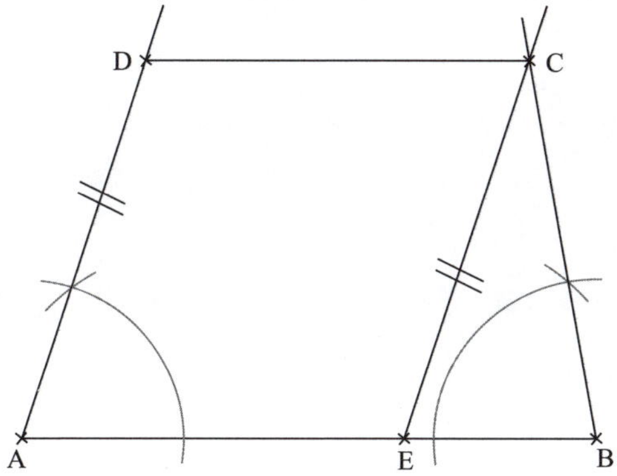

b) Für ein Trapez gilt: $A = \frac{1}{2}(a + c) \cdot h$ mit $a \parallel c$.

Die Höhe lässt sich aus der maßstabsgetreuen Konstruktion ablesen: 4 cm in der Zeichnung entsprechen 30 m in Wirklichkeit.

$A = \frac{1}{2}(a + c) \cdot h = \frac{1}{2}(45\text{ m} + 30\text{ m}) \cdot 30\text{ m} = \frac{1}{2} \cdot 75\text{ m} \cdot 30\text{ m} = \mathbf{1\,125\text{ m}^2}$

c) Um zwei flächengleiche Teile zu erhalten, kann das Trapez in zwei Trapeze mit gleicher Höhe geteilt werden. Hierbei muss die Summe der parallelen Seiten des einen Trapezes gleich der Summe der parallelen Seiten des anderen Trapezes sein.

In diesem Fall kann a z. B. in die Teilstrecken mit Länge 2 cm und 4 cm zerlegt werden, c in die Teilstrecken mit Länge 3 cm und 1 cm. Die Summe der gegenüberliegenden Strecken beträgt dann jeweils 5 cm.

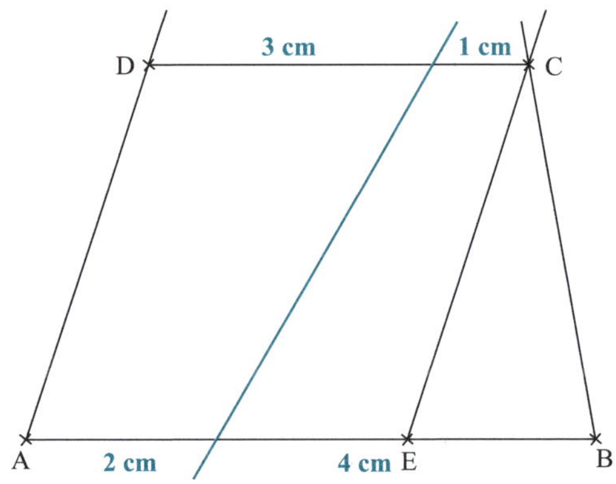

d) Preis ohne Grunderwerbssteuer:
150 € · (1 125 : 2) = 150 € · 562,5 = 84 375 €
Preis mit Grunderwerbssteuer:
84 375 € + 0,035 · 84 375 € = 87 328,125 € ≈ 87 328,13 €
Der Käufer muss insgesamt **87 328,13 €** zahlen.

Ihre Meinung ist uns wichtig!

Ihre Anregungen sind uns immer willkommen. Bitte informieren Sie uns mit diesem Schein über Ihre Verbesserungsvorschläge!

Titel-Nr.	Seite	Vorschlag

Bitte hier abtrennen

Lernen • Wissen • Zukunft
STARK

Zutreffendes bitte ankreuzen!

Die Absenderin/der Absender ist:

- ☐ Lehrer/in in den Klassenstufen: ______
- ☐ Fachbetreuer/in
  Fächer: ______
- ☐ Seminarlehrer/in
  Fächer: ______
- ☐ Regierungsfachberater/in
  Fächer: ______
- ☐ Oberstufenbetreuer/in
- ☐ Schulleiter/in
- ☐ Referendar/in, Termin 2. Staatsexamen: ______
- ☐ Leiter/in Lehrerbibliothek
- ☐ Leiter/in Schülerbibliothek
- ☐ Sekretariat
- ☐ Eltern
- ☐ Schüler/in, Klasse: ______
- ☐ Sonstiges: ______

Unterrichtsfächer: (Bei Lehrkräften!)

______

STARK Verlag
Postfach 1852
85318 Freising

21-V1M
Bitte ausfüllen und im frankierten Umschlag an uns einsenden. Für Fensterkuverts geeignet.

Kennen Sie Ihre Kundennummer?
Bitte hier eintragen.

Absender (Bitte in Druckbuchstaben!)

Name/Vorname

Straße/Nr.

PLZ/Ort/Ortsteil

Telefon privat

Geburtsjahr

E-Mail

Schule/Schulstempel (Bitte immer angeben!)

Bitte hier abtrennen

(Bitte blättern Sie um)

21-V1M

Bestellungen bitte direkt an:
STARK Verlagsgesellschaft mbH & Co. KG · Postfach 1852 · 85318 Freising
Tel. 0180 3 179000* · Fax 0180 3 179001* · www.stark-verlag.de · info@stark-verlag.de
*9 Cent pro Min. aus dem deutschen Festnetz, Mobilfunk bis 42 Cent pro Min.
Aus dem Mobilfunknetz wählen Sie die Festnetznummer: 08167 9573-0